高等院校数字艺术精品课程系列教材

全彩慕课版

InDesign CC 核心应用案例教程

白艳萍 李彩玲 主编 / 朱红燕 贺燕 副主编

人民邮电出版社
北京

图书在版编目（CIP）数据

InDesign CC核心应用案例教程 ：全彩慕课版 / 白艳萍，李彩玲主编. -- 北京 ：人民邮电出版社，2022.3 （2022.12重印）
高等院校数字艺术精品课程系列教材
ISBN 978-7-115-57218-9

Ⅰ. ①I… Ⅱ. ①白… ②李… Ⅲ. ①电子排版－应用软件－高等学校－教材 Ⅳ. ①TS803.23

中国版本图书馆CIP数据核字(2021)第174065号

内 容 提 要

本书全面、系统地介绍了InDesign CC 2019的基本操作技巧和核心功能，具体包括初识InDesignCC 2019、InDesign CC 2019基础知识、常用工具与面板、基础绘图、高级绘图、版式编排、页面布局、书籍编排、商业案例实训等内容。

本书第1、2章介绍基础知识，第3~8章以课堂案例为主线详细讲解软件操作，每个案例都有详细的操作步骤。学生通过实际操作可以快速熟悉软件功能；案例之后的软件功能解析部分用于帮助学生深入学习软件使用技巧；最后通过课堂练习和课后习题，提高学生对软件的实际应用能力，拓宽学生的设计思路。本书最后一章还精选了多个商业案例实训，使学生领会商业图形图像的设计理念，并掌握其制作流程，达到实战应用的水平。

本书可作为高等职业院校数字媒体艺术类专业InDesign课程的教材，也可供初学者自学参考。

◆ 主　　编　白艳萍　李彩玲
　副 主 编　朱红燕　贺　燕
　责任编辑　王亚娜
　责任印制　李　东　焦志炜
◆ 人民邮电出版社出版发行　　北京市丰台区成寿寺路11号
　邮编　100164　　电子邮件　315@ptpress.com.cn
　网址　https://www.ptpress.com.cn
　临西县阅读时光印刷有限公司印刷
◆ 开本：787×1092　1/16
　印张：14　　　　　　　　2022年3月第1版
　字数：362千字　　　　　　2022年12月河北第2次印刷

定价：79.80元

读者服务热线：(010)81055256　印装质量热线：(010)81055316
反盗版热线：(010)81055315
广告经营许可证：京东市监广登字20170147号

PREFACE 前言

InDesign 简介

InDesign 是由 Adobe 公司开发的专业设计排版软件。InDesign 拥有强大的图形图像编辑和页面排版功能，广泛应用于卡片设计、海报设计、广告设计、宣传单设计、画册设计、包装设计、报纸设计、杂志设计和书籍设计等多个领域。它功能强大、易学易用，深受版式编排人员和平面设计师的喜爱。

如何使用本书

Step1 通过学习精选基础知识，快速上手 InDesign CC 2019。

软件介绍

应用领域

Step2 通过学习课堂案例 + 软件功能解析，熟悉软件功能，了解设计思路。

4.1.1 课堂案例——制作手机界面

基础绘图 + 高级绘图 + 版式编排 + 页面布局 + 书籍编排五大核心功能

学习目标和知识要点

【案例学习目标】**学习使用基本绘图工具制作手机界面。**

【案例知识要点】**使用矩形工具、椭圆工具绘制界面底图，使用矩形工具、椭圆工具、多边形工具和钢笔工具绘制收音机图标，使用直线工具、“描边”面板制作箭头图形，使用文字工具添加界面信息，效果如图 4-1 所示。**

【效果所在位置】**云盘 > Ch04 > 效果 > 制作手机界面 .indd。**

精选典型商业案例

文字 + 视频步骤详解

图 4-1

（1）打开 InDesign CC 2019，选择“文件 > 新建 > 文档”命令，弹出“新建文档”对话框，设置如图 4-2 所示。单击“边距和分栏”按钮，弹出“新建边距和分栏”对话框，设置如图 4-3 所示。单击“确定”按钮，新建一个页面。选择“视图 > 其他 > 隐藏框架边缘”命令，将所绘制图形的框架边缘隐藏。

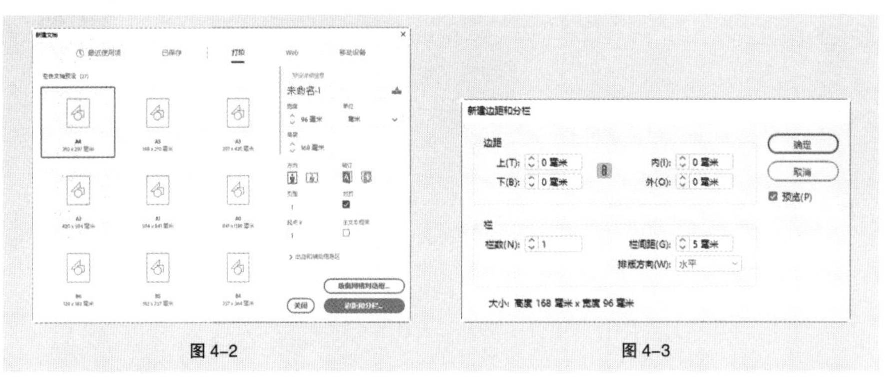

图 4-2　　　　图 4-3

（2）选择矩形工具 □，绘制一个与页面大小相等的矩形，设置图形填充色的 CMYK 值为 8、68、55、0，填充图形，并设置描边色为无，效果如图 4-4 所示。按 Ctrl+C 组合键，复制矩形，选择“编辑 > 原位粘贴”命令，原位粘贴矩形。

PREFACE 前言

Step3 通过做课堂练习 + 课后习题，提高应用能力。

4.4 课后习题——绘制创意图形

Step4 通过学习综合实训，拓展实战技能。

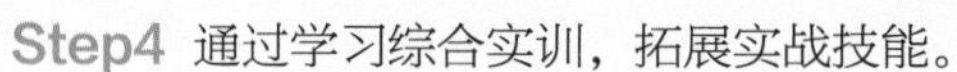

配套资源

● 学习资源及获取方式如下。

● PPT 课件、教学教案、教学大纲、拓展案例、书中所有案例的素材及最终效果文件，可在人邮教育社区（www.ryjiaoyu.com）免费下载。

● 全书慕课视频，登录人邮学院网站（www.rymooc.com）或扫描封面上的二维码，使用手机号码完成注册，在首页右上角单击“学习卡”选项，输入封底刮刮卡中的激活码，即可在线观看。扫描书中二维码也可以使用手机观看视频。

教学指导

本书的参考学时为 60 学时，其中实训环节为 28 学时，各章的参考学时参见下面的学时分配表。

章号	课程内容	学时分配	
		讲授	实训
第 1 章	初识 InDesign CC 2019	2	
第 2 章	InDesign CC 2019 基础知识	2	
第 3 章	常用工具与面板	4	4
第 4 章	基础绘图	2	4
第 5 章	高级绘图	2	4
第 6 章	版式编排	6	4
第 7 章	页面布局	6	4
第 8 章	书籍编排	2	4
第 9 章	商业案例实训	6	4
学时总计		32	28

本书约定

本书案例素材所在位置：章号 > 素材 > 案例名，如 Ch04> 素材 > 制作手机界面。

本书案例效果文件所在位置：章号 > 效果 > 案例名，如 Ch04> 效果 > 制作手机界面 .indd。

本书中关于颜色设置的表述，如蓝色（100、100、0、0），括号中的数字分别为其 C、M、Y、K 的值。

由于作者水平有限，书中难免存在不妥之处，敬请广大读者批评指正。

编　者

2021 年 10 月

InDesign

CONTENTS 目录

—01—

—02—

—03—

InDesign

—04—

第 4 章 基础绘图

—05—

第 5 章 高级绘图

CONTENTS 目录

InDesign

—07—

第 7 章 页面布局

—08—

第 8 章 书籍编排

CONTENTS 目录

—09—

第 9 章 商业案例实训

扩展知识扫码阅读

设计基础知识

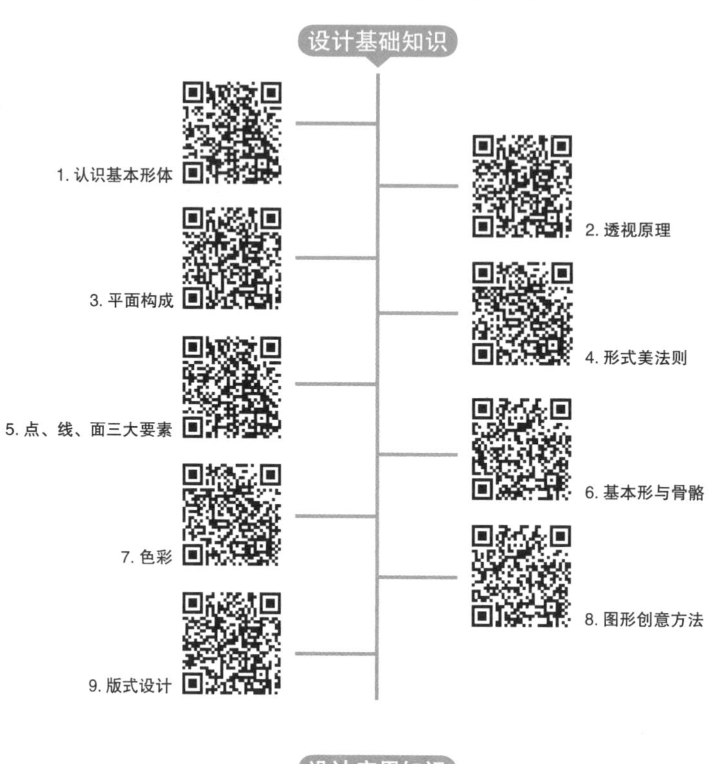

设计应用知识

01

第1章 初识 InDesign CC 2019

本章介绍

本章简要介绍 InDesign CC 2019 的功能和应用领域，只有先了解软件的特色和功能，才能更高效地开展后续学习。

学习目标

- 了解 InDesign 的基本功能。
- 了解 InDesign 的应用领域。

第 1 章简介

1.1 InDesign 的简介

InDesign 是专业的设计排版软件，拥有强大的图形图像编辑和页面排版功能，广泛应用于卡片设计、海报设计、广告设计、宣传单设计、画册设计、包装设计、杂志设计和书籍设计等领域。

1.2 应用领域

1.2.1 卡片设计

卡片是人们传递信息、交流情感的一种载体。卡片的种类繁多，有邀请卡、祝福卡、名片等。使用 InDesign 可以设计、制作各种风格的卡片，如图 1-1 所示。

图 1-1

1.2.2 海报设计

海报是广告艺术中的一种大众化载体，又名“招贴”或“宣传画”。海报具有尺寸大、远视性强、艺术性高等特点，在宣传媒介中占有很重要的地位。使用 InDesign 可以设计制作多种尺寸和表现形式的海报，如图 1-2 所示。

图 1-2

1.2.3 广告设计

平面广告（以下简称广告）以各种形式出现在大众生活中，可通过互联网、电视、杂志和户外灯箱等媒介来发布。使用 InDesign 设计、制作广告可以更灵活地进行版式编排，以更好地宣传、推广内容，如图 1–3 所示。

图 1–3

1.2.4 宣传单设计

宣传单对宣传活动和促销商品有着重要的作用。宣传单通过发放、派送等形式，可以有效地将信息传递给目标受众。使用 InDesign 可以便捷地设计制作各种样式的宣传单，如图 1–4 所示。

图 1–4

图 1-4（续）

1.2.5 画册设计

画册可以起到有效宣传文化、企业、产品等内容的作用，能够提高企业、产品的认知度。使用 InDesign 设计、制作的画册，版式编排更加丰富多样，内容表现更具感染力，如图 1-5 所示。

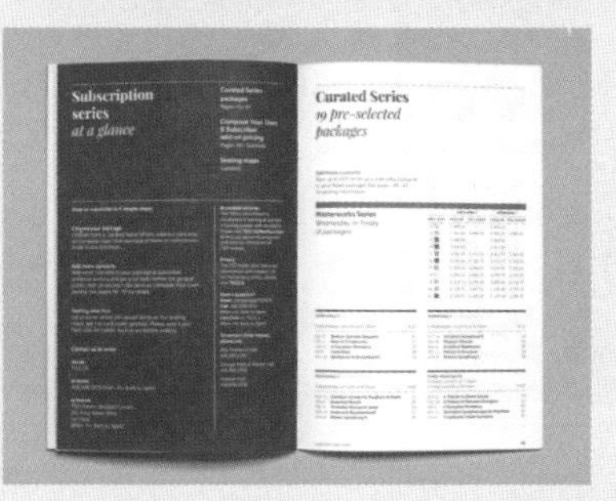

图 1-5

1.2.6 包装设计

包装是产品的外在形象，可以起到保护、美化产品，传达产品信息的作用。好的包装可以吸引消费者的注意力并引发其购买行为。使用 InDesign 可以完成包装设计平面模切图、包装设计产品效果图的设计、制作，如图 1-6 所示。

图 1-6

1.2.7 杂志设计

杂志是比较专项的宣传媒介之一，它具有目标受众准确、实效性强、宣传力度大、宣传效果明显等特点。使用 InDesign 设计、制作的杂志，设计风格多变、特色鲜明，如图 1-7 所示。

图 1-7

1.2.8 书籍设计

书籍是人类文明发展的积淀，是思想、文化、知识的载体。使用 InDesign 设计、制作的书籍，造型更加丰富，整体更加协调，如图 1-8 所示。

OVER
S!ZE
THE MEGA ART & INSTALLATIONS
THE CIRCLE
DAVE EGGERS
64GB
LOGOLOGY.2

图 1-8

02

第 2 章 InDesign CC 2019 基础知识

本章介绍

本章对 InDesign CC 2019 中文版的操作界面、工具、面板、文件、视图和窗口的基本操作等进行详细的讲解。通过本章的学习，读者可以了解 InDesign CC 2019 的基本功能，为进一步学习 InDesign CC 2019 的使用方法打下坚实的基础。

学习目标

- 熟悉 InDesign CC 2019 中文版的操作界面。
- 掌握文件的基本操作。
- 掌握视图与窗口的基本操作。

技能目标

- 掌握文件的新建、打开、保存和关闭方法。
- 掌握视图的显示方法。
- 掌握窗口的排列方式。

第 2 章简介

2.1 InDesign CC 2019 的操作界面

本节介绍 InDesign CC 2019 的操作界面，对菜单栏、控制面板、工具箱、面板和状态栏进行详细的讲解。

2.1.1 操作界面

InDesign CC 2019 的工作界面主要由菜单栏、控制面板、标题栏、工具箱、面板、页面区域、滚动条、泊槽、状态栏等部分组成，如图 2-1 所示。其功能具体如下。

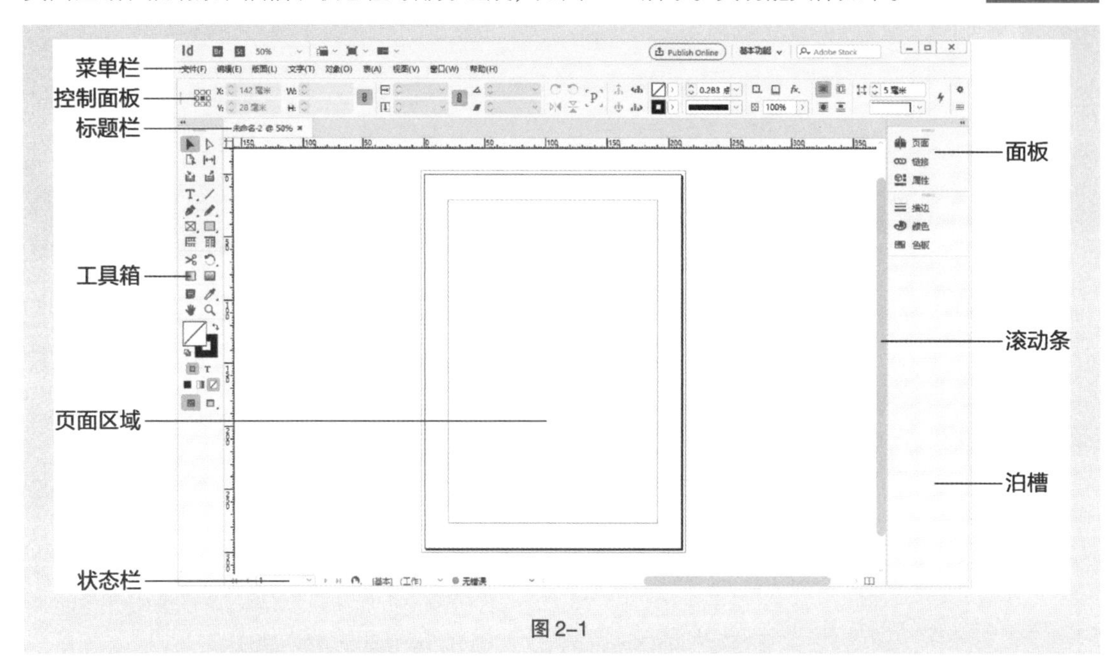

图 2-1

- 菜单栏：包括 InDesign CC 2019 中所有的操作命令，主要包括 9 个主菜单。每一个主菜单又包括多个下拉菜单，通过应用这些命令可以完成 InDesign CC 2019 的基本操作。
- 控制面板：用于选取或调用与当前页面中所选项目或对象有关的选项和命令。
- 标题栏：左侧是当前文档的名称和显示比例，右侧是控制窗口的按钮。
- 工具箱：包括 InDesign CC 2019 中所有的工具。大部分工具还有其展开式工具面板，里面包含与该工具功能相似的工具，方便用户进行绘图与编辑。
- 面板：可以快速调出许多用于设置数值和调节功能的面板，它是 InDesign CC 2019 中最重要的组件之一。面板是可以折叠的，可根据需要分离或组合，具有很大的灵活性。
- 页面区域：指在工作界面中间以黑色实线表示的矩形区域，这个区域的大小就是用户设置的页面大小。页面区域还包括页面外的出血线、页面内的页边线和栏辅助线。
- 滚动条：当屏幕内不能完全显示出整个文档时，可通过拖曳滚动条来实现对整个文档的浏览。
- 泊槽：用于组织和存放面板。
- 状态栏：显示当前文档的所属页面、文档所处的状态等信息。

2.1.2 菜单栏

熟练地使用菜单栏能够快速、有效地完成绘制和编辑任务，提高排版效率。下面对菜单栏进行详细介绍。

InDesign CC 2019 中的菜单栏包含“文件”“编辑”“版面”“文字”“对象”“表”“视图”“窗口”和“帮助”9 个菜单，如图 2-2 所示。每个菜单中又包含相应的下拉菜单，可通过单击菜单来打开其下拉菜单，如单击“版面”菜单，将弹出图 2-3 所示的下拉菜单。

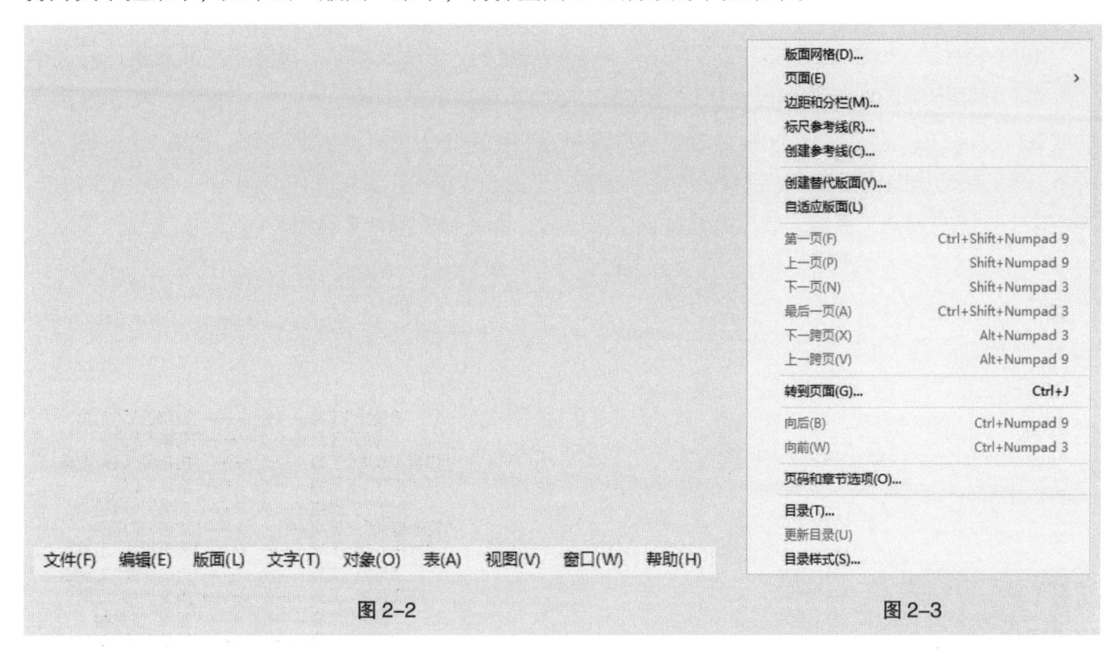

图 2-2　　　　图 2-3

下拉菜单的左侧是命令的名称，在经常使用的命令右侧是该命令的快捷键。要执行该命令，可直接按快捷键，以提高操作速度。例如，“转到页面”命令的快捷键为 Ctrl+J 组合键。

有些命令的右侧有一个向右的灰色箭头图标›，表示该命令还有相应的下拉子菜单。单击箭头图标即可弹出其下拉子菜单。有些命令的后面有省略号“...”，表示单击该命令会弹出相应的对话框，可以在对话框中进行更详尽的设置。有些命令呈灰色，表示该命令在当前状态下不可用，需要选中相应的对象或进行某些设置后，该命令才会变为黑色，即可用状态。

2.1.3 控制面板

当用户选择不同的对象时，控制面板内会显示不同的选项，如图 2-4~ 图 2-6 所示。

图 2-4

图 2-5

图 2-6

使用工具绘制对象时，可以在控制面板中设置绘制对象的属性，可以对图形、文本和段落的属性进行设定和调整。

提示：

当控制面板的选项改变时，可以通过工具提示来了解有关每一个选项的更多信息。将鼠标指针移到一个图符或选项上停留片刻即会出现工具提示。

2.1.4 工具箱

InDesign CC 2019 工具箱中的工具主要用来编辑文字、形状、线条、渐变等页面元素。

对工具箱不能像对其他面板一样进行堆叠、连接操作。单击工具箱上方的 ⁍ 图标，可以实现单栏或双栏显示；单击工具箱上方的 ⁍ 按钮，可以在垂直、水平和双栏 3 种外观间切换，如图 2-7~ 图 2-9 所示。将工具箱拖曳到页面中，它将变为活动面板。工具箱中部分工具的右下角带有一个黑色三角形，表示该工具还有展开工具组。单击并按住该工具不放，即可弹出展开工具组。

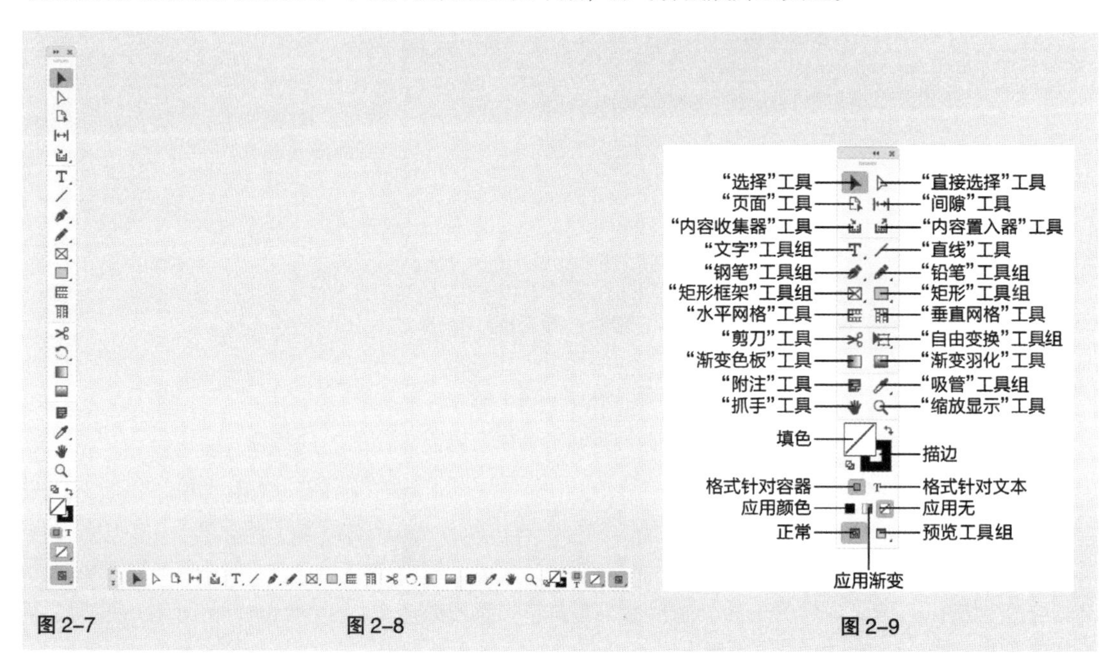

图 2-7　　图 2-8　　图 2-9

下面分别介绍各展开工具组。

- 文字工具组包括 4 个工具：文字工具、直排文字工具、路径文字工具和垂直路径文字工具，如图 2-10 所示。
- 钢笔工具组包括 4 个工具：钢笔工具、添加锚点工具、删除锚点工具和转换方向点工具，如图 2-11 所示。
- 铅笔工具组包括 3 个工具：铅笔工具、平滑工具和抹除工具，如图 2-12 所示。
- 矩形框架工具组包括 3 个工具：矩形框架工具、椭圆框架工具和多边形框架工具，如图 2-13 所示。

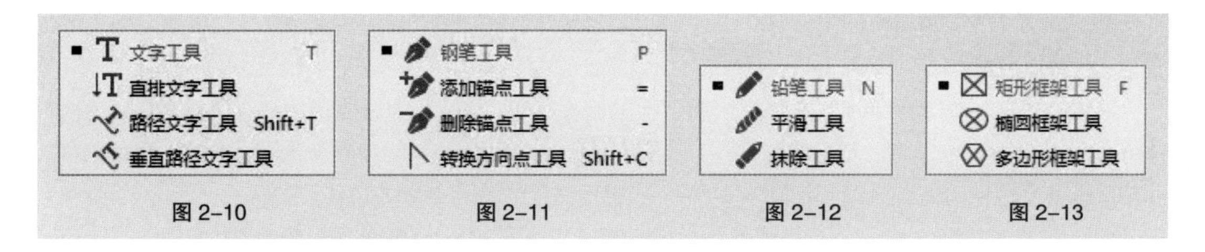

图 2-10 图 2-11 图 2-12 图 2-13

- 矩形工具组包括 3 个工具：矩形工具、椭圆工具和多边形工具，如图 2-14 所示。
- 自由变换工具组包括4个工具：自由变换工具、旋转工具、缩放工具和切变工具，如图2-15所示。
- 吸管工具组包括 3 个工具：颜色主题工具、吸管工具和度量工具，如图 2-16 所示。
- 预览工具组包括 4 个工具：预览、出血、辅助信息区和演示文稿，如图 2-17 所示。

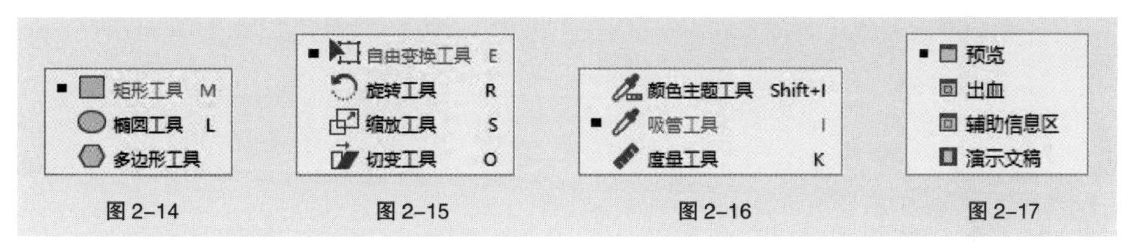

图 2-14 图 2-15 图 2-16 图 2-17

2.1.5 面板

在 InDesign CC 2019 的“窗口”菜单中，提供了多种面板，主要有“附注”“渐变”“交互”“链接”“描边”“任务”“色板”“输出”“属性”“图层”“文本绕排”“文字和表”“效果”“信息”“颜色”“页面”等面板。

1. 显示某个面板或其所在的组

在“窗口”菜单中选择面板的名称，可调出某个面板或其所在的组；要隐藏面板，在“窗口”菜单中再次单击面板的名称即可。如果该面板已经在页面中显示，那么“窗口”菜单中的该面板命令前会显示“√”。

提示：

按 Shift+Tab 组合键，可显示或隐藏除控制面板和工具面板外的所有面板；按 Tab 键，可隐藏所有面板和工具箱。

2. 排列面板

在面板组中，单击面板的名称标签，该面板就会被选中并显示为可操作的状态，如图 2-18 所示。把面板组中的一个面板拖到组的外面，如图 2-19 所示，即可建立一个独立的面板，如图 2-20 所示。

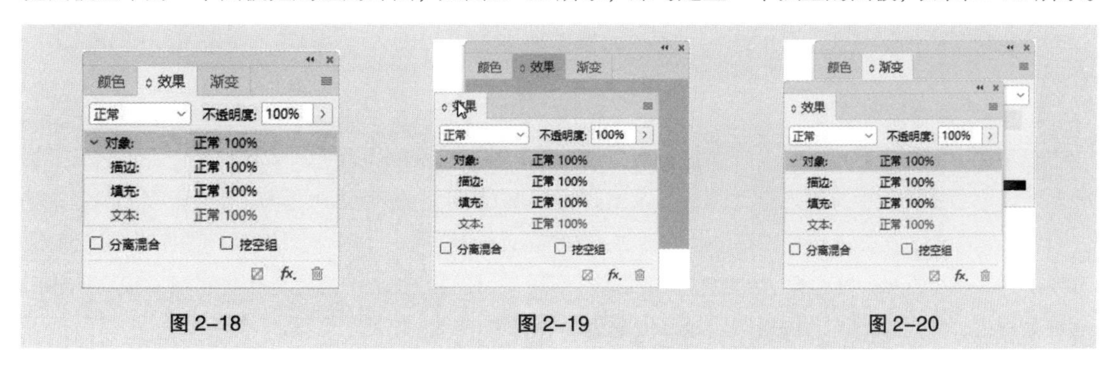

图 2-18 图 2-19 图 2-20

按住 Alt 键拖动面板组中的面板，可以移动整个面板组。

3．面板菜单

单击面板右上方的≡按钮，会弹出当前面板的面板菜单，可以从中选择相关命令，如图 2-21 所示。

图 2-21

4．改变面板的高度和宽度

单击面板中的“折叠为图标”按钮 «，可将面板折叠为图标；单击“展开面板”按钮 »，可以使面板恢复至默认大小。

如果需要改变面板的高度和宽度，可以将鼠标指针放置在面板右下角，指针变为⤡图标，单击并按住鼠标左键不放，拖曳鼠标可缩放面板。

这里以“色板”面板为例，原面板效果如图 2-22 所示。将鼠标指针放置在面板右下角，指针变为⤡图标，单击并按住鼠标左键不放，拖曳鼠标到适当的位置，如图 2-23 所示。松开鼠标，效果如图 2-24 所示。

图 2-22　　图 2-23　　图 2-24

5．将面板收缩到泊槽

在泊槽中的面板标签上单击并按住鼠标左键不放，将其拖曳到页面中，如图 2-25 所示。松开鼠标，可以将缩进的面板转换为浮动面板，效果如图 2-26 所示。在页面中的浮动面板标签上单击并按住鼠标左键不放，将其拖曳到泊槽中，如图 2-27 所示。松开鼠标，可以将浮动面板转换为缩进面板，效果如图 2-28 所示。拖曳缩进到泊槽中的面板标签，将其放到其他的缩进面板中，可以组合出新的缩进面板组。使用相同的方法可以将多个缩进面板合并为一组。

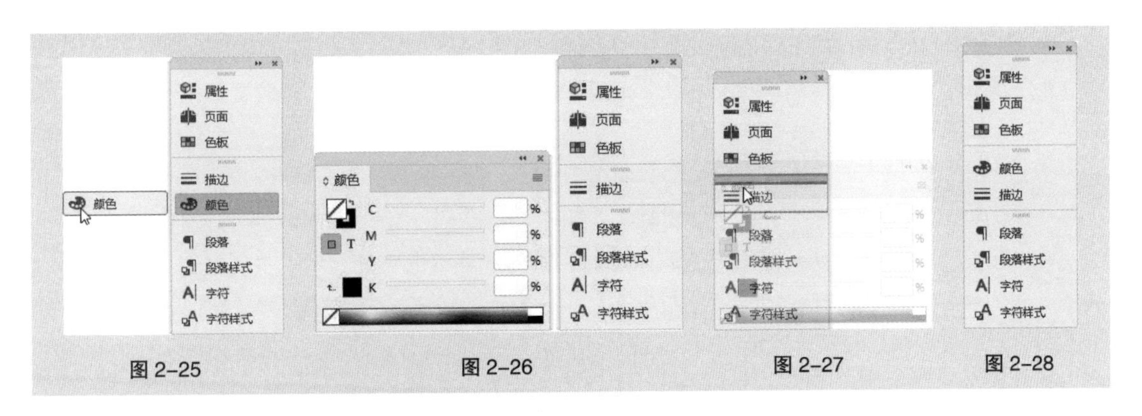

图 2-25　　图 2-26　　图 2-27　　图 2-28

单击面板的标签（如页面标签 页面 ），可以显示或隐藏面板。单击泊槽上方的 按钮，可以使面板变成展开面板或将其折叠为图标。

2.1.6　状态栏

状态栏在工作界面的最下面，如图 2-29 所示。左侧下拉列表中显示当前的页码；右侧是滚动条，当绘制的图像过大不能完全显示时，可以通过拖曳滚动条来浏览整个图像。

图 2-29

2.2　文件的基本操作

在设计和制作作品前必须掌握文件的基本操作方法。下面介绍 InDesign CC 2019 中文件的基本操作。

2.2.1　新建文件

新建文档是设计制作的第一步，可以根据自己的设计需要新建文档。

选择“文件 > 新建 > 文档”命令，或按 Ctrl+N 组合键，弹出“新建文档”对话框，用户根据需要单击上方的类别选项卡，选择需要的预设新建文档，如图 2-30 所示。在右侧的“预设详细信息”选项中可修改文档的名称、宽度、高度、单位、方向和页面等预设数值。其中主要选项的功能如下。

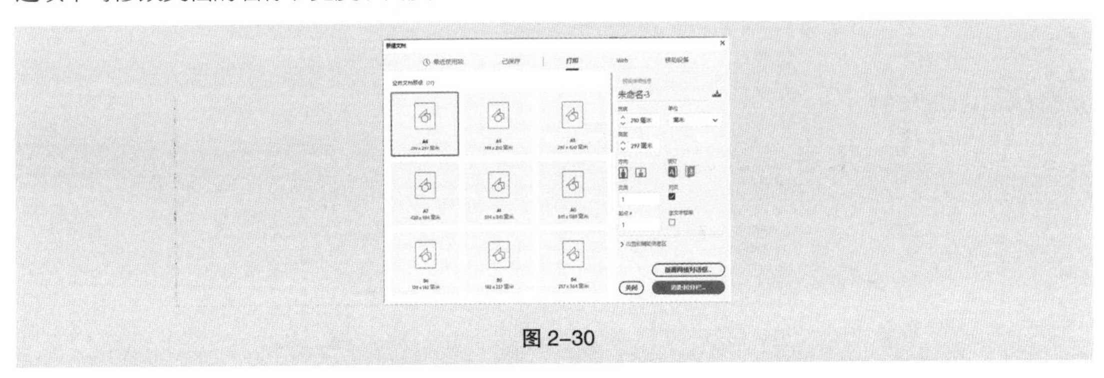
图 2-30

- “名称”文本框：用于输入新建文档的名称，默认状态下为“未命名－1”。
- “宽度”和“高度”数值框：用于设置文档的宽度和高度的数值。页面宽高代表页面外出血和其他标记被裁掉以后的成品尺寸。
- “单位”下拉列表：用于设置文档所采用的单位，默认状态下为“毫米”。
- “方向”选项：单击“纵向”按钮或“横向”按钮，页面方向会发生纵向或横向的变化。
- “装订”选项：有两种装订方式可供选择，即向左翻或向右翻。单击“从左到右”按钮，将按照左边装订的方式装订；单击“从右到左”按钮，将按照右边装订的方式装订。一般文本横排的版面选择左边装订，文本竖排的版面选择右边装订。
- “页面”文本框：用于根据需要输入文档的总页数。
- “对页”复选框：勾选此项可以在多页文档中建立左右页以对页形式显示的版面格式，就是通常所说的对开页；不勾选此项，新建文档的页面格式都以单面单页形式显示。
- “起点”文本框：用于设置文档的起始页码。
- “主文本框架”复选框：用于为多页文档创建常规的主页面。勾选此项后，InDesign CC 2019 会自动在所有页面上加上一个文本框。

单击“出血和辅助信息区”左侧的箭头按钮，展开“出血和辅助信息区”设置区，如图 2–31 所示，可以设定出血及辅助信息区的尺寸。

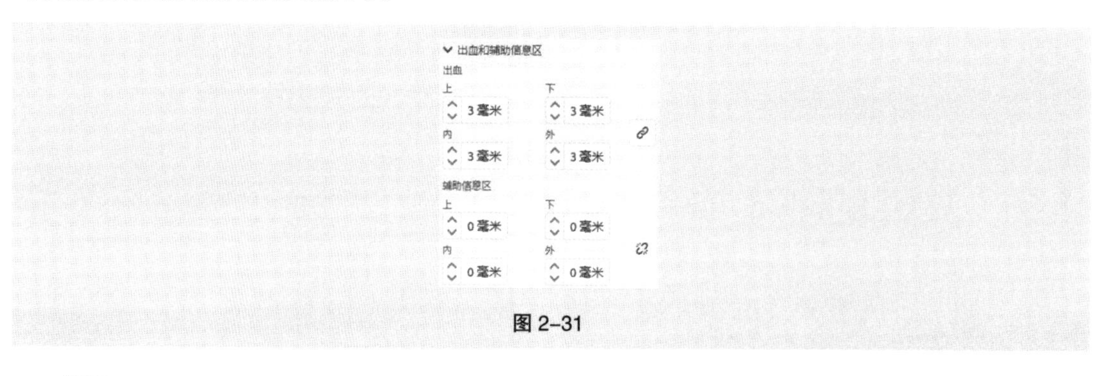

图 2–31

提示：

出血是为了避免在裁切带有超出成品边缘的图片或背景的作品时，因裁切的误差而露出白边所采取的预防措施，通常是在成品页面外扩展 3 毫米。

单击“边距和分栏”按钮，弹出“新建边距和分栏”对话框。在对话框中，可以在“边距”设置区中设置页面边空的尺寸，分别设置“上”“下”“内”“外”的值，如图 2–32 所示。在“栏”设置区中可以设置栏数、栏间距和排版方向。设置完毕后，单击“确定”按钮，新建一个页面。在新建的页面中，页边距所表示的“上”“下”“内”“外”如图 2–33 所示。

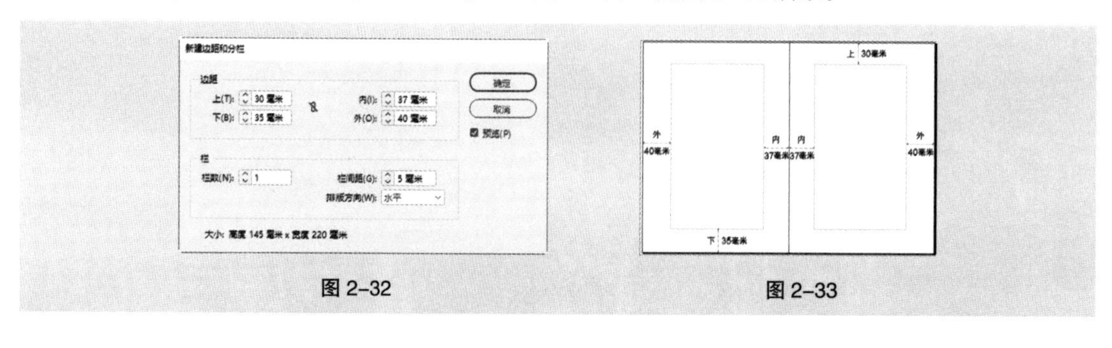

图 2–32　　图 2–33

2.2.2 保存文件

如果是新创建或无须保留原文件的出版物，可以使用“存储”命令直接进行保存。如果想要将打开的文件进行修改或编辑后，不替代原文件而进行保存，则需要使用“存储为”命令。

1. 保存新创建文件

选择“文件 > 存储”命令，或按 Ctrl+S 组合键，弹出“存储为”对话框。在对话框中选择文件要保存的位置，在“文件名”下拉列表中输入将要保存文件的文件名，在“保存类型”下拉列表中选择文件保存的类型，如图 2-34 所示。单击“保存”按钮，将文件保存。

提示：

第 1 次保存文件时，InDesign CC 2019 会提供一个默认的文件名“未命名 -1”。

2. 另存已有文件

选择“文件 > 存储为”命令，弹出“存储为”对话框，选择文件的保存位置并输入新的文件名，再选择保存类型，如图 2-35 所示。单击“保存”按钮，保存的文件不会替代原文件，而是以一个新的文件名另外进行保存。此命令可称为“换名存储”。

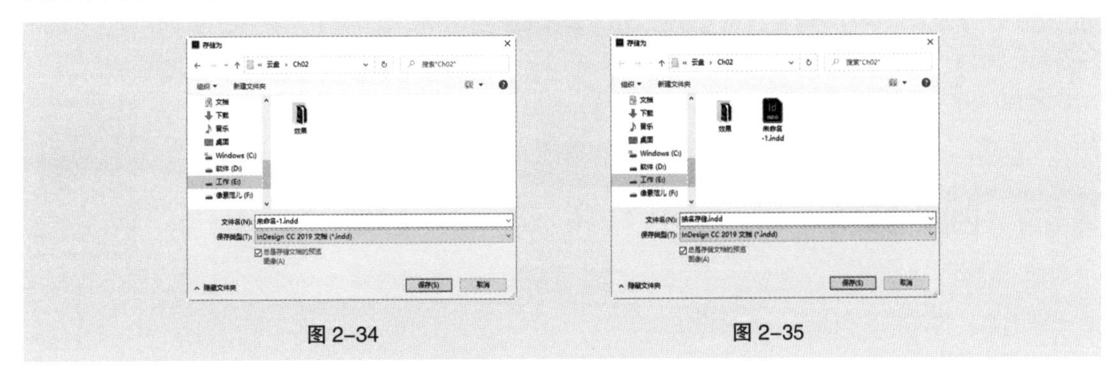

图 2-34　　图 2-35

2.2.3 打开文件

选择“文件 > 打开”命令，或按 Ctrl+O 组合键，弹出“打开文件”对话框，如图 2-36 所示。

在对话框中选择要打开文件所在的位置并单击文件名。在“文件类型”下拉列表中选择文件的类型。在“打开方式”选项组中，选中“正常”单选按钮，将正常打开文件；选中“原稿”单选按钮，将打开文件的原稿；选中“副本”单选按钮，将打开文件的副本。设置完成后，单击“打开”按钮，窗口就会显示打开的文件。也可以直接双击文件名打开文件，如图 2-37 所示。

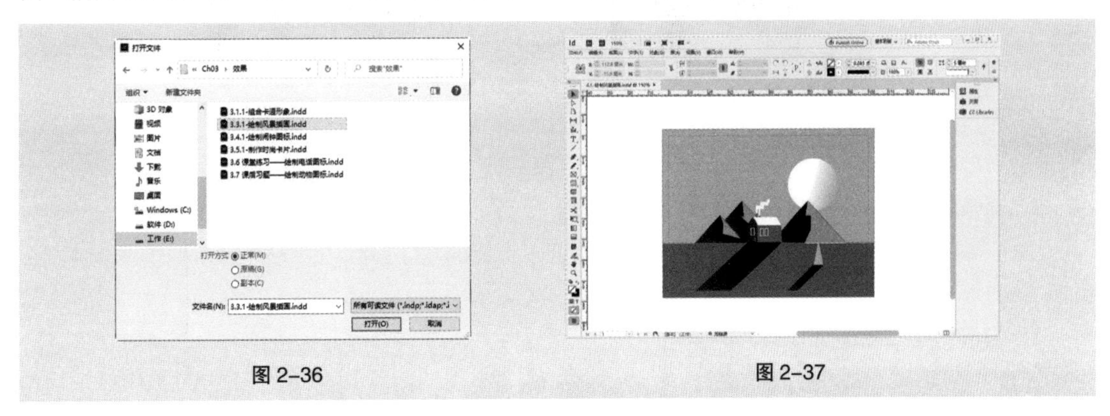

图 2-36　　图 2-37

2.2.4 关闭文件

选择“文件 > 关闭”命令，或按 Ctrl+W 组合键，文件将会被关闭。如果文档没有保存，将会弹出一个提示对话框，如图 2-38 所示。

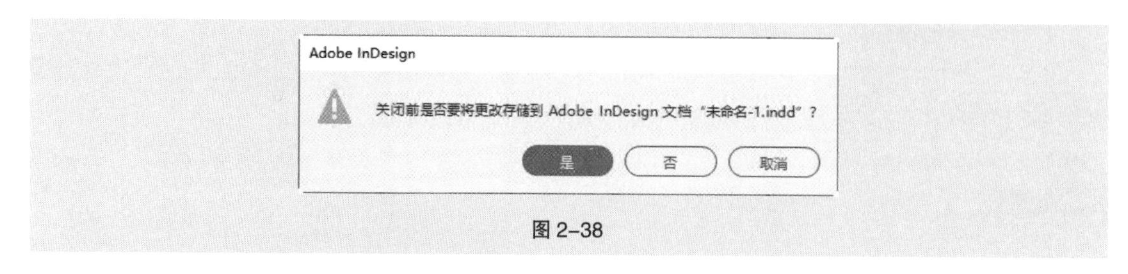

图 2-38

单击“是”按钮，将在关闭之前对文档进行保存；单击“否”按钮，在文档关闭时将不对文档进行保存；单击“取消”按钮，文档不会关闭，也不会进行保存。

2.3 视图与窗口的基本操作

在使用 InDesign CC 2019 绘制图形的过程中，用户可以随时改变视图与页面窗口的显示方式，以便更加细致地观察所绘图形的整体或局部。

2.3.1 视图的显示

在“视图”菜单中可以选择预定视图以显示页面或粘贴板。选择某个预定视图后，页面将保持此视图效果，直到再次改变预定视图为止。

1. 显示整页

选择“视图 > 使页面适合窗口”命令，可以使页面适合窗口显示，如图 2-39 所示。选择“视图 > 使跨页适合窗口”命令，可以使对开页适合窗口显示，如图 2-40 所示。

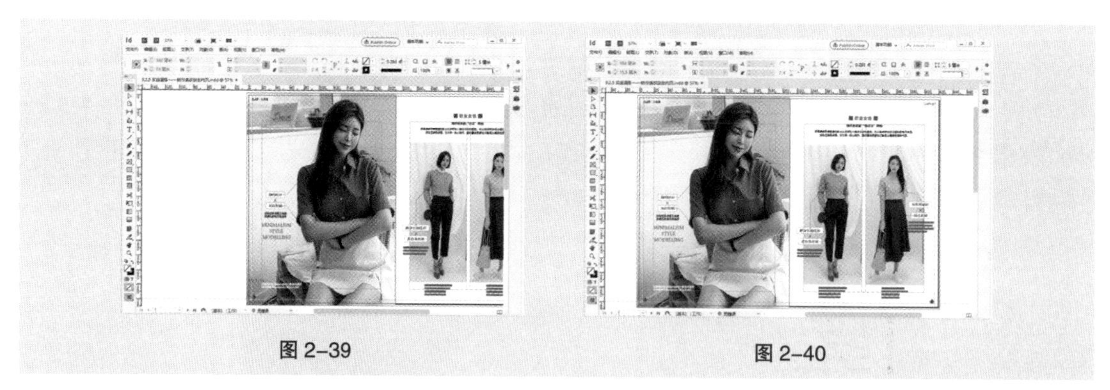

图 2-39　　图 2-40

2. 显示实际大小

选择“视图 > 实际尺寸”命令，可以在窗口中显示页面的实际大小，也就是使页面 100% 地显示，如图 2-41 所示。

3. 显示完整粘贴板

选择“视图 > 完整粘贴板”命令，可以查找或浏览全部粘贴板上的对象，此时屏幕中显示的是缩小的页面和整个粘贴板，如图 2-42 所示。

图 2-41　　图 2-42

4．放大或缩小页面视图

选择“视图 > 放大（或缩小）”命令，可以将当前页面视图放大或缩小，也可以选择缩放显示工具。

当页面中的缩放显示工具图标变为图标时，单击可以放大页面视图；按住 Alt 键时，页面中的缩放显示工具图标变为图标，单击可以缩小页面视图。

选择缩放显示工具，按住鼠标左键沿着想放大的区域拖曳出一个虚线框，如图 2-43 所示。虚线框范围内的内容会被放大显示，如图 2-44 所示。

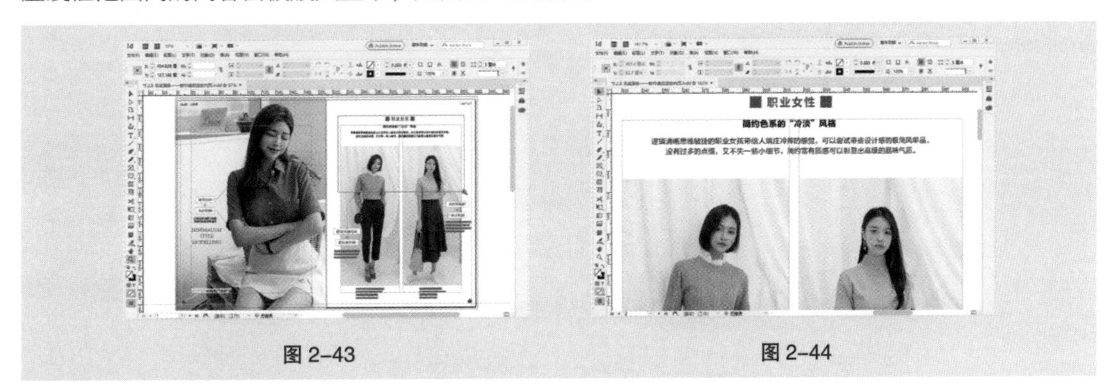

图 2-43　　图 2-44

按 Ctrl++ 组合键，可以对页面视图按比例进行放大；按 Ctrl+ − 组合键，可以对页面视图按比例进行缩小。

在页面中单击鼠标右键，弹出图 2-45 所示的快捷菜单，可以选择相应命令对页面视图进行编辑。

选择抓手工具，在页面中按住鼠标左键拖曳可以对窗口中的页面进行移动。

图 2-45

2.3.2　窗口的排列

排版文件的窗口显示主要有层叠和平铺两种。

选择“窗口 > 排列 > 层叠”命令，可以将打开的几个排版文件层叠在一起，只显示位于窗口最上面的文件，如图 2-46 所示。如果想选择需要操作的文件，单击文件名即可。

选择“窗口 > 排列 > 平铺”命令，可以将打开的几个排版文件分别水平平铺显示在窗口中，效果如图 2-47 所示。

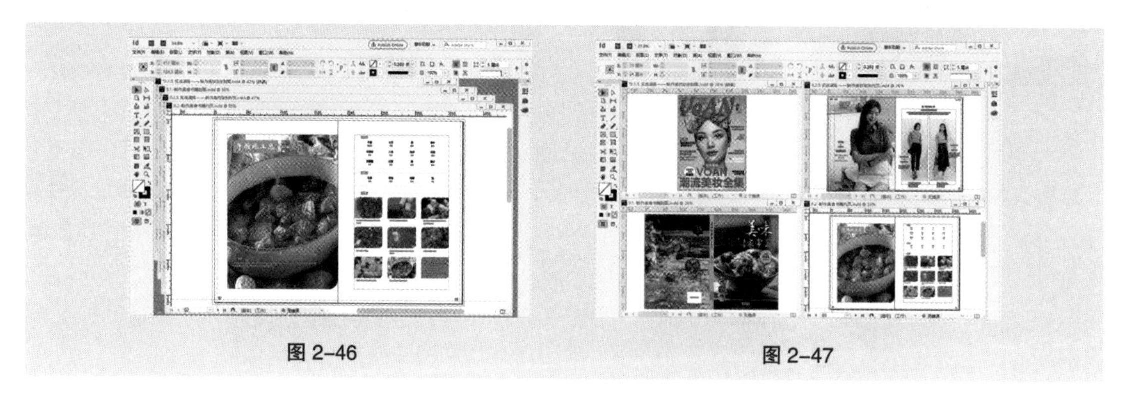

图 2-46　　图 2-47

选择“窗口 > 排列 > 新建窗口”命令，可以将打开的文件复制一份。

2.3.3　预览文档

工具箱中的预览工具用于预览文档，如图 2-48 所示。其中主要选项的功能如下。

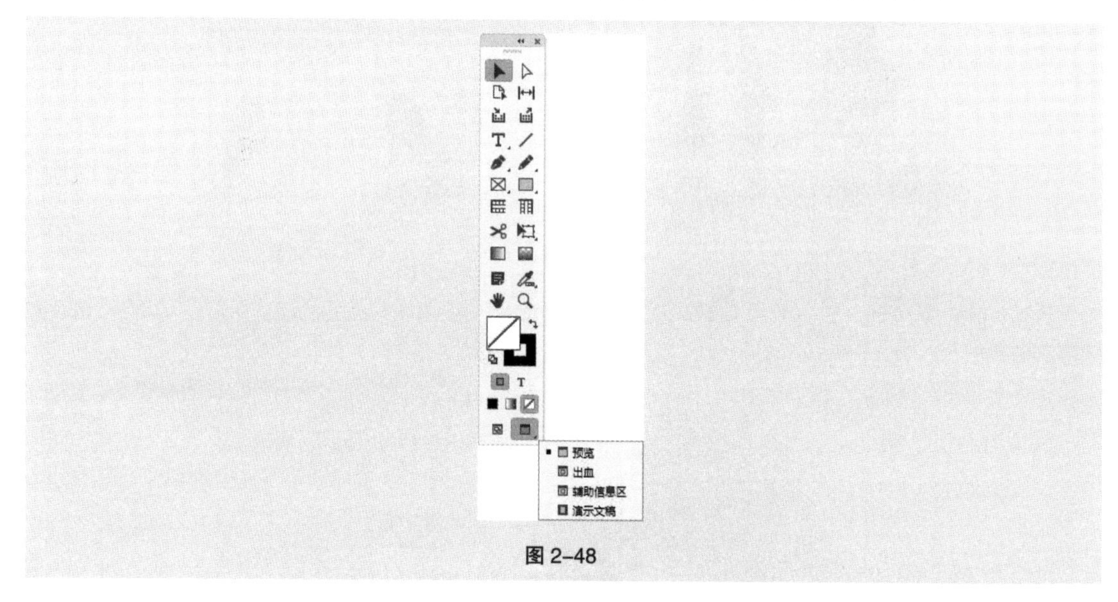

图 2-48

- 正常：单击工具箱底部的“正常显示模式”按钮，文档将以正常显示模式显示。
- 预览：单击工具箱底部的“预览显示模式”按钮，文档将以预览显示模式显示，可以显示文档的实际效果。
- 出血：单击工具箱底部的“出血显示模式”按钮，文档将以出血显示模式显示，可以显示文档及其出血部分的效果。

● 辅助信息区：单击工具箱底部的“辅助信息区”按钮，可以显示文档制作为成品后的效果。

● 演示文稿：单击工具箱底部的“演示文稿”按钮，文档将以演示文稿的形式显示。在演示文稿模式下，应用程序菜单、面板、参考线及框架边缘都是隐藏的。

选择“视图 > 屏幕模式 > 预览”命令，如图 2-49 所示，也可显示预览效果，如图 2-50 所示。

图 2-49　　图 2-50

2.3.4　显示设置

图像的显示方式主要有快速显示、典型显示和高品质显示 3 种，如图 2-51 所示。

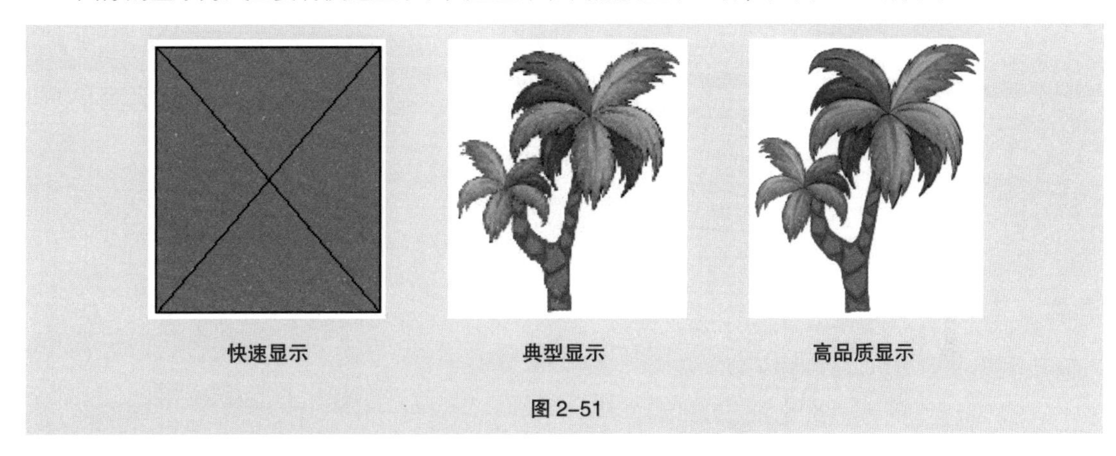

快速显示　　典型显示　　高品质显示

图 2-51

● 快速显示是将栅格图或矢量图显示为灰色块。

● 典型显示是显示低分辨率的代理图像，用于点阵图或矢量图的识别和定位。典型显示是默认选项，是显示可识别图像的最快方式。

● 高品质显示是将栅格图或矢量图以高分辨率显示。该显示方式提供最高的图像质量，但显示速度最慢。当需要做局部微调时，可选择该选项。

注意：

图像显示选项不会影响 InDesign 文档本身在输出或打印时的图像质量。在打印到 PostScript 设备或导出为 EPS、PDF 文件时，最终的图像分辨率取决于在打印或导出时的输出选项。

2.3.5　显示或隐藏框架边缘

默认状态下，在 InDesign CC 2019 中即使没有选定图形，也显示框架边缘，这样在绘制过程中就会使页面显得拥挤，不易编辑。可以通过使用“隐藏框架边缘”命令隐藏框架边缘来简化屏幕显示。

在页面中绘制一个图形，如图 2-52 所示。选择“视图 > 其他 > 隐藏框架边缘”命令，隐藏页面中图形的框架边缘，效果如图 2-53 所示。

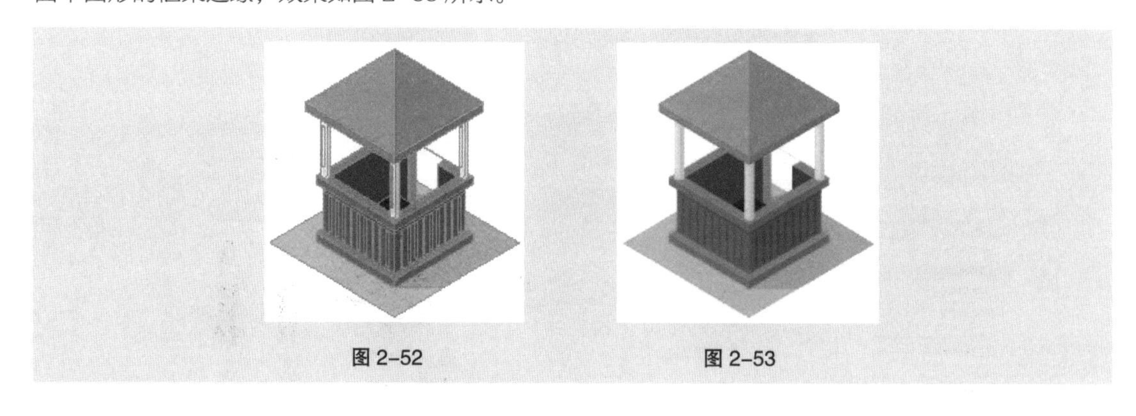

图 2-52　　图 2-53

03

第 3 章 常用工具与面板

本章介绍

本章讲解 InDesign CC 2019 中填充工具与变换工具的使用方法，以及创建和编辑文本的操作，并对“效果”面板进行重点介绍。通过本章的学习，读者可以进行常规的文本输入和编辑，制作出不同的图形描边和填充效果，了解并掌握各种颜色的填充方式，以及图形对象的编辑技巧。

学习目标

- 掌握选择工具组的使用方法。
- 掌握不同类型文字的输入和编辑方法。
- 熟练掌握各种颜色的填充方式。
- 熟练掌握使用变换工具编辑对象的方法。
- 掌握“效果”面板的使用技巧。

技能目标

- 掌握卡通形象的组合方法。
- 掌握风景插画的绘制方法。
- 掌握闹钟图标的绘制方法。
- 掌握时尚卡片的制作方法。

第 3 章简介

3.1 选择工具组

在 InDesign CC 2019 中，当对象呈选取状态时，在对象的周围出现限位框（又称为外框）。限位框是代表对象水平和垂直尺寸的矩形框。对象的选取状态如图 3-1 所示。

当同时选取多个图形对象时，对象保留各自的限位框，选取状态如图 3-2 所示。

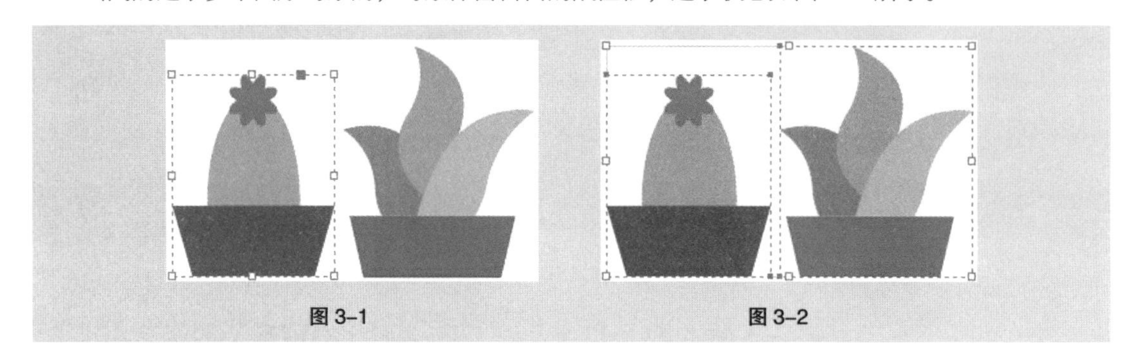

图 3-1　　图 3-2

要取消对象的选取状态，只要在页面中的空白位置单击即可。

3.1.1 课堂案例——组合卡通形象

【案例学习目标】学习使用选择类工具组合卡通形象。

【案例知识要点】使用选择工具移动图形，使用直接选择工具调整矩形的锚点，效果如图 3-3 所示。

【效果所在位置】云盘 > Ch03 > 效果 > 组合卡通形象 .indd。

图 3-3

（1）打开 InDesign CC 2019，按 Ctrl+O 组合键，打开云盘中的“Ch03 > 素材 > 组合卡通形象 > 01”文件，如图 3-4 所示。

（2）选择选择工具，将鼠标指针移动到半圆形上，指针变为图标，如图 3-5 所示，单击鼠标左键选取半圆形，指针变为图标，如图 3-6 所示。

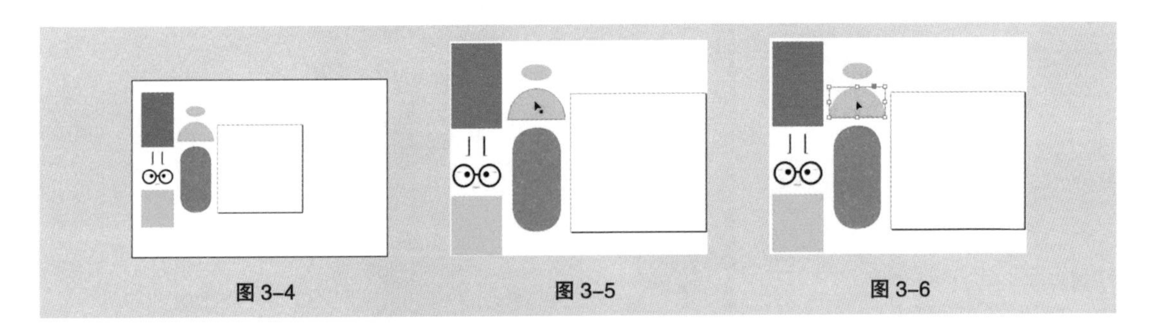
图 3-4　　图 3-5　　图 3-6

（3）按住鼠标左键不放并向右拖曳半圆形到适当的位置，如图 3-7 所示。松开鼠标，效果如图 3-8 所示。选择选择工具▶，单击并选中圆角矩形，如图 3-9 所示。

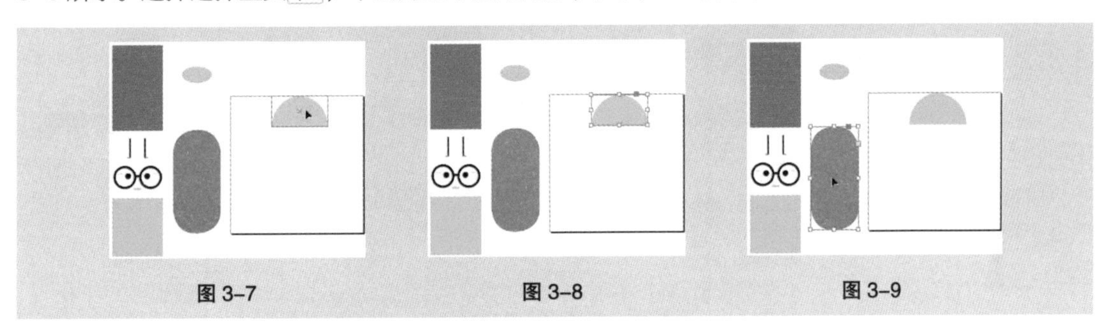
图 3-7　　图 3-8　　图 3-9

（4）按住鼠标左键不放并向右拖曳圆角矩形到适当的位置，如图 3-10 所示。松开鼠标，效果如图 3-11 所示。用相同的方法选中并移动其他图形，效果如图 3-12 所示。

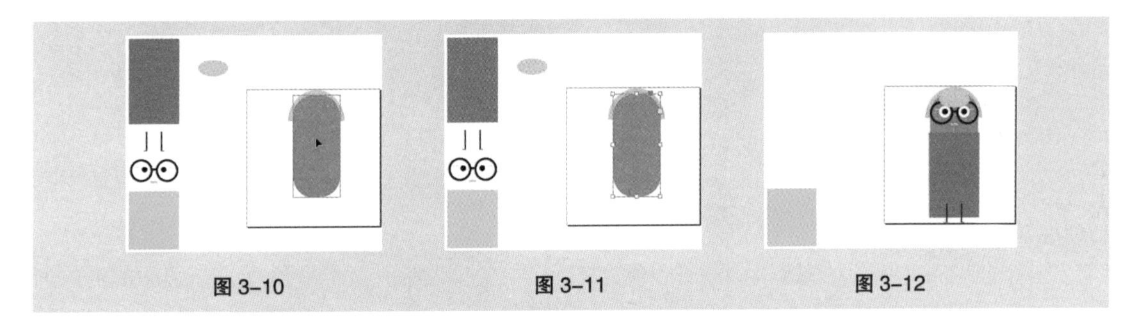
图 3-10　　图 3-11　　图 3-12

（5）选择直接选择工具▷，在矩形左上角的锚点上单击，该锚点被选取，如图 3-13 所示。按住鼠标左键并向下拖曳选取的锚点到适当的位置。如图 3-14 所示。松开鼠标，改变矩形的形状，效果如图 3-15 所示。

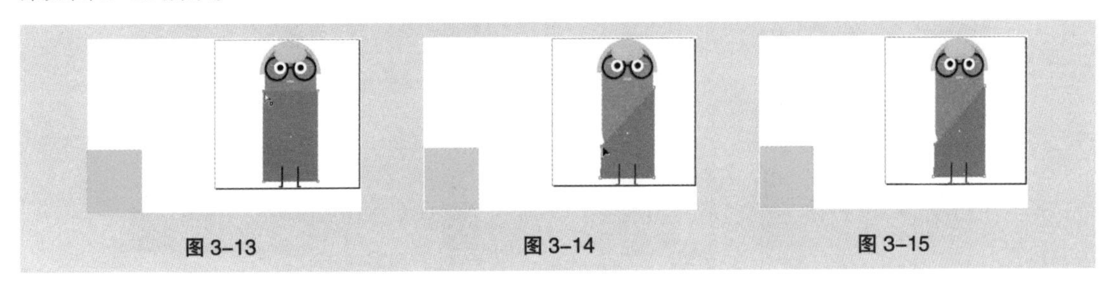
图 3-13　　图 3-14　　图 3-15

（6）选中矩形右下角的锚点，并将其拖曳到适当的位置，如图 3-16 所示。用相同的方法选择并移动另一个矩形，分别调整其锚点的位置，效果如图 3-17 所示。卡通形象组合完成。

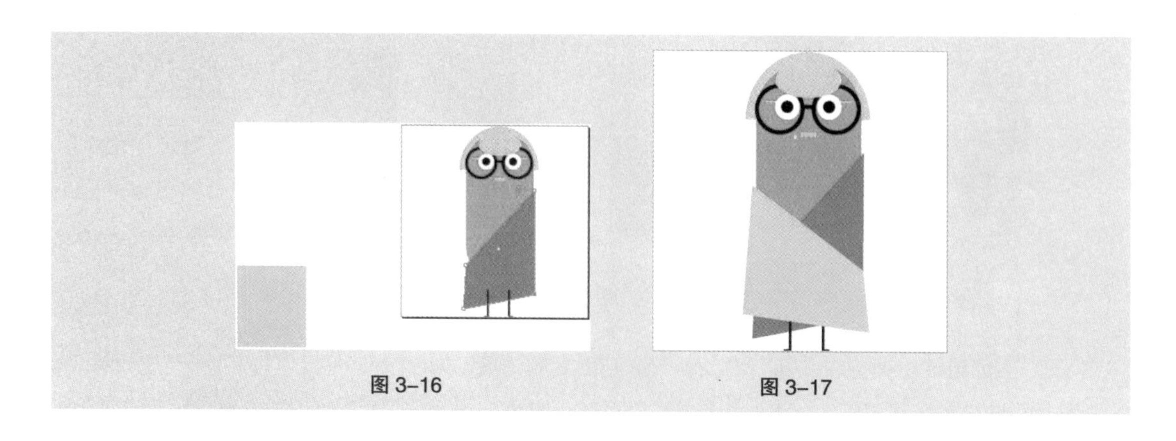
图 3-16　　图 3-17

3.1.2 选择工具

选择选择工具▶，在要选取的图形对象上单击，即可选取该对象。如果该对象是未填充的路径，则单击它的边缘即可选取。

选取多个图形对象时，在按住 Shift 键的同时，依次单击选取多个对象，如图 3-18 所示。

1．选取矢量图

选择选择工具▶，在页面中要选取的图形对象外围拖曳鼠标，出现虚线框，如图 3-19 所示。虚线框接触到的对象都将被选取，如图 3-20 所示。

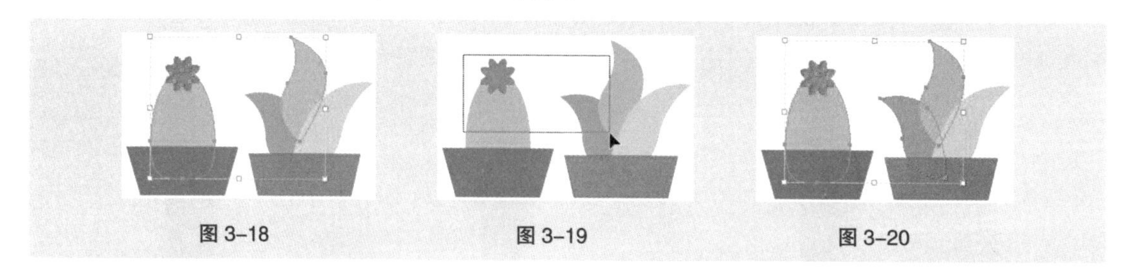
图 3-18　　图 3-19　　图 3-20

2．选取位图

选择选择工具▶，将鼠标指针置于图片上，当指针显示为▶时，如图 3-21 所示，单击图片可选取对象，如图 3-22 所示。在空白处单击，可取消选取状态，如图 3-23 所示。

图 3-21　　图 3-22　　图 3-23

将指针移动到接近图片中心时，指针显示为🖑图标，如图 3-24 所示，单击可选取限位框内的图片，如图 3-25 所示。按 Esc 键，可切换到选取对象状态，如图 3-26 所示。

图 3-24　　图 3-25　　图 3-26

3.1.3　直接选择工具

1．选取矢量图

选择直接选择工具▷，拖曳鼠标圈选图形对象，如图 3-27 所示，对象被选取，但被选取的对象不显示限位框，只显示锚点，如图 3-28 所示。

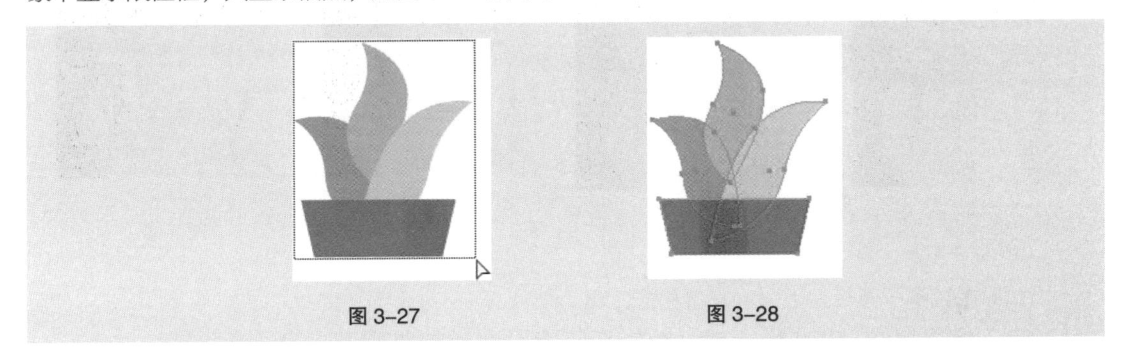
图 3-27　　图 3-28

选择直接选择工具▷，在图形对象的某个锚点上单击，该锚点被选取，如图 3-29 所示。按住鼠标左键并拖曳选取的锚点到适当的位置，如图 3-30 所示。松开鼠标，改变对象的形状，效果如图 3-31 所示。在按住 Shift 键的同时，单击需要的锚点，可选取多个锚点。

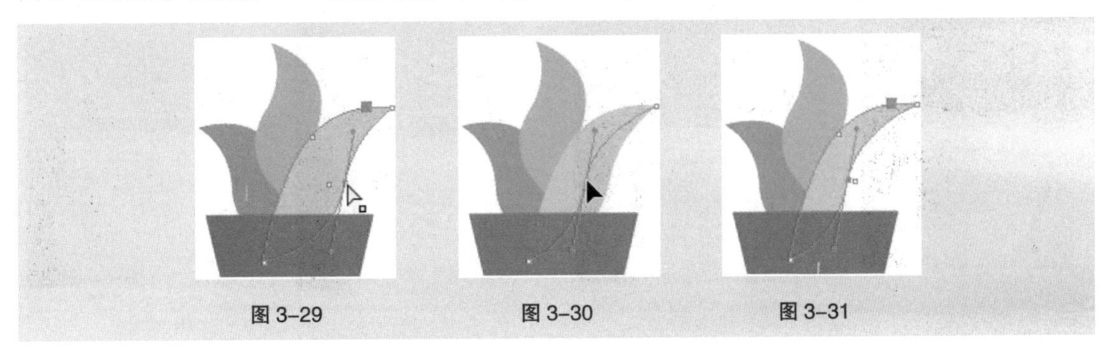
图 3-29　　图 3-30　　图 3-31

选择直接选择工具▷，将鼠标指针放置在图形上并单击，图形呈选取状态，如图 3-32 所示。在中心点再次单击，选取整个图形，如图 3-33 所示。按住鼠标左键将其拖曳到适当的位置，如图 3-34 所示，松开鼠标，移动对象。

图 3-32　　图 3-33　　图 3-34

2. 选取位图

选择直接选择工具，单击图片的限位框，如图 3-35 所示，再单击中心点，如图 3-36 所示。按住鼠标左键将其拖曳到适当的位置，如图 3-37 所示。松开鼠标，则只移动限位框，框内的图片没有移动，效果如图 3-38 所示。

图 3-35　　图 3-36　　图 3-37　　图 3-38

当鼠标指针置于图片之上时，直接选择工具会自动变为抓手工具，如图 3-39 所示。在图片上单击，可选取限位框内的图片，如图 3-40 所示。按住鼠标左键拖曳图片到适当的位置，如图 3-41 所示，松开鼠标，则只移动图片，限位框没有移动，效果如图 3-42 所示。

图 3-39　　图 3-40　　图 3-41　　图 3-42

3.2 文字工具组

在 InDesign CC 2019 中，所有的文本都位于文本框内，通过编辑文本及文本框可以快捷地进行排版操作。下面介绍编辑文本及文本框的方法和技巧。

3.2.1 文字工具

1. 创建文本框

选择文字工具T或直排文字工具↓T，在页面中适当的位置单击并按住鼠标左键不放，将其拖曳到适当的位置，如图 3-43 所示。松开鼠标，创建文本框，文本框中会出现插入点，如图 3-44 所示。在拖曳时按住 Shift 键，可以拖曳出一个正方形的文本框，如图 3-45 所示。

图 3-43　　图 3-44　　图 3-45

2. 输入文本

选择文字工具T或直排文字工具↓T，在页面中适当的位置拖曳鼠标创建文本框，当松开鼠标时，文本框中会出现插入点，直接输入文本即可。

选择选择工具▶或选择直接选择工具▷，在已有的文本框内双击，文本框中会出现插入点，直接输入文本即可。

3.2.2 路径文字工具

使用路径文字工具和垂直路径文字工具，在创建文本时，可以将文本沿着一个开放或闭合路径的边缘进行水平或垂直方向排列，路径可以是规则或不规则的。路径文字和其他文本框一样有入口和出口，如图 3-46 所示。

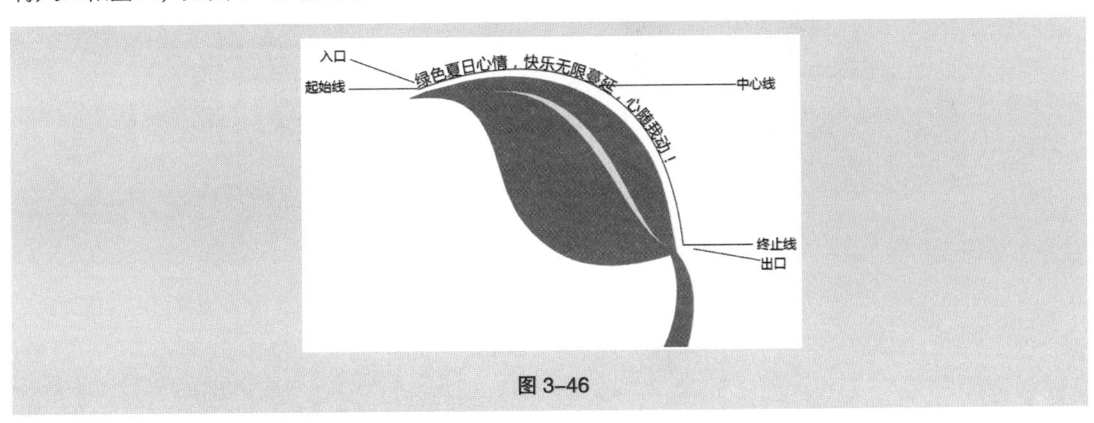

图 3-46

选择钢笔工具，绘制一条路径，如图 3-47 所示。选择路径文字工具，将光标定位于路径上方，光标变为图标，如图 3-48 所示。在路径上单击插入光标，如图 3-49 所示，输入需要的文本，效果如图 3-50 所示。

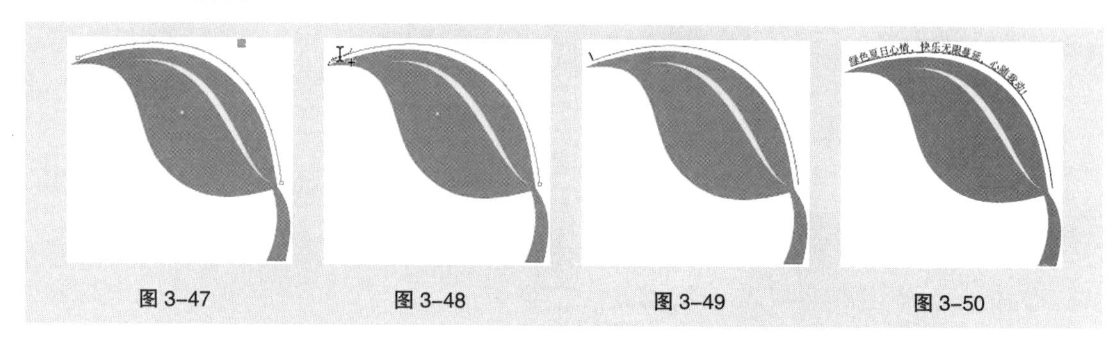

图 3-47　　图 3-48　　图 3-49　　图 3-50

提示：

若路径是有描边的，在添加文字之后会保持描边。要隐藏路径，用选择工具或直接选择工具选取路径，将填充和描边颜色都设置为无即可。

3.3 填充工具组

3.3.1 课堂案例——绘制风景插画

【案例学习目标】学习使用填充工具、渐变色板工具绘制风景插画。

【案例知识要点】使用“颜色”面板填充后山和房子，使用渐变色板工具填充后山和房子阴影，使用椭圆工具、渐变羽化工具绘制太阳，效果如图 3-51 所示。

【效果所在位置】云盘 > Ch03 > 效果 > 绘制风景插画 .indd。

图 3-51

（1）打开 InDesign CC 2019，按 Ctrl+O 组合键，打开云盘中的“Ch03 > 素材 > 绘制风景插画 >01”文件，如图 3-52 所示。选择选择工具，选取下方的矩形，如图 3-53 所示。

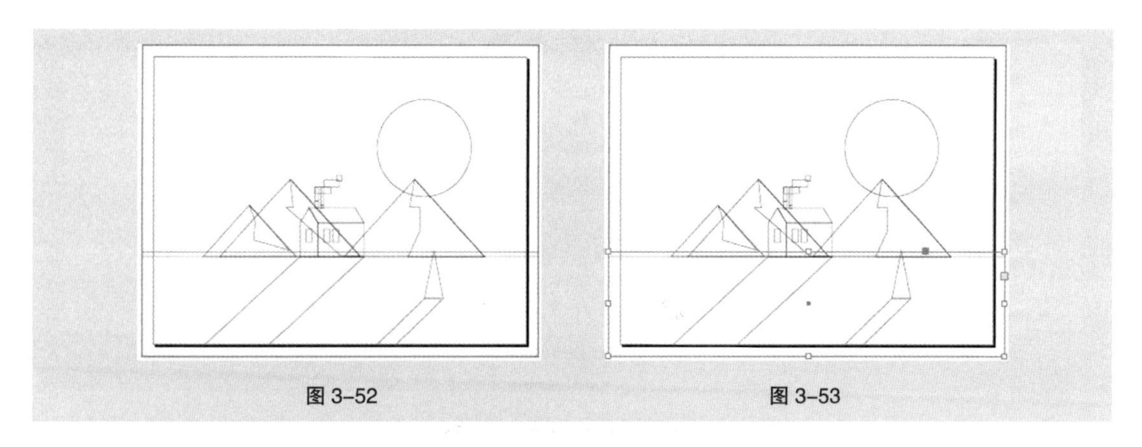
图 3-52　　图 3-53

（2）选择“窗口 > 颜色 > 颜色”命令，在弹出的“颜色”面板中设置CMYK的值为0、90、25、0，如图 3-54 所示。按 Enter 键，并设置描边色为无，效果如图 3-55 所示。

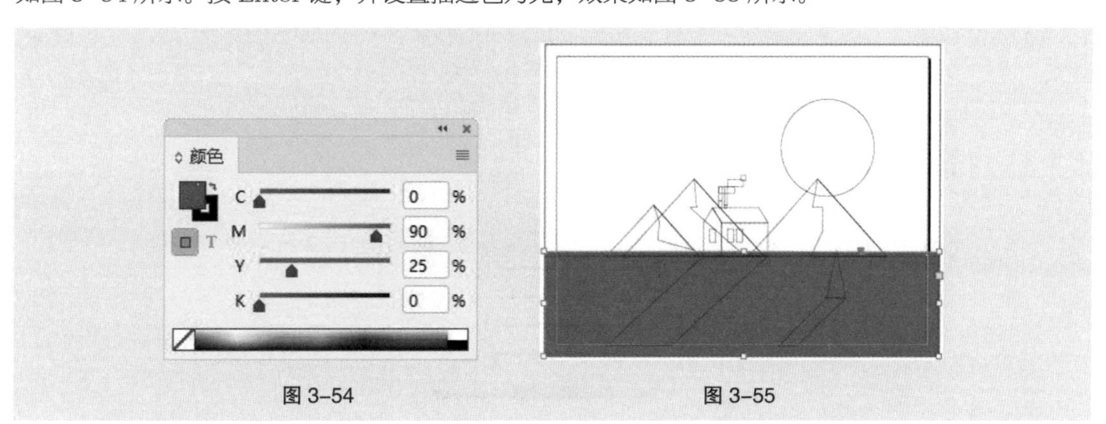

图 3-54　　图 3-55

（3）选择选择工具，选取上方的矩形。双击渐变色板工具，弹出“渐变”面板，在“类型”下拉列表中选择“线性”，在色带上选中左侧的渐变色标，设置 CMYK 的值为 0、33、52、0；选中右侧的渐变色标，设置 CMYK 的值为 0、26、100、0，如图 3-56 所示。填充渐变色，并设置描边色为无，效果如图 3-57 所示。

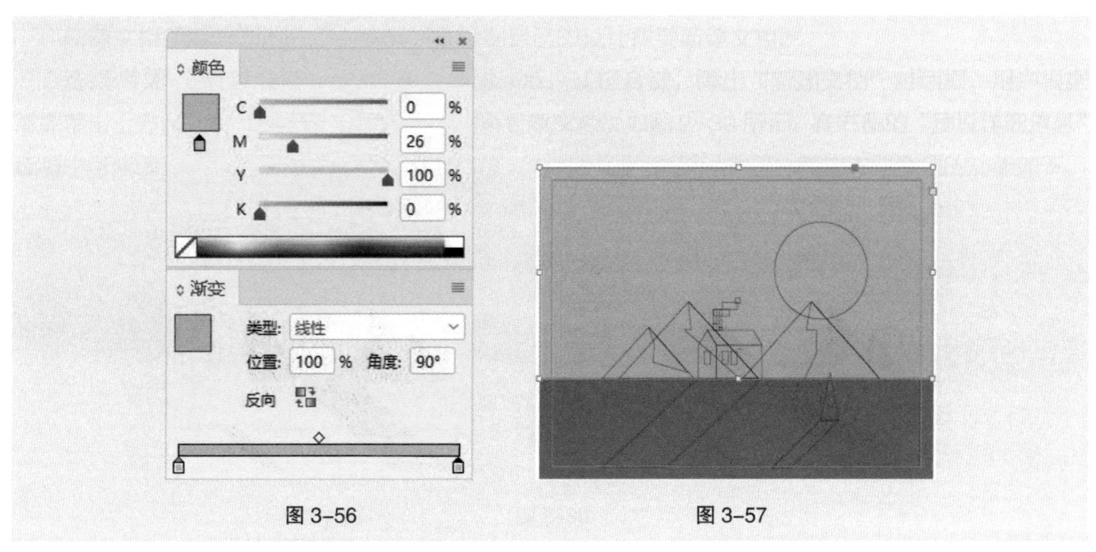

图 3-56　　图 3-57

（4）选择选择工具，选取右侧需要的图形，如图 3-58 所示。在“颜色”面板中设置 CMYK 的值为 65、0、20、0，如图 3-59 所示。按 Enter 键，并设置描边色为无，效果如图 3-60 所示。

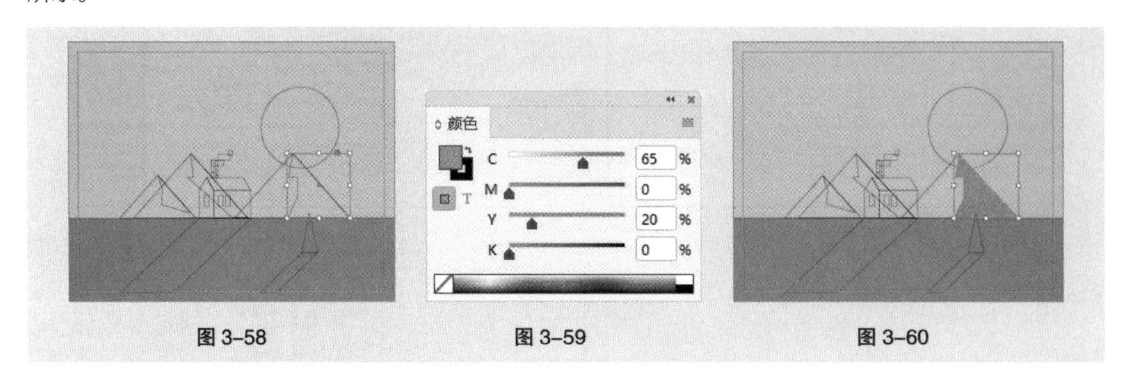

图 3-58　　图 3-59　　图 3-60

（5）选择选择工具，选取左侧的三角形，如图 3-61 所示。双击渐变色板工具，弹出“渐变”面板，在“类型”下拉列表中选择“线性”，在色带上选中左侧的渐变色标，设置 CMYK 的值为 0、0、0、90；选中右侧的渐变色标，设置 CMYK 的值为 0、0、0、100，如图 3-62 所示。填充渐变色，并设置描边色为无，效果如图 3-63 所示。

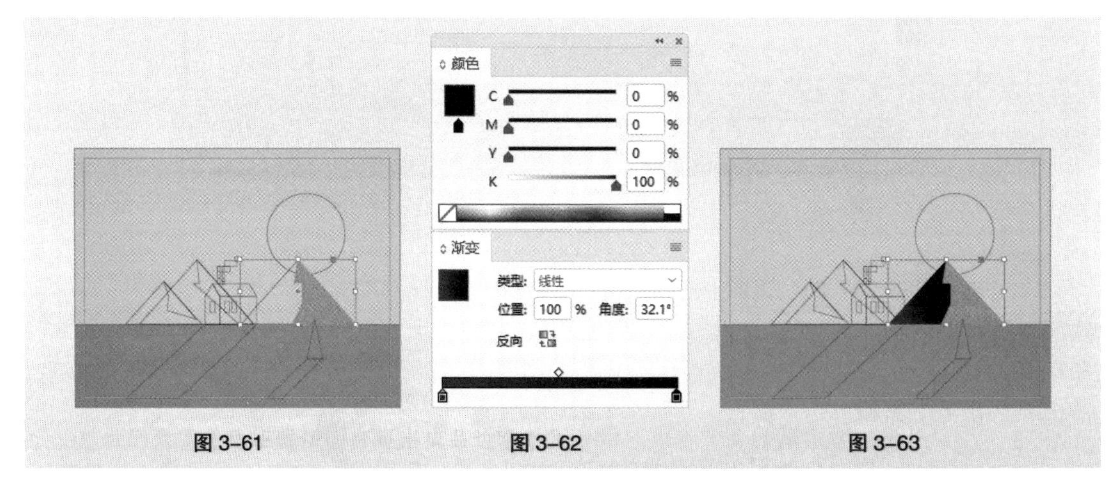

图 3-61　　图 3-62　　图 3-63

（6）用上述方法填充其他图形相应的颜色，效果如图 3-64 所示。选择选择工具，在按住 Shift 键的同时，依次单击需要的矩形将其同时选取，如图 3-65 所示。

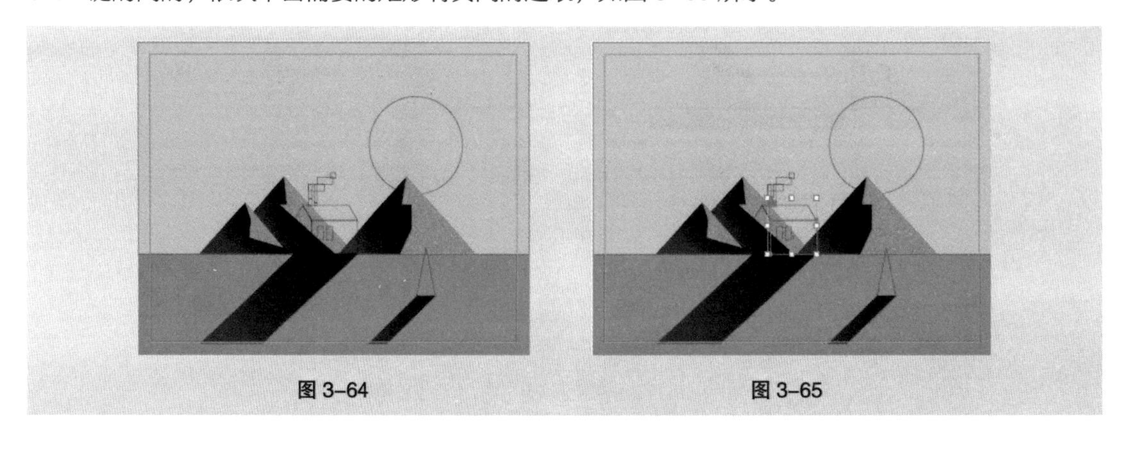

图 3-64　　图 3-65

（7）在“颜色”面板中设置 CMYK 的值为 0、90、25、0，如图 3-66 所示。按 Enter 键，并设置描边色为无，取消选取状态，效果如图 3-67 所示。

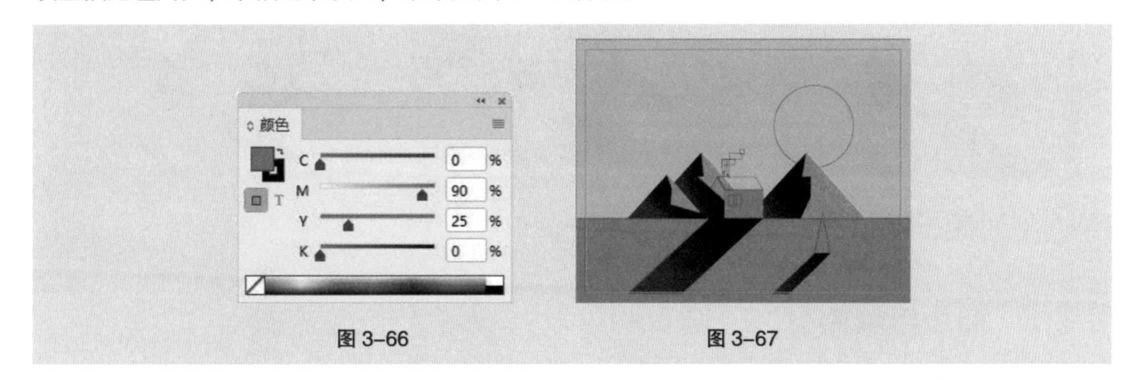

图 3-66　　图 3-67

（8）选择选择工具▶，在按住 Shift 键的同时，依次单击需要的矩形将其同时选取，如图 3-68 所示。设置描边色为白色，并在“控制”面板中将“描边粗细”选项 0.283 点 设为“1 点”。按 Enter 键，取消选取状态，效果如图 3-69 所示。

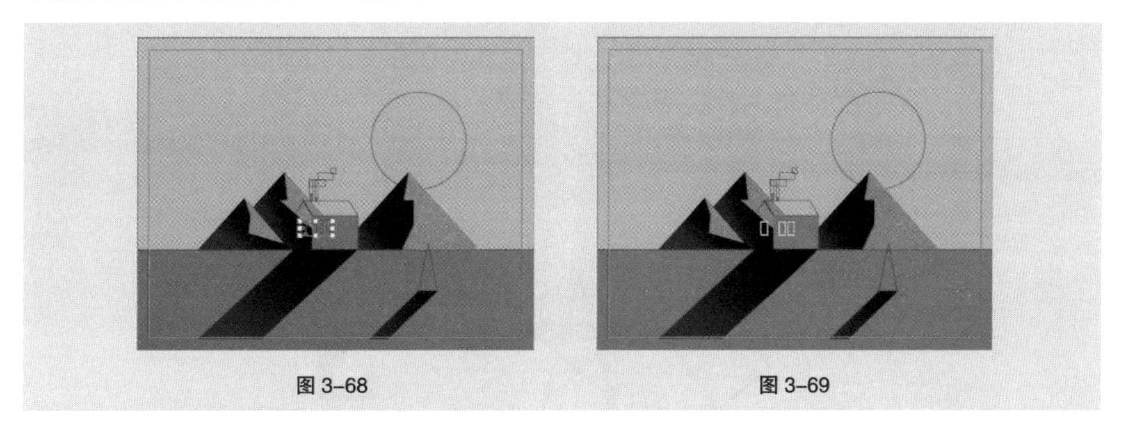

图 3-68　　图 3-69

（9）用相同的方法填充其他图形相应的颜色，效果如图 3-70 所示。选择选择工具▶，选取圆形，填充图形为白色，并设置描边色为无，效果如图 3-71 所示。

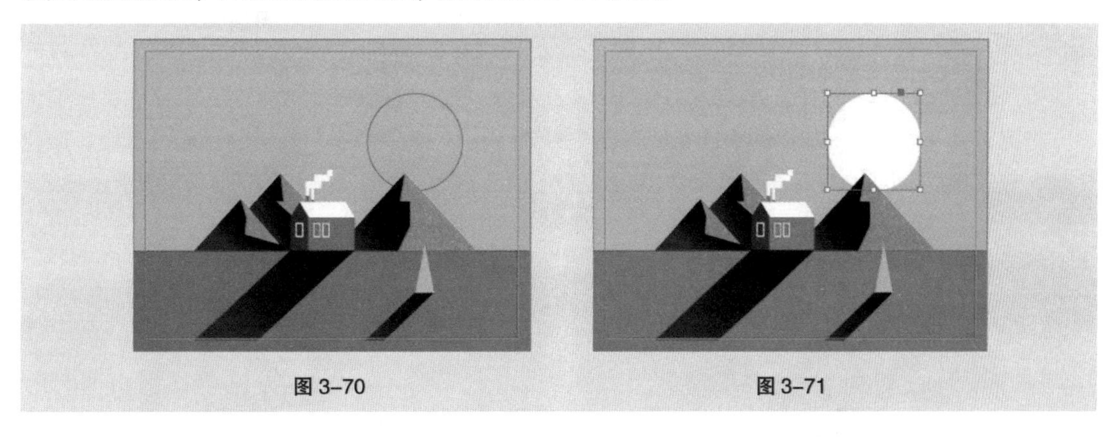

图 3-70　　图 3-71

（10）选择渐变羽化工具，在图形中单击并按住鼠标左键将鼠标向右下侧拖曳，如图 3-72 所示。松开鼠标后，渐变羽化的效果如图 3-73 所示。在页面空白处单击鼠标左键，取消图形的选取状态，风景插画绘制完成，效果如图 3-74 所示。

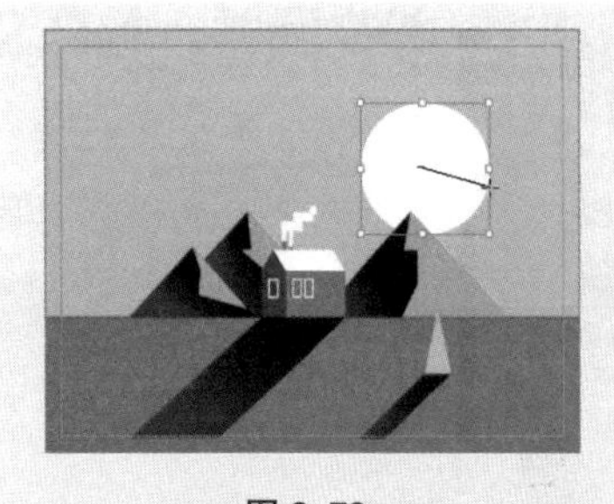
图 3-72

图 3-73

图 3-74

3.3.2 描边与填色

在 InDesign CC 2019 中，提供了丰富的描边和填充种类，供用户制作出精美的效果。下面介绍编辑图形填充与描边的方法和技巧。

1．编辑描边

描边是指一个图形对象的边缘或路径。系统默认状态下，在 InDesign CC 2019 中绘制出的图形基本上已画出了细细的黑色描边。通过调整描边的宽度，可以绘制出不同宽度的描边线，如图 3-75 所示。还可以将描边设置为无。

应用工具箱下方的“描边”按钮，如图 3-76 所示，可以指定所选对象的描边颜色。按 X 键时，可以切换填充显示框和描边显示框的位置。单击“互换填色和描边”按钮或按 Shift+X 组合键，可以互换填充色和描边色。

图 3-75　图 3-76

在工具箱下方有 3 个按钮，分别是“应用颜色”按钮、“应用渐变”按钮和“应用无”按钮。

◎ 设置描边的粗细

选择选择工具，选取需要的图形，如图 3-77 所示。在“控制”面板的“描边粗细”选项 0.283 点 中输入需要的数值，如图 3-78 所示。按 Enter 键确认操作，效果如图 3-79 所示。

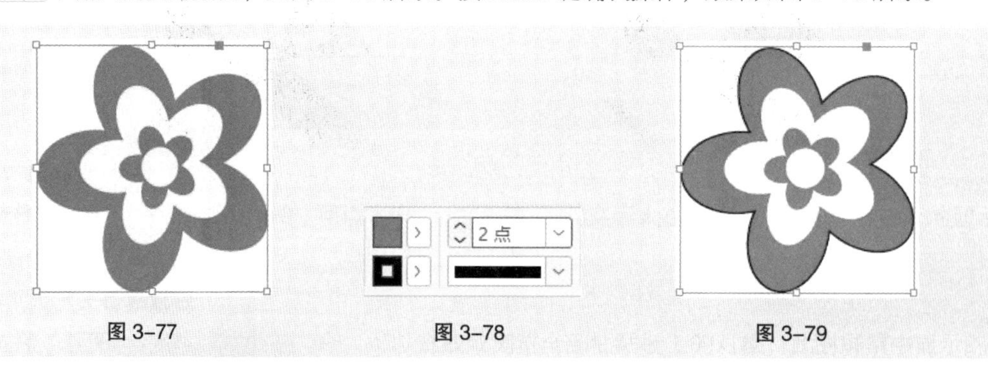

图 3-77　图 3-78　图 3-79

选择选择工具，选取需要的图形，如图 3-80 所示。选择“窗口 > 描边”命令，或按 F10 键，弹出“描边”面板，在“粗细”下拉列表中选择需要的笔画宽度值，或者直接输入合适的数值。本例宽度数值设置为 4 点，如图 3-81 所示，图形的笔画宽度被改变，效果如图 3-82 所示。

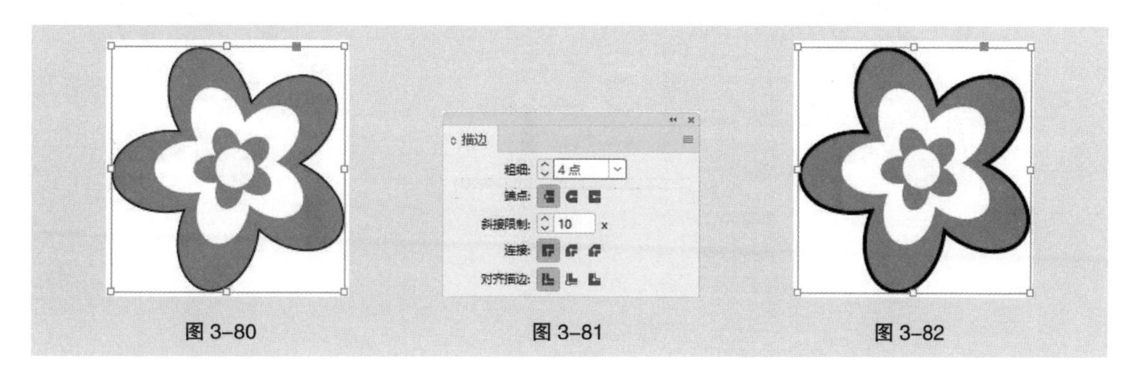

图 3-80　　图 3-81　　图 3-82

◎ 设置描边的填充

保持图形被选取的状态，如图 3-83 所示。选择“窗口 > 颜色 > 色板”命令，弹出“色板”面板，单击“描边”按钮，如图 3-84 所示。单击面板右上方的≡图标，在弹出的菜单中选择“新建颜色色板”命令，弹出“新建颜色色板”对话框，设置如图 3-85 所示。单击“确定”按钮，对象笔画的填充效果如图 3-86 所示。

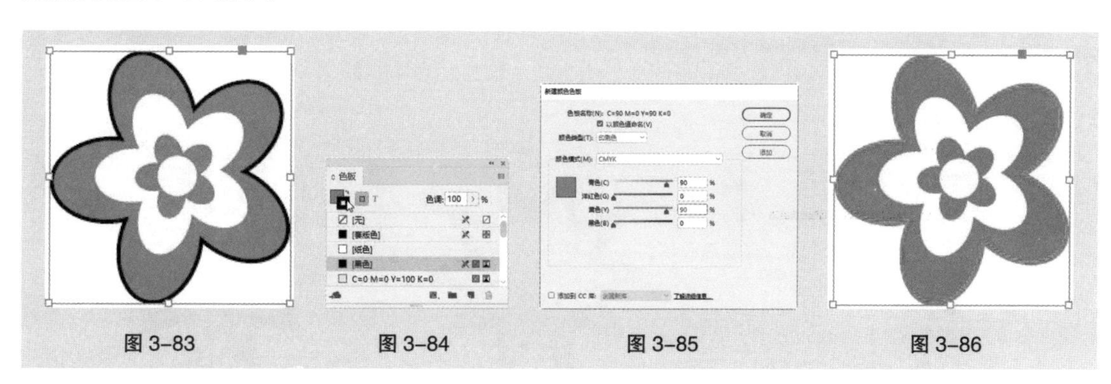

图 3-83　　图 3-84　　图 3-85　　图 3-86

保持图形被选取的状态，如图 3-87 所示。选择“窗口 > 颜色 > 颜色”命令，弹出“颜色”面板，如图 3-88 所示。或双击工具箱下方的“描边”按钮，弹出“拾色器”对话框，如图 3-89 所示，在对话框中可以调配所需的颜色。单击“确定”按钮，对象笔画的颜色填充效果如图 3-90 所示。

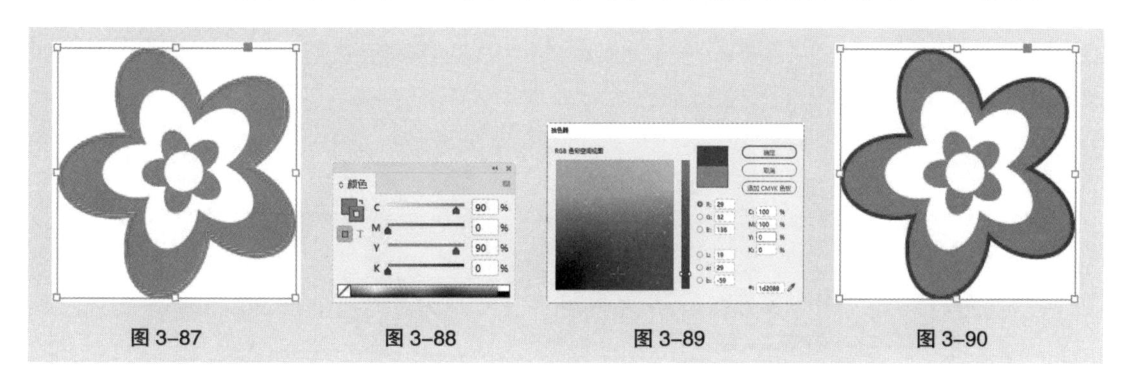

图 3-87　　图 3-88　　图 3-89　　图 3-90

保持图形被选取的状态，如图 3-91 所示。选择“窗口 > 颜色 > 渐变”命令，在弹出的“渐变”

面板中可以调配所需的渐变色，如图 3-92 所示。图形的描边渐变效果如图 3-93 所示。

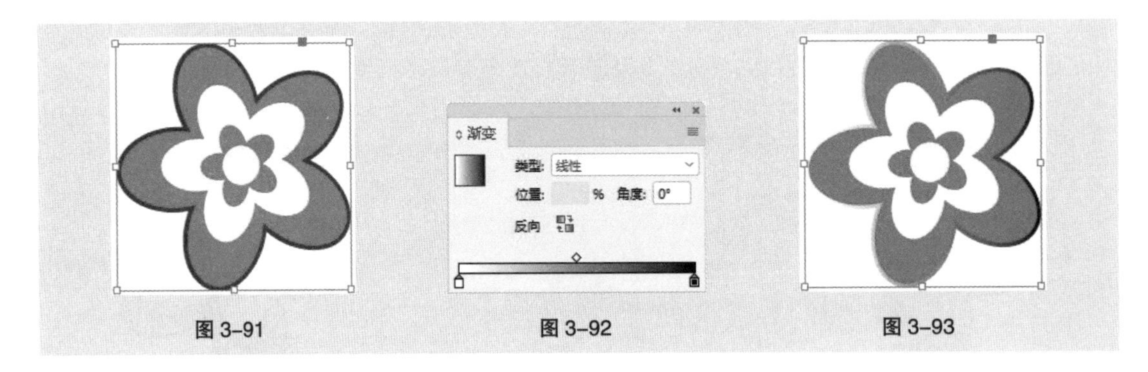

图 3-91　　图 3-92　　图 3-93

◎ 使用“描边”面板

选择“窗口 > 描边”命令，或按 F10 键，弹出“描边”面板，如图 3-94 所示。“描边”面板主要用来设置对象笔画的属性，如粗细、形状等。

在“描边”面板中，“斜接限制”选项可以用来设置笔画沿路径改变方向时的伸展长度。可以在其下拉列表中选择所需的数值，也可以直接输入合适的数值。将“斜接限制”选项设置为“2”和“20”时的对象笔画效果分别如图 3-95 和图 3-96 所示。

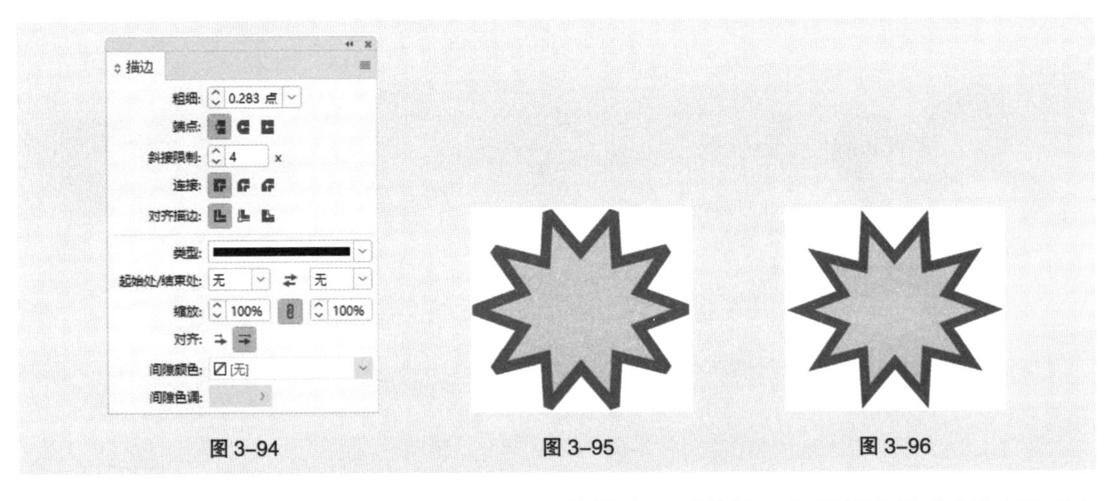

图 3-94　　图 3-95　　图 3-96

末端是指一段笔画的首端和尾端，可以为笔画的首端和尾端选择不同的端点样式来改变笔画末端的形状。使用钢笔工具绘制一段笔画，在“描边”面板中，“端点”选项包括 3 个不同端点样式的按钮：平头端点、圆头端点、投射末端。选定的端点样式会应用到选定的笔画中，效果如图 3-97 所示。

图 3-97

"连接"选项用于设置一段笔画的拐点，连接样式就是指笔画拐角处的形状。该选项有斜接连接、圆角连接和斜面连接 3 种不同的转角连接样式。绘制多边形的笔画，单击"描边"面板中的 3 个不同转角结合样式按钮，选定的转角连接样式会应用到选定的笔画中，效果如图 3–98 所示。

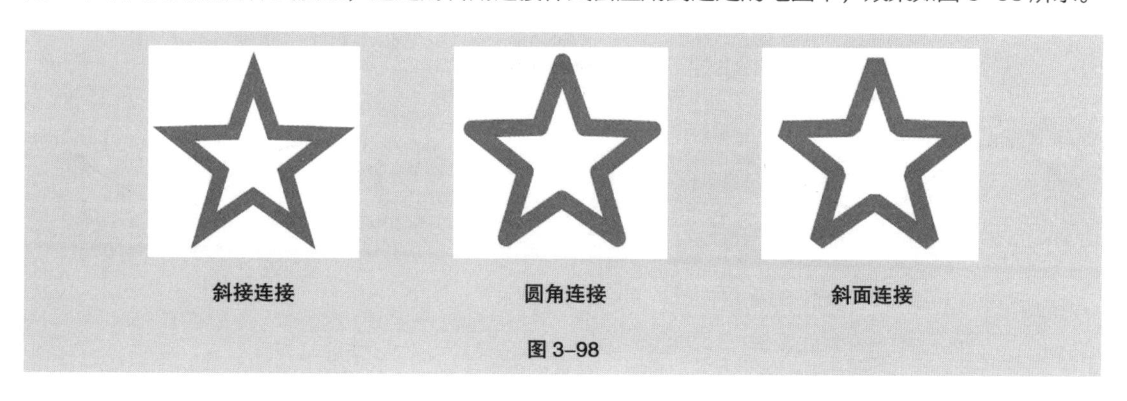

图 3–98

对齐描边是指在路径的内部、中间、外部设置描边，在"描边"面板中包括描边对齐中心、描边居内和描边居外 3 种样式。将这 3 种样式应用到选定的笔画中，效果如图 3–99 所示。

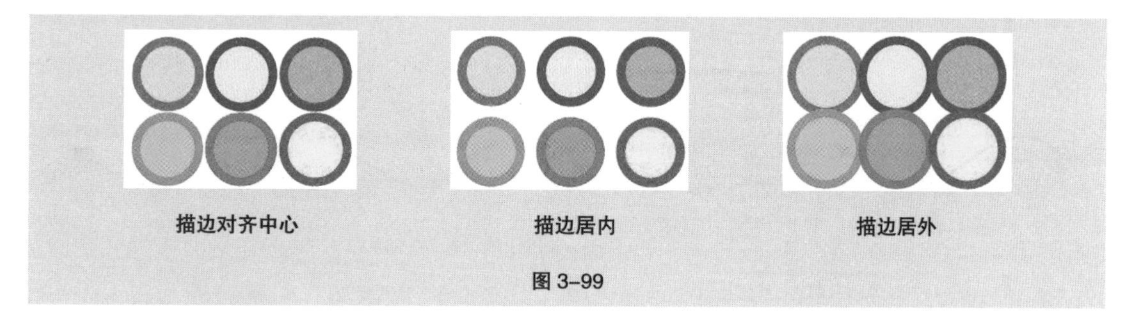

图 3–99

在"描边"面板的"类型"下拉列表中可以选择不同的描边类型，如图 3–100 所示。在"起始处 / 结束处"下拉列表中可以选择线段的首端和尾端的形状样式，如图 3–101 所示。

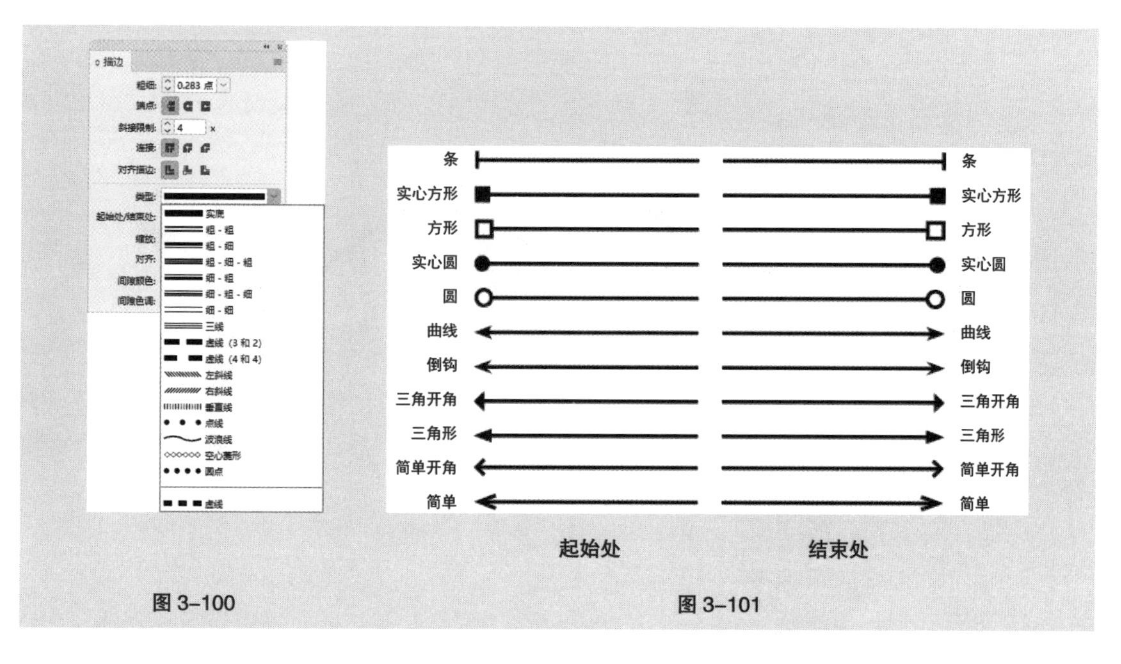

图 3–100　　图 3–101

单击“互换箭头起始处和结束处”按钮可以互换起始箭头和终点箭头。选中曲线，如图 3-102 所示。在“描边”面板中单击“互换箭头起始处和结束处”按钮，如图 3-103 所示，互换效果如图 3-104 所示。

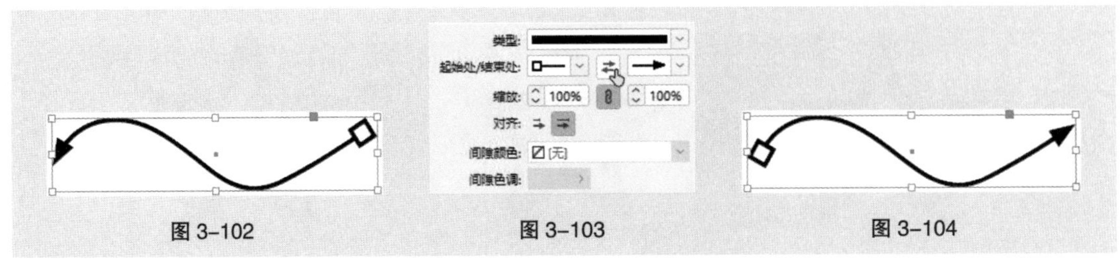

图 3-102　图 3-103　图 3-104

在“描边”面板的“缩放”选项中，左侧是“箭头起始处的缩放因子”数值框 100%，右侧是“箭头结束处的缩放因子”数值框 100%，设置需要的数值，可以缩放曲线的起始箭头和结束箭头的大小。选中要缩放的曲线，如图 3-105 所示。将“箭头起始处的缩放因子”设置为 200%，如图 3-106 所示，效果如图 3-107 所示。将“箭头结束处的缩放因子”设置为 200%，效果如图 3-108 所示。

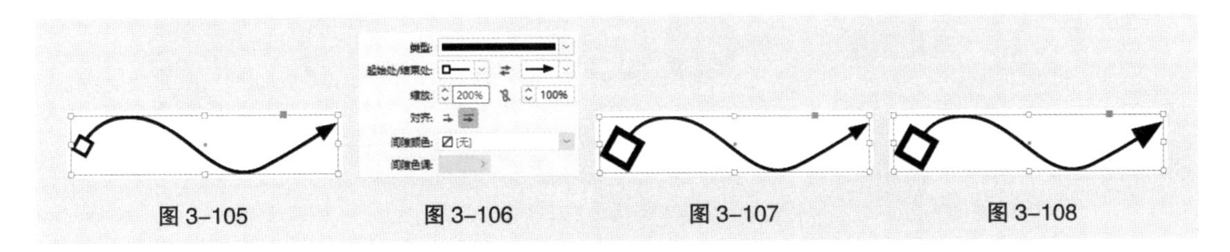

图 3-105　图 3-106　图 3-107　图 3-108

单击“缩放”选项右侧的“链接箭头起始处和结束处缩放”按钮，可以同时改变起始箭头和结束箭头的大小。

在“描边”面板的“对齐”选项中，左侧是“将箭头提示扩展到路径终点外”按钮，右侧是“将箭头提示放置于路径终点处”按钮，这两个按钮分别用于设置箭头在终点以外或箭头在终点处。选中曲线，单击“将箭头提示扩展到路径终点外”按钮，箭头在终点外显示，效果如图 3-109 所示；单击“将箭头提示放置于路径终点处”按钮，箭头在终点处显示，效果如图 3-110 所示。

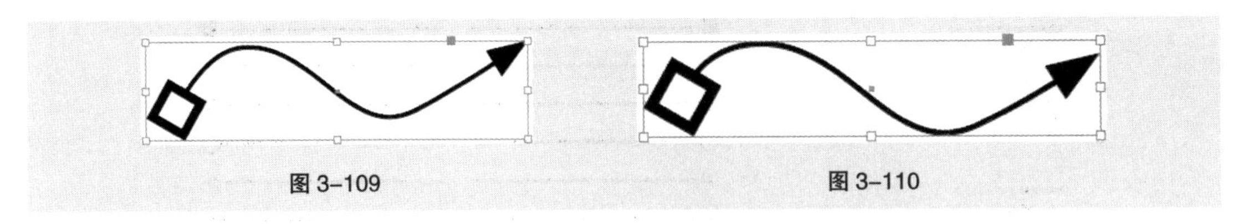
图 3-109　图 3-110

在“描边”面板中，“间隙颜色”选项用于设置除实线以外其他线段类型间隙之间的颜色，如图 3-111 所示。间隙颜色的多少由“色板”面板中的颜色决定。“间隙色调”选项用于设置所填充间隙颜色的饱和度，如图 3-112 所示。

在“描边”面板中，在“类型”下拉列表中选择“虚线”，“描边”面板下方会自动弹出虚线选项，可以创建描边的虚线效果。虚线选项中包括 6 个文本框，第 1 个文本框默认的虚线值为 12 点，如图 3-113 所示。

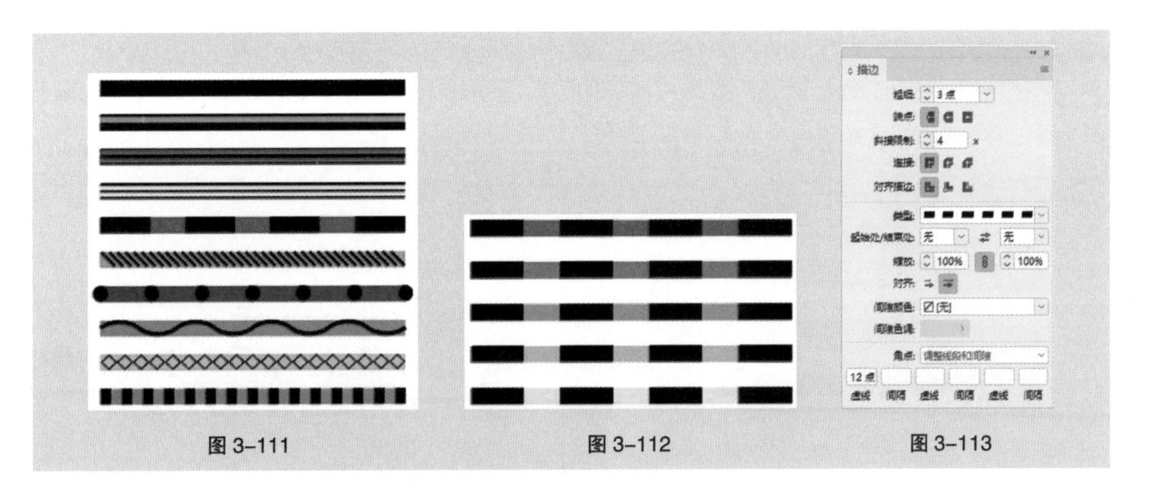

图 3-111　图 3-112　图 3-113

“虚线”选项用于设置每一虚线段的长度。在文本框中输入的数值越大，虚线的长度就越长；反之，输入的数值越小，虚线的长度就越短。

“间隔”选项用于设置虚线段之间的距离。在文本框中输入的数值越大，虚线段之间的距离越大；反之，输入的数值越小，虚线段之间的距离就越小。

“角点”选项用于设置虚线中拐点的调整方法，其中包括无、调整线段、调整间隙、调整线段和间隙 4 种调整方法。

2. 标准填充

应用工具箱中的“填色”按钮可以指定所选对象的填充颜色。

◎ 使用工具箱填充

选择选择工具，选取需要填充的图形，如图 3-114 所示。双击工具箱下方的“填充”按钮，弹出“拾色器”对话框，调配所需的颜色，如图 3-115 所示。单击“确定”按钮，对象的颜色填充效果如图 3-116 所示。

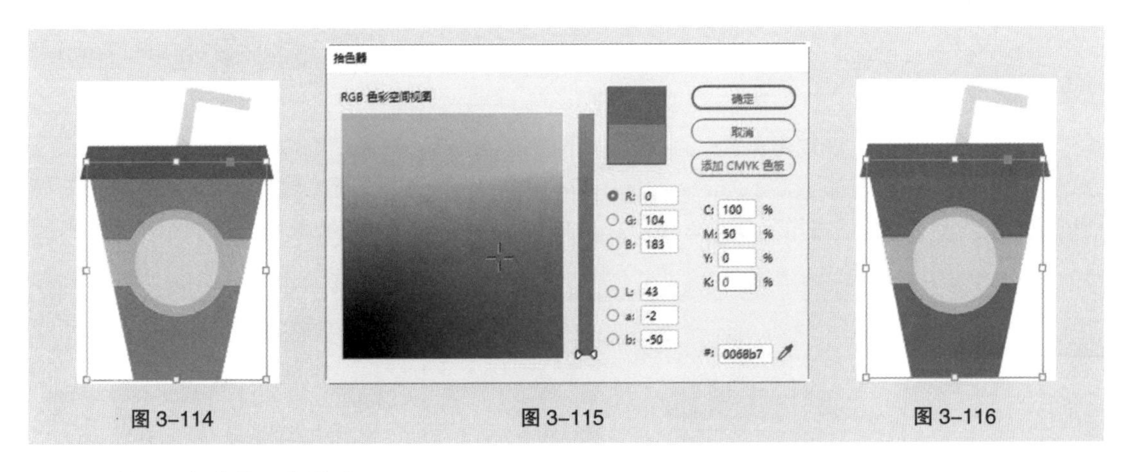

图 3-114　图 3-115　图 3-116

◎ 使用“颜色”面板填充

在 InDesign CC 2019 中也可以通过“颜色”面板设置对象的填充颜色，单击“颜色”面板右上方的≡图标，在弹出的菜单中选择当前取色时使用的颜色模式。无论选择哪一种颜色模式，面板中都将显示出相关的颜色内容，如图 3-117 所示。

选择“窗口 > 颜色 > 颜色”命令，弹出“颜色”面板。“颜色”面板上的按钮用于进行填充颜色和描边颜色之间的互相切换，操作方法与工具箱中的按钮的使用方法相同。

将鼠标指针移动到取色区域，指针变为吸管形状，单击可以选取颜色，如图 3-118 所示。拖曳各个颜色滑块或在各个数值框中输入有效的数值，可以调配出更精确的颜色。

图 3-117　　图 3-118

更改或设置对象的颜色时，单击选取已有的对象，在“颜色”面板中调配出新颜色，如图 3-119 所示。新选的颜色被应用到当前选定的对象中，效果如图 3-120 所示。

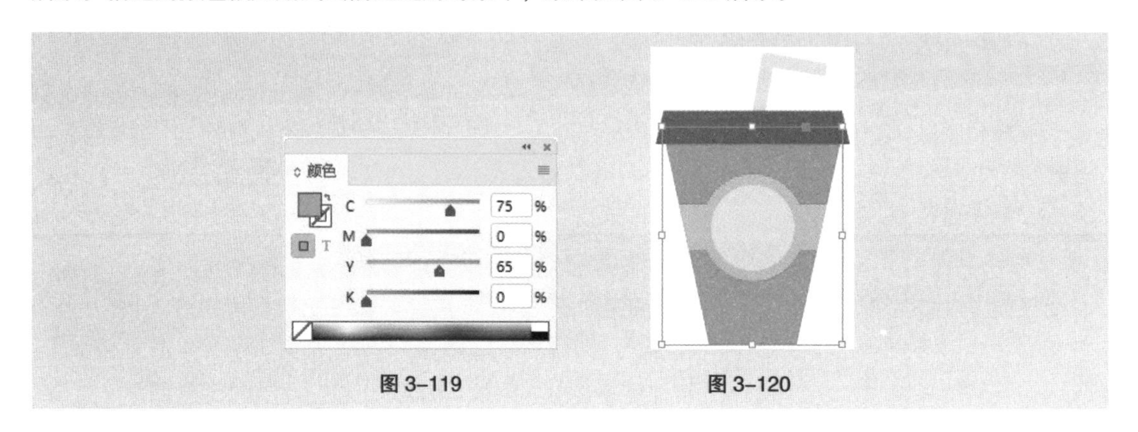

图 3-119　　图 3-120

◎ 使用“色板”面板填充

选择“窗口 > 颜色 > 色板”命令，弹出“色板”面板，如图 3-121 所示。在“色板”面板中单击需要的颜色，可以将其选中并填充选取的图形。

选择选择工具，选取需要填充的图形，如图 3-122 所示。选择“窗口 > 颜色 > 色板”命令，弹出“色板”面板。单击面板右上方的≡图标，在弹出的菜单中选择“新建颜色色板”命令，弹出“新建颜色色板”对话框，设置如图 3-123 所示。单击“确定”按钮，对象的填充效果如图 3-124 所示。

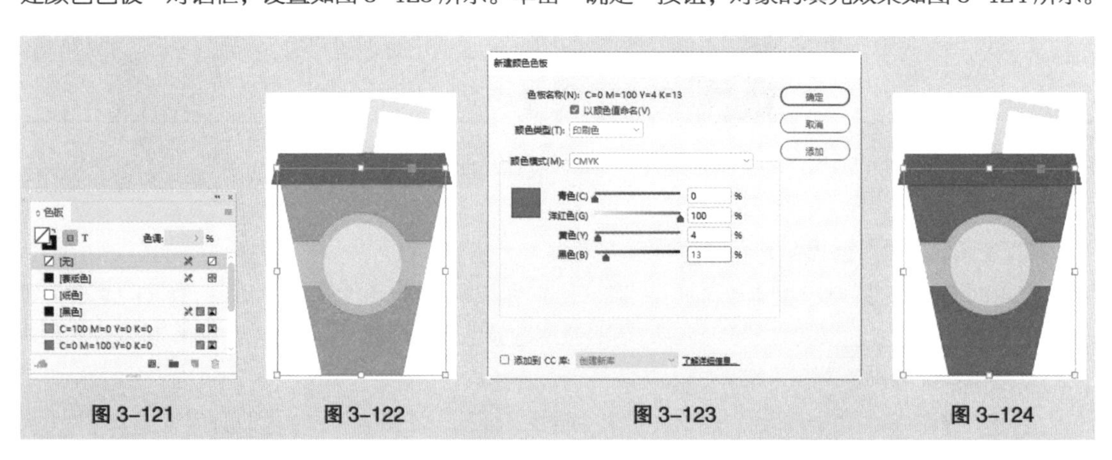

图 3-121　　图 3-122　　图 3-123　　图 3-124

在“色板”面板中单击并拖曳需要的颜色到要填充的路径或图形上，松开鼠标，也可以填充图形或描边。

3.3.3　渐变色板工具

1. 创建渐变填充

选取需要的图形，如图 3-125 所示。选择渐变色板工具，在图形中需要的位置单击设置渐变的起点并按住鼠标左键拖曳鼠标，如图 3-126 所示，松开鼠标，确定渐变的终点，渐变填充的效果如图 3-127 所示。

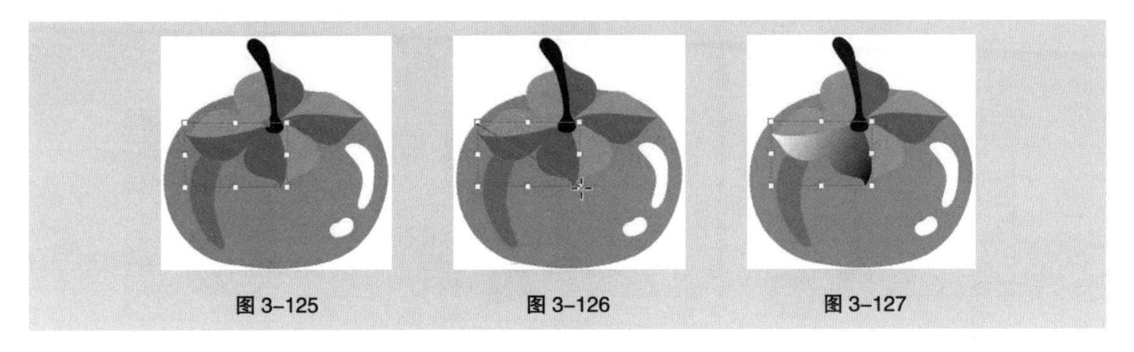

图 3-125　　图 3-126　　图 3-127

2. “渐变”面板

在“渐变”面板中可以设置渐变参数，可选择“线性”渐变或“径向”渐变，设置渐变的起始、中间和终止颜色，还可以设置渐变的位置和角度。

选择“窗口 > 颜色 > 渐变”命令，弹出“渐变”面板，如图 3-128 所示。在“类型”下拉列表中可以选择“线性”或“径向”渐变方式，如图 3-129 所示。

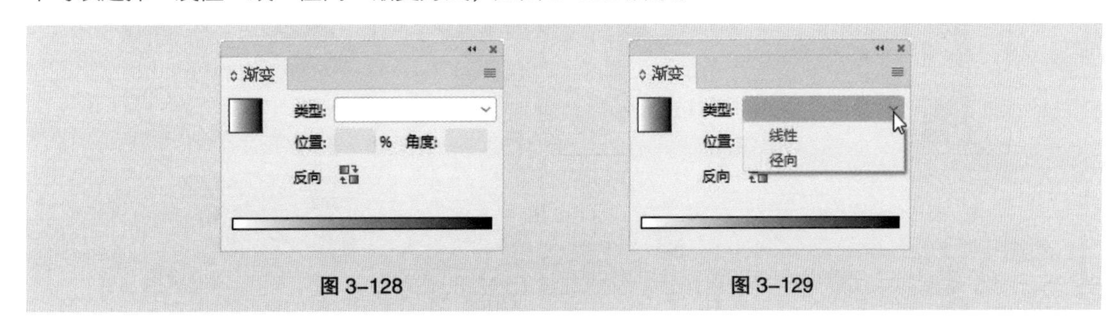

图 3-128　　图 3-129

在“角度”文本框中显示当前的渐变角度，如图 3-130 所示。重新输入数值，如图 3-131 所示，按 Enter 键确认操作，可以改变渐变的角度，效果如图 3-132 所示。

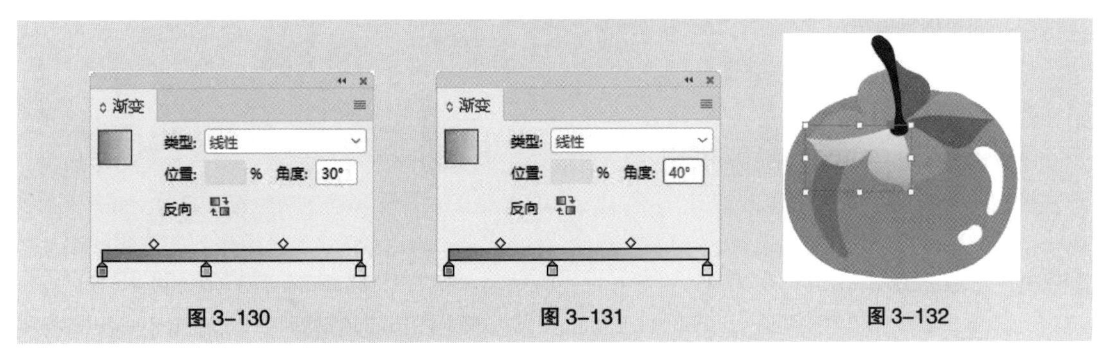

图 3-130　　图 3-131　　图 3-132

单击“渐变”面板下面的颜色滑块，在“位置”文本框中显示出该滑块在渐变颜色中的颜色位置百分比，如图 3-133 所示。拖曳该滑块，改变该颜色的位置，将改变颜色的渐变梯度，如图 3-134 所示。

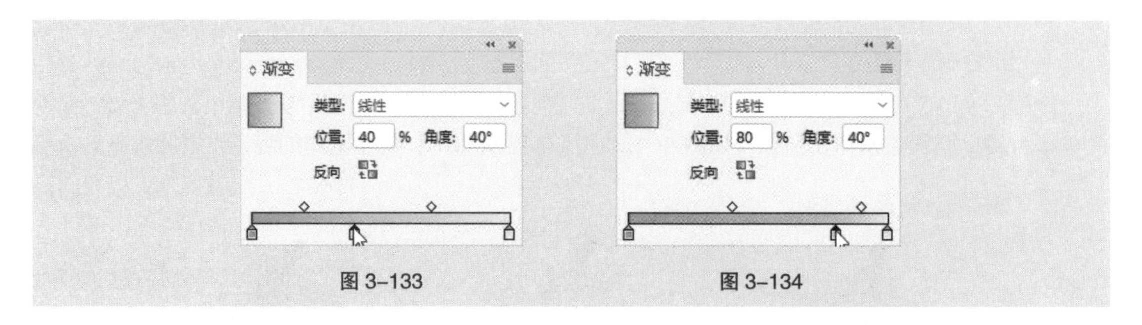

图 3-133　　图 3-134

单击“渐变”面板中的“反向渐变”按钮，可将色谱条中的渐变反转，如图 3-135 所示。

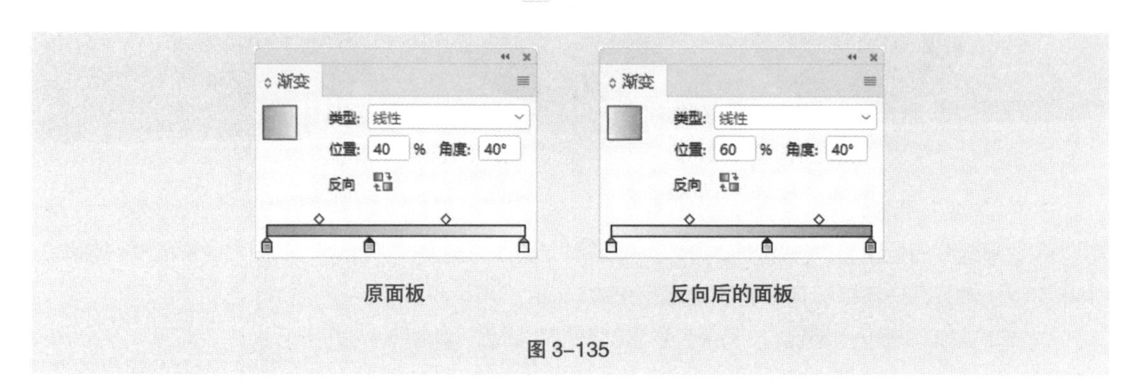

原面板　　反向后的面板

图 3-135

在渐变色谱条底边单击，可以添加一个颜色滑块，如图 3-136 所示。在“颜色”面板中可调配颜色，如图 3-137 所示，也可以改变、添加滑块的颜色，如图 3-138 所示。单击颜色滑块并按住鼠标左键不放将其拖出到“渐变”面板外，可以直接删除颜色滑块。

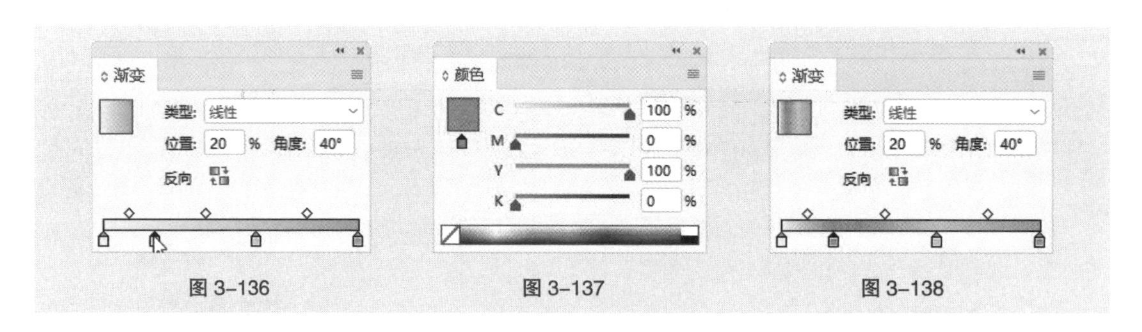

图 3-136　　图 3-137　　图 3-138

3. 渐变填充的样式

◎ 线性渐变填充

选择需要的图形，如图 3-139 所示。双击渐变色板工具或选择“窗口 > 颜色 > 渐变”命令，弹出“渐变”面板。在“渐变”面板的色谱条中，显示程序默认的白色到黑色的线性渐变样式，如图 3-140 所示。在“渐变”面板“类型”下拉列表中选择“线性”渐变，如图 3-141 所示，图形将被线性渐变填充，效果如图 3-142 所示。

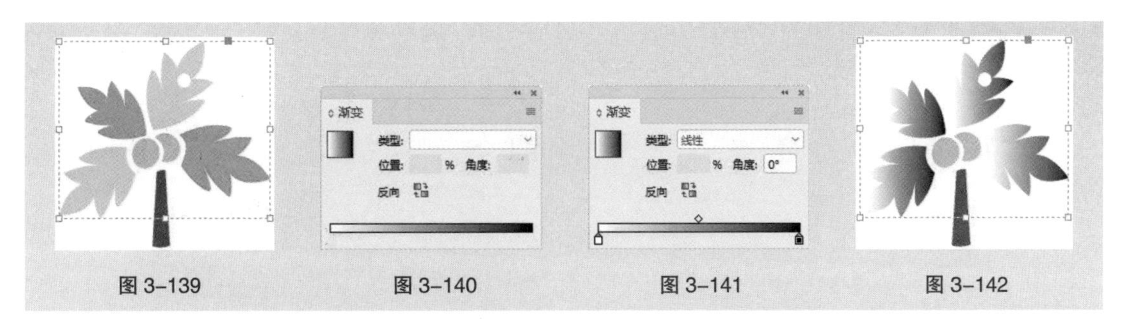

图 3-139　图 3-140　图 3-141　图 3-142

单击“渐变”面板中的起始颜色滑块，如图 3-143 所示，然后在“颜色”面板中调配所需的颜色，设置渐变的起始颜色。再单击终止颜色滑块，如图 3-144 所示，设置渐变的终止颜色，效果如图 3-145 所示。图形的线性渐变填充效果如图 3-146 所示。

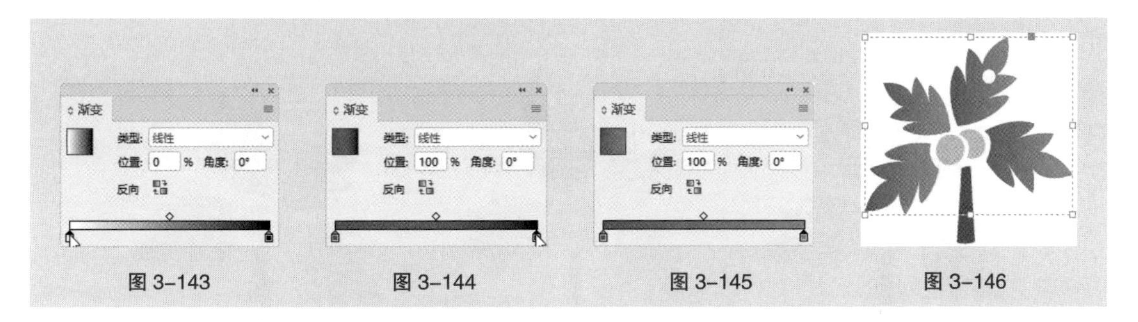

图 3-143　图 3-144　图 3-145　图 3-146

拖曳色谱条上边的控制滑块，可以改变颜色的渐变位置，如图 3-147 所示，这时在“位置”文本框中的数值也会随之发生变化。设置“位置”文本框中的数值也可以改变颜色的渐变位置，图形的线性渐变填充效果也将改变，如图 3-148 所示。

如果要改变颜色渐变的方向，选择渐变色板工具，使用鼠标直接在图形中拖曳即可。当需要准确地改变渐变方向时，可通过“渐变”面板中的“角度”文本框来控制图形的渐变方向。

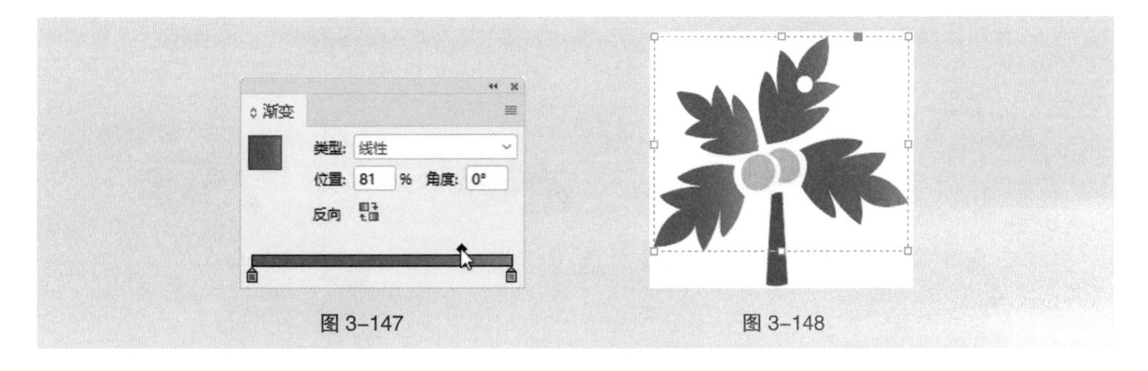

图 3-147　图 3-148

◎ 径向渐变填充

选择绘制好的图形，如图 3-149 所示。双击渐变色板工具或选择“窗口 > 颜色 > 渐变”命令，弹出“渐变”面板。在“渐变”面板的色谱条中，显示程序默认的从白色到黑色的线性渐变样式，如图 3-150 所示。

在“渐变”面板的“类型”下拉列表中选择“径向”渐变类型，如图 3-151 所示，图形将被径向渐变填充，效果如图 3-152 所示。

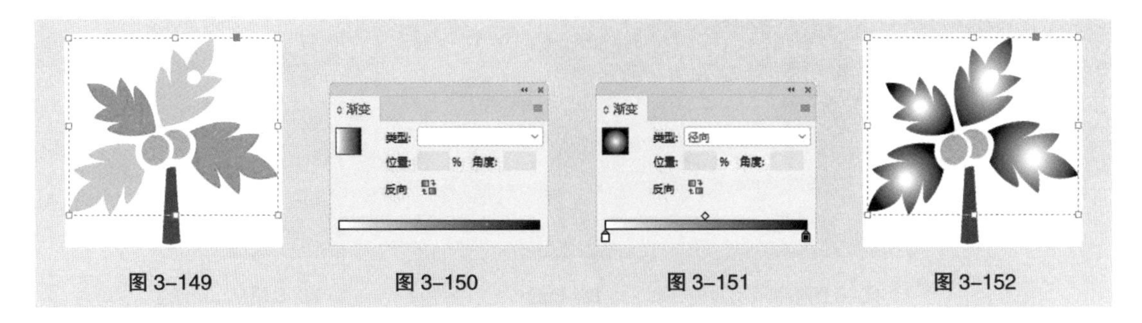

图 3-149　图 3-150　图 3-151　图 3-152

单击“渐变”面板中的起始颜色滑块或终止颜色滑块，然后在“颜色”面板中调配颜色，可改变图形的渐变颜色，效果如图 3-153 所示。拖曳色谱条上边的控制滑块，可以改变颜色的中心渐变位置，效果如图 3-154 所示。选择渐变色板工具并使用鼠标拖曳，可改变径向渐变的中心位置，效果如图 3-155 所示。

图 3-153　图 3-154　图 3-155

3.3.4　渐变羽化工具

选取需要的图形，如图 3-156 所示。选择渐变羽化工具，在图形中需要的位置单击设置渐变的起点并按住鼠标左键拖曳，如图 3-157 所示。松开鼠标，确定渐变的终点，渐变羽化的效果如图 3-158 所示。

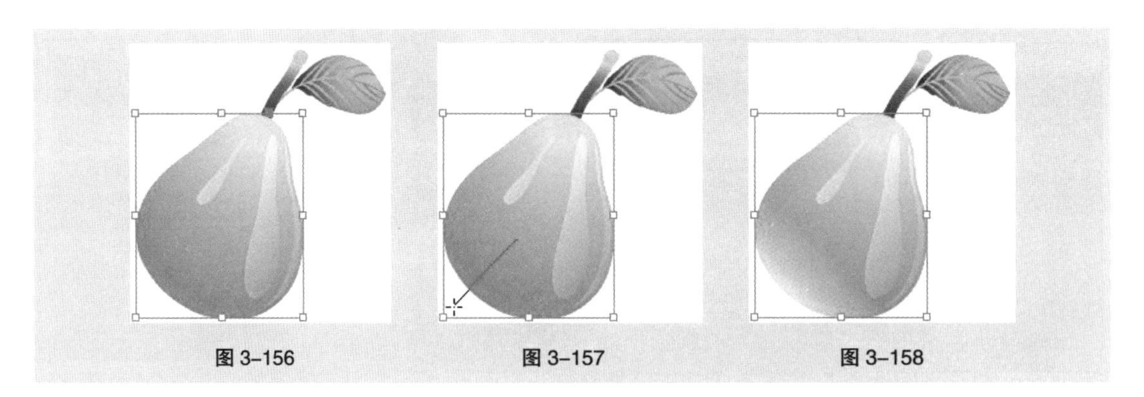
图 3-156　图 3-157　图 3-158

3.3.5　吸管工具

使用吸管工具可以将一个图形对象的属性（如描边、颜色、透明属性等）复制到另一个图形对象，可以快速、准确地编辑属性相同的图形对象。

原图形效果如图 3-159 所示。选择选择工具▶，选取需要的图形。选择吸管工具，将鼠标指针放在被复制属性的图形上，如图 3-160 所示。单击吸取图形的属性，选取的图形属性发生改变，效果如图 3-161 所示。

当使用吸管工具吸取对象属性后，按住 Alt 键，吸管会转变方向并显示为空吸管，表示可以去吸新的属性。不松开 Alt 键，单击新的对象，如图 3-162 所示，吸取新对象的属性。松开鼠标和 Alt 键，效果如图 3-163 所示。

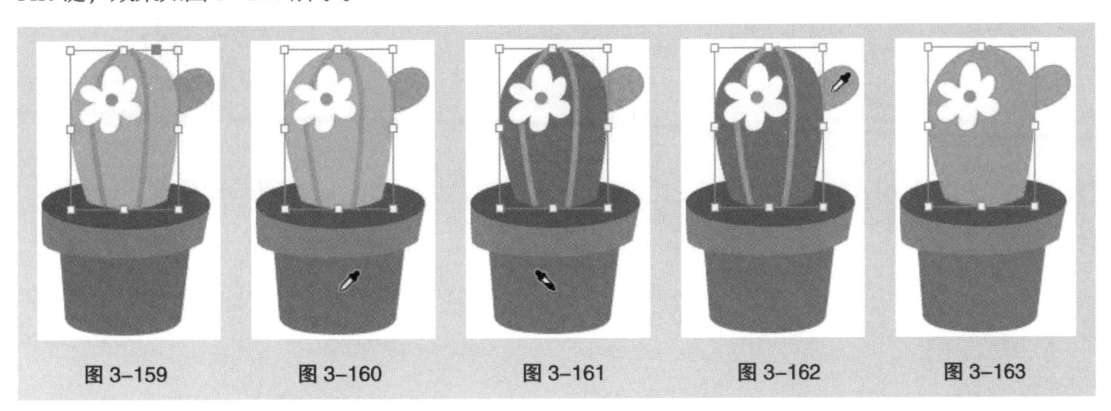

图 3-159　图 3-160　图 3-161　图 3-162　图 3-163

3.4 变换工具组

在 InDesign CC 2019 中，可以使用强大的图形对象变换功能对图形对象进行编辑，如进行对象的旋转、缩放、切变和镜像等操作。

3.4.1 课堂案例——绘制闹钟图标

【案例学习目标】学习使用变换类工具绘制闹钟图标。

【案例知识要点】使用“水平翻转”按钮镜像图形，使用“旋转”命令、“缩放”命令对图形进行旋转和缩放，效果如图 3-164 所示。

【效果所在位置】云盘 >Ch03> 效果 > 绘制闹钟图标 .indd。

图 3-164

（1）打开 InDesign CC 2019，按 Ctrl+O 组合键，打开云盘中的“Ch03 > 素材 > 绘制闹钟图标 > 01”文件，如图 3-165 所示。

（2）选择选择工具▶，选取需要的图形。在按住 Alt+Shift 组合键的同时，水平向右拖曳图形到适当的位置，复制图形，效果如图 3-166 所示。单击“控制”面板中的“水平翻转”按钮，水平翻转图形，效果如图 3-167 所示。

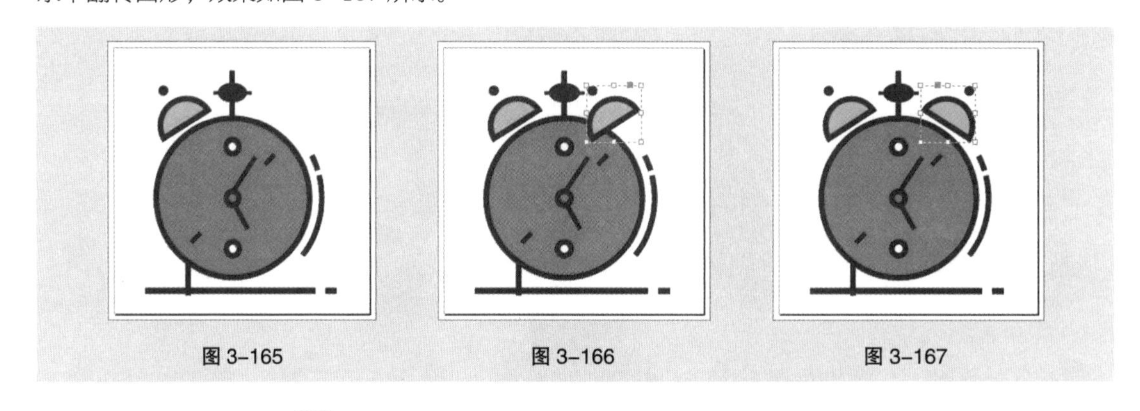

图 3-165　　图 3-166　　图 3-167

（3）选择选择工具，在按住 Shift 键的同时，依次单击选取需要的图形，如图 3-168 所示。选择“对象 > 变换 > 旋转”命令，弹出“旋转”对话框，选项的设置如图 3-169 所示。单击“复制”按钮，复制并旋转图形，效果如图 3-170 所示。

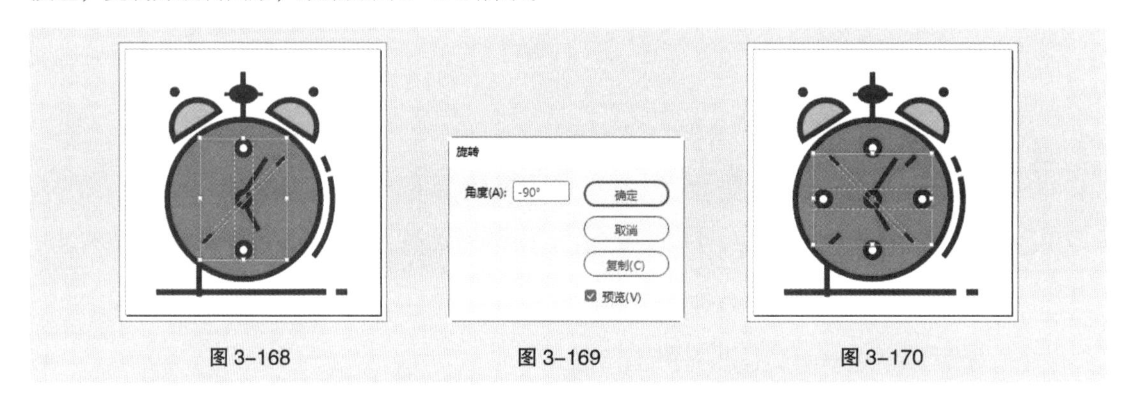

图 3-168　　图 3-169　　图 3-170

（4）选择选择工具，选取需要的圆形，如图 3-171 所示。选择“对象 > 变换 > 缩放”命令，弹出“缩放”对话框，选项的设置如图 3-172 所示。单击“复制”按钮，复制并缩小图形，效果如图 3-173 所示。

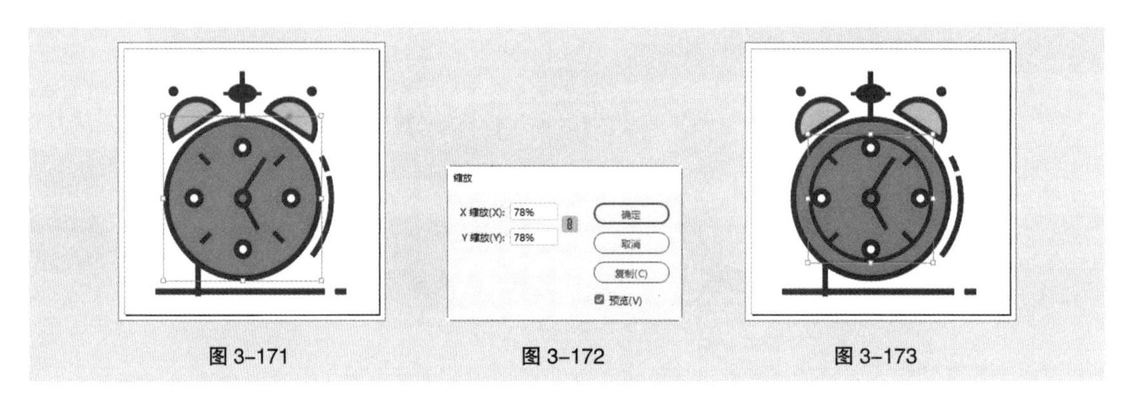

图 3-171　　图 3-172　　图 3-173

（5）填充图形为白色，在“控制”面板中将“描边粗细”选项 0.283 点 设为“8 点”，按 Enter 键，效果如图 3-174 所示。在“控制”面板中将“旋转角度”选项 0° 设为“-32°”，按 Enter 键，效果如图 3-175 所示。

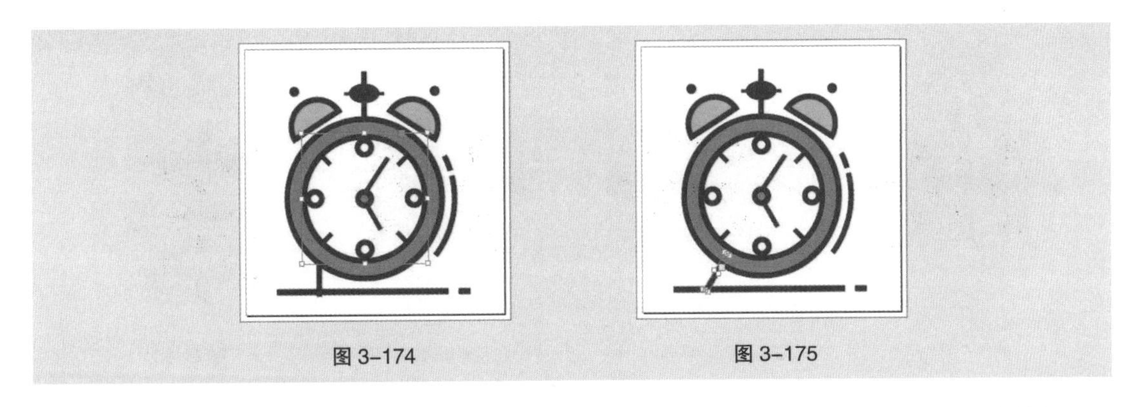
图 3-174　　图 3-175

（6）选择选择工具▶，在按住 Alt+Shift 组合键的同时，水平向右拖曳图形到适当的位置，复制图形，效果如图 3-176 所示。单击“控制”面板中的“水平翻转”按钮，水平翻转图形，效果如图 3-177 所示。闹钟图标绘制完成。

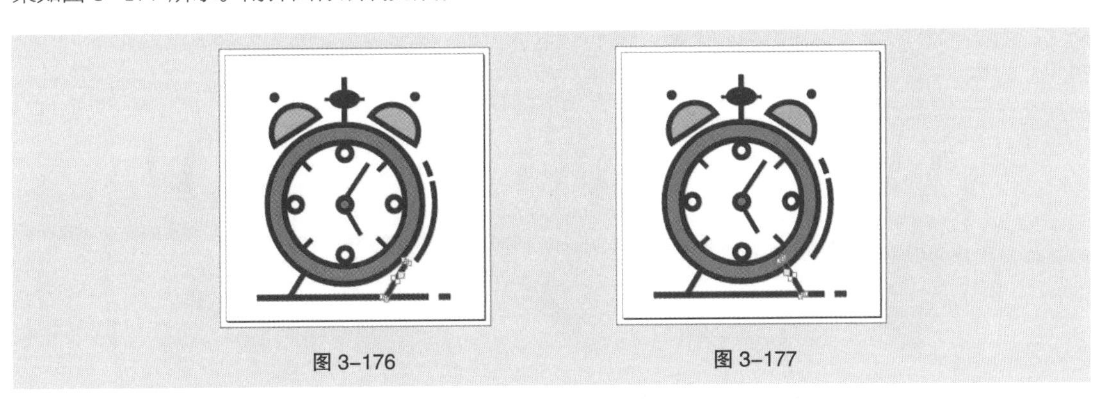
图 3-176　　图 3-177

3.4.2　旋转工具

选取要旋转的对象，如图 3-178 所示。选择自由变换工具，对象的四周出现限位框，将鼠标指针放在限位框的外围，变为旋转符号，按住鼠标左键拖曳对象，如图 3-179 所示。将对象旋转到需要的角度后松开鼠标，对象的旋转效果如图 3-180 所示。

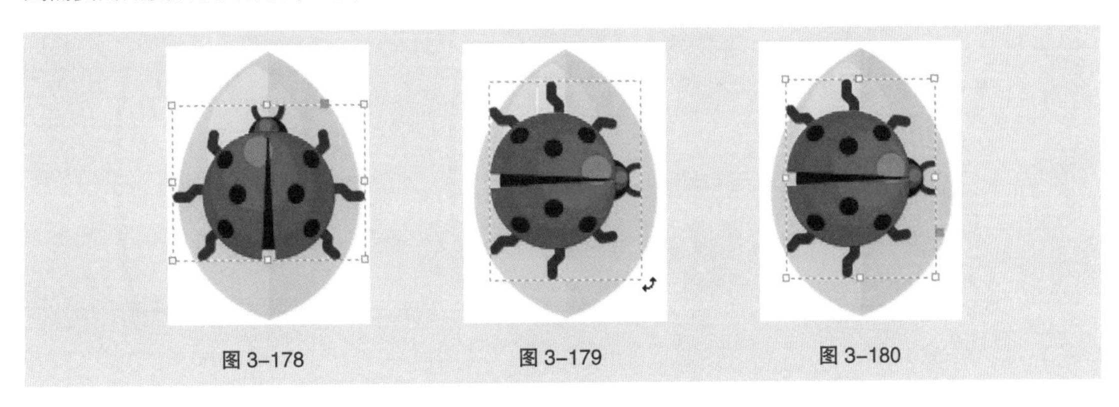
图 3-178　　图 3-179　　图 3-180

选取要旋转的对象，如图 3-181 所示。选择旋转工具，对象的中心点出现旋转中心图标✧，如图 3-182 所示。将鼠标指针移动到旋转中心上，按住鼠标左键拖曳旋转中心到需要的位置，如图 3-183 所示。在所选对象外围拖曳鼠标旋转对象，效果如图 3-184 所示。

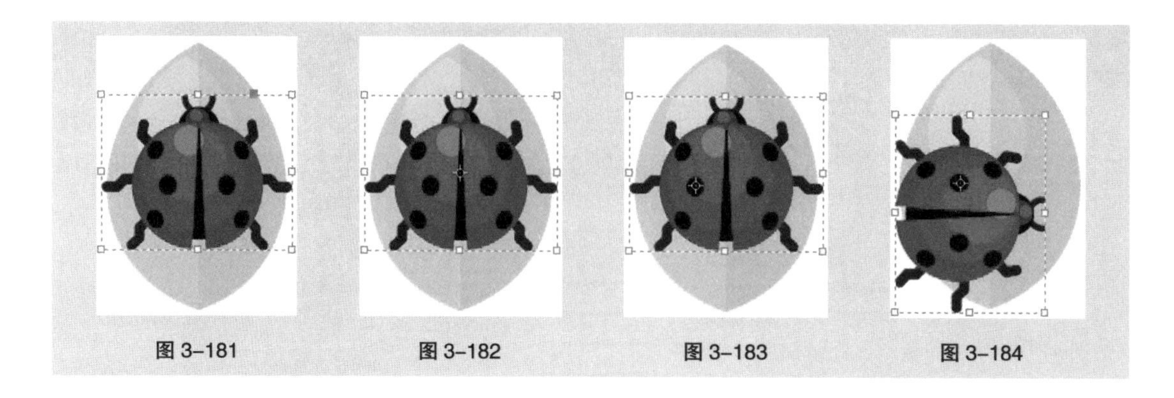
图 3-181　图 3-182　图 3-183　图 3-184

3.4.3 缩放工具

选择选择工具▶，选取要缩放的对象，对象的周围出现限位框，如图 3-185 所示。选择自由变换工具，拖曳对象右上角的控制手柄，如图 3-186 所示。松开鼠标，对象的缩放效果如图 3-187 所示。

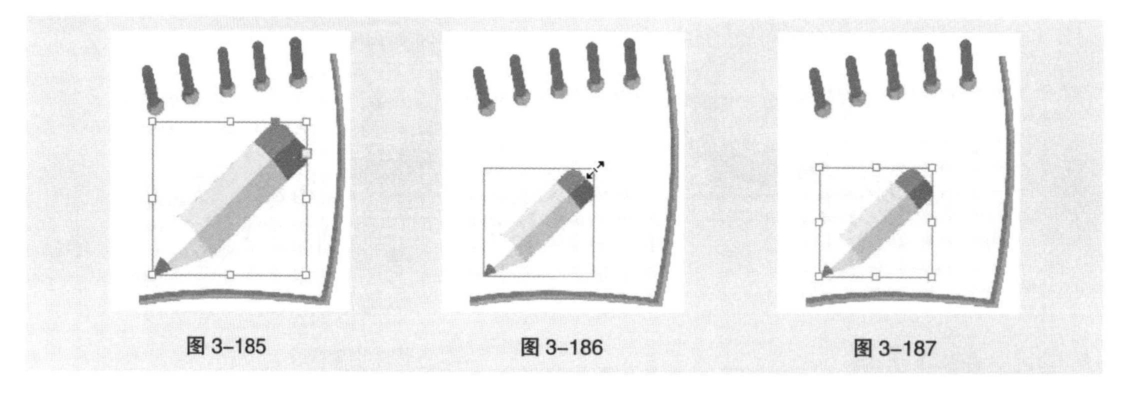
图 3-185　图 3-186　图 3-187

选择选择工具▶，选取要缩放的对象。选择缩放工具，对象的中心会出现缩放对象的中心控制点。单击并按住鼠标左键不放，拖曳中心控制点到适当的位置，如图 3-188 所示。再拖曳对角线上的控制手柄到适当的位置，如图 3-189 所示。松开鼠标，对象的缩放效果如图 3-190 所示。

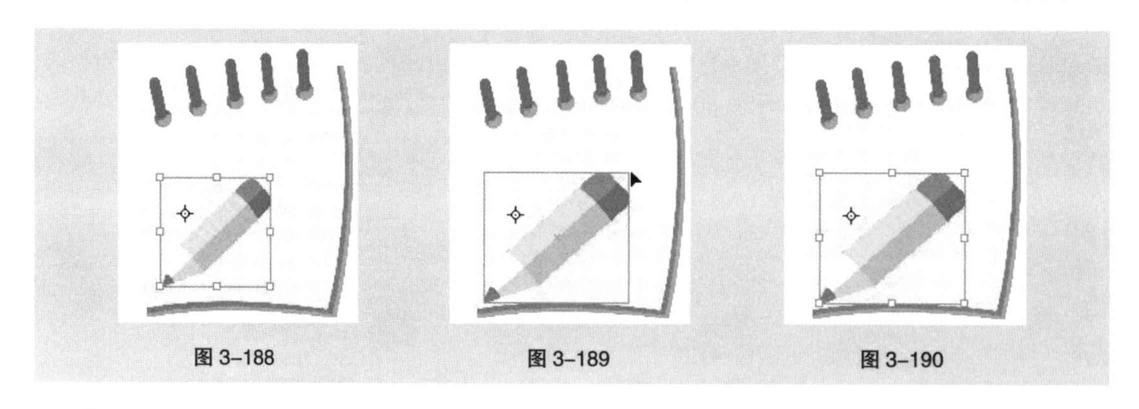
图 3-188　图 3-189　图 3-190

提示：

拖曳对角线上的控制手柄时，按住 Shift 键，对象会按比例缩放；按住 Shift+Alt 组合键，对象会按比例从对象中心缩放。

3.4.4 切变工具

选取要倾斜变形的对象，如图 3-191 所示。选择切变工具，用鼠标拖动变形对象，如图 3-192 所示。将对象倾斜到需要的角度后松开鼠标，对象的倾斜变形效果如图 3-193 所示。

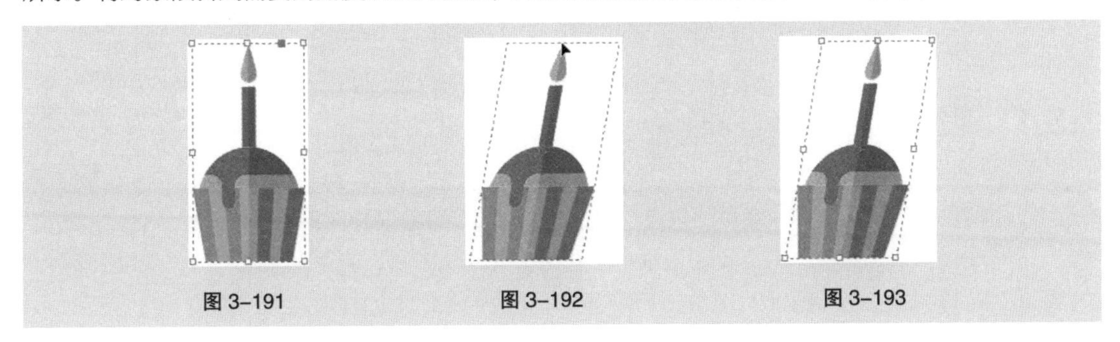

图 3-191　图 3-192　图 3-193

3.4.5 水平与垂直翻转

选择选择工具，选取要镜像的对象，如图 3-194 所示。单击“控制”面板中的“水平翻转”按钮，可使对象沿水平方向翻转镜像，效果如图 3-195 所示。单击“垂直翻转”按钮，可使对象沿垂直方向翻转镜像。

图 3-194　图 3-195

选取要镜像的对象，选择缩放工具，在图片上适当的位置单击，将镜像中心控制点置于适当的位置，如图 3-196 所示。单击“控制”面板中的“水平翻转”按钮，可使对象以中心控制点为中心水平翻转镜像，效果如图 3-197 所示。单击“垂直翻转”按钮，可使对象以中心控制点为中心垂直翻转镜像。

图 3-196　图 3-197

提示：

在镜像对象的过程中，只能使对象本身产生镜像。想要在镜像的位置生成一个对象的复制品，必须先在原位复制一个对象。

3.5 “效果”面板

在 InDesign CC 2019 中，使用“效果”面板可以制作出多种不同的特殊效果。下面介绍“效果”面板的使用方法和编辑技巧。

3.5.1 课堂案例——制作时尚卡片

【案例学习目标】学习使用“效果”面板、“投影”命令制作时尚卡片。

【案例知识要点】使用“置入”命令、选择工具裁切图片，使用矩形工具、“效果”面板和“贴入内部”命令制作卡片条纹，使用“投影”命令为条纹添加投影效果，如图 3-198 所示。

【效果所在位置】云盘 > Ch03 > 效果 > 制作时尚卡片 .indd。

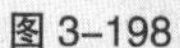
图 3-198

（1）打开 InDesign CC 2019，选择“文件 > 新建 > 文档”命令，弹出“新建文档”对话框，设置如图 3-199 所示。单击“边距和分栏”按钮，弹出“新建边距和分栏”对话框，设置如图 3-200 所示。单击“确定”按钮，新建一个页面。选择“视图 > 其他 > 隐藏框架边缘”命令，将所绘制图形的框架边缘隐藏。

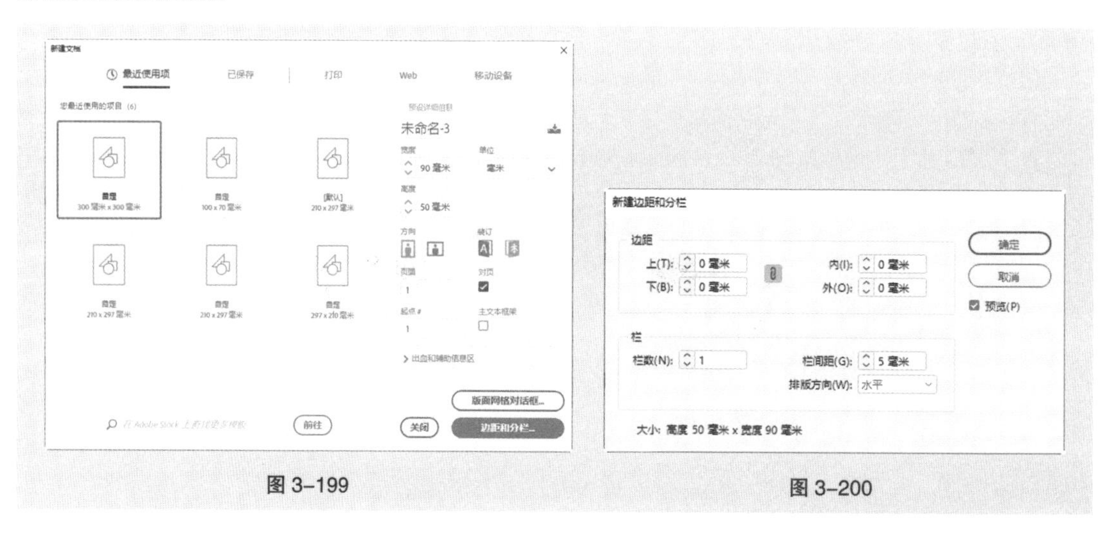

图 3-199

图 3-200

（2）选择“文件 > 置入”命令，弹出“置入”对话框。选择云盘中的“Ch03 > 素材 > 制作时尚卡片 > 01”文件，单击“打开”按钮，在页面空白处单击鼠标左键置入图片。选择自由变换工具 ，将图片拖曳到适当的位置并调整其大小，效果如图 3-201 所示。

（3）保持图片的选取状态。选择选择工具▶，选中上边限位框中间的控制手柄，并将其向下拖曳到适当的位置，裁剪图片，效果如图 3-202 所示。

图 3-201　　图 3-202

（4）使用相同的方法对下边进行裁切，效果如图 3-203 所示。选择矩形工具□，在适当的位置绘制一个矩形，设置图形填充色的 CMYK 值为 52、0、0、0，填充图形，并设置描边色为无，效果如图 3-204 所示。

图 3-203　　图 3-204

（5）选择选择工具▶，在按住 Alt+Shift 组合键的同时，水平向右拖曳矩形到适当的位置，复制矩形，效果如图 3-205 所示。连续按 Ctrl+Alt+4 组合键，按需要再复制出多个矩形，效果如图 3-206 所示。

图 3-205　　图 3-206

（6）用框选的方法将所绘制的图形同时选取，按 Ctrl+G 组合键，将其编组，如图 3-207 所示。选择“窗口 > 效果”命令，弹出“效果”面板，将“不透明度”下拉列表设为 60%，其他选项的设置如图 3-208 所示。按 Enter 键，效果如图 3-209 所示。

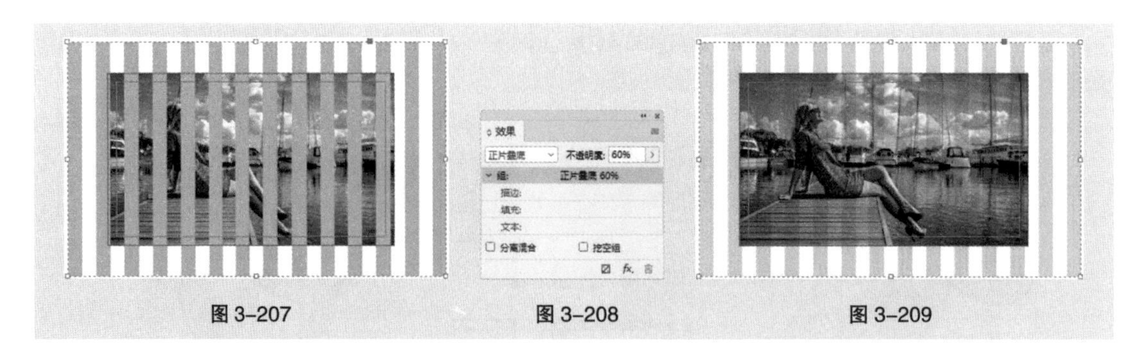

图 3-207　　图 3-208　　图 3-209

（7）单击“控制”面板中的“向选定的目标添加对象效果”按钮 fx.，在弹出的菜单中选择“投影”命令，弹出“效果”对话框，选项的设置如图 3-210 所示。单击“确定”按钮，效果如图 3-211 所示。

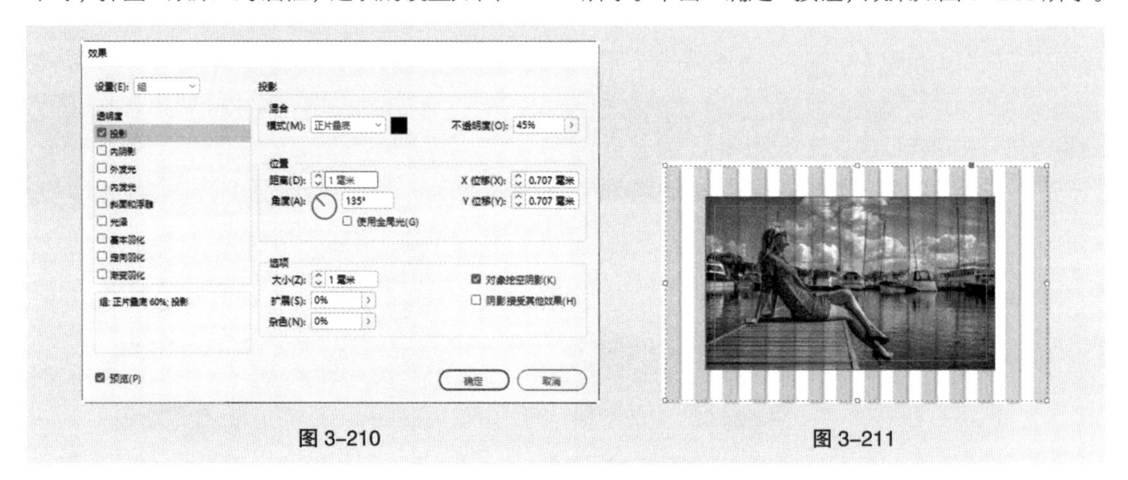

图 3-210　　图 3-211

（8）在“控制”面板中将“旋转角度”选项 0° 设为“15°”，按 Enter 键，效果如图 3-212 所示。按 Ctrl+X 组合键，将图形剪切到剪贴板上。选择矩形框架工具 ⊠，在适当的位置绘制一个矩形框架，如图 3-213 所示。

图 3-212　　图 3-213

（9）选择选择工具 ▶，选择“编辑 > 贴入内部”命令，将图形贴入矩形框架的内部，效果如图 3-214 所示。选择文字工具 T，在适当的位置拖曳一个文本框，输入需要的文字。将输入的文字选取，在“控制”面板中选择合适的字体并设置文字大小，填充文字为白色，效果如图 3-215 所示。时尚卡片制作完成。

图 3-214　　　　图 3-215

3.5.2 透明度

选择选择工具▶，选取需要的图形对象，如图 3-216 所示。选择“窗口 > 效果”命令或按 Ctrl+Shift+F10 组合键，弹出“效果”面板。在“不透明度”选项中拖曳滑块或在百分比框中输入需要的数值，“组：正常”选项的百分比自动显示为设置的数值，如图 3-217 所示。对象的不透明度效果如图 3-218 所示。

图 3-216　　　　图 3-217　　　　图 3-218

单击“描边：正常 100%”选项，在“不透明度”选项中拖曳滑块或在百分比框中输入需要的数值，“描边：正常”选项的百分比自动显示为设置的数值，如图 3-219 所示。对象描边的不透明度效果如图 3-220 所示。

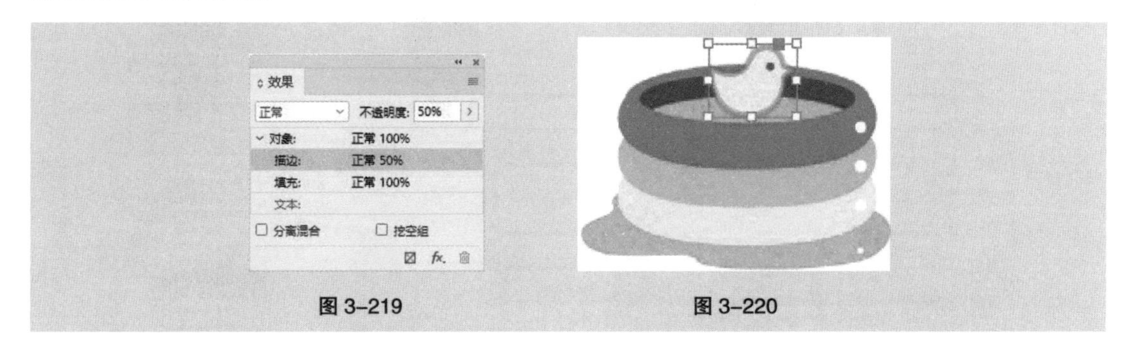

图 3-219　　　　图 3-220

单击“填充：正常 100%”选项，在“不透明度”选项中拖曳滑块或在百分比框中输入需要的数值，“填充：正常”选项的百分比自动显示为设置的数值，如图 3-221 所示。对象填充的不透明度效果如图 3-222 所示。

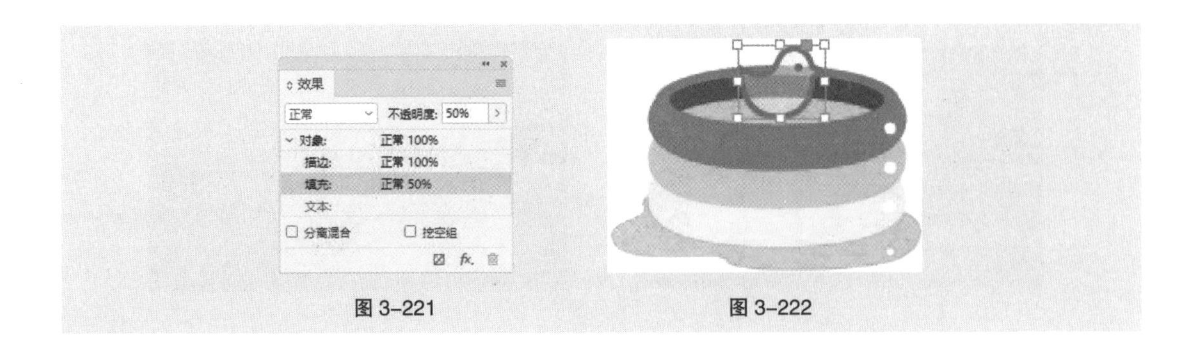

图 3-221　　图 3-222

3.5.3 混合模式

使用混合模式选项可以在两个重叠对象间混合颜色，更改上层对象与底层对象间颜色的混合方式。使用混合模式制作出的效果如图 3-223 所示。

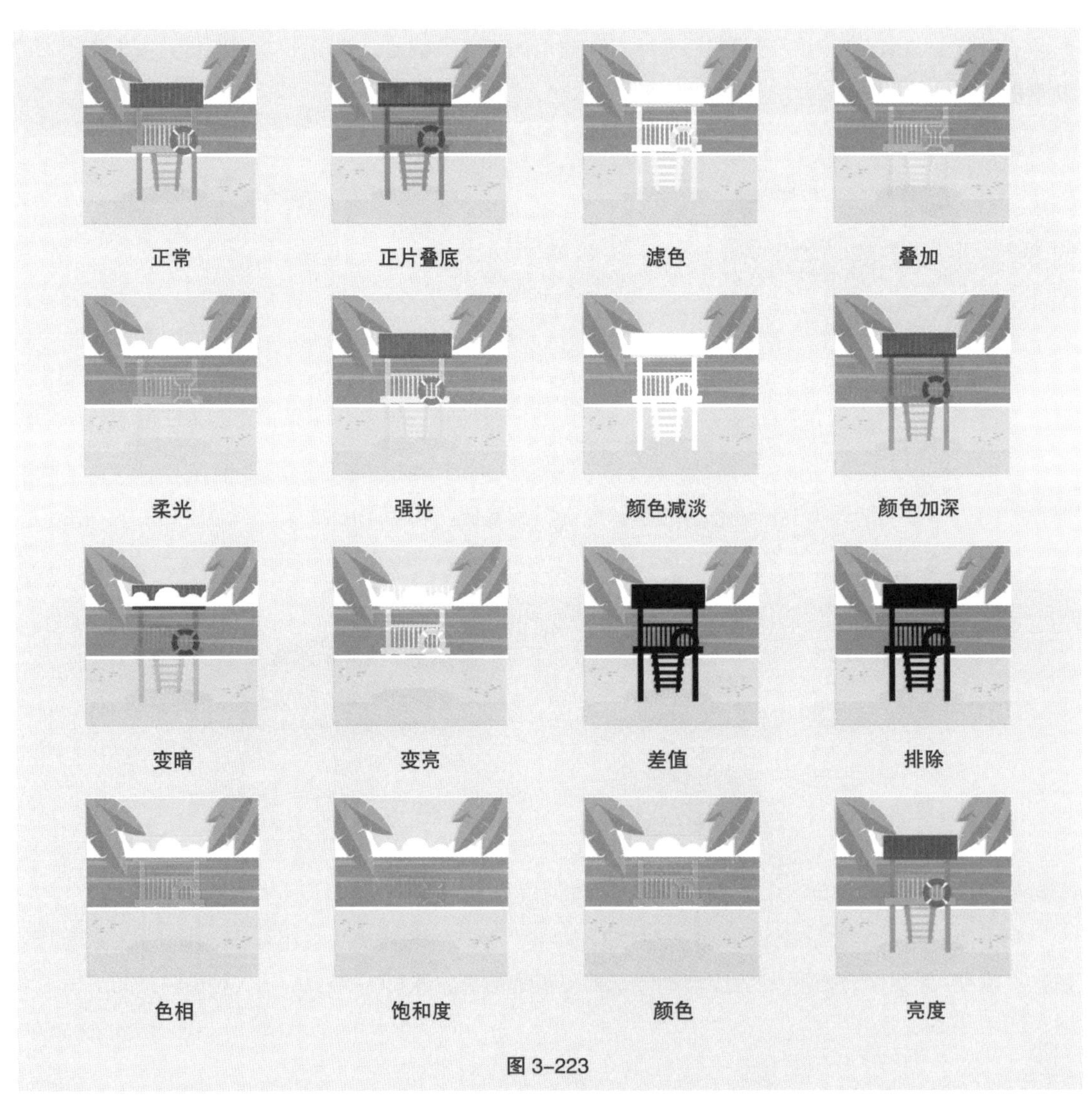

图 3-223

3.5.4 特殊效果

特殊效果用于向选定的目标添加特殊的对象效果，使图形对象产生变化。单击“效果”面板下方的“向选定的目标添加对象效果”按钮 fx，在弹出的菜单中选择需要的命令，如图 3-224 所示。为对象添加不同的效果，如图 3-225 所示。

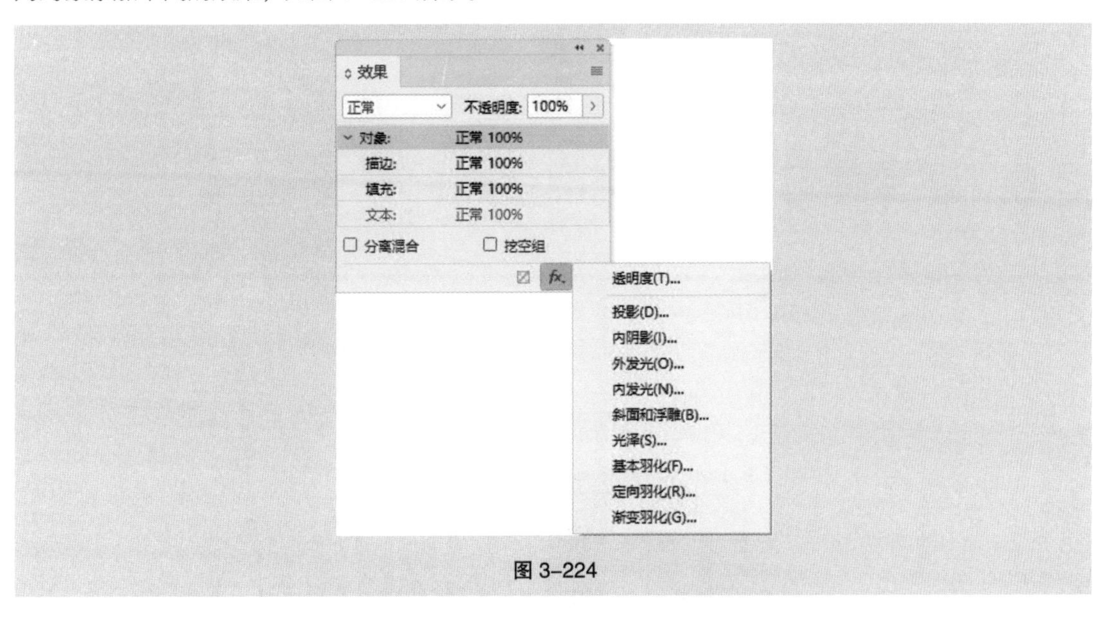

图 3-224

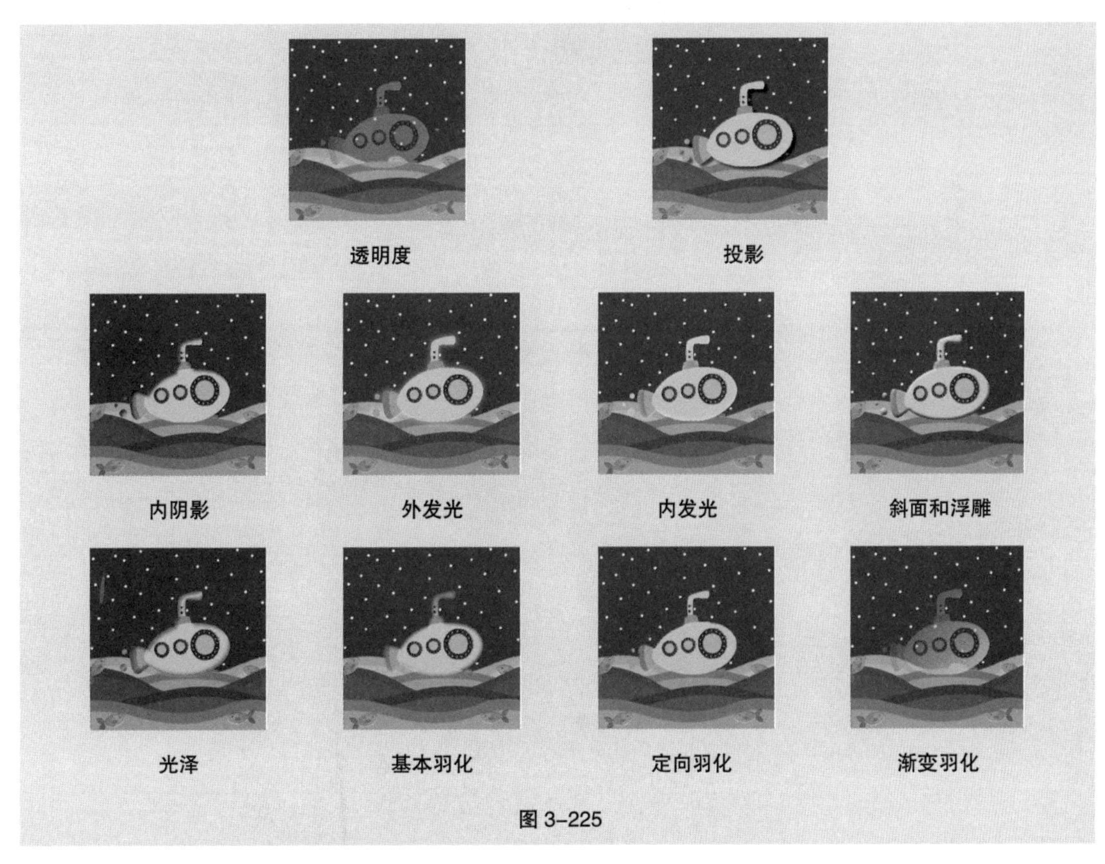

图 3-225

3.5.5 清除效果

选取应用效果的图形，在“效果”面板中单击“清除所有效果并使对象变为不透明”按钮，清除对象应用的效果。

选择“对象 > 效果 > 清除效果”命令或单击“效果”面板右上方的≡图标，在弹出的菜单中选择“清除效果”命令，可以清除图形对象的特殊效果。选择“清除全部透明度”命令，可以清除图形对象应用的所有效果。

3.6 课堂练习——绘制电话图标

【练习知识要点】使用椭圆工具、渐变色板工具绘制图标，使用“投影”命令为图标添加投影效果，使用“外发光”命令为图标添加外发光效果，使用文字工具添加图标文字，效果如图 3-226 所示。

【效果所在位置】云盘 > Ch03 > 效果 > 绘制电话图标 .indd。

图 3-226

3.7 课后习题——绘制动物图标

【习题知识要点】使用多边形工具、矩形工具、添加锚点工具和删除锚点工具绘制图标，使用旋转工具、“复制”命令、“缩放”命令和“镜像”命令编辑需要的图标图形，效果如图 3-227 所示。

【效果所在位置】云盘 > Ch03 > 效果 > 绘制动物图标 .indd。

图 3-227

04

第 4 章 基础绘图

本章介绍

本章讲解 InDesign CC 2019 中基本图形工具的使用方法，并详细讲解使用“路径查找器”面板编辑对象的方法。通过本章的学习，读者可以更好地掌握绘制基本图形和使用复合形状来编辑图形对象的方法，为后续绘制复杂图形打好基础。

学习目标

- 掌握基本图形的绘制方法。
- 掌握使用复合形状编辑对象的技巧。

技能目标

- 掌握手机界面的制作方法。
- 掌握橄榄球标志的绘制方法。

4.1 绘制基本图形

使用 InDesign CC 2019 的基本绘图工具可以绘制简单的图形。本节主要讲解基本绘图工具的特性和使用方法。

4.1.1 课堂案例——制作手机界面

【案例学习目标】学习使用基本绘图工具制作手机界面。

【案例知识要点】使用矩形工具、椭圆工具绘制界面底图，使用矩形工具、椭圆工具、多边形工具和钢笔工具绘制收音机图标，使用直线工具、“描边”面板制作箭头图形，使用文字工具添加界面信息，效果如图 4-1 所示。

【效果所在位置】云盘 > Ch04 > 效果 > 制作手机界面 .indd。

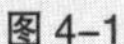

图 4-1

（1）打开 InDesign CC 2019，选择“文件 > 新建 > 文档”命令，弹出“新建文档”对话框，设置如图 4-2 所示。单击“边距和分栏”按钮，弹出“新建边距和分栏”对话框，设置如图 4-3 所示。单击“确定”按钮，新建一个页面。选择“视图 > 其他 > 隐藏框架边缘”命令，将所绘制图形的框架边缘隐藏。

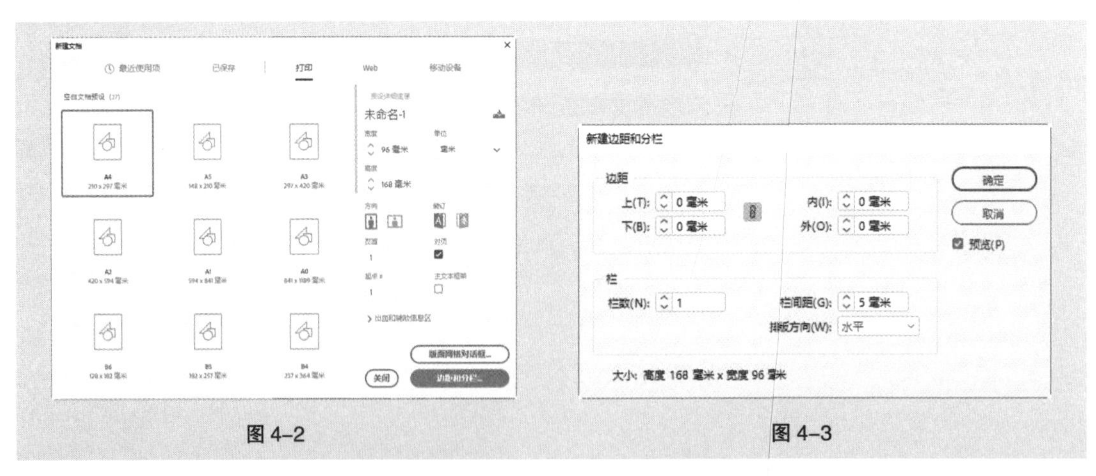

图 4-2　　　　图 4-3

（2）选择矩形工具▢，绘制一个与页面大小相等的矩形，设置图形填充色的 CMYK 值为 8、68、55、0，填充图形，并设置描边色为无，效果如图 4-4 所示。按 Ctrl+C 组合键，复制矩形，选择“编辑 > 原位粘贴”命令，原位粘贴矩形。

（3）选择选择工具▶，向上拖曳复制矩形下边中间的控制手柄到适当的位置，调整其大小，效果如图 4-5 所示。设置图形填充色的 CMYK 值为 23、83、72、0，填充图形，效果如图 4-6 所示。

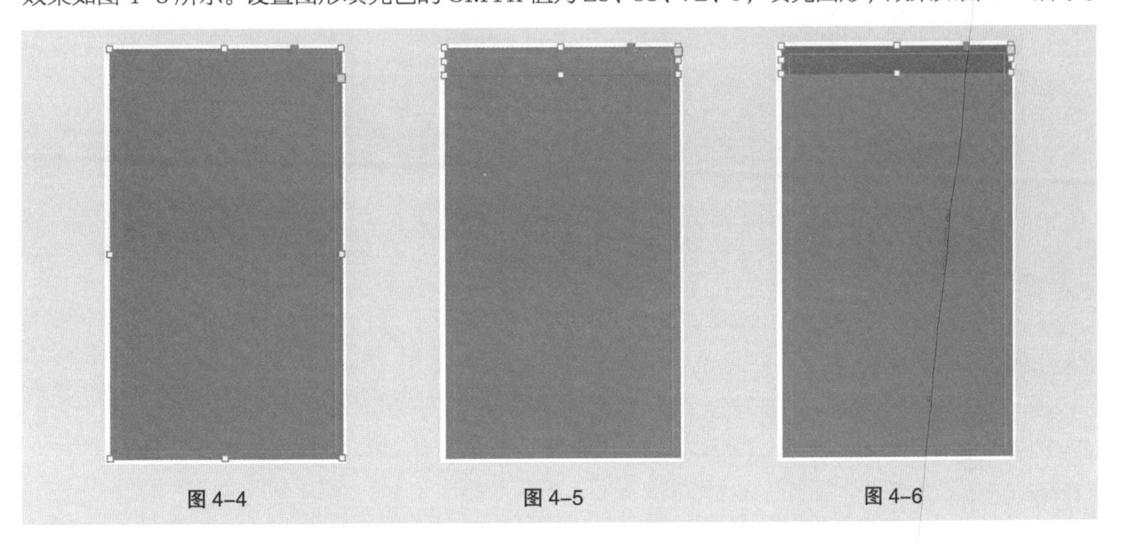

图 4-4　　图 4-5　　图 4-6

（4）选择椭圆工具◯，在按住 Shift 键的同时，在适当的位置拖曳鼠标绘制一个圆形。设置图形填充色的 CMYK 值为 0、16、40、0，填充图形，并设置描边色为无，效果如图 4-7 所示。

（5）选择选择工具▶，在按住 Alt+Shift 组合键的同时，垂直向上拖曳图形到适当的位置，复制图形；设置图形填充色的 CMYK 值为 0、0、15、0，填充图形，效果如图 4-8 所示。

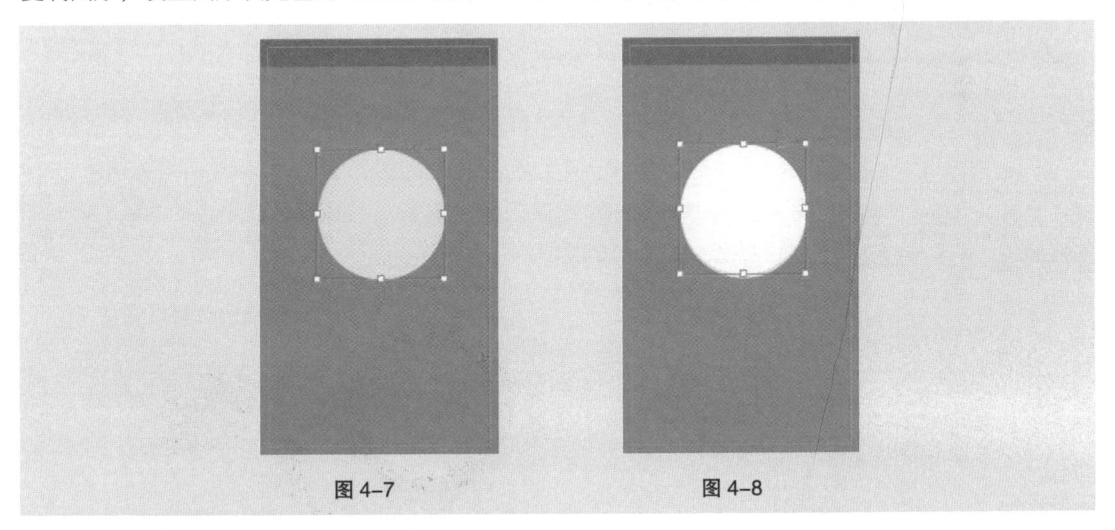

图 4-7　　图 4-8

（6）选择矩形工具▢，在页面外拖曳鼠标绘制一个矩形，设置图形填充色的 CMYK 值为 23、83、72、0，填充图形，并设置描边色为无，效果如图 4-9 所示。按 Ctrl+C 组合键，复制矩形，选择“编辑 > 原位粘贴”命令，原位粘贴矩形。

（7）选择选择工具▶，向下拖曳复制矩形上边中间的控制手柄到适当的位置，调整其大小。设置图形填充色的 CMYK 值为 23、83、72、20，填充图形，效果如图 4-10 所示。

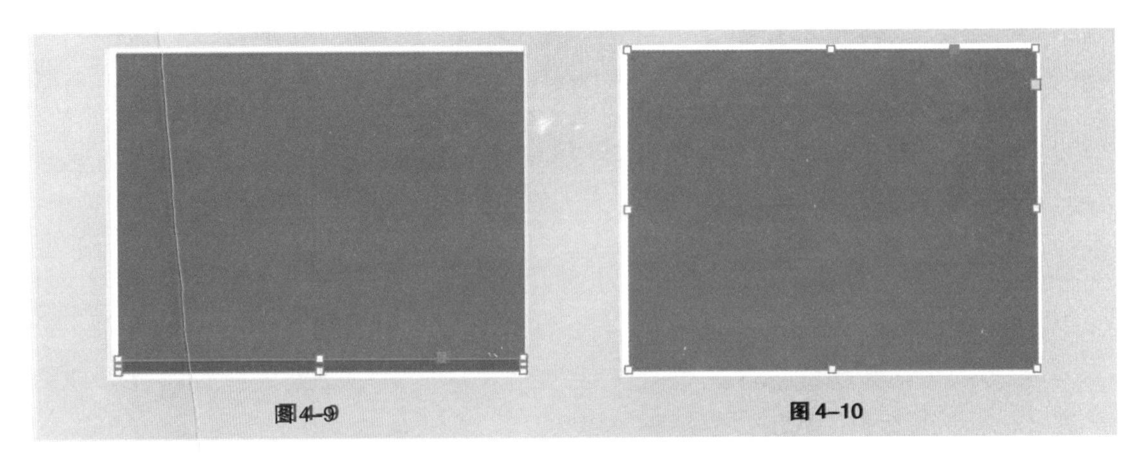

图 4-9　　　　图 4-10

（8）选择椭圆工具，在按住 Shift 键的同时，在适当的位置拖曳鼠标绘制一个圆形，填充图形为黑色，并设置描边色为无，效果如图 4-11 所示。按 Ctrl+C 组合键，复制圆形，选择“编辑 > 原位粘贴”命令，原位粘贴圆形。

（9）选择选择工具，在按住 Alt+Shift 组合键的同时，向内拖曳圆形右上角的控制手柄，等比例缩小圆形。设置图形填充色的 CMYK 值为 8、20、70、0，填充图形，效果如图 4-12 所示。用相同的方法再复制一个圆形，等比例缩小圆形，并填充图形为白色，效果如图 4-13 所示。

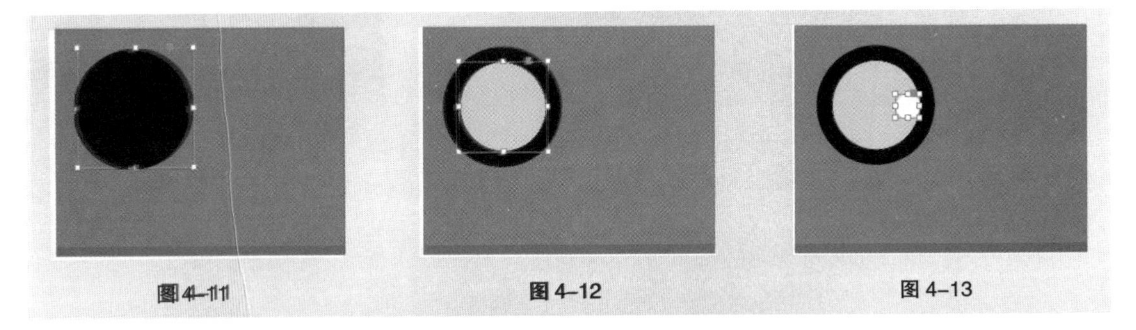

图 4-11　　　　图 4-12　　　　图 4-13

（10）选择多边形工具，在页面中单击鼠标左键，弹出“多边形”对话框，选项的设置如图 4-14 所示，单击“确定”按钮，得到一个多角星形。选择选择工具，拖曳星形到适当的位置，填充图形为黑色，并设置描边色为无，效果如图 4-15 所示。

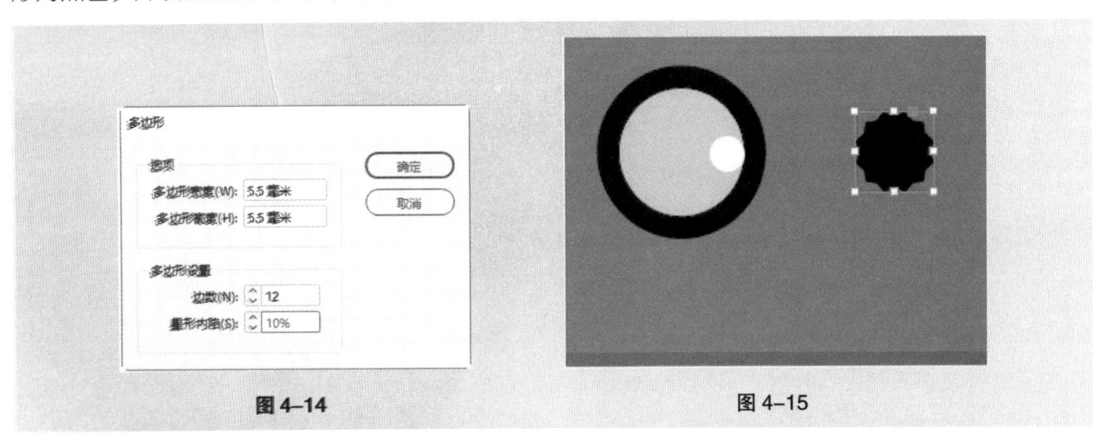

图 4-14　　　　图 4-15

（11）选择椭圆工具，在按住 Shift 键的同时，在适当的位置拖曳鼠标绘制一个圆形，填充图形为白色，并设置描边色为无，效果如图 4–16 所示。按 Ctrl+C 组合键，复制圆形，选择“编辑 > 原位粘贴”命令，原位粘贴圆形。

（12）选择选择工具，在按住 Alt+Shift 组合键的同时，向内拖曳圆形右上角的控制手柄，等比例缩小圆形。填充图形为黑色，效果如图 4–17 所示。

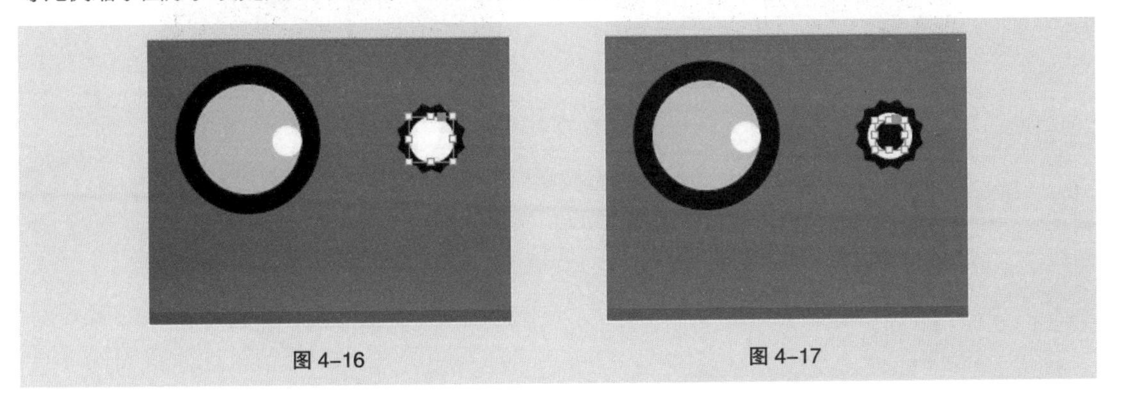

图 4–16　　图 4–17

（13）选择钢笔工具，在适当的位置绘制一条曲线，如图 4–18 所示。选择“窗口 > 描边”命令，弹出“描边”面板，单击“圆头端点”按钮，其他选项的设置如图 4–19 所示。按 Enter 键，效果如图 4–20 所示。

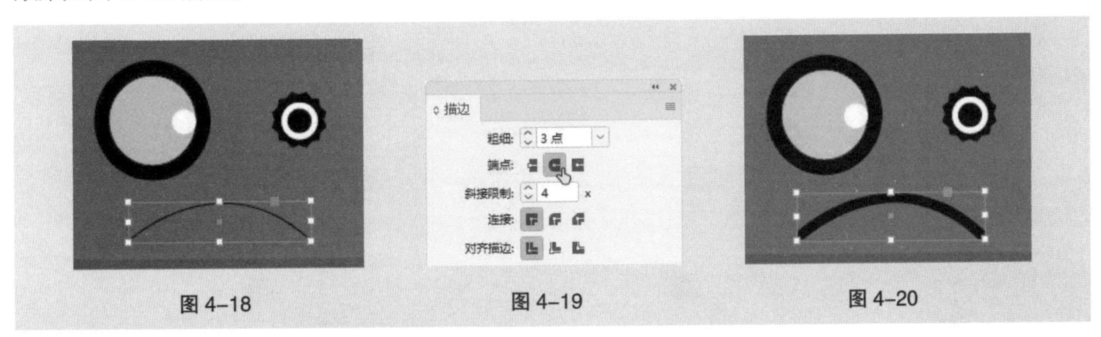

图 4–18　　图 4–19　　图 4–20

（14）选择矩形工具，在适当的位置拖曳鼠标绘制一个矩形，填充图形为黑色，并设置描边色为无，效果如图 4–21 所示。按 Ctrl+Shift+ [组合键，将图形置于最底层，效果如图 4–22 所示。

图 4–21　　图 4–22

（15）选择椭圆工具，在适当的位置拖曳鼠标绘制一个椭圆形。设置图形填充色的 CMYK 值为 23、83、72、0，填充图形，并设置描边色为无，效果如图 4–23 所示。按 Ctrl+Shift+ [组合键，将图形置于最底层，效果如图 4–24 所示。

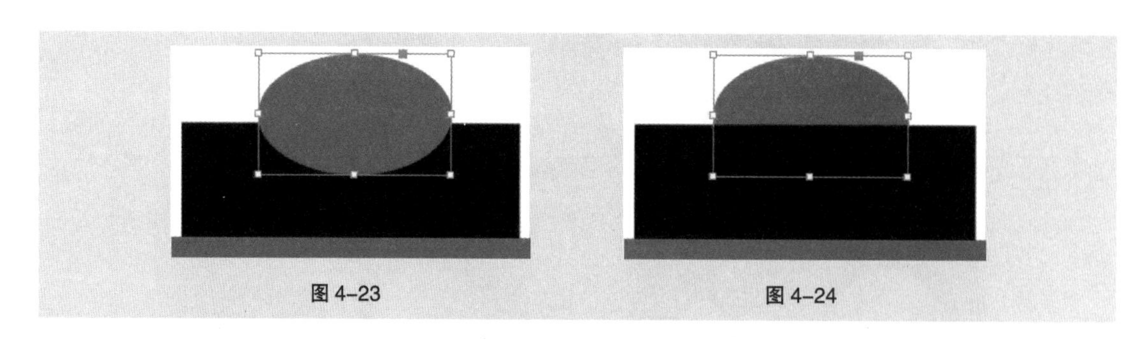

图 4-23　　图 4-24

（16）选择矩形工具，在适当的位置拖曳鼠标绘制一个矩形。设置图形填充色的 CMYK 值为 23、83、72、0，填充图形，并设置描边色为无，效果如图 4-25 所示。在“控制”面板中将“旋转角度”下拉列表 0° 设为 25.5°，按 Enter 键，效果如图 4-26 所示。

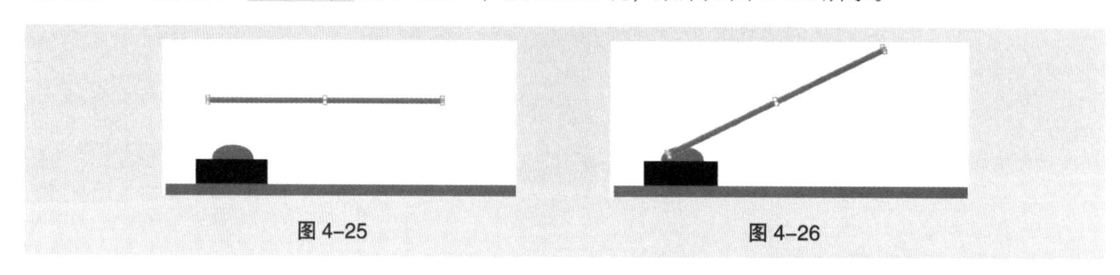

图 4-25　　图 4-26

（17）选择椭圆工具，在按住 Shift 键的同时，在适当的位置拖曳鼠标绘制一个圆形。填充图形为黑色，并设置描边色为无，效果如图 4-27 所示。按 Ctrl+C 组合键，复制圆形，选择“编辑 > 原位粘贴”命令，原位粘贴圆形。

（18）选择选择工具，在按住 Alt+Shift 组合键的同时，向内拖曳圆形右上角的控制手柄，等比例缩小圆形。填充图形为白色，效果如图 4-28 所示。

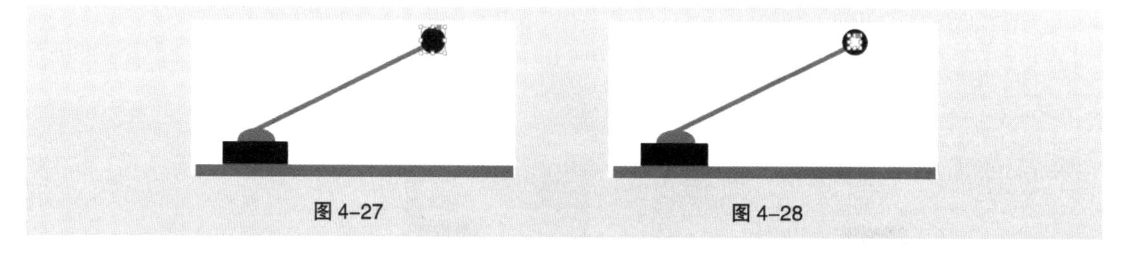

图 4-27　　图 4-28

（19）选择矩形工具，在适当的位置拖曳鼠标分别绘制两个矩形，如图 4-29 所示。选择选择工具，将两个矩形同时选取，填充图形为黑色，并设置描边色为无，效果如图 4-30 所示。按 Ctrl+Shift+［组合键，将图形置于最底层，效果如图 4-31 所示。

图 4-29　　图 4-30　　图 4-31

（20）选择矩形工具，在适当的位置分别拖曳鼠标绘制矩形，如图 4-32 所示。选择选择工具，将两个矩形同时选取，设置图形填充色的 CMYK 值为 23、83、72、0，填充图形，并设置描边色为无，效果如图 4-33 所示。

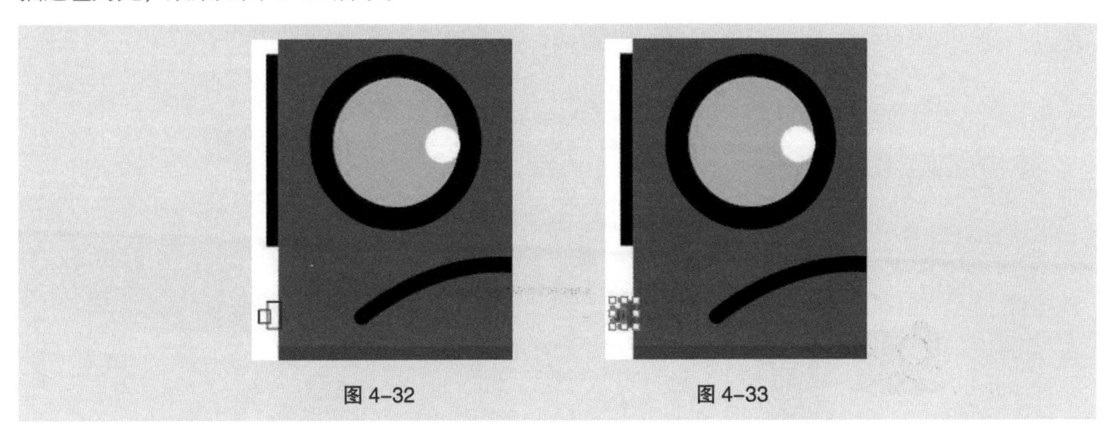

图 4-32　　图 4-33

（21）选择钢笔工具，在适当的位置绘制一条曲线，如图 4-34 所示。在“描边”面板中，单击“圆头端点”按钮，其他选项的设置如图 4-35 所示。按 Enter 键，效果如图 4-36 所示。

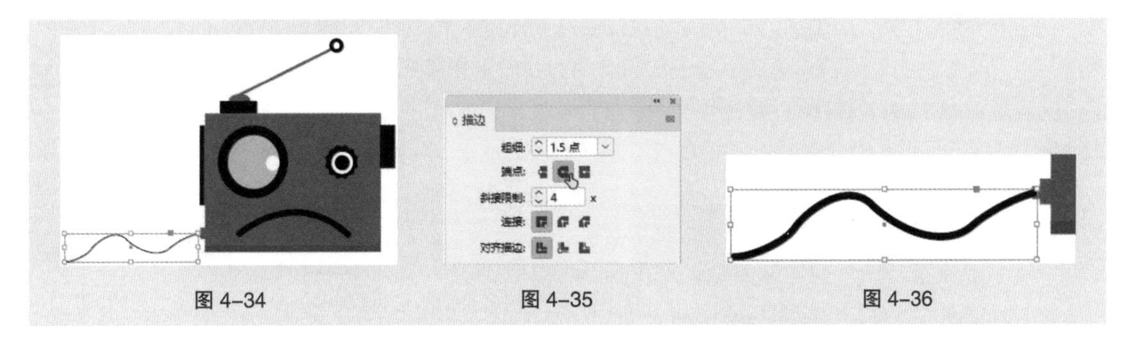

图 4-34　　图 4-35　　图 4-36

（22）按 Ctrl+Shift+［组合键，将曲线置于最底层，效果如图 4-37 所示。选择选择工具，用框选的方法将所绘制的图形全部选取。按 Ctrl+G 组合键，将其编组，拖曳编组图形到页面中适当的位置，效果如图 4-38 所示。

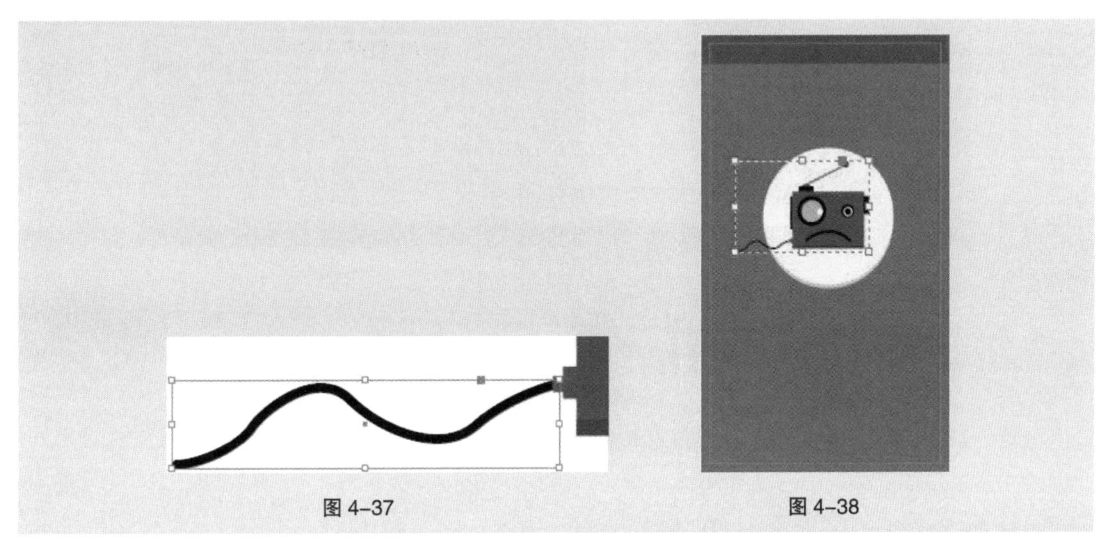

图 4-37　　图 4-38

（23）选择直线工具 ，在按住 Shift 键的同时，在适当的位置拖曳鼠标绘制一条直线，如图 4-39 所示。设置描边色的 CMYK 值为 0、0、15、0，填充描边。选择“描边”面板，在“起点箭头”选项的下拉列表中选择“简单开角”，分别单击“圆头端点”按钮 和“圆角连接”按钮 ，其他选项的设置如图 4-40 所示。按 Enter 键，效果如图 4-41 所示。

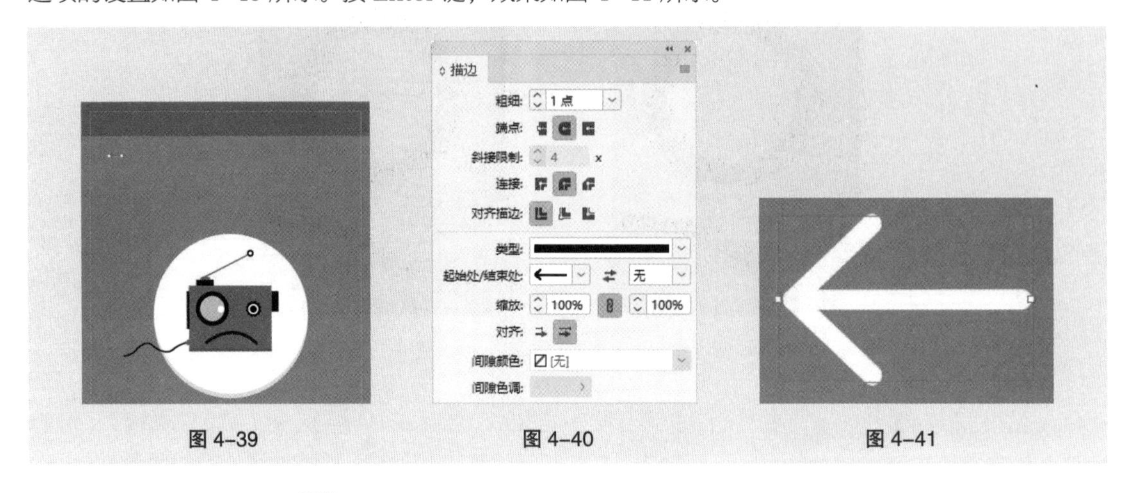

图 4-39　　图 4-40　　图 4-41

（24）选择文字工具 ，在适当的位置分别拖曳出文本框，输入需要的文字。选取输入的文字，在“控制”面板中分别选择合适的字体并设置文字大小，效果如图 4-42 所示。

（25）选择选择工具 ，在按住 Shift 键的同时，选取需要的文字。单击工具箱中的“格式针对文本”按钮 ，设置文字填充色的 CMYK 值为 0、0、15、0，填充文字，效果如图 4-43 所示。

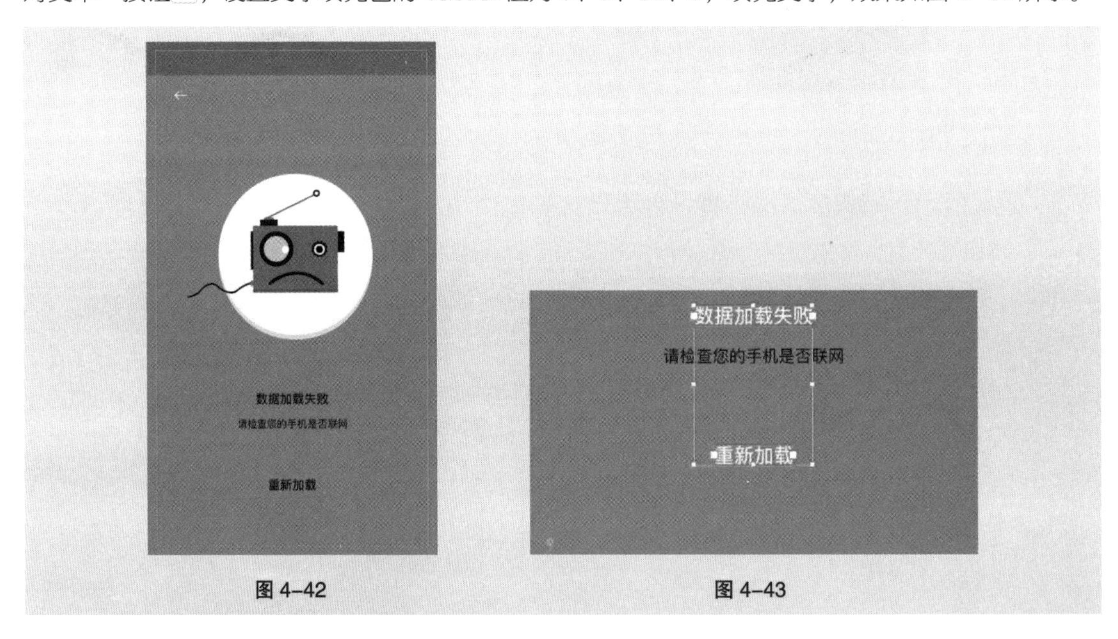

图 4-42　　图 4-43

（26）选择选择工具 ，选取需要的文字。单击工具箱中的“格式针对文本”按钮 ，设置文字填充色的 CMYK 值为 0、57、46、0，填充文字，效果如图 4-44 所示。

（27）选择矩形工具 ，在适当的位置拖曳鼠标绘制一个矩形。在“控制”面板中将“描边粗细”选项 0.283 点 设置为“1 点”，按 Enter 键。设置描边色的 CMYK 值为 0、57、46、0，填充描边，效果如图 4-45 所示。

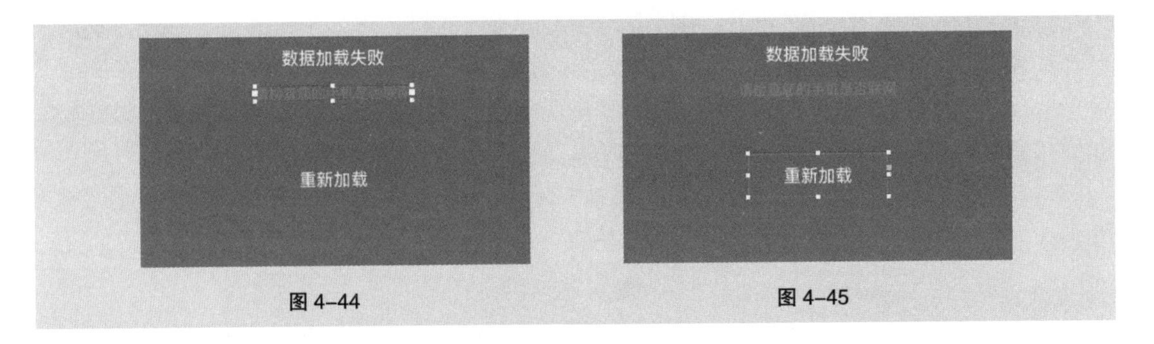

图 4-44　　图 4-45

（28）保持图形的选取状态。选择“对象 > 角选项”命令，在弹出的“角选项”对话框中进行设置，如图 4-46 所示。单击“确定”按钮，效果如图 4-47 所示。在页面空白处单击鼠标左键，取消图形的选取状态，手机界面制作完成，效果如图 4-48 所示。

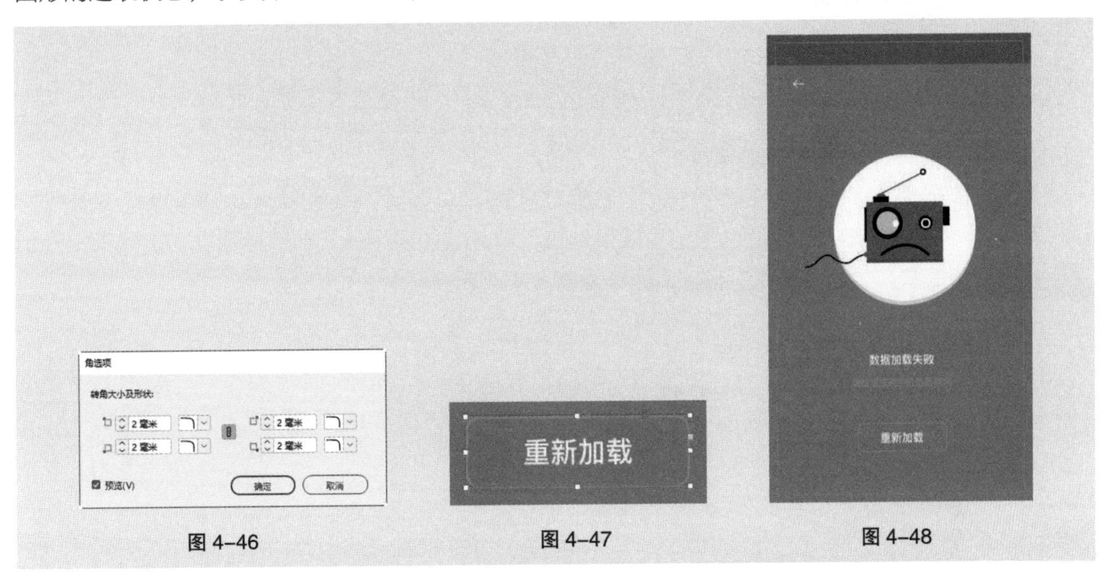

图 4-46　　图 4-47　　图 4-48

4.1.2　矩形工具

1．使用鼠标直接拖曳绘制矩形

选择矩形工具，鼠标指针会变成-¦-形状，按住鼠标左键不放拖曳指针到合适的位置，如图 4-49 所示。松开鼠标，绘制出一个矩形，如图 4-50 所示。指针的起点与终点处决定了矩形的大小。在按住 Shift 键的同时，再进行绘制，可以绘制出一个正方形，如图 4-51 所示。

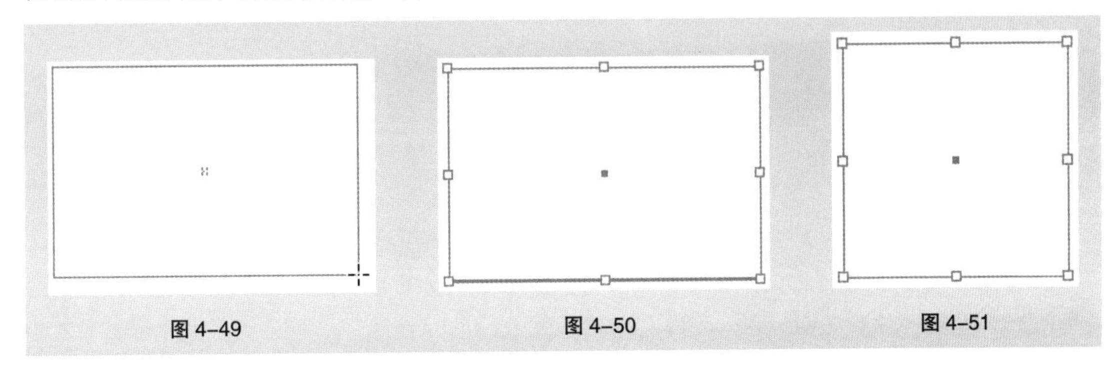
图 4-49　　图 4-50　　图 4-51

在按住 Shift+Alt 组合键的同时，在绘图页面中拖曳鼠标指针，以当前点为中心绘制正方形。

2．使用对话框精确绘制矩形

选择矩形工具，在页面中单击，弹出“矩形”对话框，在对话框中可以设定所要绘制矩形的宽度和高度。

设置需要的数值，如图 4-52 所示，单击“确定”按钮，在页面单击处出现需要的矩形，如图 4-53 所示。

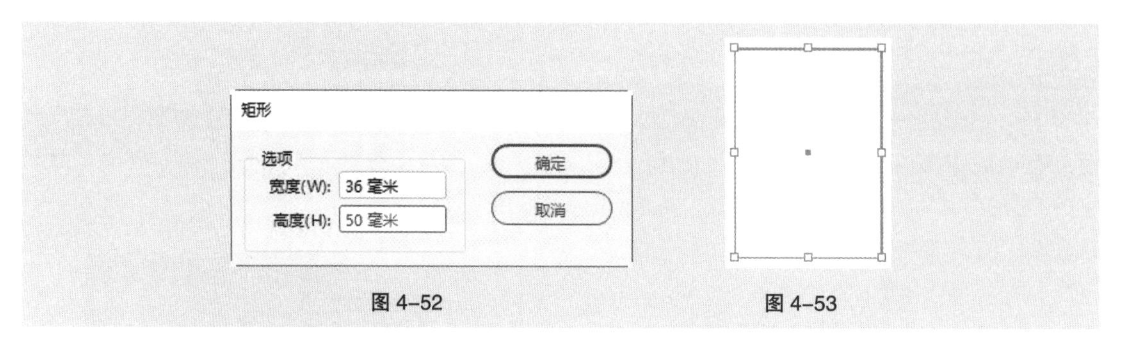

图 4-52　　图 4-53

3．使用角选项制作矩形角的变形

选择选择工具，选取绘制好的矩形。选择“对象 > 角选项”命令，弹出“角选项”对话框。在“转角大小”文本框中输入值以指定角效果到每个角点的扩展半径，在“形状”下拉列表中分别选取需要的角形状，单击“确定”按钮，效果如图 4-54 所示。

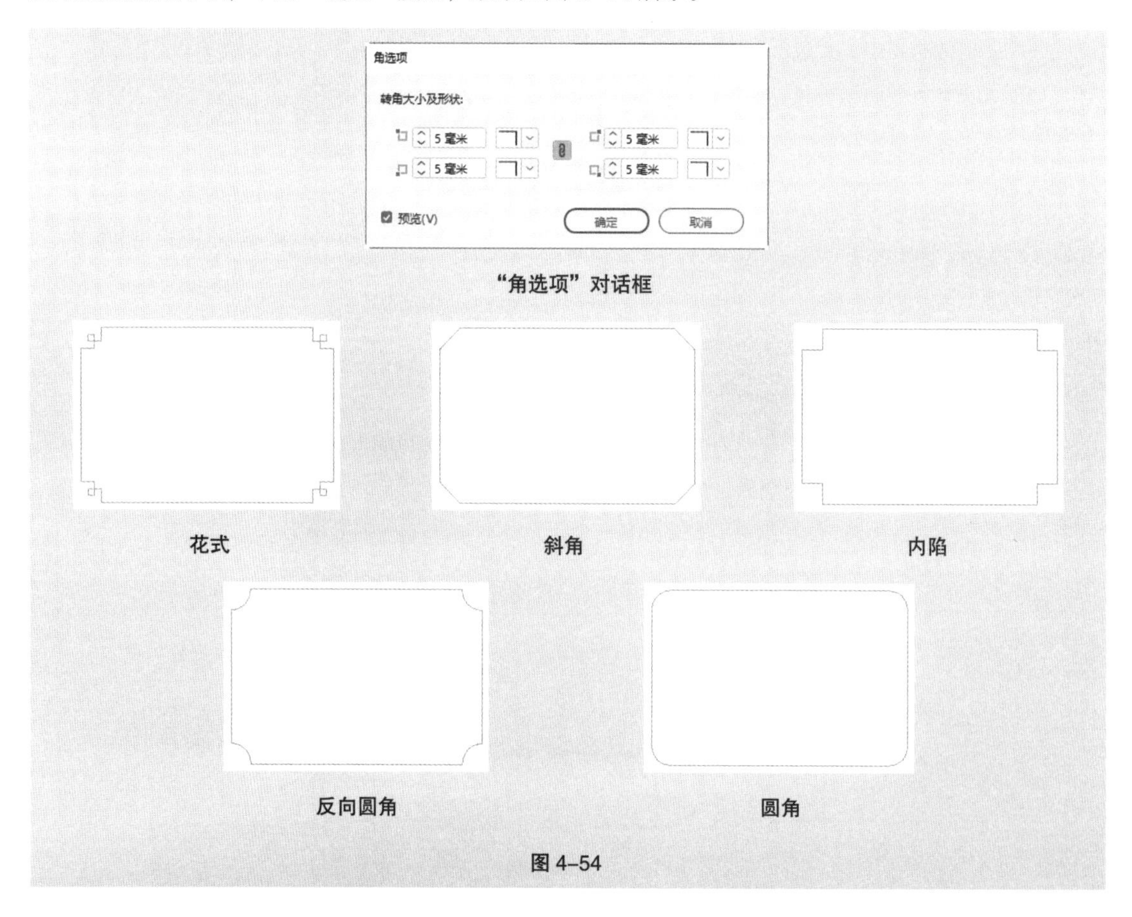

“角选项”对话框

花式　　斜角　　内陷

反向圆角　　圆角

图 4-54

4. 使用直接拖曳制作矩形角的变形

选择选择工具▶，选取绘制好的矩形，如图 4-55 所示。在矩形的黄色点上单击，如图 4-56 所示，上、下、左、右 4 个点处于可编辑状态，如图 4-57 所示。向内拖曳其中任意一个点，如图 4-58 所示，可对矩形角进行变形。松开鼠标，效果如图 4-59 所示。在按住 Alt 键的同时，单击任意一个黄色点，可在 5 种角中交替变形，如图 4-60 所示。在按住 Alt+Shift 组合键的同时，单击其中的一个黄色点，可使选取的点在 5 种角中交替变形，如图 4-61 所示。

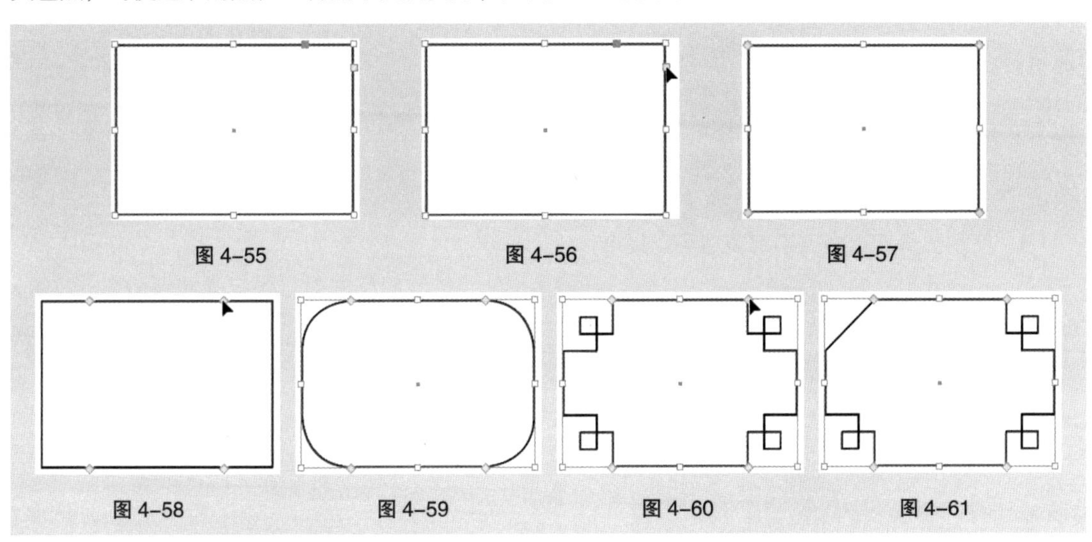

图 4-55　图 4-56　图 4-57

图 4-58　图 4-59　图 4-60　图 4-61

4.1.3　椭圆工具

1. 使用鼠标直接拖曳绘制椭圆形

选择椭圆工具◯，鼠标指针会变成-¦-形状，按住鼠标左键不放拖曳指针到合适的位置，如图 4-62 所示。松开鼠标，绘制出一个椭圆形，如图 4-63 所示。指针的起点与终点处决定了椭圆形的大小和形状。在按住 Shift 键的同时，再进行绘制，可以绘制出一个圆形，如图 4-64 所示。

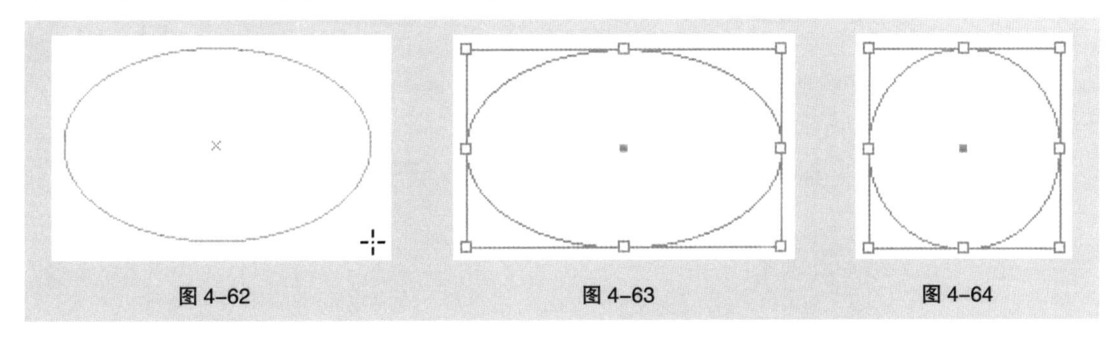

图 4-62　图 4-63　图 4-64

在按住 Alt+Shift 组合键的同时，将在绘图页面中以当前点为中心绘制圆形。

2. 使用对话框精确绘制椭圆形

选择椭圆工具◯，在页面中单击，弹出“椭圆”对话框，在对话框中可以设定所要绘制椭圆的宽度和高度。

设置需要的数值，如图 4-65 所示，单击“确定”按钮，在页面单击处出现需要的椭圆形，如图 4-66 所示。

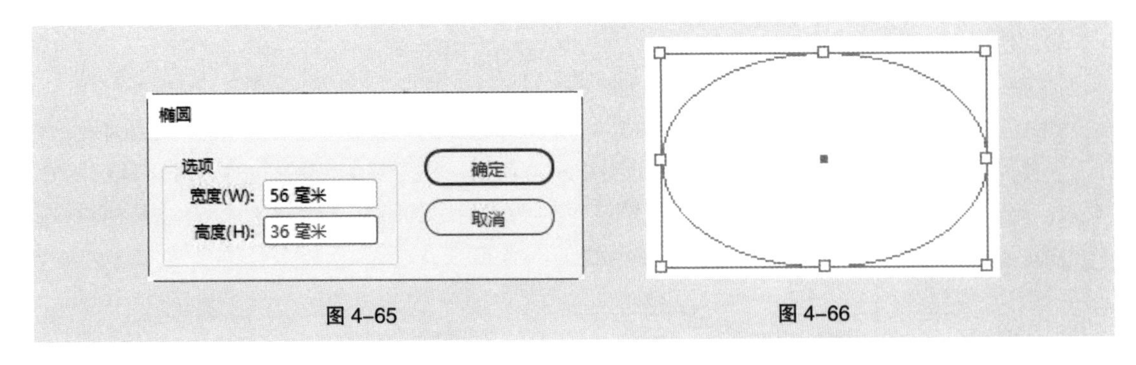

图 4-65　　图 4-66

对椭圆形和圆形可以应用角效果，但是不会有任何变化，因其没有拐点。

4.1.4　多边形工具

1. 使用鼠标直接拖曳绘制多边形或星形

（1）选择多边形工具，鼠标指针会变成-¦-形状。按下鼠标左键，拖曳指针到适当的位置，如图 4-67 所示。松开鼠标，绘制出一个多边形，如图 4-68 所示。指针的起点与终点处决定了多边形的大小和形状。软件默认的边数值为 6。在按住 Shift 键的同时，再进行绘制，可以绘制出一个正多边形，如图 4-69 所示。

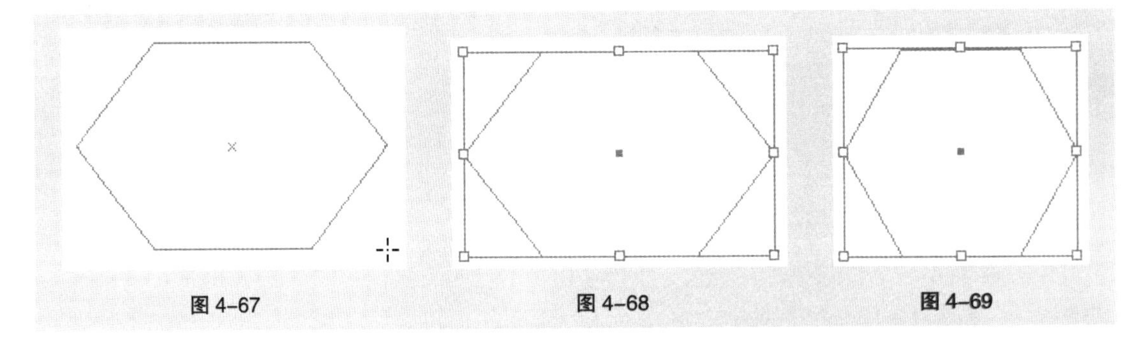
图 4-67　　图 4-68　　图 4-69

在按住 Alt+Shift 组合键的同时，在绘图页面中以当前点为中心绘制正多边形。

（2）双击多边形工具，弹出“多边形设置”对话框。在“边数”数值框中，可以通过直接输入数值或单击微调按钮来设置多边形的边数；在“星形内陷”数值框中，也可以通过直接输入数值或单击微调按钮来设置多边形尖角的锐化程度。

设置需要的数值，如图 4-70 所示，单击“确定”按钮，在页面中拖曳鼠标指针，绘制出需要的五角形，如图 4-71 所示。

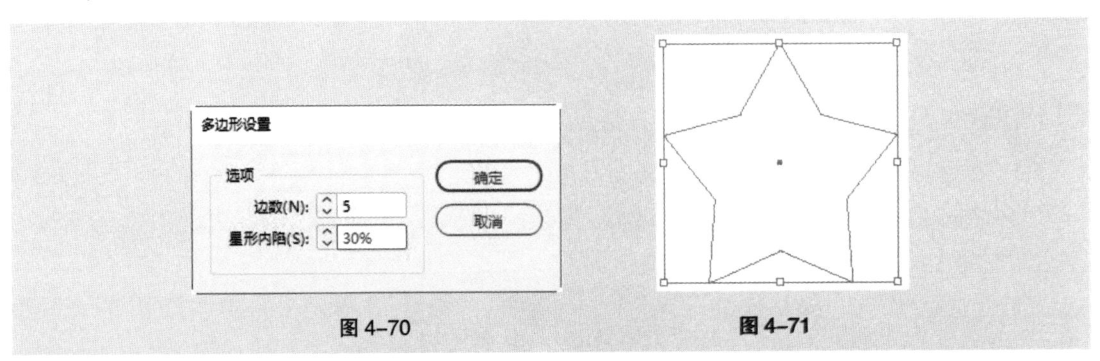

图 4-70　　图 4-71

2. 使用对话框精确绘制多边形或星形

（1）双击多边形工具，弹出“多边形设置”对话框。在“边数”数值框中，可以通过直接输入数值或单击微调按钮来设置多边形的边数。设置需要的数值，如图 4-72 所示，单击“确定”按钮，在页面中拖曳鼠标指针，绘制出需要的多边形，如图 4-73 所示。

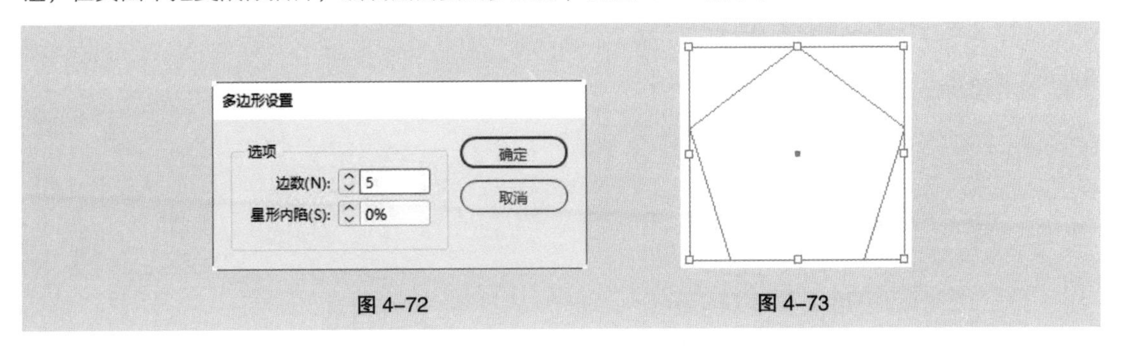

图 4-72　　图 4-73

选择多边形工具，在页面中单击，弹出“多边形”对话框，在对话框中可以设置所要绘制的多边形的宽度、高度和边数。设置需要的数值，如图 4-74 所示，单击“确定”按钮，在页面单击处出现需要的多边形，如图 4-75 所示。

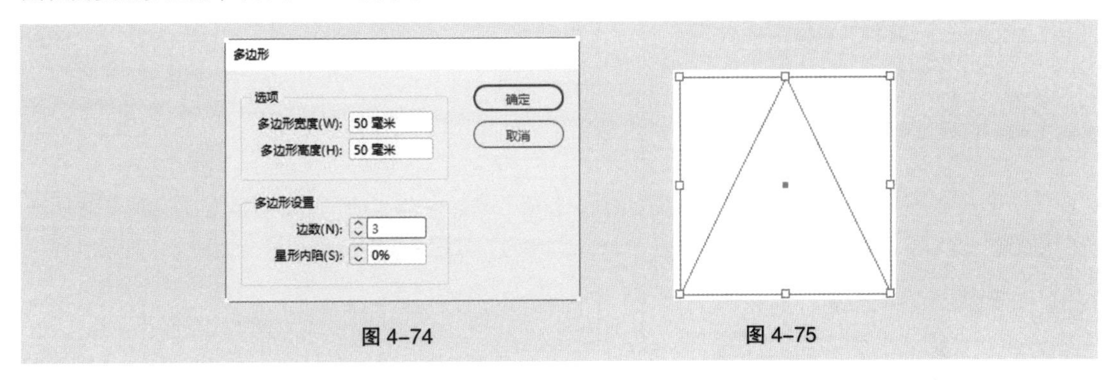

图 4-74　　图 4-75

（2）选择多边形工具，在页面中单击，弹出“多边形”对话框，在对话框中可以设置所要绘制星形的宽度、高度、边数和星形内陷。

设置需要的数值，如图 4-76 所示，单击“确定”按钮，在页面单击处出现需要的八角形，如图 4-77 所示。

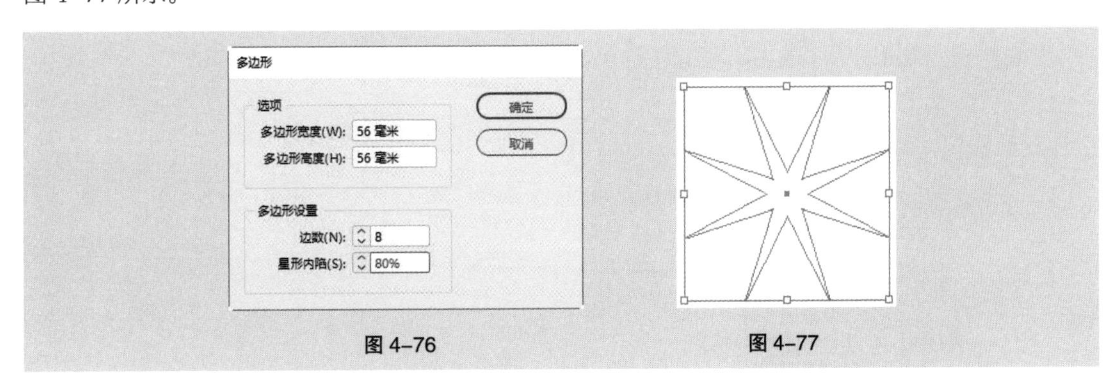

图 4-76　　图 4-77

3. 使用角选项制作多边形或星形角的变形

（1）选择选择工具，选取绘制好的多边形。选择“对象 > 角选项”命令，弹出“角选项”对话框，在“形状”选项中分别选取需要的角效果，单击“确定”按钮，效果如图 4-78 所示。

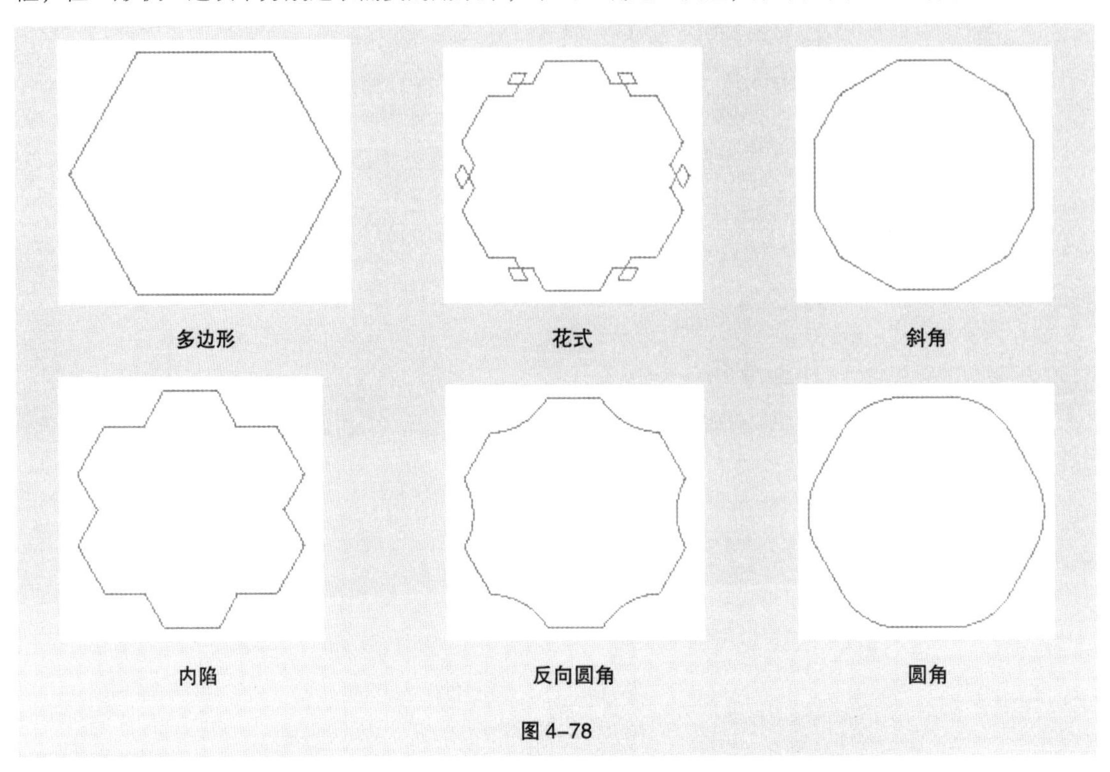

图 4-78

（2）选择选择工具▶，选取绘制好的星形。选择“对象 > 角选项”命令，弹出“角选项”对话框，在“效果”选项中分别选取需要的角效果，单击“确定”按钮，效果如图 4-79 所示。

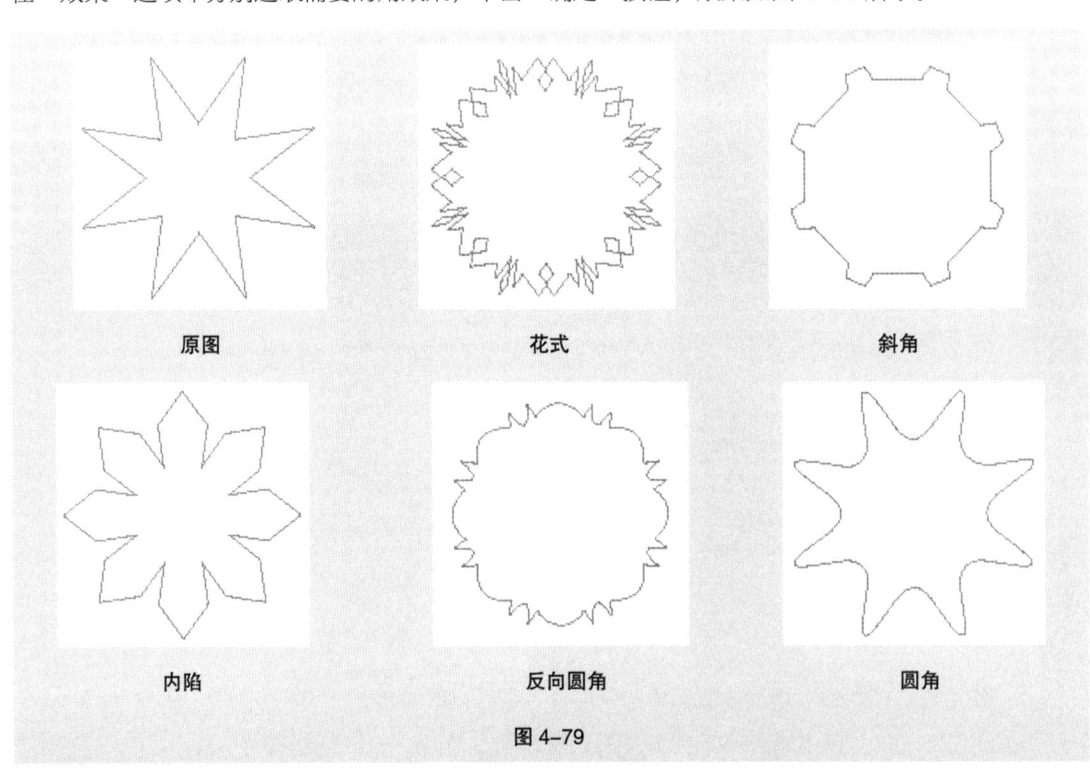

图 4-79

4.1.5　形状之间的转换

1. 使用菜单栏进行形状之间的转换

选择选择工具▶，选取需要转换的图形。选择“对象 > 转换形状”命令，在弹出的子菜单中包括“矩形”“圆角矩形”“斜角矩形”“反向圆角矩形”“椭圆”“三角形”“多边形”“线条”和“正交直线”命令，如图 4-80 所示。

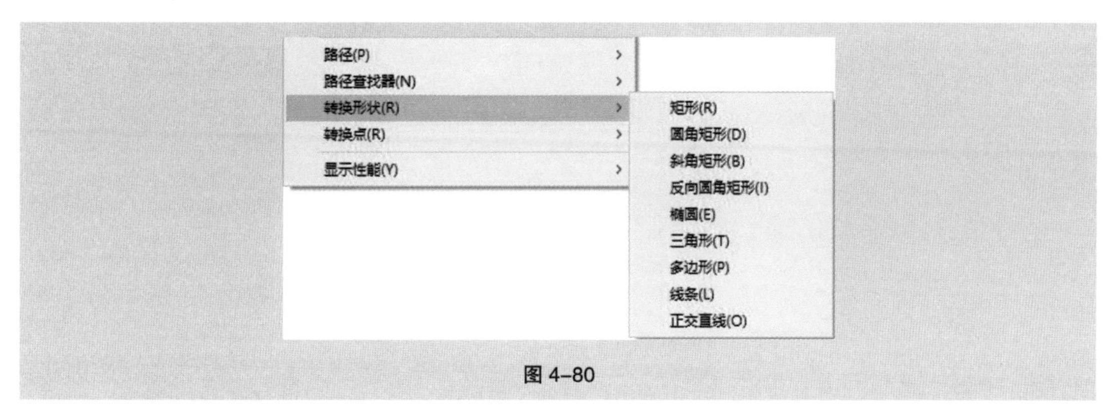

图 4-80

选择选择工具▶，选取需要转换的图形。选择“对象 > 转换形状”命令，分别选择其子菜单中的命令，效果如图 4-81 所示。

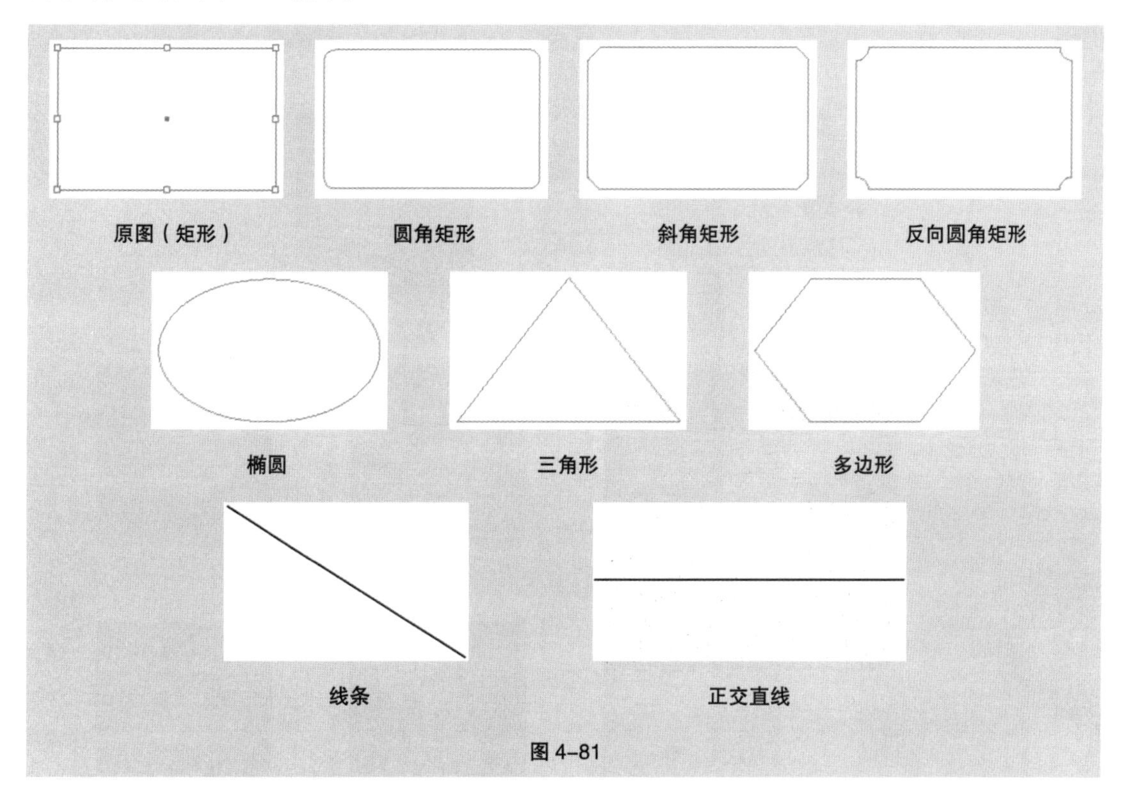

图 4-81

提示：

若原图为线条，是不能和其他形状转换的。

2. 使用面板在形状之间转换

选择选择工具 ，选取需要转换的图形。选择“窗口 > 对象和版面 > 路径查找器”命令，弹出“路径查找器”面板，如图 4-82 所示。单击“转换形状”选项组中的按钮，可在形状之间互相转换。

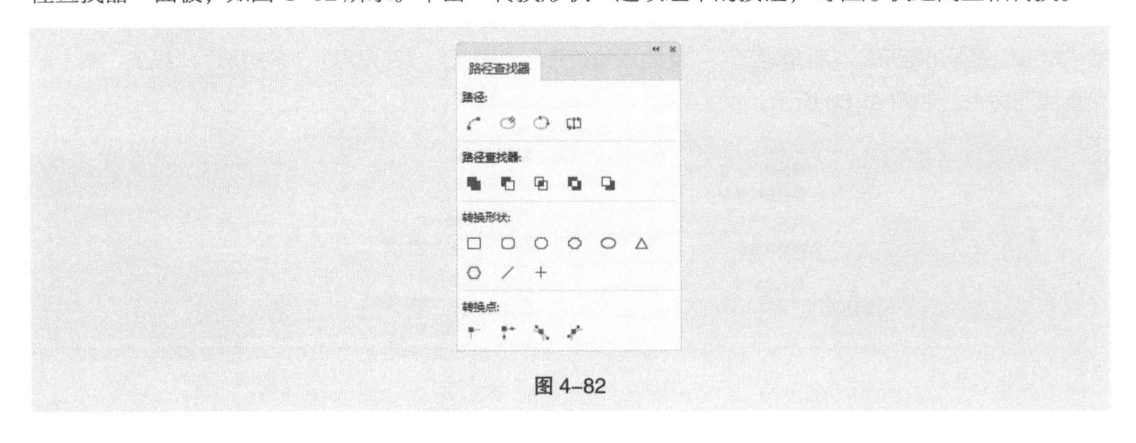

图 4-82

4.2 复合形状

在 InDesign CC 2019 中，使用复合形状来编辑图形对象是非常重要的手段。复合形状是由简单路径、文本框、文本外框或其他形状通过添加、减去、交叉、排除重叠或减去后方对象制作而成的。

4.2.1 课堂案例——绘制橄榄球标志

【案例学习目标】学习使用绘制图形工具、“路径查找器”面板绘制橄榄球图标。

【案例知识要点】使用椭圆工具、“缩放”命令、钢笔工具、矩形工具和“路径查找器”面板制作橄榄球，使用文字工具输入需要的文字，效果如图 4-83 所示。

【效果所在位置】云盘 > Ch04 > 效果 > 绘制橄榄球标志 .indd。

4.2.1
扩展案例

图 4-83

（1）打开 InDesign CC 2019，选择“文件 > 新建 > 文档”命令，弹出“新建文档”对话框，设置如图 4-84 所示。单击“边距和分栏”按钮，弹出“新建边距和分栏”对话框，设置如图 4-85 所示，单击“确定”按钮，新建一个页面。选择“视图 > 其他 > 隐藏框架边缘”命令，将所绘制图形的框架边缘隐藏。

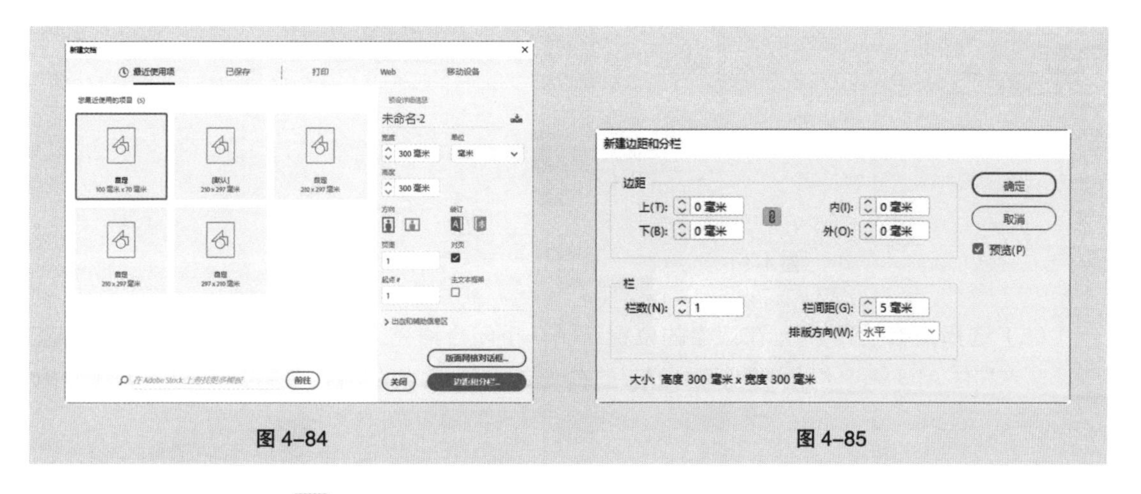

图 4-84　　图 4-85

（2）选择矩形工具，在页面中绘制一个矩形，填充图形为黑色，并设置描边色为无，效果如图 4-86 所示。选择椭圆工具，在页面外绘制一个椭圆形，如图 4-87 所示。

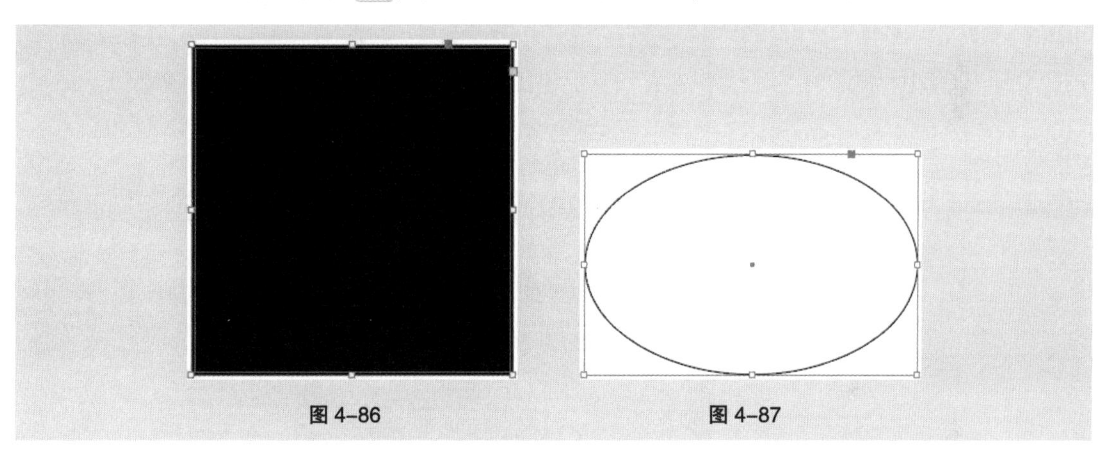

图 4-86　　图 4-87

（3）选择直接选择工具，选取右侧的锚点，出现控制线，如图 4-88 所示。在按住 Shift 键的同时，向上拖曳下方的控制线到适当的位置，如图 4-89 所示。使用相同的方法调节其他锚点的控制线，如图 4-90 所示。

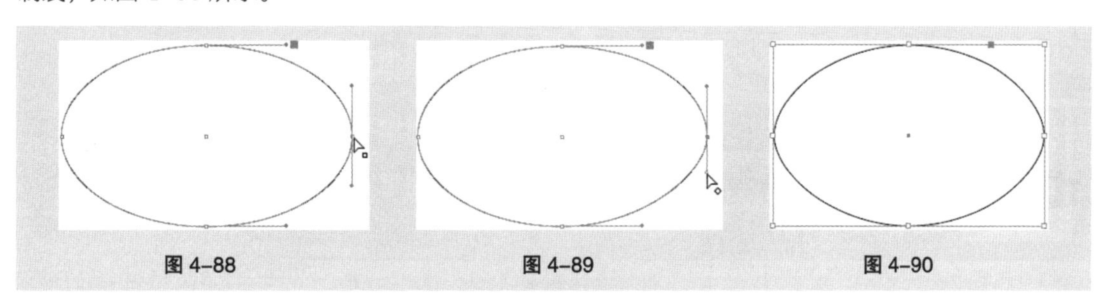

图 4-88　　图 4-89　　图 4-90

（4）选择“对象 > 变换 > 缩放”命令，在弹出的“缩放”对话框中进行设置，如图 4-91 所示。单击“复制”按钮，复制并缩小图形，效果如图 4-92 所示。

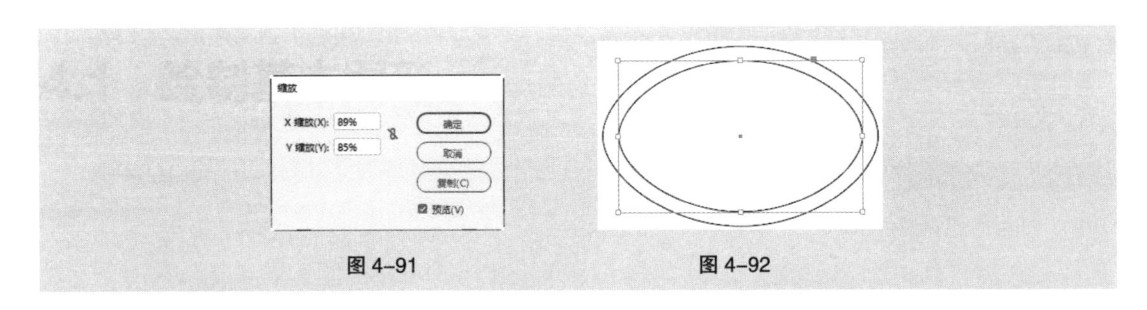

图 4-91　　图 4-92

（5）选择钢笔工具，在适当的位置绘制一个闭合路径，如图 4-93 所示。选择选择工具，在按住 Alt+Shift 组合键的同时，水平向右拖曳图形到适当的位置，复制图形，效果如图 4-94 所示。单击“控制”面板中的“水平翻转”按钮，水平翻转图形，效果如图 4-95 所示。

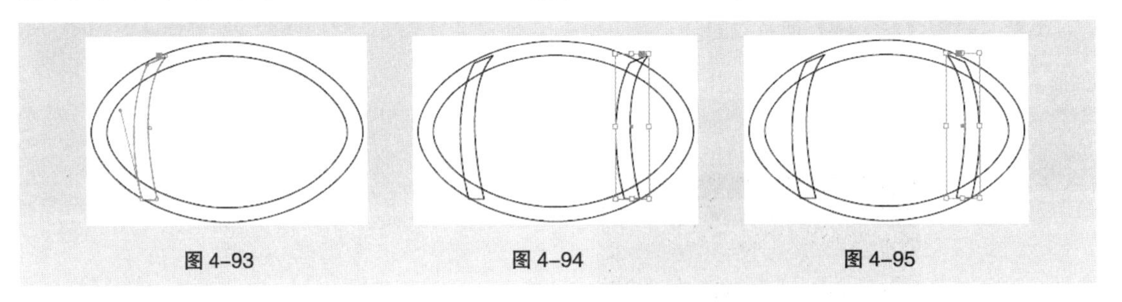

图 4-93　　图 4-94　　图 4-95

（6）选择椭圆工具，在按住 Shift 键的同时，在适当的位置绘制一个圆形，如图 4-96 所示。选择矩形工具，在适当的位置绘制一个矩形，如图 4-97 所示。

（7）在“控制”面板中将“旋转角度”选项设为“7°”，按 Enter 键，效果如图 4-98 所示。选择选择工具，选取上方的圆形。在按住 Alt 键的同时，向下拖曳圆形到适当的位置，复制圆形，效果如图 4-99 所示。使用的相同方法绘制其他图形，效果如图 4-100 所示。

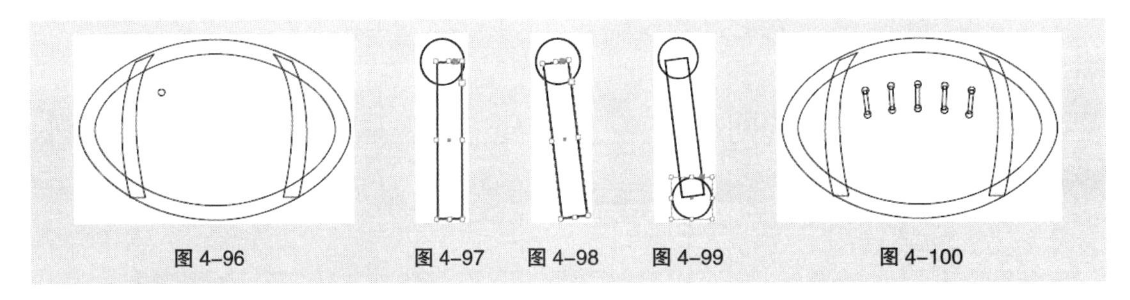

图 4-96　　图 4-97　　图 4-98　　图 4-99　　图 4-100

（8）选择选择工具，在按住 Shift 键的同时，依次单击选取需要的图形，如图 4-101 所示。选择“窗口 > 对象和版面 > 路径查找器”命令，弹出“路径查找器”面板，单击“减去”按钮，如图 4-102 所示，生成新对象，效果如图 4-103 所示。

图 4-101　　图 4-102　　图 4-103

（9）选择钢笔工具，在适当的位置绘制一条路径，如图 4–104 所示。在“控制”面板中将“描边粗细”下拉列表 0.283 点 设为 9 点，按 Enter 键，效果如图 4–105 所示。

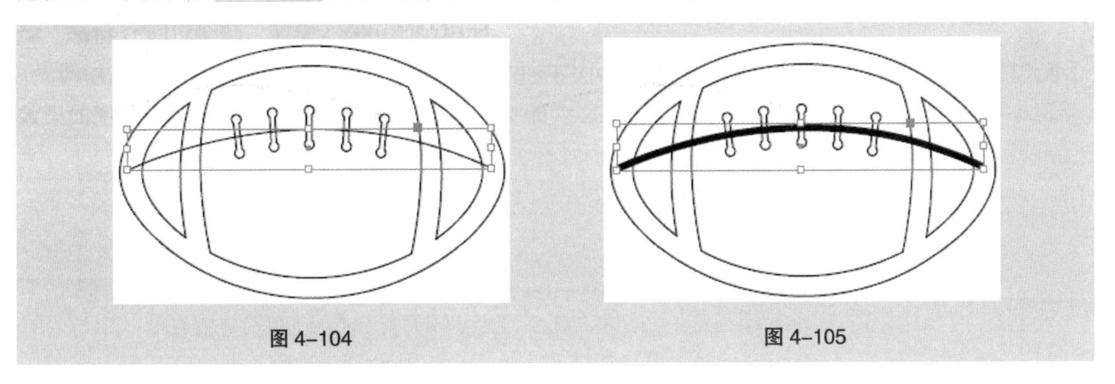

图 4–104　　图 4–105

（10）选择钢笔工具，在适当的位置分别绘制闭合路径，如图 4–106 所示。选择选择工具，在按住 Shift 键的同时，依次单击选取需要的闭合路径，如图 4–107 所示。

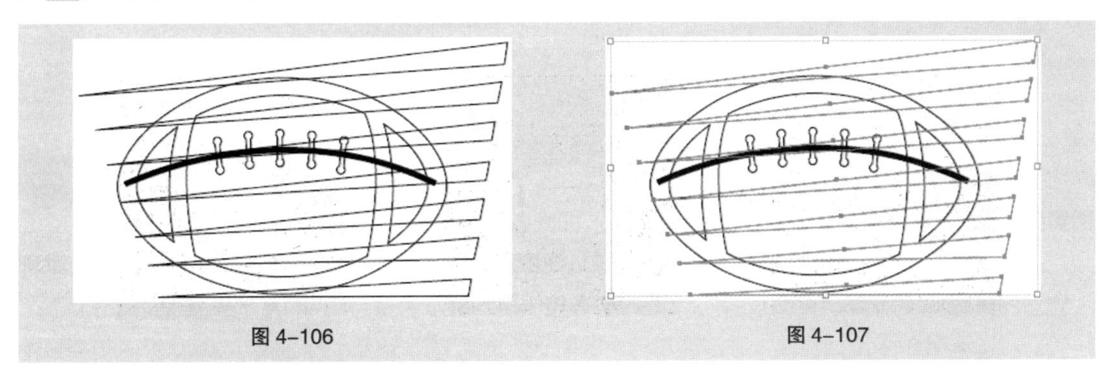

图 4–106　　图 4–107

（11）选择“路径查找器”面板，单击“相加”按钮，如图 4–108 所示，生成新对象，效果如图 4–109 所示。选择选择工具，在按住 Shift 键的同时，单击下方椭圆形将其同时选取，如图 4–110 所示。

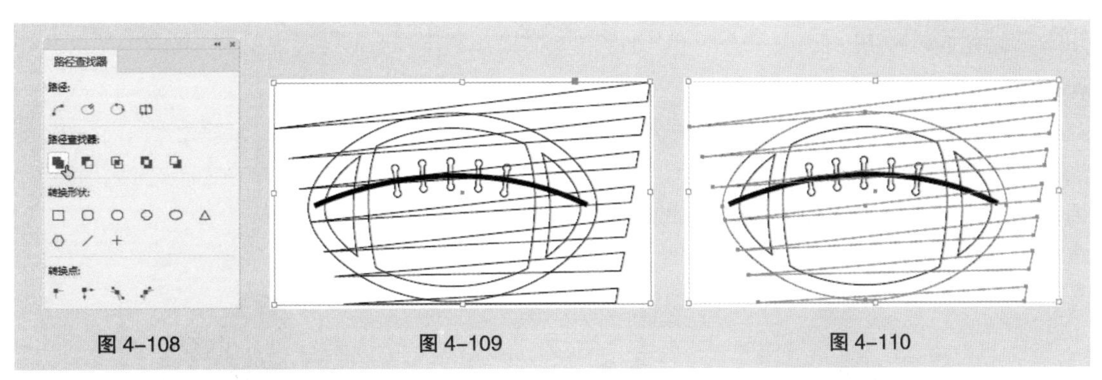

图 4–108　　图 4–109　　图 4–110

（12）选择“路径查找器”面板，单击“减去后方对象”按钮，如图 4–111 所示，生成新对象，效果如图 4–112 所示。设置图形填充色的 CMYK 值为 0、100、100、0，填充图形，并设置描边色为无，效果如图 4–113 所示。

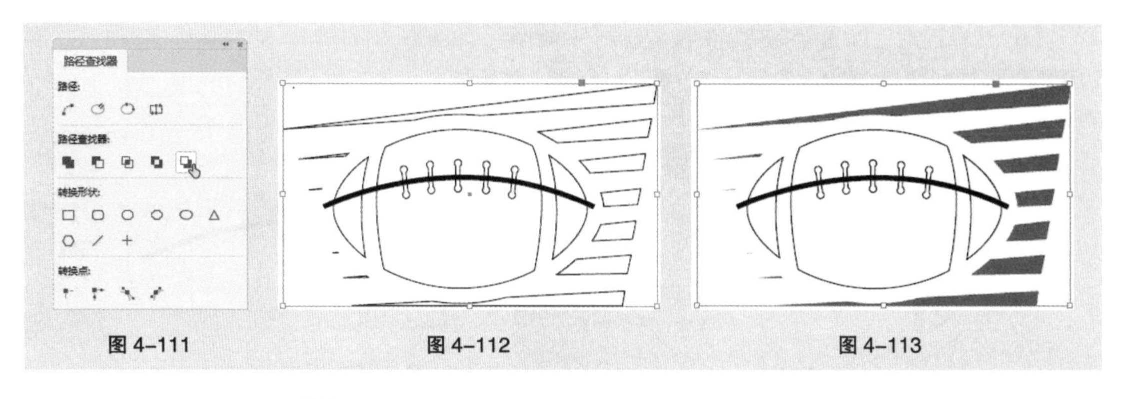
图 4-111　　图 4-112　　图 4-113

（13）选择选择工具，用圈选的方法将所绘制的图形同时选取，并将其拖曳到页面中适当的位置，如图 4-114 所示。选取橄榄球图形，填充图形为白色，并设置描边色为无，效果如图 4-115 所示。

（14）选择文字工具 T，在适当的位置拖曳出一个文本框，输入需要的文字。选取输入的文字，在“控制”面板中选择合适的字体并设置文字大小，效果如图 4-116 所示。橄榄球标志绘制完成。

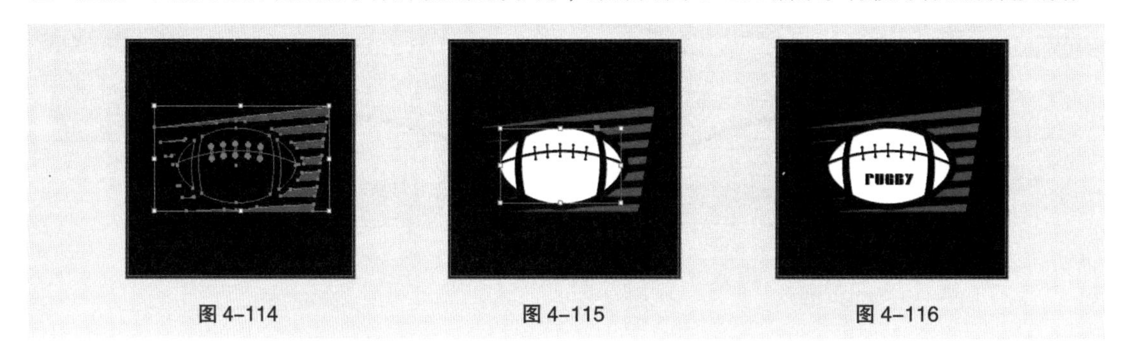
图 4-114　　图 4-115　　图 4-116

4.2.2 “路径查找器”面板

1. 添加

添加是将多个图形结合成一个图形，新的图形轮廓由被添加图形的边界组成，被添加图形的交叉线都将消失。

选择选择工具，选取需要的图形对象，如图 4-117 所示。选择“窗口 > 对象和版面 > 路径查找器”命令，弹出“路径查找器”面板。单击“相加”按钮，如图 4-118 所示，将两个图形相加。相加后图形对象的边框和颜色与最前方的图形对象相同，效果如图 4-119 所示。

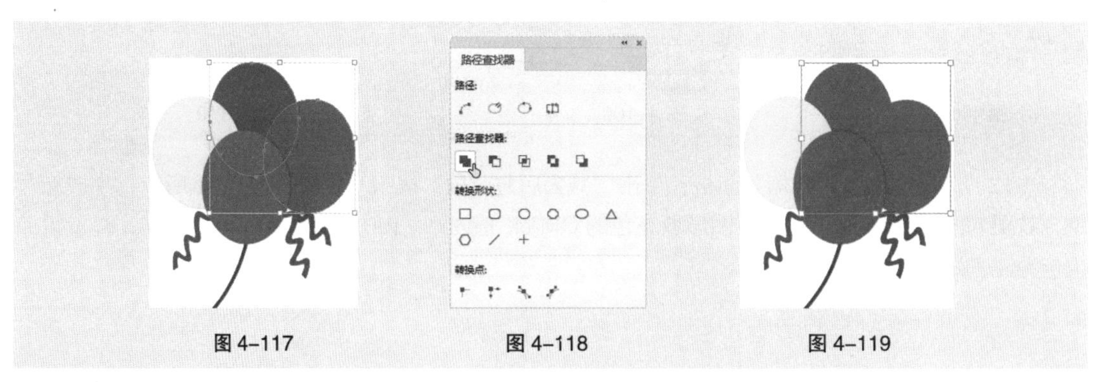

图 4-117　　图 4-118　　图 4-119

选择选择工具，选取需要的图形对象。选择“对象 > 路径查找器 > 添加”命令，也可以将两个图形相加。

2．减去

减去是从最底层的对象中减去最顶层的对象，被剪后的对象保留其填充和描边属性。

选择选择工具，选取需要的图形对象，如图 4–120 所示。选择“窗口 > 对象和版面 > 路径查找器”命令，弹出“路径查找器”面板。单击“减去”按钮，如图 4–121 所示，将两个图形相减。相减后的对象保留底层对象的属性，效果如图 4–122 所示。

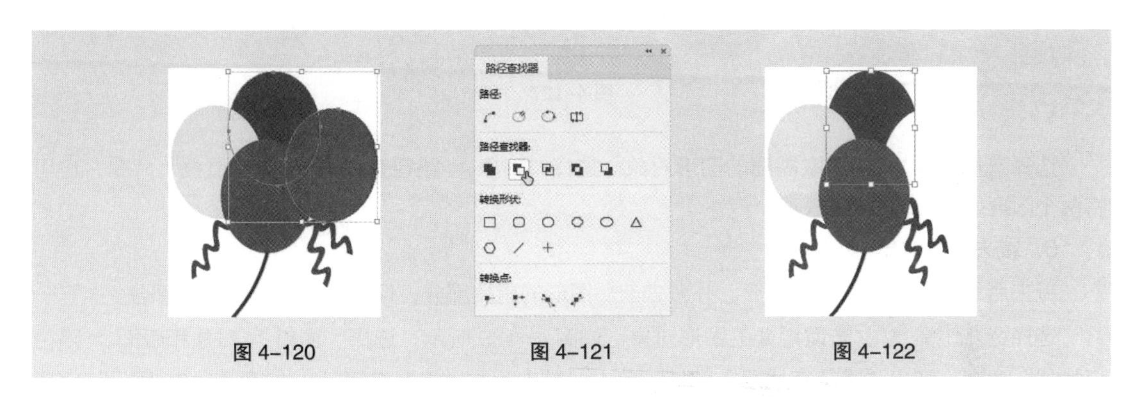

图 4–120　图 4–121　图 4–122

选择选择工具，选取需要的图形对象。选择“对象 > 路径查找器 > 减去”命令，也可以将两个图形相减。

3．交叉

交叉是将两个或两个以上对象的相交部分保留，使相交的部分成为一个新的图形对象。

选择选择工具，选取需要的图形对象，如图 4–123 所示。选择“窗口 > 对象和版面 > 路径查找器”命令，弹出“路径查找器”面板。单击“交叉”按钮，如图 4–124 所示，将两个图形相交。相交后的对象保留顶层对象的属性，效果如图 4–125 所示。

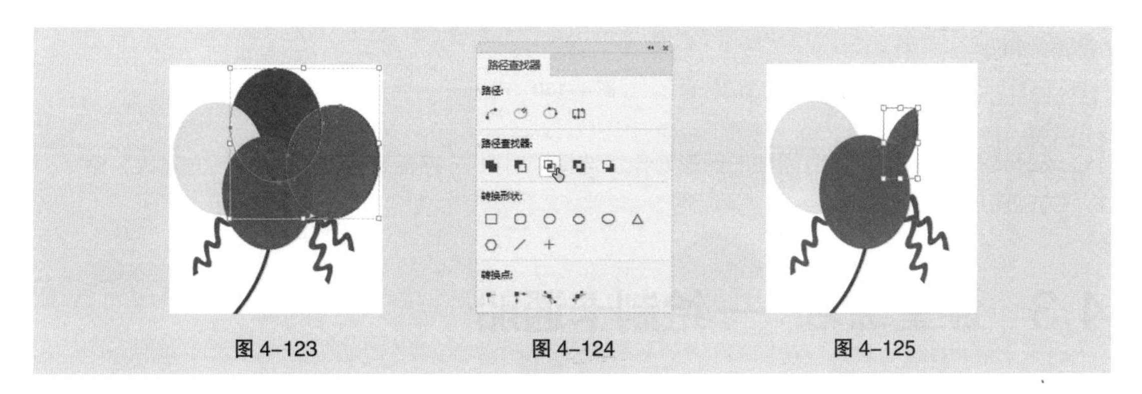

图 4–123　图 4–124　图 4–125

选择选择工具，选取需要的图形对象。选择“对象 > 路径查找器 > 交叉”命令，也可以将两个图形相交。

4．排除重叠

排除重叠是减去前后图形的重叠部分，将不重叠的部分创建图形。

选择选择工具，选取需要的图形对象，如图 4–126 所示。选择“窗口 > 对象和版面 > 路径查找器”命令，弹出“路径查找器”面板。单击“排除重叠”按钮，如图 4–127 所示，将两个图形重叠的部分减去。生成的新对象保留最前方图形对象的属性，效果如图 4-128 所示。

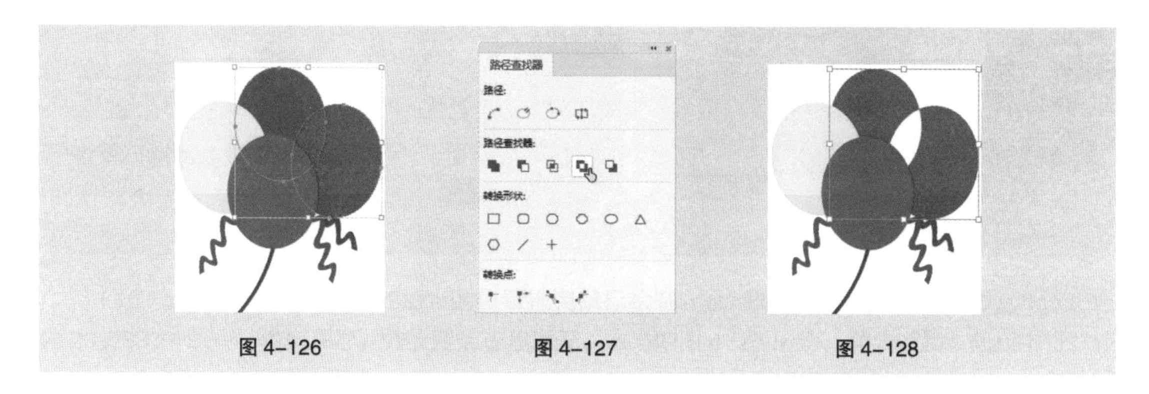

图 4-126　　图 4-127　　图 4-128

选择选择工具，选取需要的图形对象。选择“对象 > 路径查找器 > 排除重叠”命令，也可将两个图形重叠的部分减去。

5. 减去后方对象

减去后方对象是减去后面图形，并减去前后图形的重叠部分，保留前面图形的剩余部分。

选择选择工具，选取需要的图形对象，如图 4-129 所示。选择“窗口 > 对象和版面 > 路径查找器”命令，弹出“路径查找器”面板。单击“减去后方对象”按钮，如图 4-130 所示，将后方的图形对象减去。生成的新对象保留最前方图形对象的属性，效果如图 4-131 所示。

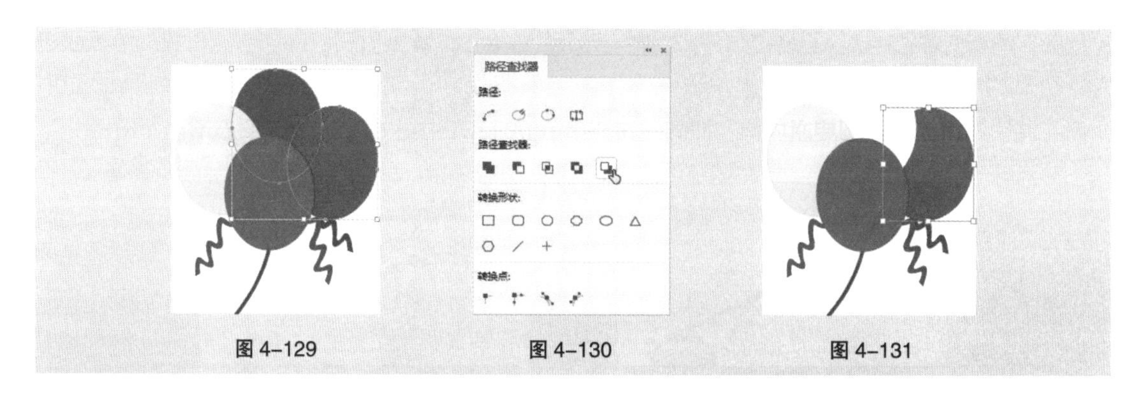

图 4-129　　图 4-130　　图 4-131

选择选择工具，选取需要的图形对象。选择“对象 > 路径查找器 > 减去后方对象”命令，将后方的图形对象减去。

4.3 课堂练习——绘制卡通船

【练习知识要点】使用矩形工具、直接选择工具和删除锚点工具制作卡通船主体，使用多边形工具和矩形工具绘制烟囱，使用椭圆工具、“复制”命令和“原位粘贴”命令复制粘贴图形，效果如图 4-132 所示。

【效果所在位置】云盘 > Ch04 > 效果 > 绘制卡通船 .indd。

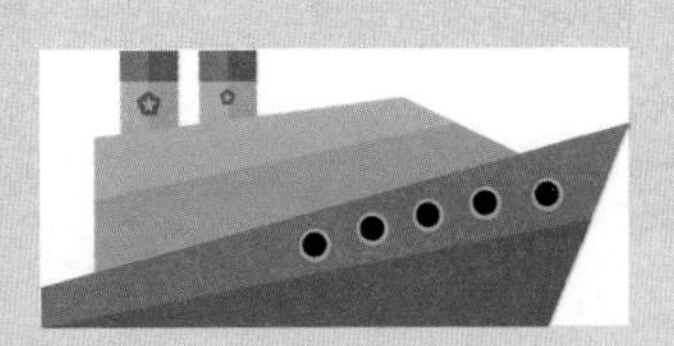

图 4-132

4.4 课后习题——绘制创意图形

【习题知识要点】使用矩形工具和渐变色板工具绘制渐变背景，使用钢笔工具和“减去”命令制作创意图形，使用文字工具输入需要的文字，效果如图 4-133 所示。

【效果所在位置】云盘 > Ch04 > 效果 > 绘制创意图形 .indd。

图 4-133

05

第5章 高级绘图

本章介绍

本章介绍 InDesign CC 2019 中手绘和路径绘图的相关知识，以及多种组织图形对象的方法。通过本章的学习，读者可以使用绘制与编辑路径工具绘制自由曲线和创意图形，还可以利用对齐、分布及组合图形对象的方法绘制精美的图形。

学习目标

- 掌握手绘图形的方法。
- 掌握使用路径工具绘制和编辑图形的技巧。
- 掌握组织图形对象的方法。

技能目标

- 掌握音乐插画的绘制方法。
- 掌握时尚女孩的绘制方法。
- 掌握注册界面的制作方法。

第5章简介

5.1 手绘图形

在 InDesign CC 2019 中，可以使用手绘工具绘制直线和曲线路径，也可以将矩形、多边形、椭圆形和文本对象转换成路径。下面介绍绘图和编辑路径的方法与技巧。

5.1.1 课堂案例——绘制音乐插画

【案例学习目标】学习使用手绘工具和填充工具绘制音乐插画。

【案例知识要点】使用椭圆工具、多边形工具、“渐变”面板、直线工具和“描边”面板绘制音乐插画，效果如图 5–1 所示。

【效果所在位置】云盘 > Ch05 > 效果 > 绘制音乐插画 .indd。

绘制
音乐插画

5.1.1
扩展案例

图 5–1

（1）打开 InDesign CC 2019，选择“文件 > 新建 > 文档”命令，弹出“新建文档”对话框，设置如图 5–2 所示。单击“边距和分栏”按钮，弹出“新建边距和分栏”对话框，设置如图 5–3 所示，单击“确定”按钮，新建一个页面。选择“视图 > 其他 > 隐藏框架边缘”命令，隐藏所绘制图形的框架边缘。

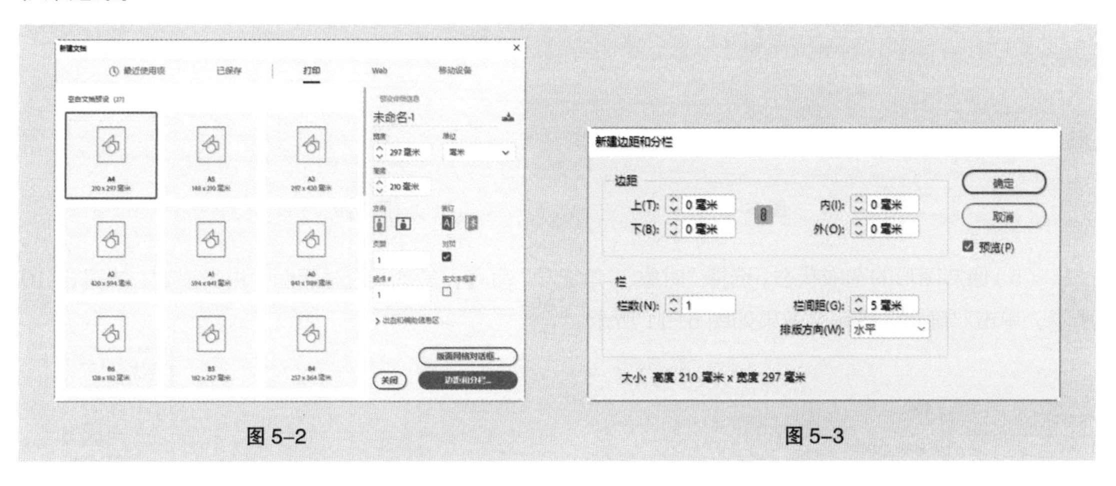

图 5–2

图 5–3

（2）选择椭圆工具，在按住 Shift 键的同时，在适当的位置拖曳鼠标绘制一个圆形，如图 5–4 所示。设置图形填充色的 CMYK 值为 0、56、30、0，填充图形，并设置描边色为无，效果如图 5–5 所示。

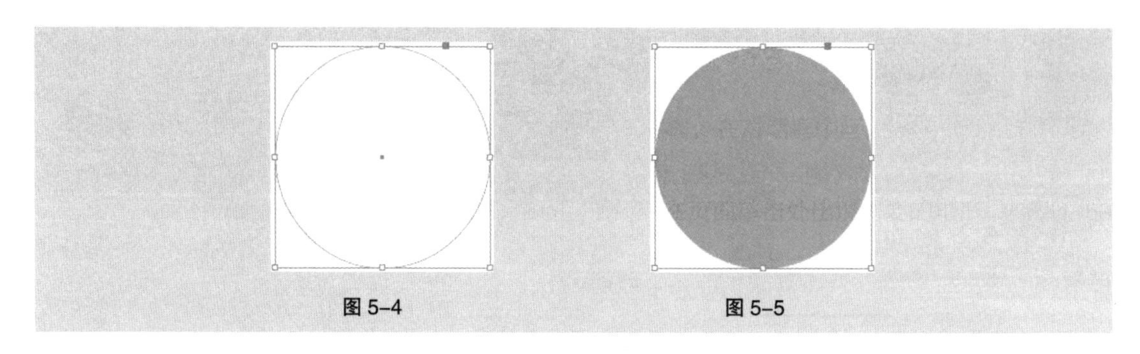
图 5-4　　图 5-5

（3）选择“窗口 > 效果”命令，弹出“效果”面板，将“不透明度”选项设为“50%”，其他选项的设置如图 5-6 所示。按 Enter 键，效果如图 5-7 所示。

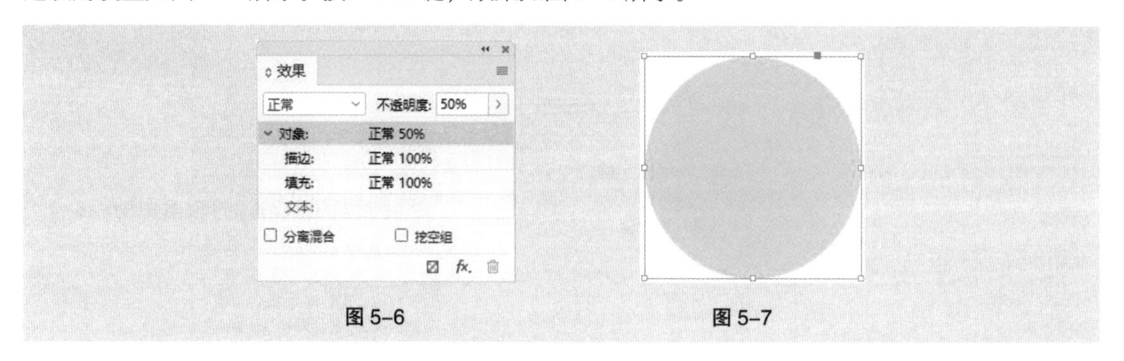

图 5-6　　图 5-7

（4）选择多边形工具，在页面中单击鼠标左键，弹出“多边形”对话框。选项的设置如图 5-8 所示，单击“确定”按钮，得到一个多边形。选择“选择”工具，拖曳多边形到适当的位置，效果如图 5-9 所示。

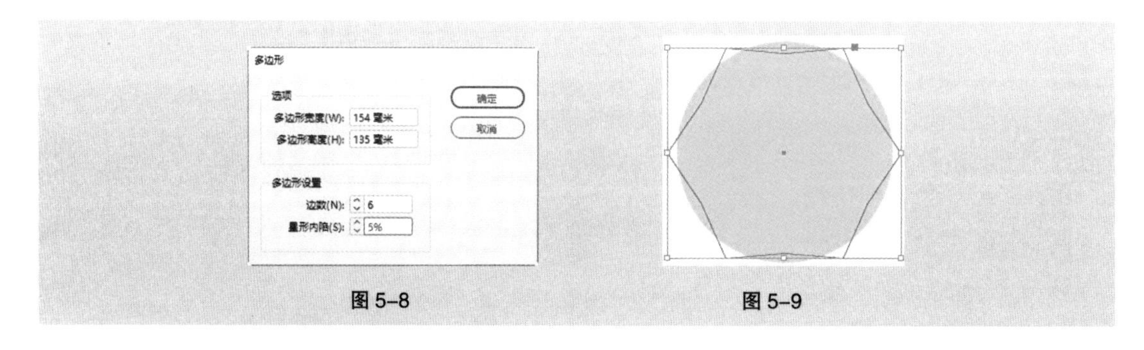

图 5-8　　图 5-9

（5）保持图形的选取状态。选择“对象 > 角选项”命令，在弹出的对话框中进行设置，如图 5-10 所示。单击“确定”按钮，效果如图 5-11 所示。

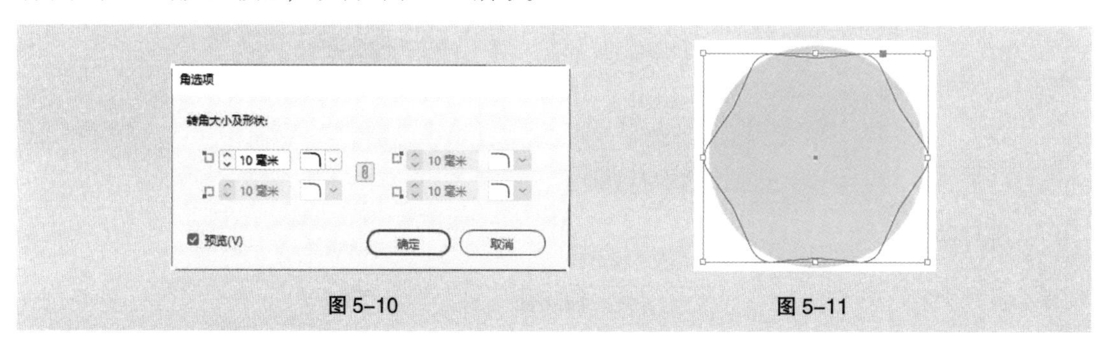

图 5-10　　图 5-11

（6）双击渐变色板工具▣，弹出“渐变”面板。在“类型”下拉列表中选择“线性”，在色带上选中左侧的渐变色标，设置 CMYK 的值为 0、56、30、0；选中右侧的渐变色标，设置 CMYK 的值为 0、100、100、0，如图 5-12 所示。填充渐变色，并设置描边色为无，效果如图 5-13 所示。

（7）按 Ctrl+C 组合键，复制图形，选择“编辑 > 原位粘贴”命令，原位粘贴图形。双击渐变色板工具▣，弹出“渐变”面板，将“角度”选项设为“61°”，如图 5-14 所示。按 Enter 键，效果如图 5-15 所示。

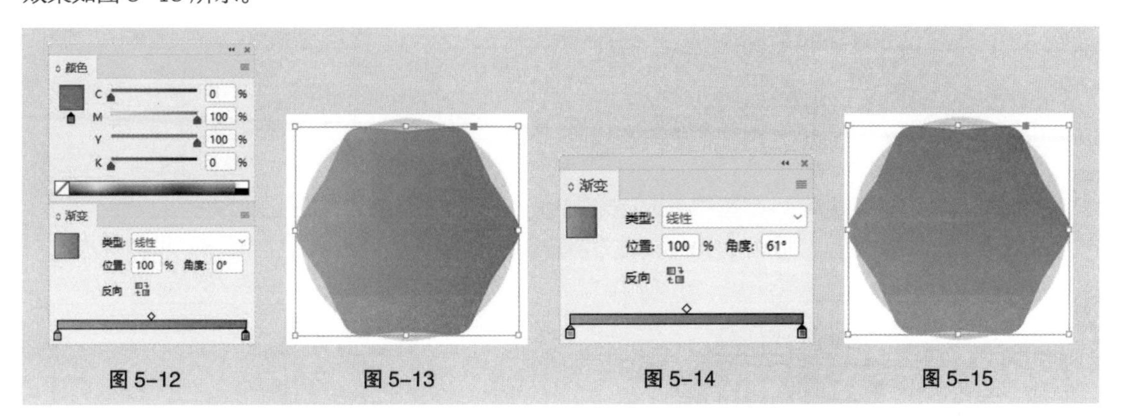

图 5-12　图 5-13　图 5-14　图 5-15

（8）选择选择工具▶，在“控制”面板中将“旋转角度”选项 0° 设为“30°”，按 Enter 键，效果如图 5-16 所示。在“效果”面板中，将“不透明度”选项设为 65%，其他选项的设置如图 5-17 所示。按 Enter 键，效果如图 5-18 所示。

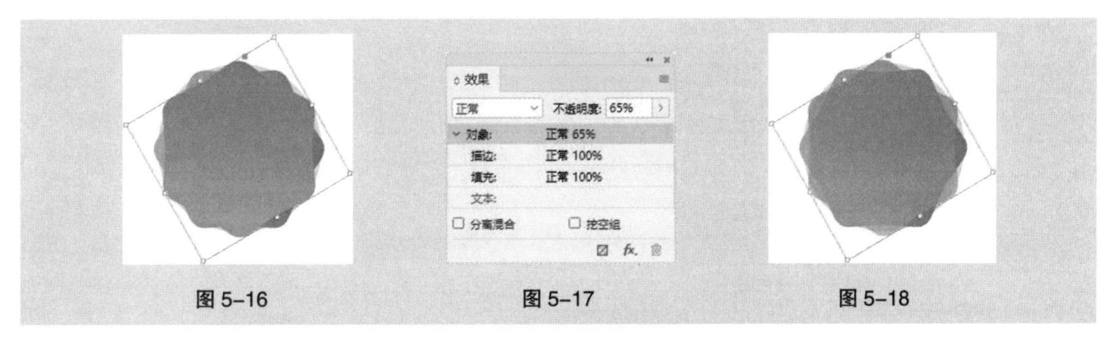

图 5-16　图 5-17　图 5-18

（9）选择直线工具╱，在按住 Shift 键的同时，在适当的位置拖曳鼠标绘制一条竖线，如图 5-19 所示。选择“窗口 > 描边”命令，弹出“描边”面板，单击“圆头端点”按钮◖，其他选项的设置如图 5-20 所示。按 Enter 键，效果如图 5-21 所示。

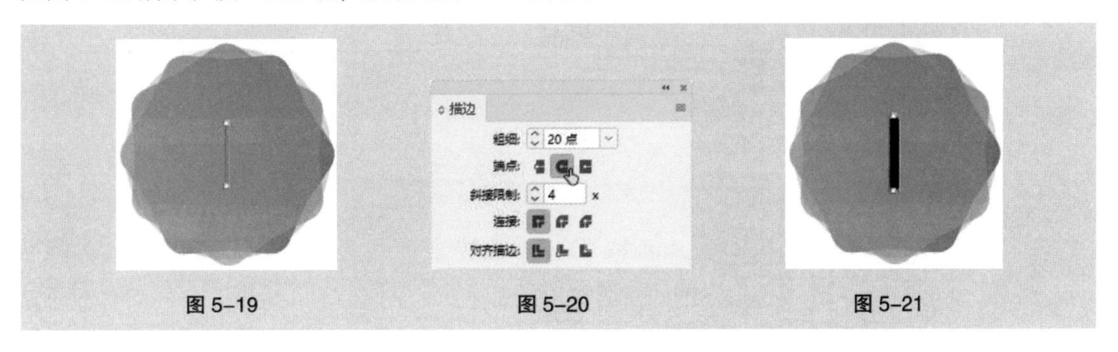

图 5-19　图 5-20　图 5-21

（10）保持竖线的选取状态。设置竖线描边色的 CMYK 值为 22、90、80、0，填充描边，效果如图5-22所示。选择选择工具▶，在按住Alt+Shift组合键的同时，水平向左拖曳竖线到适当的位置，复制竖线，效果如图5-23所示。按Ctrl+Alt+4组合键，再复制出一条竖线，效果如图5-24所示。

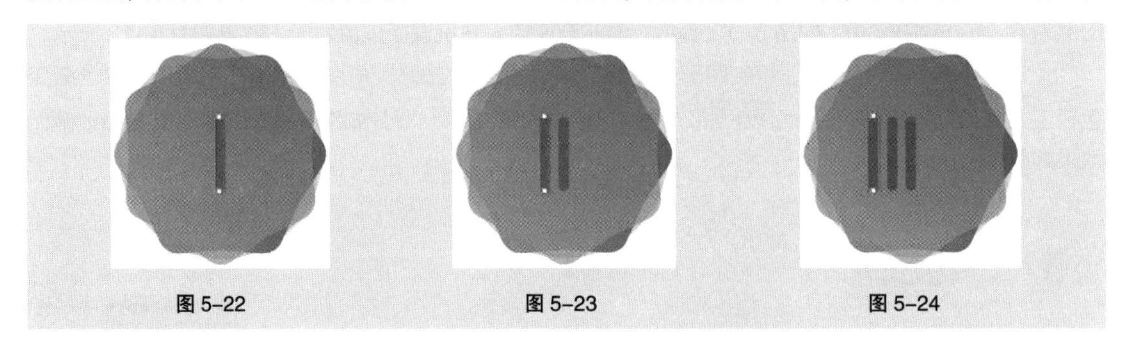
图5-22　　图5-23　　图5-24

（11）选择选择工具▶，在按住Alt键的同时，向下拖曳竖线上方的控制手柄到适当的位置，调整其大小，效果如图5-25所示。用相同的方法调整中间竖线的长度，效果如图5-26所示。

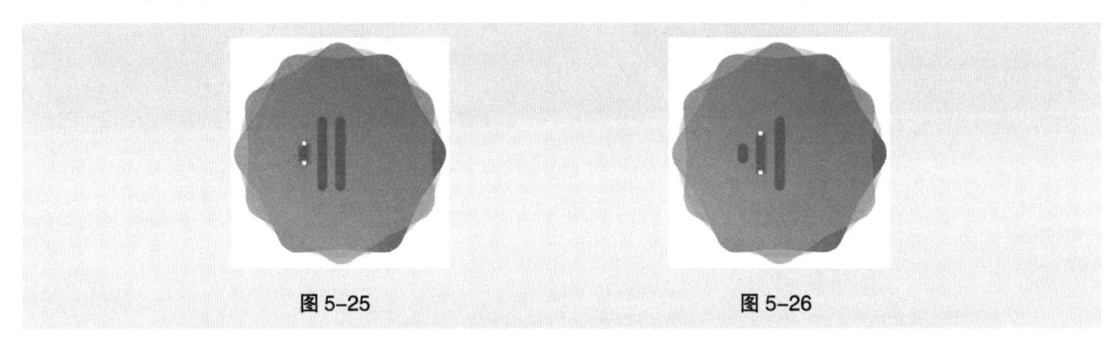
图5-25　　图5-26

（12）选择选择工具▶，在按住Shift键的同时，依次单击同时选取2条竖线，在按住Alt+Shift组合键的同时，水平向右拖曳竖线到适当的位置，复制竖线，效果如图5-27所示。单击“控制”面板中的“水平翻转”按钮，水平翻转图形，效果如图5-28所示。用相同的方法制作其他线条，效果如图5-29所示。音乐插画绘制完成。

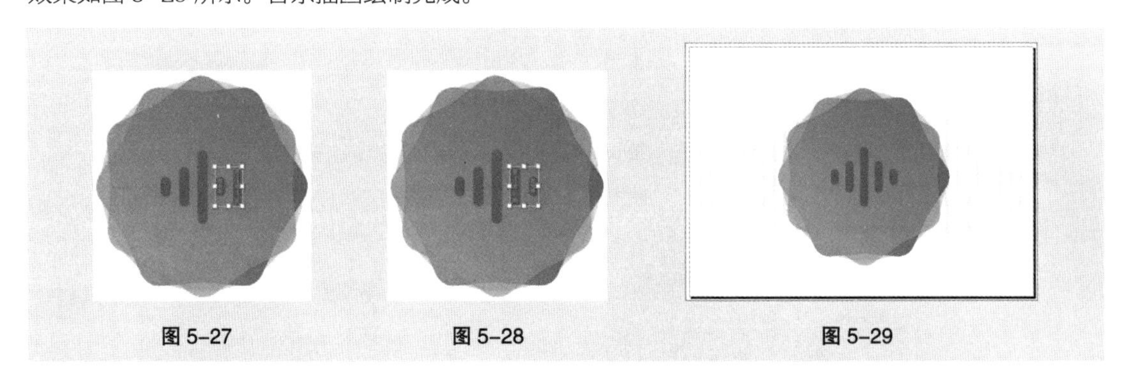
图5-27　　图5-28　　图5-29

5.1.2　了解路径

1. 路径的基本概念

路径分为开放路径、闭合路径和复合路径3种类型。开放路径的两个端点没有连接在一起，如图5-30所示。闭合路径没有起点和终点，是一条连续的路径，如图5-31所示，可对其进行内部填充或描边填充。复合路径是将几个开放路径或闭合路径进行组合而形成的路径，如图5-32所示。

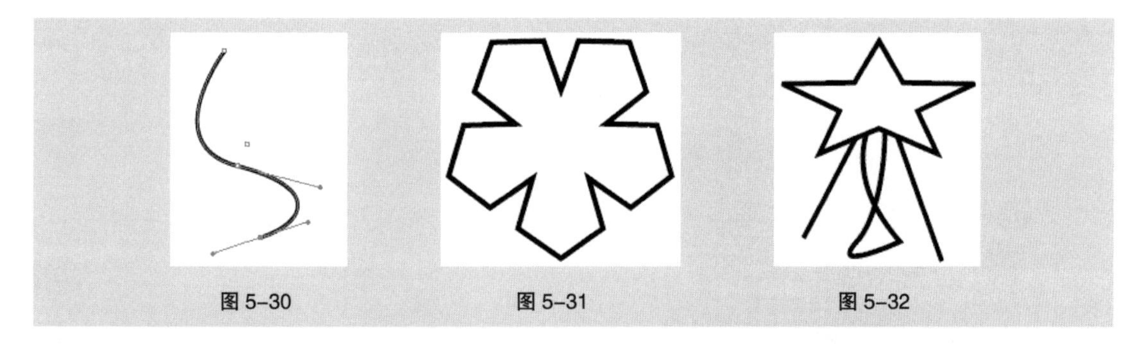

图 5-30　　图 5-31　　图 5-32

2．路径的组成

路径由锚点和线段组成，可以通过调整路径上的锚点或线段来改变路径的形状。在曲线路径上，每一个锚点有一条或两条控制线，在曲线中间的锚点有两条控制线，在曲线端点的锚点有一条控制线。控制线总是与曲线上锚点所在的圆相切，其呈现的角度和长度决定了曲线的形状。控制线的端点称为控制点，可以通过调整控制点来对整个曲线进行调整，如图 5-33 所示。

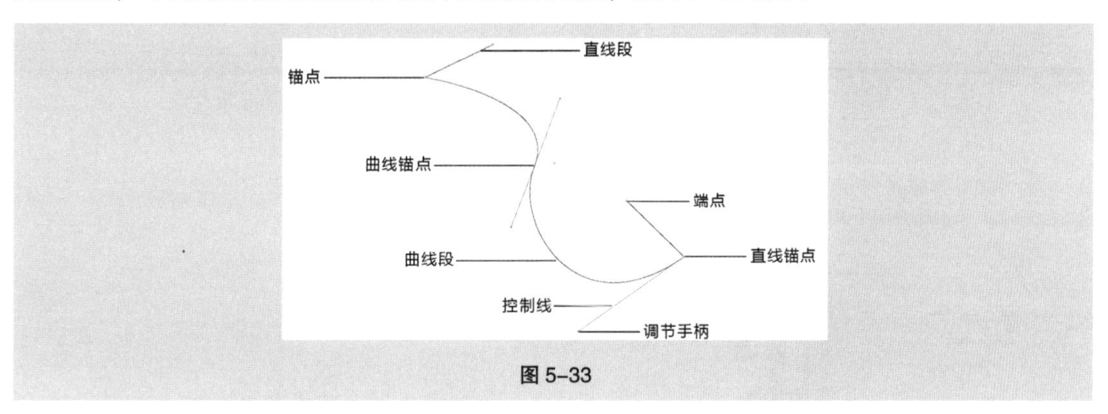

图 5-33

下面具体介绍和路径相关的一些概念。

- 锚点：由钢笔工具创建，是一条路径中两条线段的交点。
- 直线锚点：单击刚建立的锚点，可以将锚点转换为带有一个独立调节手柄的直线锚点。直线锚点是一条直线段与一条曲线段的连接点。
- 曲线锚点：曲线锚点是带有两个独立调节手柄的锚点，是两条曲线段之间的连接点。调节手柄可以改变曲线的弧度。
- 控制线和调节手柄：通过调整控制线和调节手柄，可以更准确地绘制出路径。
- 直线段：用钢笔工具在图像中单击两个不同的位置，将在两点之间创建一条直线段。
- 曲线段：拖动曲线锚点可以创建一条曲线段。
- 端点：路径的结束点就是路径的端点。

5.1.3　直线工具

选择直线工具，鼠标指针会变成形状，按下鼠标左键并拖曳指针到适当的位置即可绘制出一条任意角度的直线，如图 5-34 所示。松开鼠标，绘制出选取状态的直线，效果如图 5-35 所示。选择选择工具，在选中的直线外单击，取消选取状态，直线的效果如图 5-36 所示。

按住 Shift 键，再进行绘制，可以绘制水平、垂直或 45° 及 45° 倍数的直线，如图 5-37 所示。

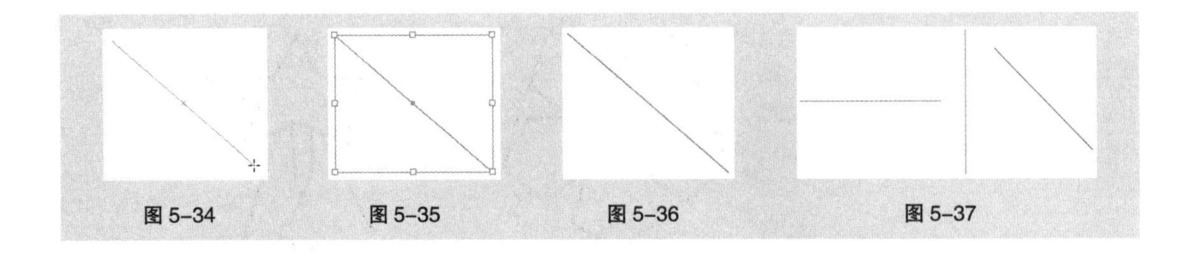
图 5-34　　图 5-35　　图 5-36　　图 5-37

5.2 路径绘图

本节主要讲解如何运用各种命令和工具绘制和编辑路径，包括钢笔工具的使用，以及锚点的选取、移动、增加、删除、转换、断开和连接等操作。

5.2.1 课堂案例——绘制时尚女孩

【案例学习目标】学习使用钢笔工具、添加锚点工具和填充工具绘制时尚女孩。

【案例知识要点】使用矩形工具、直接选择工具和添加锚点工具绘制背景，使用钢笔工具、渐变色板工具、“贴入内部”命令和填充工具绘制时尚女孩，效果如图 5-38 所示。

【效果所在位置】云盘 > Ch05 > 效果 > 绘制时尚女孩 .indd。

图 5-38

绘制
时尚女孩

5. 2. 1
扩展案例

（1）打开 InDesign CC 2019，选择“文件 > 新建 > 文档”命令，弹出“新建文档”对话框，设置如图 5-39 所示。单击“边距和分栏”按钮，弹出“新建边距和分栏”对话框，设置如图 5-40 所示，单击“确定”按钮，新建一个页面。选择“视图 > 其他 > 隐藏框架边缘”命令，隐藏所绘制图形的框架边缘。

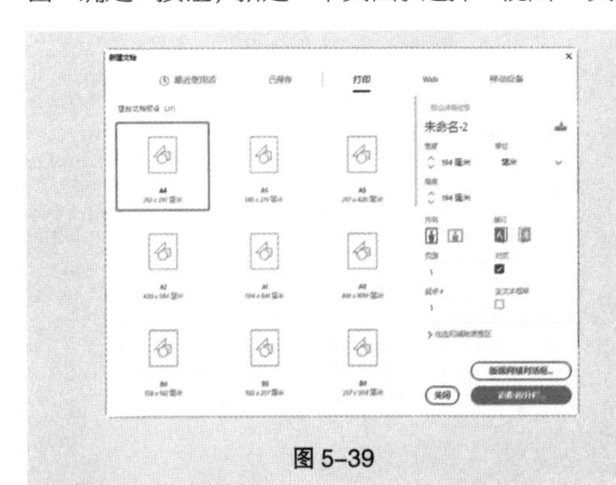

图 5-39

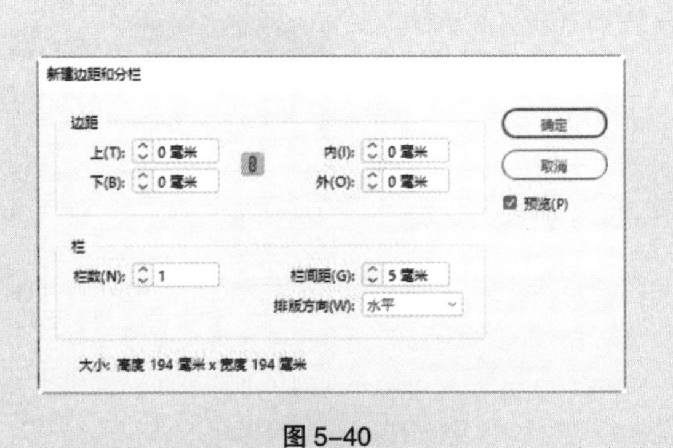

图 5-40

（2）选择矩形工具，绘制一个与页面大小相等的矩形，设置图形填充色的 CMYK 值为 74、10、36、0，填充图形，并设置描边色为无，效果如图 5-41 所示。

（3）按 Ctrl+C 组合键，复制矩形，选择“编辑 > 原位粘贴”命令，原位粘贴矩形。选择选择工具，向右拖曳复制出的矩形左边中间的控制手柄到适当的位置，调整其大小。设置图形填充色的 CMYK 值为 0、64、30、0，填充图形，效果如图 5-42 所示。

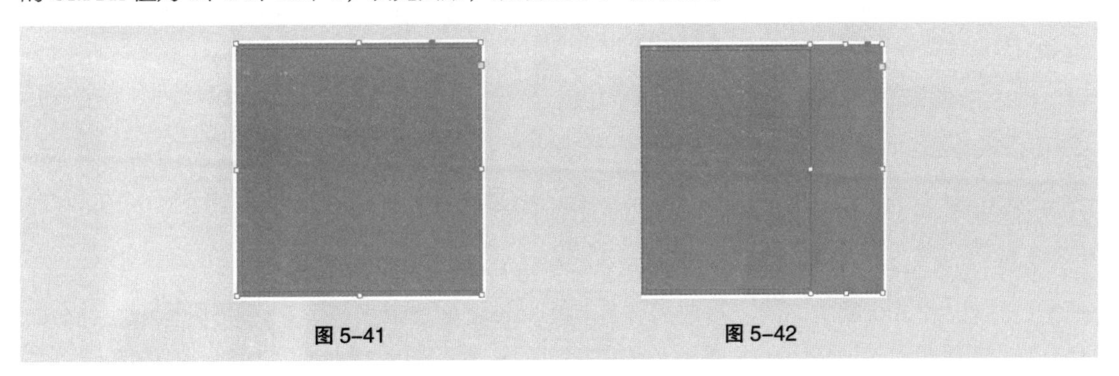

图 5-41　　图 5-42

（4）选择直接选择工具，在按住 Shift 键的同时，垂直向上拖曳右下角锚点到适当的位置，效果如图 5-43 所示。用相同的方法调整左上角锚点到适当的位置，效果如图 5-44 所示。

（5）选择矩形工具，在适当的位置拖曳鼠标绘制一个矩形，设置图形填充色的 CMYK 值为 5、15、35、0，填充图形，并设置描边色为无，效果如图 5-45 所示。

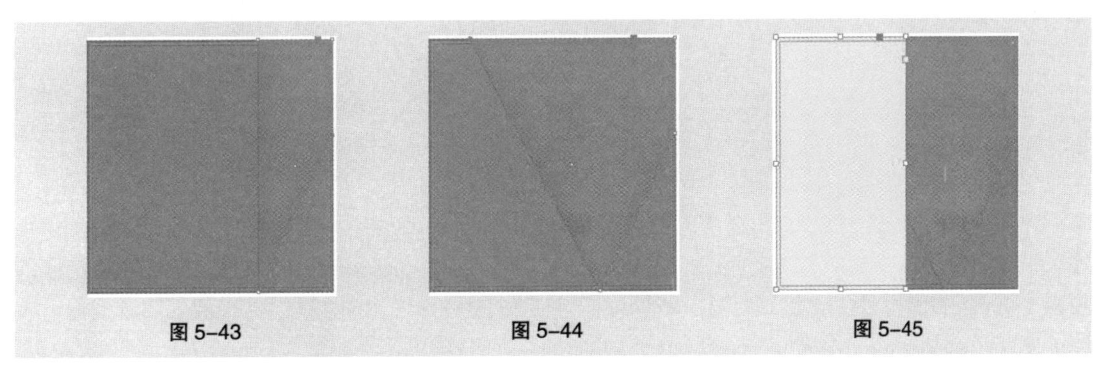

图 5-43　　图 5-44　　图 5-45

（6）选择直接选择工具，在按住 Shift 键的同时，水平向左拖曳右上角锚点到适当的位置，效果如图 5-46 所示。选择添加锚点工具，在矩形左边的适当位置单击鼠标左键添加一个锚点，效果如图 5-47 所示。选择直接选择工具，在按住 Shift 键的同时，水平向右拖曳左下角锚点到适当的位置，效果如图 5-48 所示。

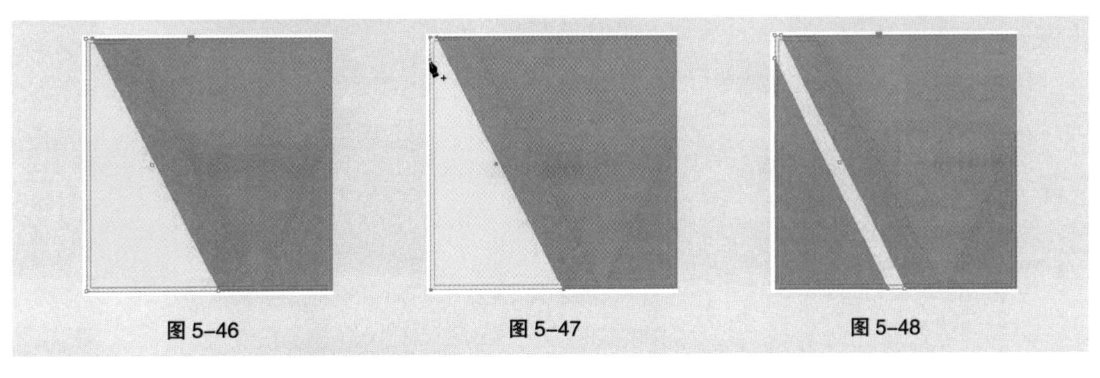

图 5-46　　图 5-47　　图 5-48

（7）选择钢笔工具 ，在适当的位置绘制一个闭合路径，如图 5-49 所示。填充图形为白色，并设置描边色为无，效果如图 5-50 所示。

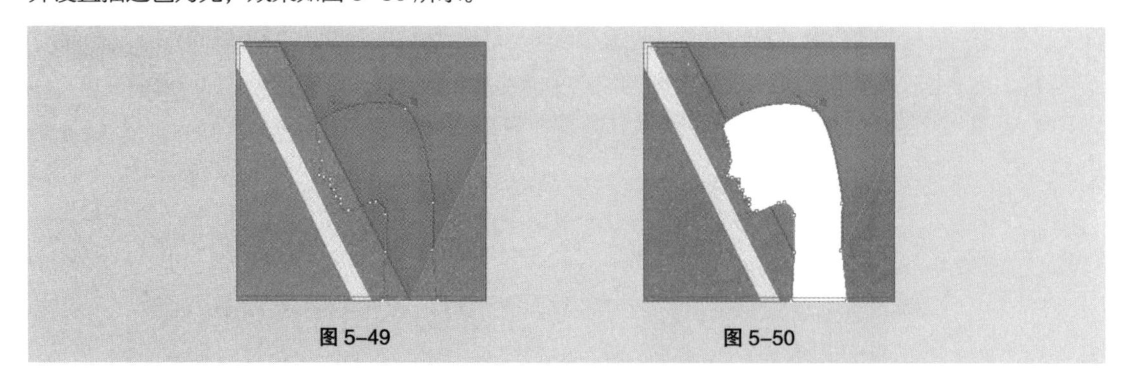
图 5-49　　图 5-50

（8）选择钢笔工具 ，在适当的位置分别绘制闭合路径，如图 5-51 所示。选择选择工具 ，在按住 Shift 键的同时，选取需要的图形，设置图形填充色的 CMYK 值为 100、100、50、20，填充图形，并设置描边色为无，效果如图 5-52 所示。

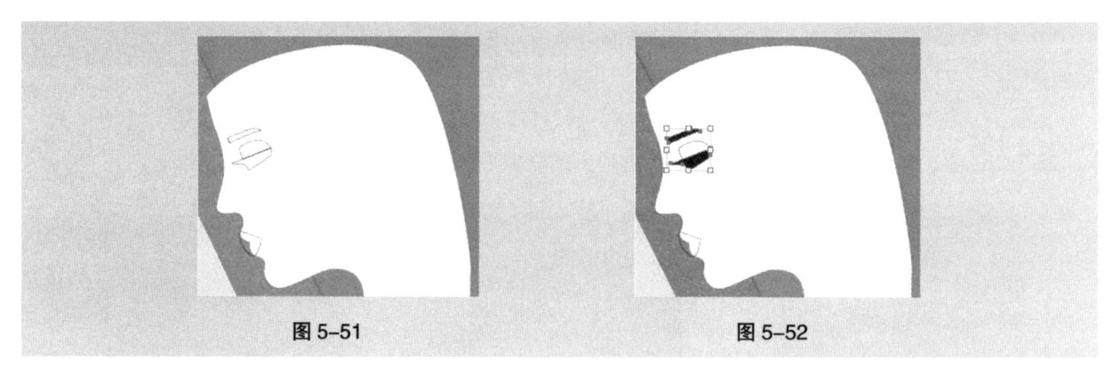
图 5-51　　图 5-52

（9）选取需要的图形，双击渐变色板工具 ，弹出“渐变”面板。在“类型”下拉列表中选择“线性”，在色带上选中左侧的渐变色标，设置 CMYK 的值为 74、10、36、0；选中右侧的渐变色标，设置 CMYK 的值为 84、35、64、0，如图 5-53 所示。填充图形为渐变色，并设置描边色为无，效果如图 5-54 所示。

（10）选取嘴唇图形，设置图形填充色的 CMYK 值为 0、100、100、20，填充图形，并设置描边色为无，效果如图 5-55 所示。按 Ctrl+X 组合键，将图形剪切到剪贴板上。单击下方的白色图形，选择“编辑 > 贴入内部”命令，将图形贴入白色图形的内部，如图 5-56 所示。

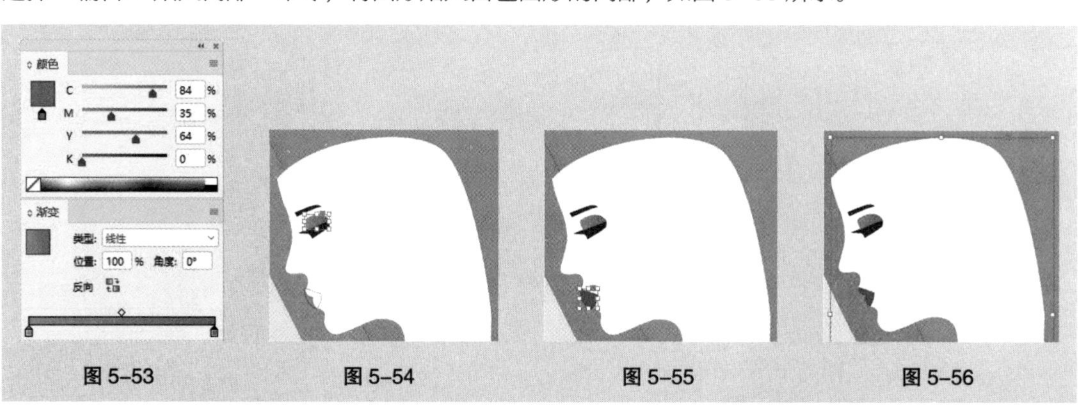

图 5-53　　图 5-54　　图 5-55　　图 5-56

（11）选择钢笔工具，在适当的位置分别绘制闭合路径，如图 5–57 所示。选择选择工具，选取需要的图形，设置图形填充色的 CMYK 值为 5、15、35、0，填充图形，并设置描边色为无，效果如图 5–58 所示。

（12）选取需要的图形，双击渐变色板工具，弹出“渐变”面板。在“类型”下拉列表中选择“线性”，在色带上选中左侧的渐变色标，将“位置”选项设为 28%，设置 CMYK 的值为 8、90、95、0；选中右侧的渐变色标，将“位置”选项设为 93%，设置 CMYK 的值为 0、64、30、0，如图 5–59 所示。填充渐变色，并设置描边色为无，效果如图 5–60 所示。

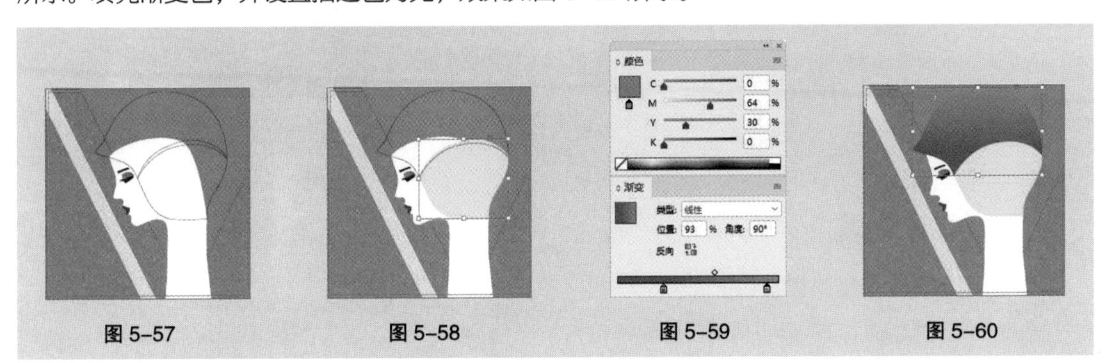

图 5–57　图 5–58　图 5–59　图 5–60

（13）选择钢笔工具，在适当的位置分别绘制闭合路径，如图 5–61 所示。选择选择工具，选取右侧的图形，设置图形填充色的 CMYK 值为 100、100、50、20，填充图形，并设置描边色为无，效果如图 5–62 所示。选取左侧的图形，设置图形填充色的 CMYK 值为 84、35、64、0，填充图形，并设置描边色为无，效果如图 5–63 所示。

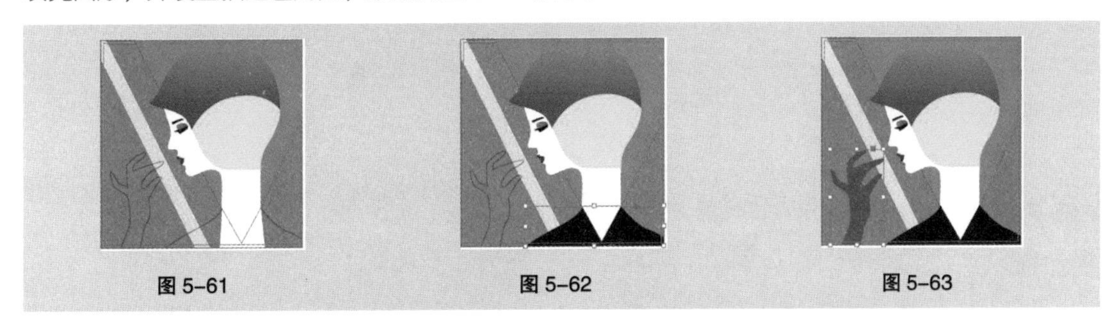
图 5–61　图 5–62　图 5–63

（14）选择钢笔工具，在适当的位置绘制一个闭合路径，设置图形填充色的 CMYK 值为 0、100、100、20，填充图形，并设置描边色为无，效果如图 5–64 所示。

（15）选择矩形工具，在适当的位置拖曳鼠标绘制一个矩形，设置图形填充色的 CMYK 值为 100、100、50、20，填充图形，并设置描边色为无，效果如图 5–65 所示。

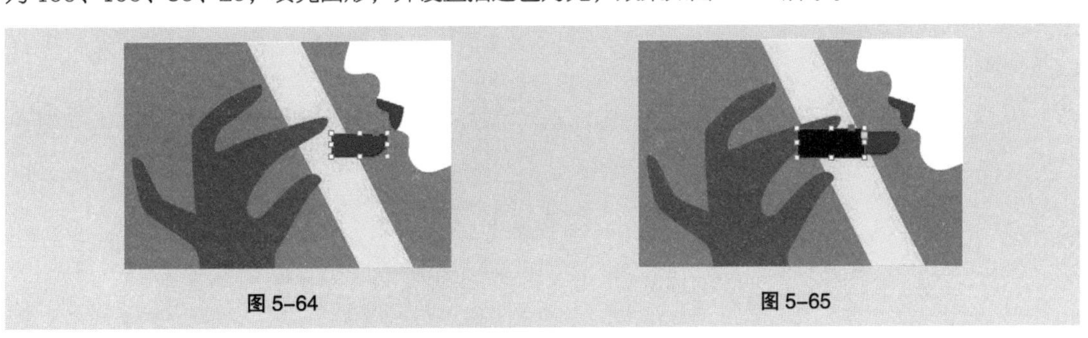
图 5–64　图 5–65

（16）选择选择工具，在按住Shift键的同时，单击下方红色图形将其同时选取。在“控制”面板中将“旋转角度”选项设为“27° ”，按Enter键，效果如图5-66所示。在页面空白处单击鼠标左键，取消图形的选取状态，时尚女孩绘制完成，效果如图5-67所示。

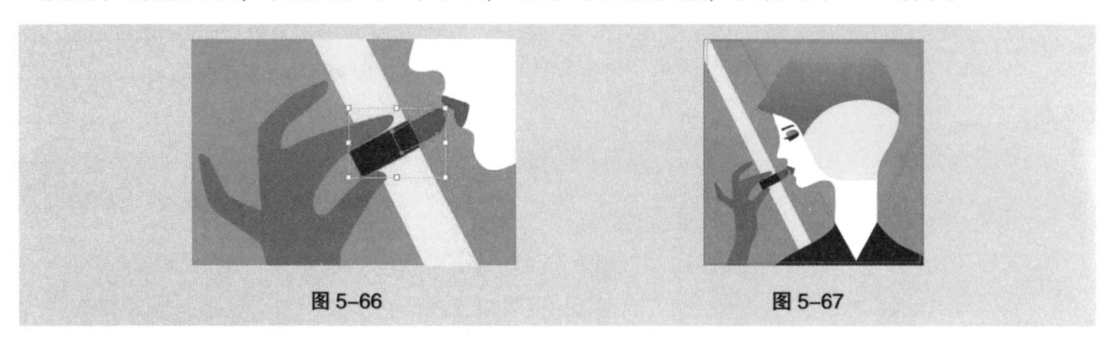
图5-66　　图5-67

5.2.2 钢笔工具

1. 使用钢笔工具绘制直线和折线

选择钢笔工具，在页面中任意位置单击，将创建出1个锚点，将鼠标指针移动到需要的位置后再单击，可以创建第2个锚点，两个锚点之间自动以直线进行连接，效果如图5-68所示。

再将鼠标指针移动到其他位置后单击，就出现了第3个锚点，在第2个和第3个锚点之间生成一条新的直线路径，效果如图5-69所示。

使用相同的方法继续绘制路径，效果如图5-70所示。当要闭合路径时，将鼠标指针定位于创建的第1个锚点上，鼠标指针变为图标，如图5-71所示，单击即可闭合路径，效果如图5-72所示。

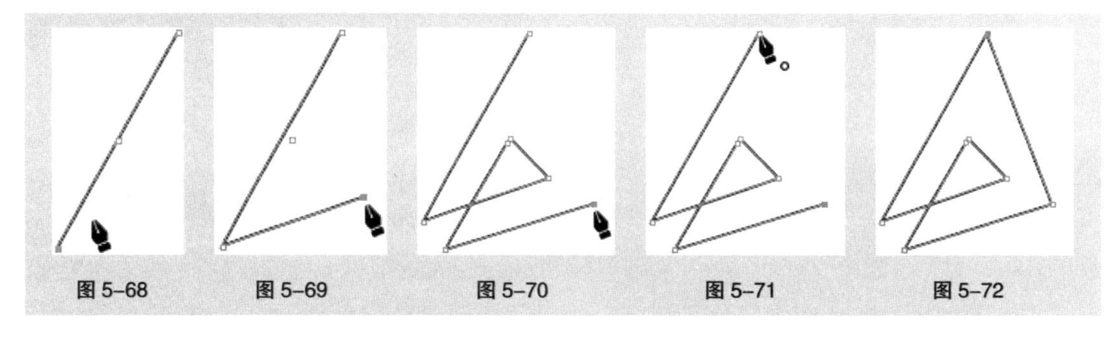
图5-68　图5-69　图5-70　图5-71　图5-72

绘制一条路径并保持路径开放，如图5-73所示。在按住Ctrl键的同时，在对象外的任意位置单击，可以结束路径的绘制，开放路径效果如图5-74所示。

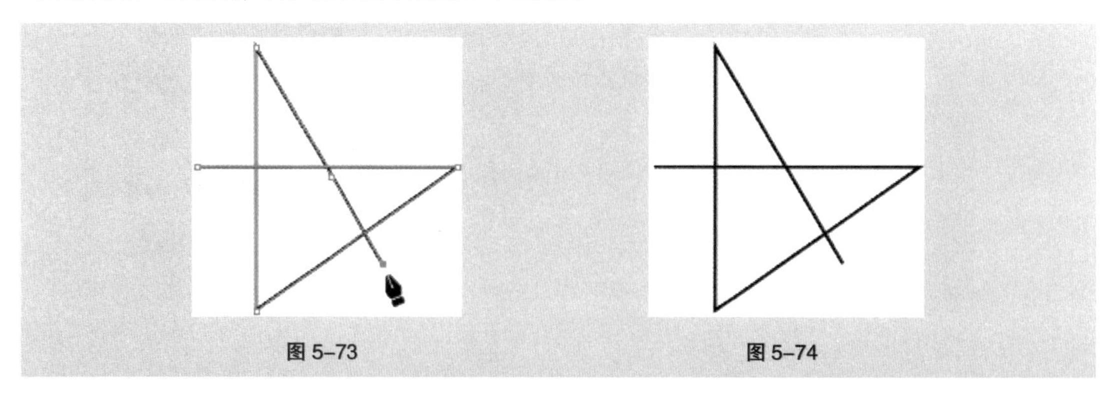
图5-73　　图5-74

技巧：

按住 Shift 键创建锚点，系统将以 45° 或 45° 的倍数绘制路径。按住 Alt 键，钢笔工具图标将暂时转换成转换方向点工具图标；按住 Ctrl 键，钢笔工具图标将暂时转换成直接选择工具图标。

2. 使用钢笔工具绘制路径

选择钢笔工具，在页面中单击并按住鼠标左键通过拖曳鼠标来确定路径的起点。起点的两端分别出现了一条控制线，松开鼠标，其效果如图 5-75 所示。

移动鼠标指针到需要的位置，再次单击并按住鼠标左键拖曳鼠标，出现了一条路径段。拖曳鼠标的同时，第 2 个锚点两端也出现了控制线。按住鼠标左键不放，随着鼠标的移动，路径段的形状也随之发生变化，如图 5-76 所示。

如果连续单击并拖曳鼠标，就会绘制出连续平滑的路径，如图 5-77 所示。

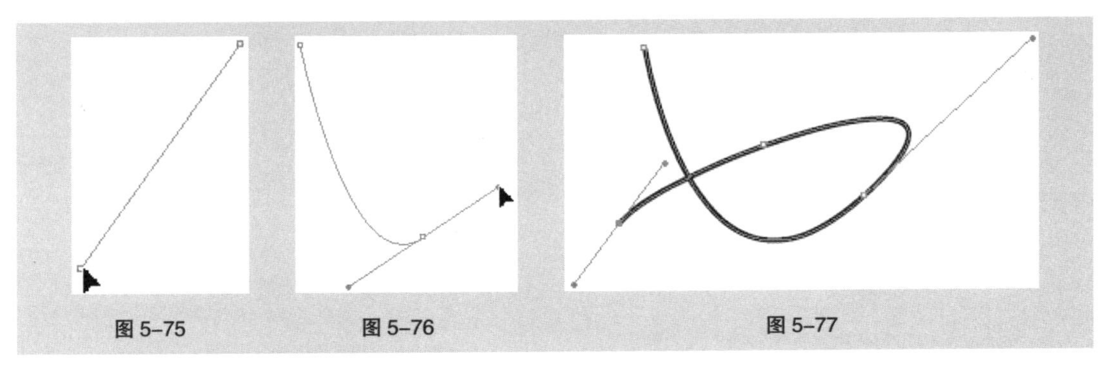

图 5-75　图 5-76　图 5-77

3. 使用钢笔工具绘制混合路径

选择钢笔工具，在页面中需要的位置单击两次绘制出直线，如图 5-78 所示。

移动鼠标指针到需要的位置，再次单击并按住鼠标左键拖曳鼠标，绘制出一条路径段，如图 5-79 所示。松开鼠标，移动鼠标指针到需要的位置，再次单击并按住鼠标左键拖曳鼠标，又绘制出一条路径段，松开鼠标，效果如图 5-80 所示。

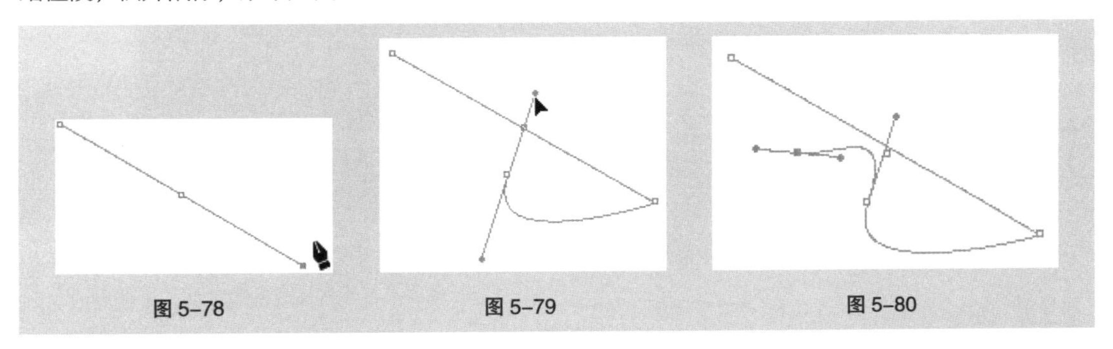

图 5-78　图 5-79　图 5-80

选择钢笔工具，将鼠标指针定位于刚建立的路径锚点上，一个转换图符会出现在钢笔工具旁。在路径锚点上单击，将路径锚点转换为直线锚点，如图 5-81 所示。移动鼠标指针到需要的位置后再次单击，在路径段后绘制出直线段，如图 5-82 所示。

将鼠标指针定位于创建的第 1 个锚点上，鼠标指针变为图标，单击并按住鼠标左键拖曳鼠标，如图 5-83 所示。松开鼠标，绘制出路径并闭合路径，如图 5-84 所示。

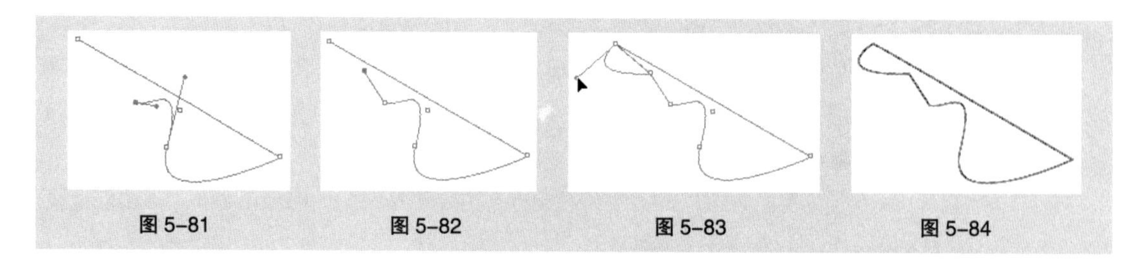
图 5-81　图 5-82　图 5-83　图 5-84

4．调整路径

选择直接选择工具▷，选取需要调整的路径，如图 5-85 所示。使用直接选择工具▷，在要调整的锚点上单击并拖曳鼠标，可以移动锚点到需要的位置，如图 5-86 所示。拖曳锚点两端控制线上的调节手柄，可以调整路径的形状，如图 5-87 所示。

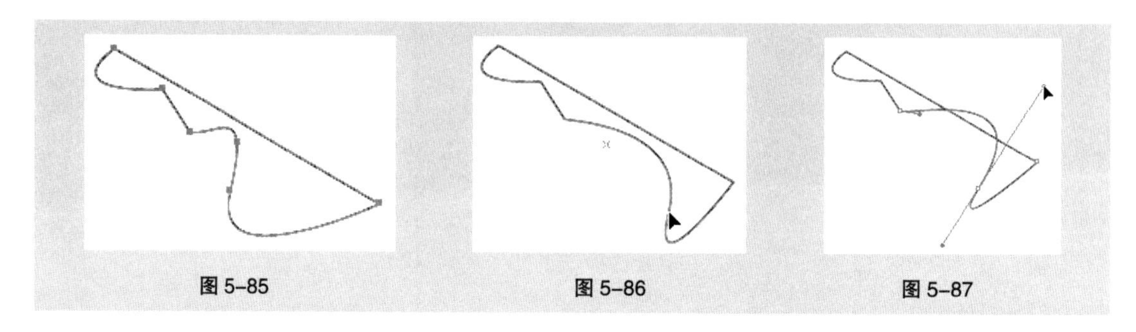
图 5-85　图 5-86　图 5-87

5.2.3 选取、移动锚点

1．选中路径上的锚点

对路径或图形上的锚点进行编辑时，必须首先选中要编辑的锚点。绘制一条路径，选择直接选择工具▷，将显示路径上的锚点和线段，如图 5-88 所示。

路径中的每个方形就是路径的锚点，在需要选取的锚点上单击，锚点上会显示控制线和控制线两端的控制点，同时会显示前后锚点的控制线和控制点，效果如图 5-89 所示。

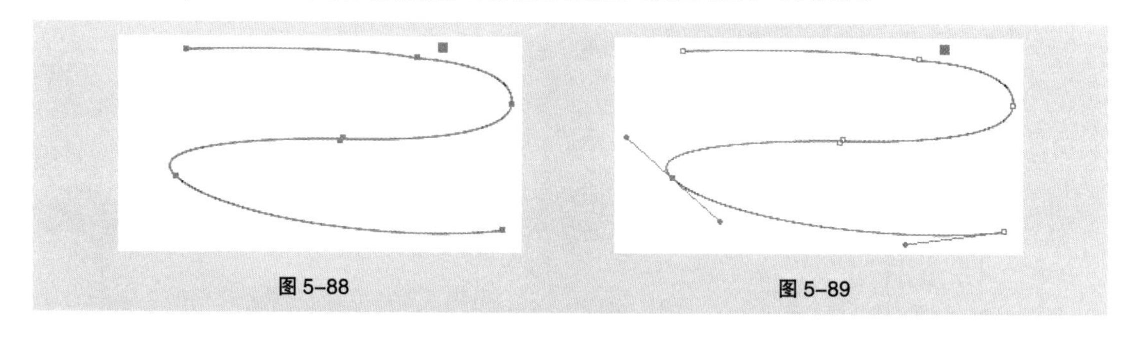
图 5-88　图 5-89

2．选中路径上的多个或全部锚点

选择直接选择工具▷，按住 Shift 键单击需要的锚点，可选取多个锚点，如图 5-90 所示。

选择直接选择工具▷，在绘图页面中路径图形的外围按住鼠标左键，拖曳鼠标圈住多个或全部锚点，如图 5-91 和图 5-92 所示。被圈住的锚点将被多个或全部选取，如图 5-93 和图 5-94 所示。单击路径外的任意位置，锚点的选取状态将被取消。

选择直接选择工具▷，单击路径的中心点，可选取路径上的所有锚点，如图 5-95 所示。

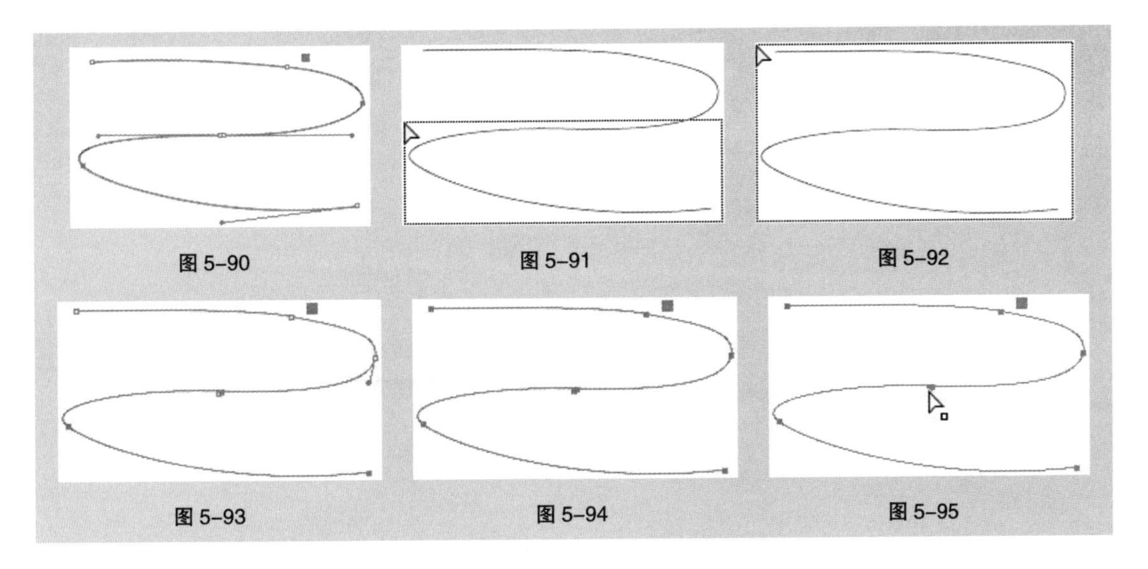
图 5-90　图 5-91　图 5-92

图 5-93　图 5-94　图 5-95

3. 移动路径上的单个锚点

绘制一个图形，如图 5-96 所示。选择直接选择工具 ▷，单击要移动的锚点并按住鼠标左键拖曳锚点，如图 5-97 所示。松开鼠标，图形调整的效果如图 5-98 所示。

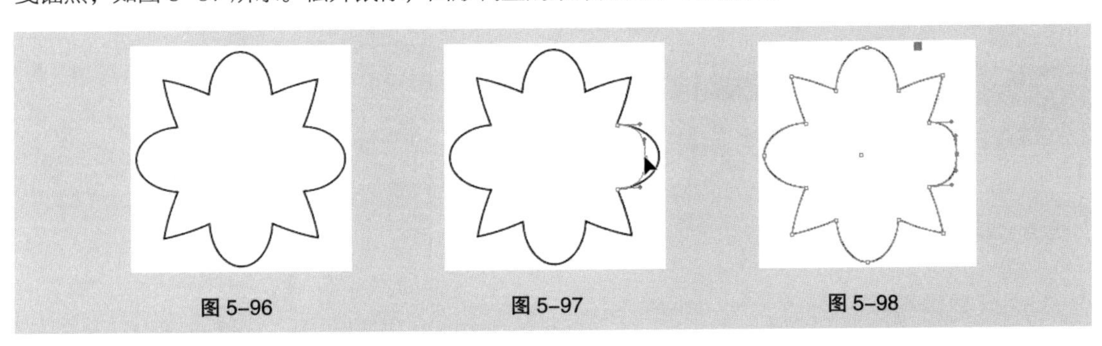
图 5-96　图 5-97　图 5-98

选择直接选择工具 ▷，选取并拖曳锚点上的控制点，如图 5-99 所示。松开鼠标，图形调整的效果如图 5-100 所示。

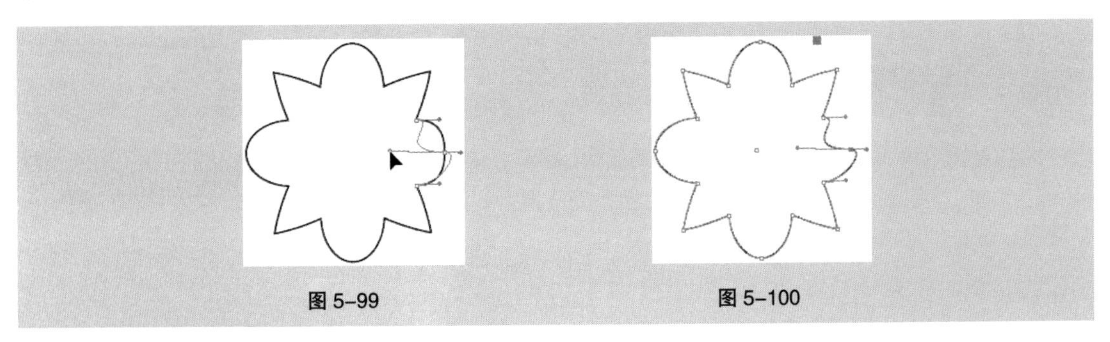
图 5-99　图 5-100

4. 移动路径上的多个锚点

选择直接选择工具 ▷，圈选图形上的部分锚点，如图 5-101 所示。按住鼠标左键将其拖曳到适当的位置，松开鼠标，移动后的锚点如图 5-102 所示。

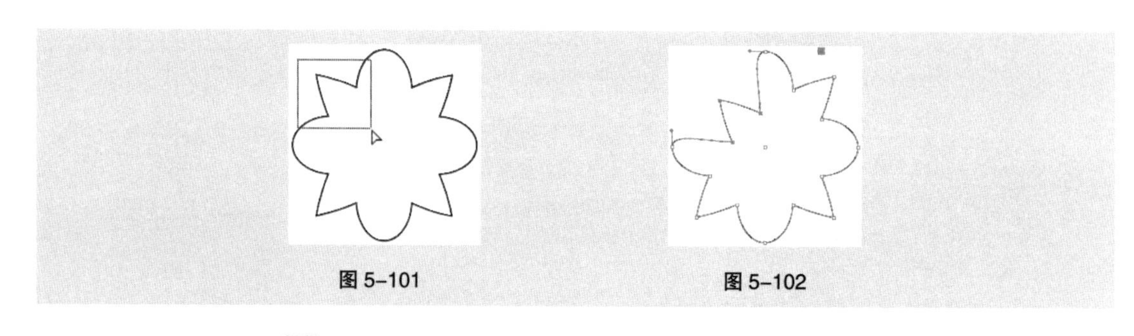

图 5-101　　图 5-102

选择直接选择工具，锚点的选取状态如图 5-103 所示。拖曳任意一个被选取的锚点，其他被选取的锚点也会随之移动，如图 5-104 所示。松开鼠标，图形调整的效果如图 5-105 所示。

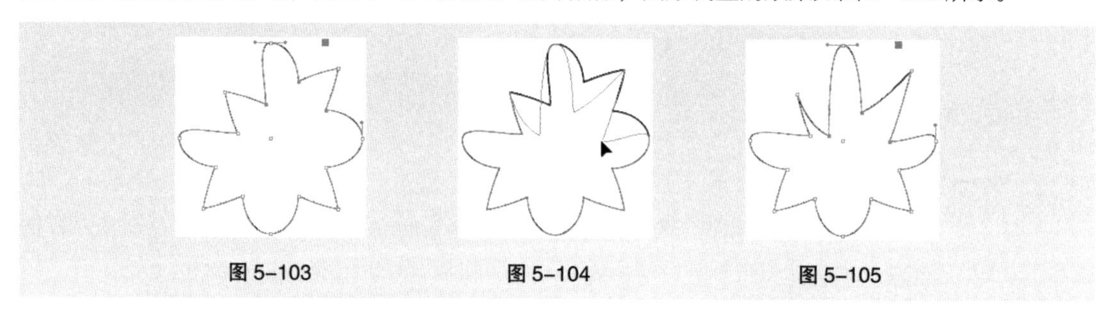

图 5-103　　图 5-104　　图 5-105

5.2.4　增加、删除、转换锚点

选择直接选择工具，选取要增加锚点的路径，如图 5-106 所示。选择钢笔工具或添加锚点工具，将鼠标指针定位到要增加锚点的位置，如图 5-107 所示。单击鼠标左键可增加一个锚点，如图 5-108 所示。

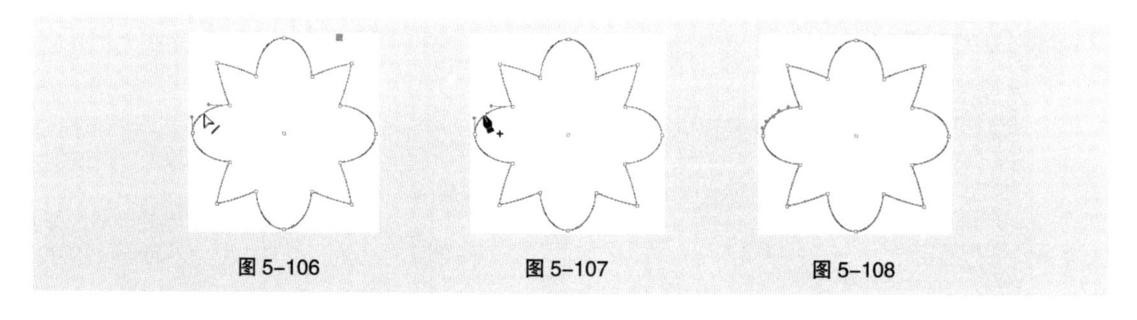

图 5-106　　图 5-107　　图 5-108

选择直接选择工具，选取需要删除锚点的路径，如图 5-109 所示。选择钢笔工具或删除锚点工具，将鼠标指针定位到要删除的锚点的位置，如图 5-110 所示。单击鼠标左键可以删除这个锚点，效果如图 5-111 所示。

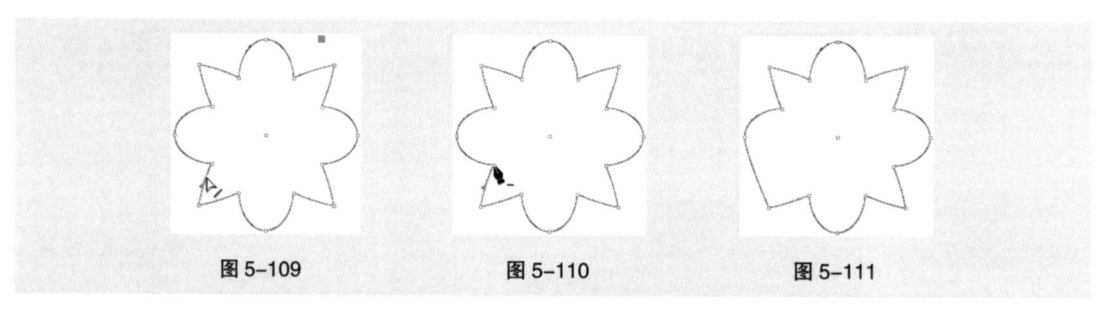

图 5-109　　图 5-110　　图 5-111

技巧：

如果需要在路径和图形中删除多个锚点，可以先按住 Shift 键，再用鼠标选择要删除的多个锚点，选择好后按 Delete 键即可。也可以使用圈选的方法选择需要删除的多个锚点，选择好后按 Delete 键。

选择直接选择工具选取路径，如图 5-112 所示。选择转换方向点工具，将鼠标指针定位到要转换的锚点上，如图 5-113 所示。拖曳鼠标可转换锚点，编辑路径的形状，效果如图 5-114 所示。

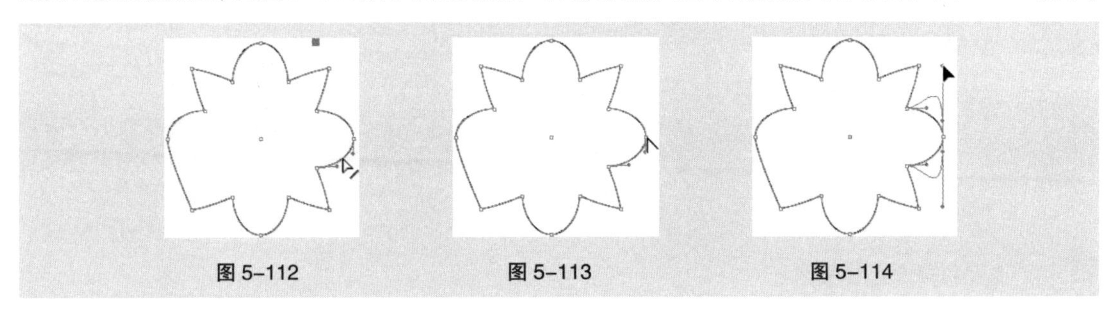

图 5-112　　图 5-113　　图 5-114

5.2.5 连接、断开路径

1. 使用钢笔工具连接路径

选择钢笔工具，将鼠标指针置于一条开放路径的端点上，当指针变为图标时单击端点，如图 5-115 所示。在需要扩展的新位置单击，绘制出的连接路径如图 5-116 所示。

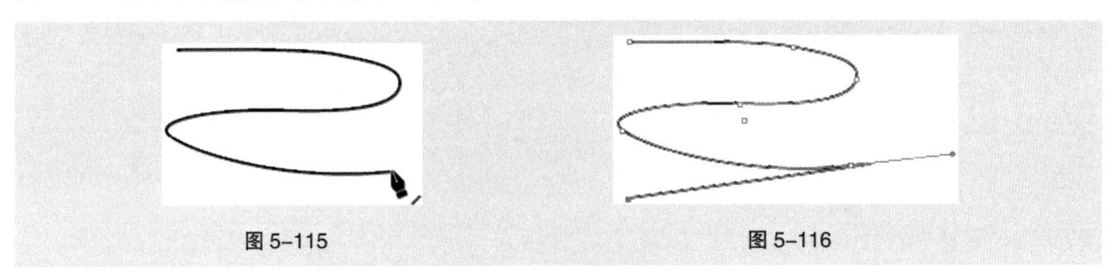

图 5-115　　图 5-116

选择钢笔工具，将鼠标指针置于一条路径的端点上，当指针变为图标时单击端点，如图 5-117 所示。再将指针置于另一条路径的端点上，当指针变为图标时，如图 5-118 所示，单击端点将两条路径连接，效果如图 5-119 所示。

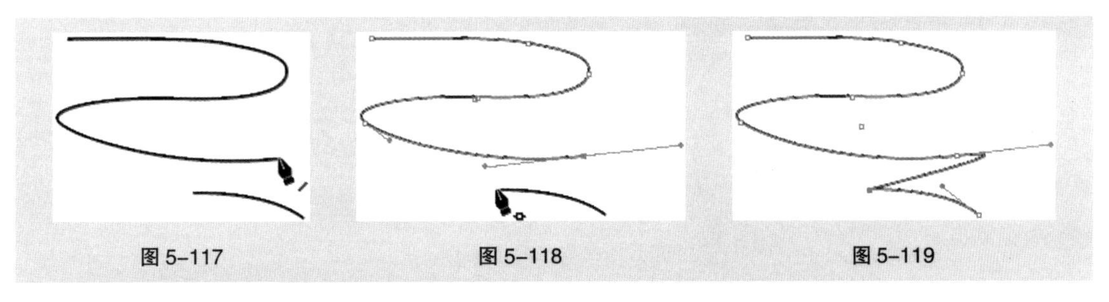

图 5-117　　图 5-118　　图 5-119

2. 使用面板连接路径

选择一条开放路径，如图 5-120 所示。选择“窗口 > 对象和版面 > 路径查找器”命令，弹出“路径查找器”面板。单击“封闭路径”按钮，如图 5-121 所示，路径闭合的效果如图 5-122 所示。

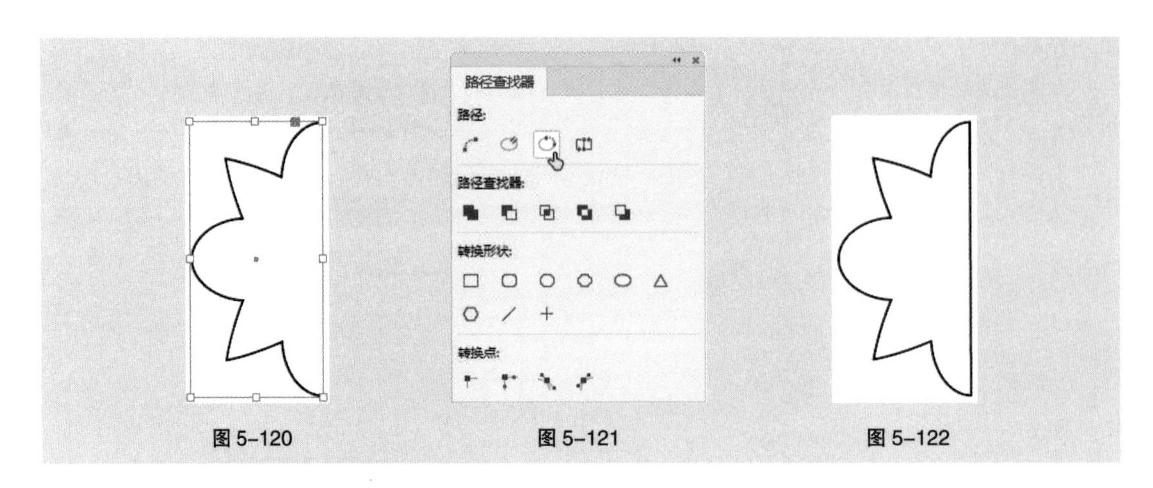

图 5-120　图 5-121　图 5-122

3. 使用菜单命令连接路径

选择一条开放路径，选择“对象 > 路径 > 封闭路径”命令，也可将路径封闭。

4. 使用剪刀工具断开路径

选择直接选择工具，选取要断开路径的锚点，如图 5-123 所示。选择剪刀工具，在锚点处单击，可将路径剪开，如图 5-124 所示。选择直接选择工具，单击并拖曳断开的锚点，效果如图 5-125 所示。

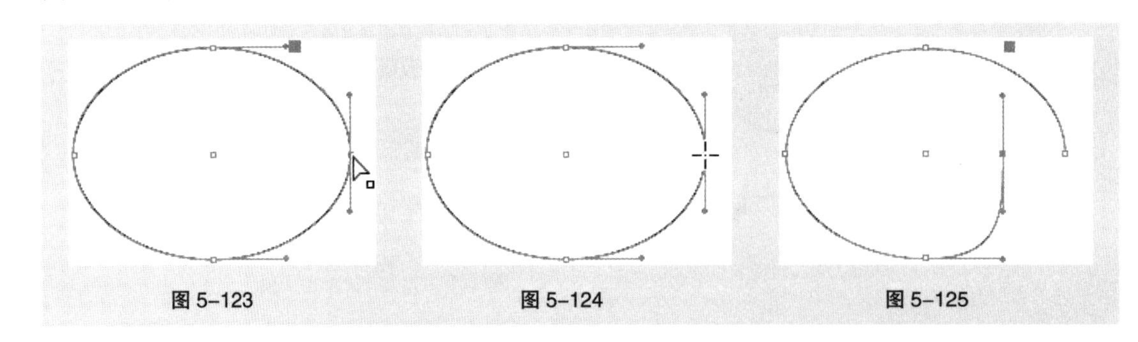
图 5-123　图 5-124　图 5-125

选择选择工具，选取要断开的路径，如图 5-126 所示。选择剪刀工具，在要断开的路径处单击，可将路径剪开，单击处将生成呈选中状态的锚点，如图 5-127 所示。选择直接选择工具，单击并拖曳断开的锚点，效果如图 5-128 所示。

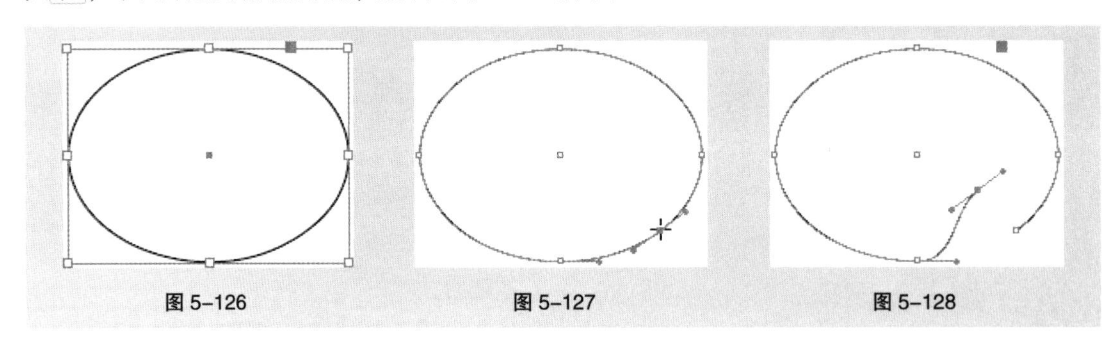
图 5-126　图 5-127　图 5-128

5. 使用面板断开路径

选择选择工具，选取需要断开的路径，如图 5-129 所示。选择“窗口 > 对象和版面 > 路径查找器”命令，弹出“路径查找器”面板。单击“开放路径”按钮，如图 5-130 所示，将封闭的路径断开，效果如图 5-131 所示，呈选中状态的锚点是断开的锚点。选取并拖曳该锚点，效果如图 5-132 所示。

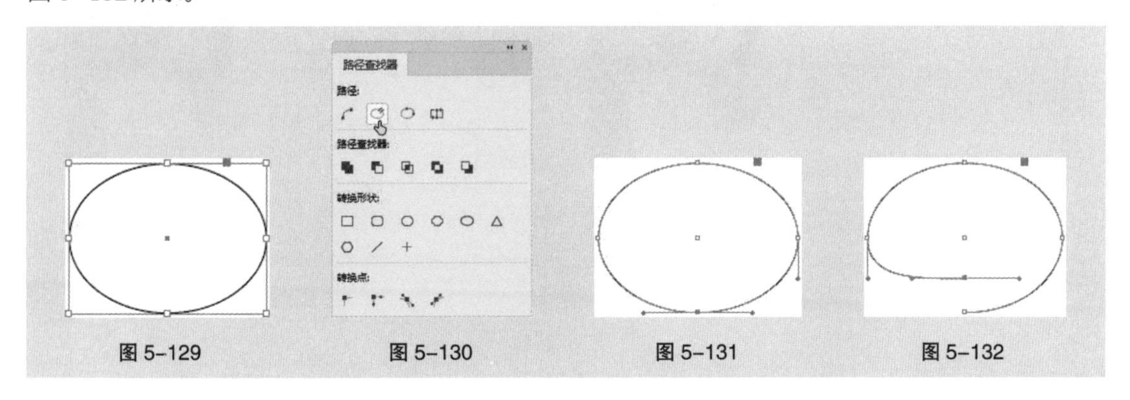

图 5-129　图 5-130　图 5-131　图 5-132

6．使用菜单命令断开路径

选择一条封闭路径，选择“对象 > 路径 > 开放路径”命令可将路径断开，呈现选中状态的锚点为路径的断开点。

5.3 组织图形对象

在 InDesign CC 2019 中，有很多组织图形对象的方法，其中包括调整对象的前后顺序，对齐与分布对象，编组、锁定与隐藏对象等。

5.3.1 课堂案例——制作注册界面

【案例学习目标】学习使用“对齐”面板、“编组”命令制作注册界面。

【案例知识要点】使用“打开”命令、“对齐”面板制作注册界面，效果如图 5-133 所示。

【效果所在位置】云盘 > Ch05 > 效果 > 制作注册界面 .indd。

图 5-133

（1）打开 InDesign CC 2019，按 Ctrl+O 组合键，打开云盘中的“Ch05 > 素材 > 制作注册界面 > 01”文件，如图 5-134 所示。

（2）选择选择工具▶，在按住 Shift 键的同时，依次单击“名字”“邮箱”“密码”和“创建新账户”图形将其同时选取，如图 5-135 所示。

图 5-134　　图 5-135

（3）按 Shift + F7 组合键，弹出“对齐”面板，在“分布间距”选项组中勾选“使用间距”复选框，将该选项的数值设为 7 毫米，再单击“垂直分布间距”按钮，如图 5-136 所示。将图形按设置的数值等距离分布的效果如图 5-137 所示。

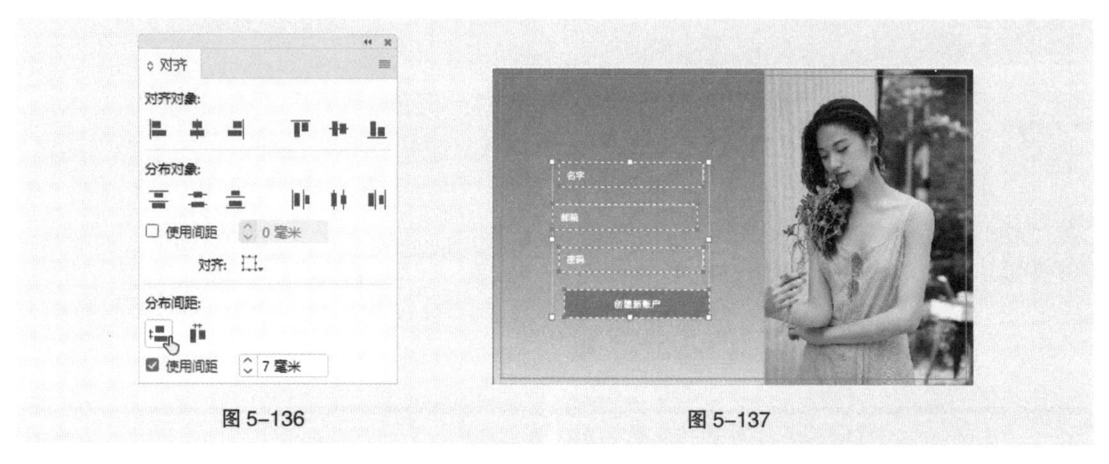

图 5-136　　图 5-137

（4）选择选择工具，再次单击“名字”图形，将其作为对齐的关键对象，如图 5-138 所示。在“对齐”面板中，单击“水平居中对齐”按钮，如图 5-139 所示，对齐效果如图 5-140 所示。

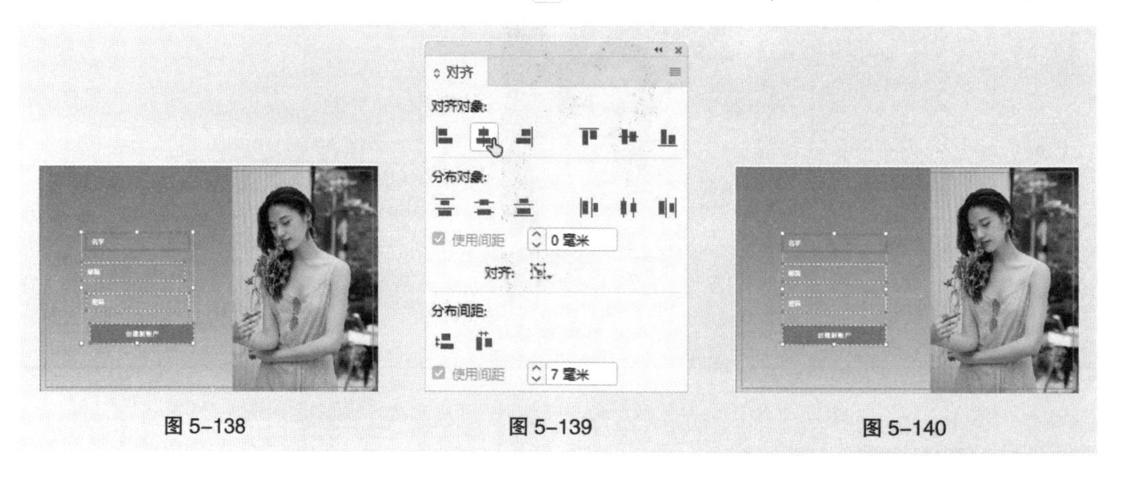

图 5-138　　图 5-139　　图 5-140

（5）按 Ctrl+G 组合键，将选中的图形编组，如图 5-141 所示。在按住 Shift 键的同时，单击右侧人物图片将其同时选取，如图 5-142 所示。

图 5-141　　图 5-142

（6）在“对齐”面板中，单击“垂直居中对齐”按钮，如图 5-143 所示，对齐效果如图 5-144 所示。在页面空白处单击鼠标左键，取消图形的选取状态，注册界面制作完成，效果如图 5-145 所示。

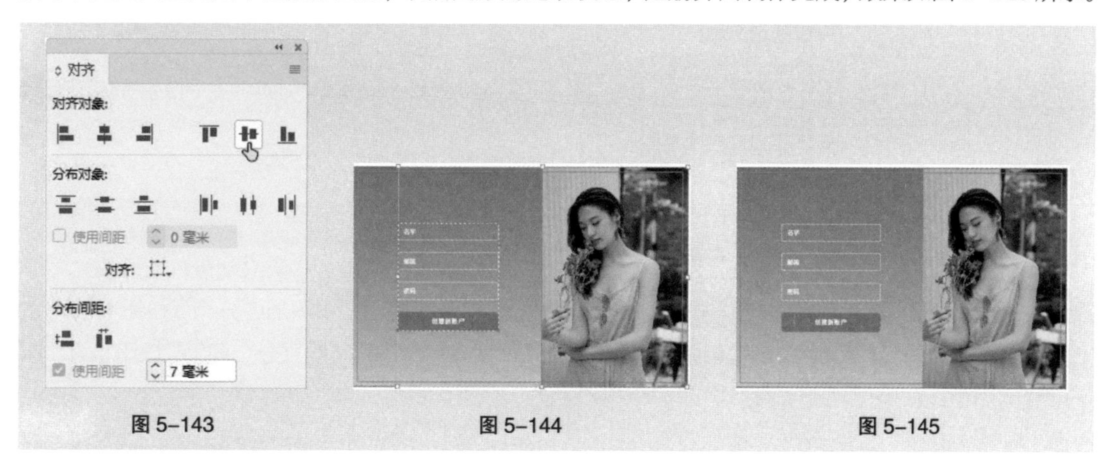

图 5-143　　图 5-144　　图 5-145

5.3.2　对齐对象

在“对齐”面板的“对齐对象”选项组中，包括 6 个对齐命令按钮：“左对齐”按钮、“水平居中对齐”按钮、“右对齐”按钮、“顶对齐”按钮、“垂直居中对齐”按钮和“底对齐”按钮。

选取要对齐的对象，如图 5-146 所示。选择“窗口 > 对象和版面 > 对齐”命令，或按 Shift+F7 组合键，弹出“对齐”面板，如图 5-147 所示。单击需要的对齐按钮，对齐效果如图 5-148 所示。

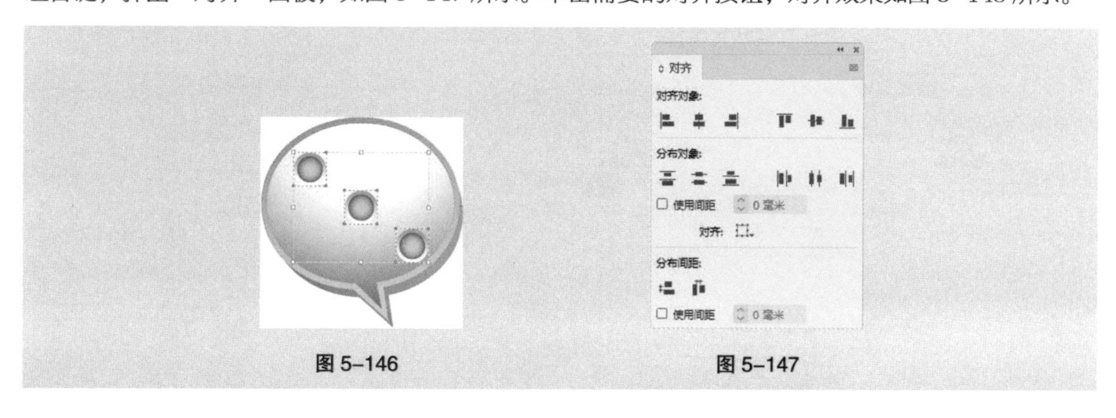

图 5-146　　图 5-147

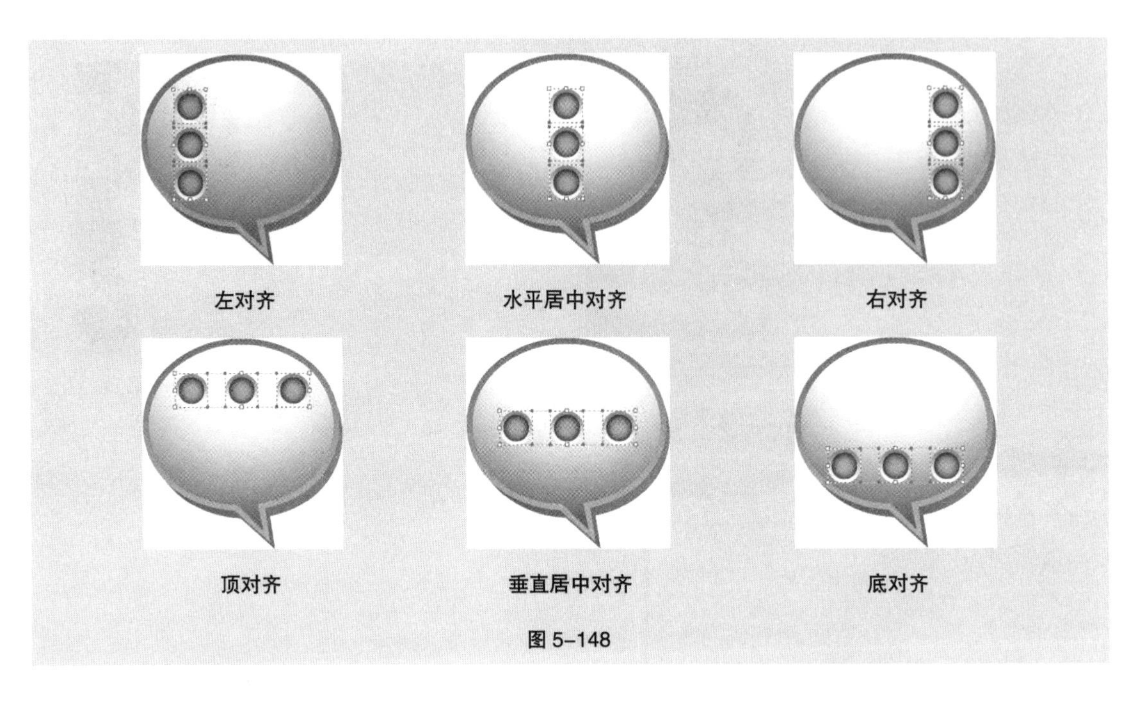

图 5-148

5.3.3 分布对象

在“对齐”面板的“分布对象”选项组中，包括 6 个分布命令按钮：“按顶分布”按钮、“垂直居中分布”按钮、“按底分布”按钮、“按左分布”按钮、“水平居中分布”按钮和“按右分布”按钮。“分布间距”选项组中，包括 2 个分布间距命令按钮：“垂直分布间距”按钮和“水平分布间距”按钮。单击需要的分布命令按钮，分布效果如图 5-149 所示。

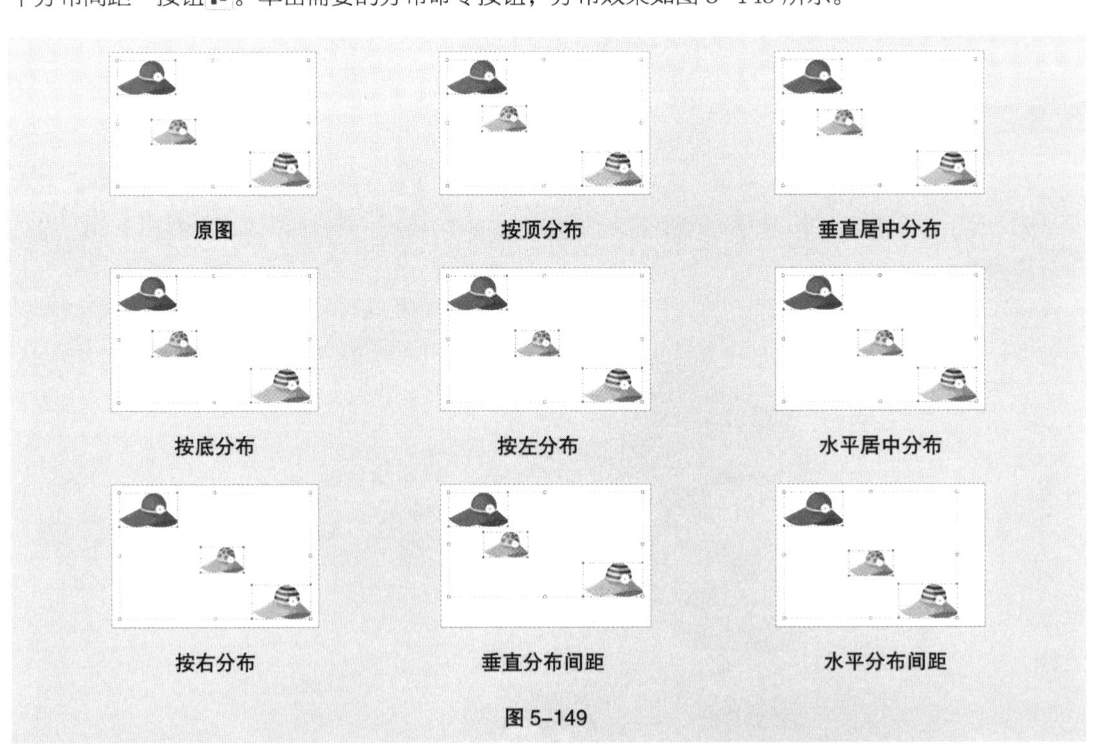

图 5-149

勾选“使用间距”复选框，在数值框中设置距离数值，所有被选取的对象将以所需要的分布方式按设置的数值等距离分布。

5.3.4 对齐基准

在“对齐”面板的“对齐”选项中，包括5个对齐命令：对齐选区、对齐关键对象、对齐边距、对齐页面和对齐跨页。选择需要的对齐基准，以“按顶分布”为例，对齐效果如图5-150所示。

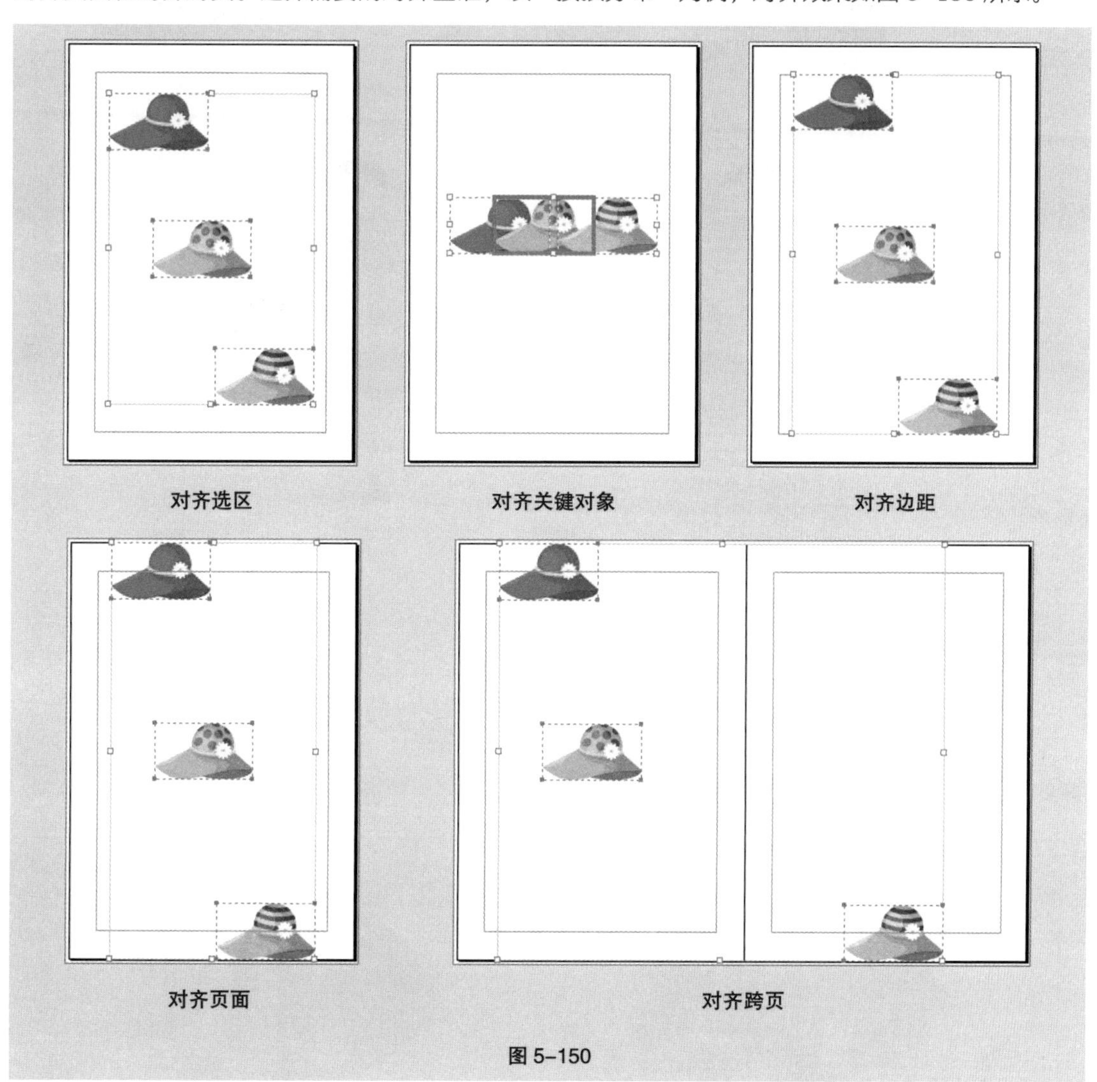

图5-150

5.3.5 对象的排序

图形对象之间存在着堆叠的关系，后绘制的图像一般显示在先绘制的图像之上。在实际操作中，可以根据需要改变图像之间的堆叠顺序。

选取要移动的图像，选择“对象 > 排列”命令。其子菜单包括4个命令：“置于顶层”命令、“前移一层”命令、“后移一层”命令和“置为底层”命令。使用这些命令可以改变图形对象的排序，效果如图5-151所示。

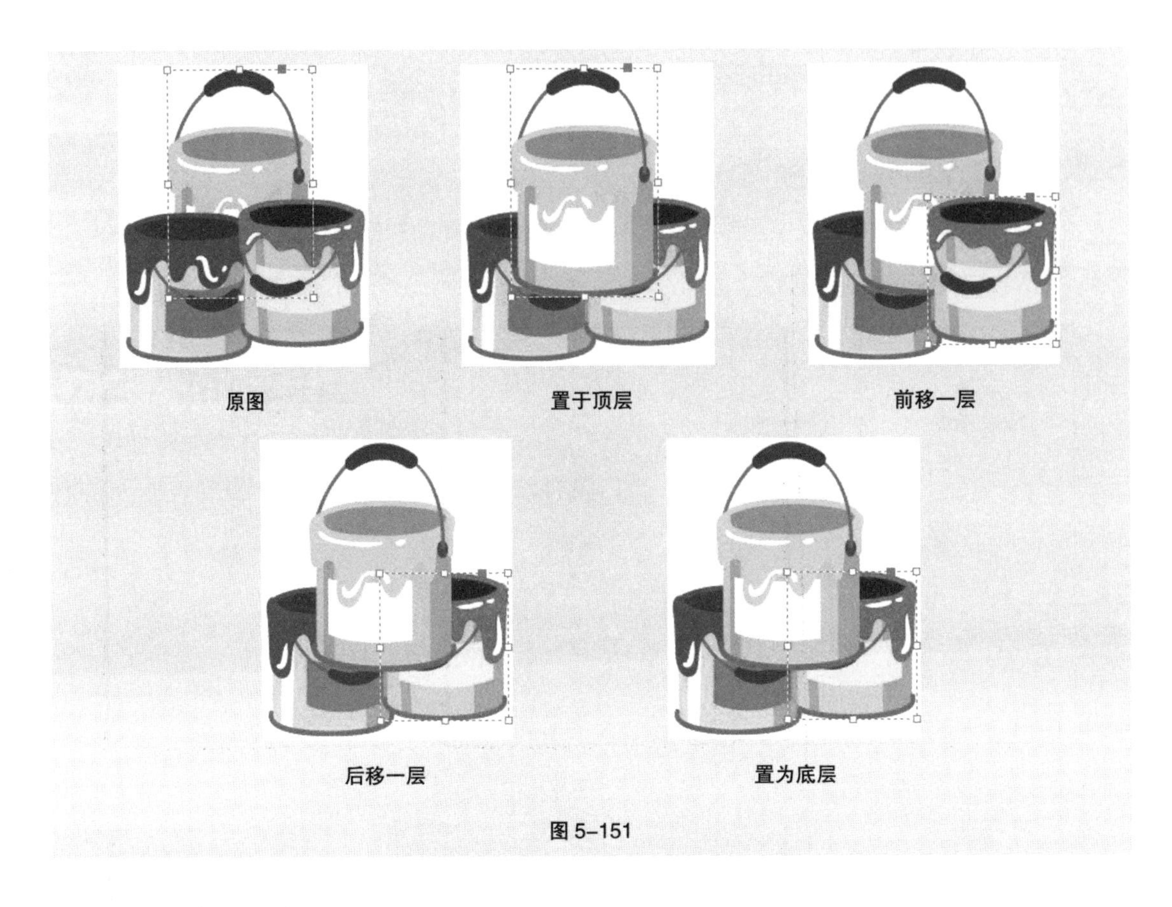

图 5-151

5.3.6 编组对象

1．创建编组

选取要编组的对象，如图 5-152 所示。选择“对象 > 编组”命令，或按 Ctrl+G 组合键，将选取的对象编组，如图 5-153 所示。编组后，选择其中的任何一个图像，其他的图像也会同时被选取。

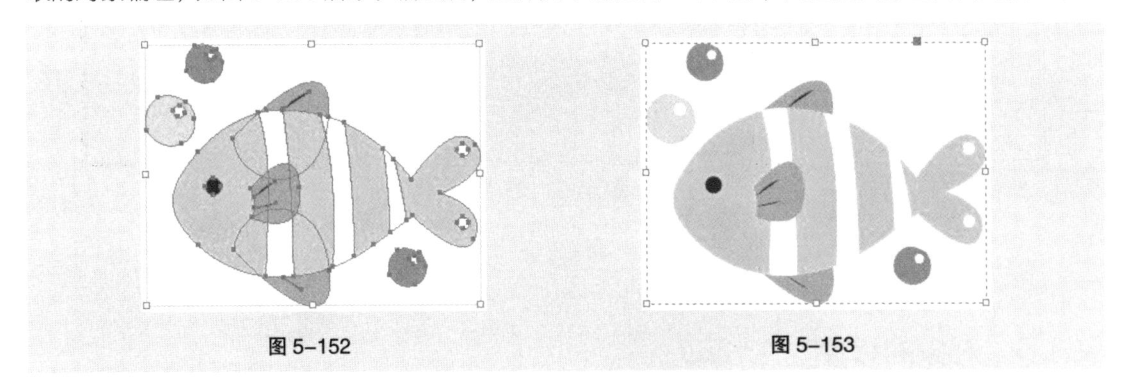

图 5-152　　图 5-153

将多个对象组合后，其外观并没有变化，当对任何一个对象进行编辑时，其他对象也随之产生相应的变化。

使用“编组”命令还可以将几个不同的组合进行进一步的组合，或在组合与对象之间进行进一步的组合。在几个组合之间进行组合时，原来的组合并没有消失，它与新得到的组合是嵌套关系。

提示：

组合不同图层上的对象，组合后所有的对象将自动移动到最上边对象的图层中，并形成组合。

2. 取消编组

选取要取消编组的对象，如图 5-154 所示。选择“对象 > 取消编组”命令，或按 Ctrl+Shift+G 组合键，取消对象的编组。取消编组后的图像，可通过单击鼠标左键选取任意一个图形对象，如图 5-155 所示。

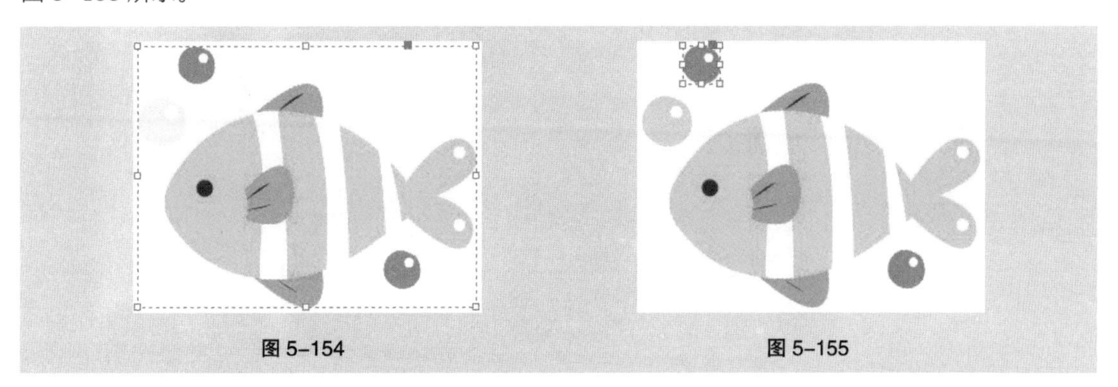

图 5-154　　图 5-155

执行一次“取消编组”命令只能取消一层组合。例如，对两个组合使用“编组”命令得到一个新的组合，应用“取消编组”命令取消这个新组合后，将得到两个原始的组合。

5.3.7 锁定对象位置

使用“锁定”命令可锁定文档中不希望移动的对象。只要对象是锁定的，它便不能移动，但仍然可以选取该对象，并更改其他的属性（如颜色、描边等）。当文档被保存、关闭或重新打开时，锁定的对象会保持锁定。

选取要锁定的图形，如图 5-156 所示。选择“对象 > 锁定”命令，或按 Ctrl+L 组合键，将图形的位置锁定。锁定后，当移动图形时，则其他图形移动，该对象保持不动，效果如图 5-157 所示。

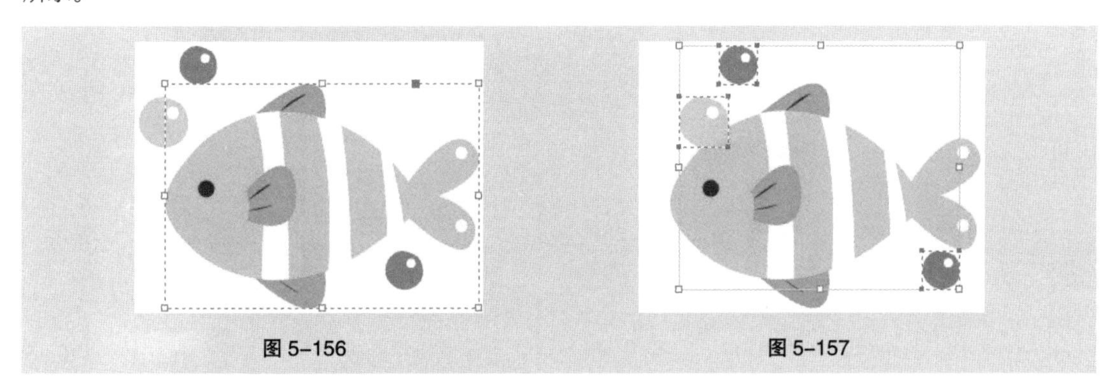

图 5-156　　图 5-157

选择“对象 > 解锁跨页上的所有内容”命令，或按 Ctrl+Alt+L 组合键，被锁定的对象就会被取消锁定。

5.4 课堂练习——绘制时尚插画

【练习知识要点】使用钢笔工具、椭圆工具和填充工具绘制时尚插画，效果如图 5-158 所示。

【效果所在位置】云盘 > Ch05 > 效果 > 绘制时尚插画 .indd。

图 5-158

5.5 课后习题——绘制海滨插画

【习题知识要点】使用椭圆工具、矩形工具、“减去”命令和“贴入内部”命令制作海水和天空，使用椭圆工具、矩形工具和“减去” 命令制作云图形，使用矩形工具、删除锚点工具和直接选择工具制作帆船，效果如图 5-159 所示。

【效果所在位置】云盘 > Ch05 > 效果 > 绘制海滨插画 .indd。

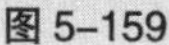

图 5-159

06

第6章 版式编排

本章介绍

在 InDesign CC 2019 中，可以设置字符格式和段落样式，还可以设置表格的插入和图像的导入方式。通过本章的学习，读者能够熟练掌握字符与段落格式的设置技巧，还能够快速地创建复杂、美观的表格，并应用“链接”面板来管理图像文件，为今后进行版式编排打下坚实的基础。

学习目标

- 掌握文本和文本框的编辑技巧。
- 熟练掌握字符与段落格式的控制方法。
- 掌握字符与段落样式的创建和编辑技巧。
- 掌握制表符的创建方法。
- 掌握插入表格的方法。
- 掌握置入图像的方法。

技能目标

- 掌握蔬菜卡的制作方法。
- 掌握女装 Banner 的制作方法。
- 掌握风景台历的制作方法。
- 掌握汽车广告的绘制方法。

第6章简介

6.1 编辑文本

在 InDesign CC 2019 中，所有的文本都位于文本框内，通过编辑文本及文本框可以快捷地进行排版操作。下面介绍编辑文本及文本框的方法和技巧。

6.1.1 课堂案例——制作蔬菜卡

【案例学习目标】学习使用文字工具、“文本绕排”面板和路径文字工具制作蔬菜卡。

【案例知识要点】使用“置入”命令置入图片，使用椭圆工具和路径文字工具制作路径文字，使用“文本绕排”面板制作图文绕排效果，如图 6-1 所示。

【效果所在位置】云盘 > Ch06 > 效果 > 制作蔬菜卡 .indd。

制作蔬菜卡

6.1.1 扩展案例

图 6-1

（1）打开 InDesign CC 2019，选择“文件 > 新建 > 文档”命令，弹出“新建文档”对话框，设置如图 6-2 所示。单击“边距和分栏”按钮，弹出“新建边距和分栏”对话框，设置如图 6-3 所示，单击“确定”按钮，新建一个页面。选择“视图 > 其他 > 隐藏框架边缘”命令，将所绘制图形的框架边缘隐藏。

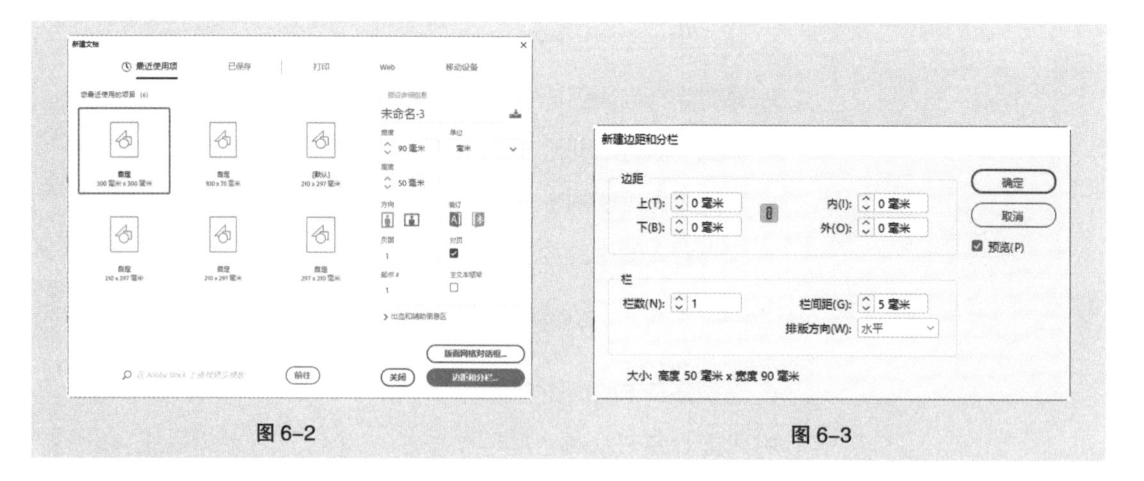

图 6-2

图 6-3

（2）选择“文件 > 置入”命令，弹出“置入”对话框。选择云盘中的“Ch06 > 素材 > 制作蔬菜卡 > 01、02”文件，单击“打开”按钮，在页面空白处分别单击鼠标左键置入图片。选择自由变换工具，分别将图片拖曳到适当的位置并调整其大小，效果如图 6-4 所示。选择椭圆工具，在按住 Shift 键的同时，在适当的位置拖曳鼠标绘制一个圆形，如图 6-5 所示。

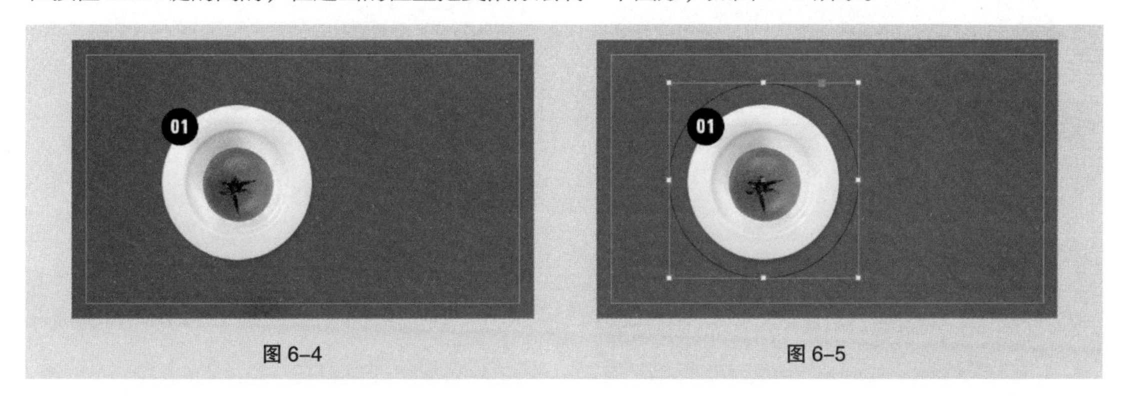

图 6-4

图 6-5

（3）选择路径文字工具，将鼠标指针移动到路径边缘，当指针变为图标时，如图 6-6 所示，单击鼠标左键在路径上插入光标，输入需要的文字，如图 6-7 所示。选取输入的文字，在“控制”面板中选择合适的字体并设置文字大小，填充文字为白色，效果如图 6-8 所示。选择选择工具，选取路径文字，设置描边色为无，效果如图 6-9 所示。

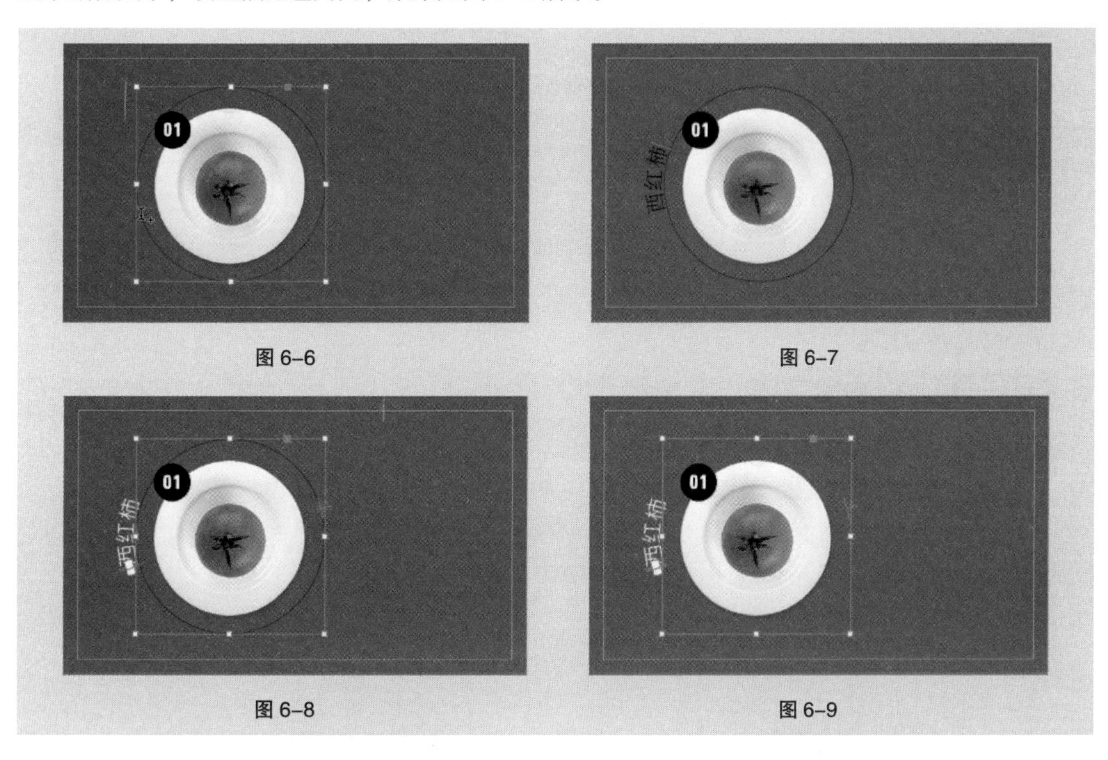

图 6-6

图 6-7

图 6-8

图 6-9

（4）选取并复制记事本文档中需要的文字。返回到 InDesign 页面中，选择文字工具，在适当的位置拖曳出一个文本框，将复制的文字粘贴到文本框中。选取输入的文字，在“控制”面板中选择合适的字体并设置文字大小，效果如图 6-10 所示。在“控制”面板中将“行距”选项 (14.4 点 设为“12 点”，按 Enter 键，填充文字为白色，取消文字的选取状态，效果如图 6-11 所示。

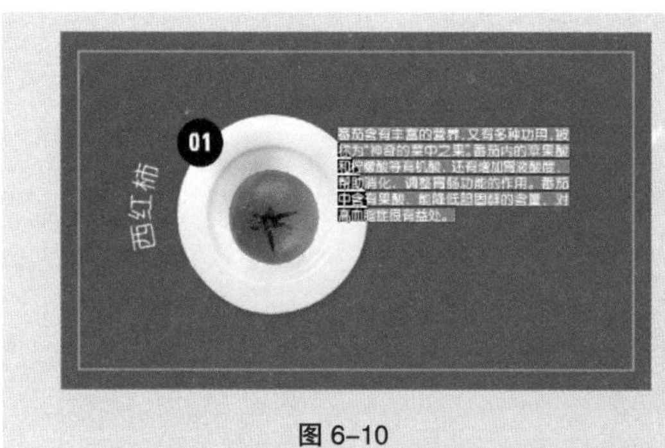

图 6-10

图 6-11

（5）选择选择工具 ，选取路径文字。选择“窗口 > 文本绕排”命令，弹出“文本绕排”面板，单击“沿对象形状绕排”按钮 ，其他选项设置如图 6-12 所示。按 Enter 键，绕排效果如图 6-13 所示。蔬菜卡制作完成，效果如图 6-14 所示。

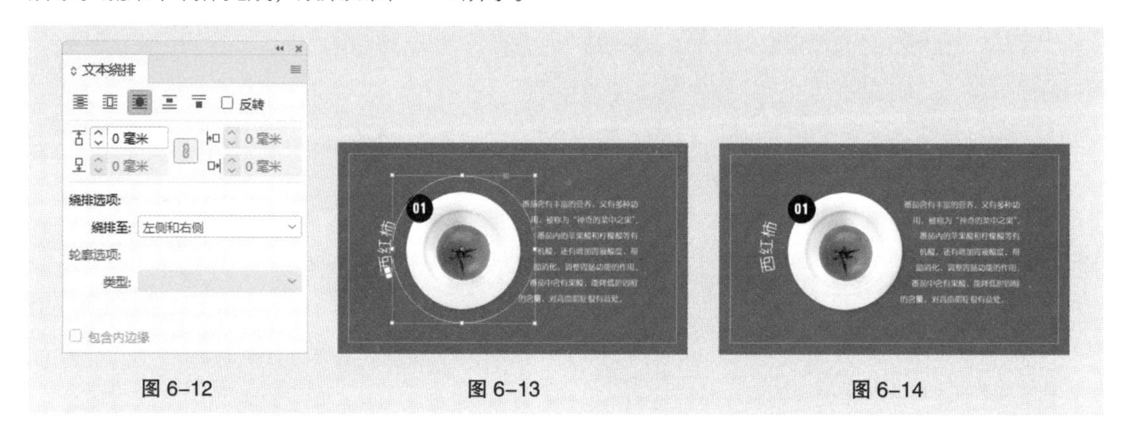

图 6-12　　图 6-13　　图 6-14

6.1.2 使框架适合文本

选择选择工具 ，选取需要的文本框，如图 6-15 所示。选择“对象 > 适合 > 使框架适合内容”命令，可以使文本框适合文本，效果如图 6-16 所示。

如果文本框中有过剩文本，可以使用“使框架适合内容”命令自动扩展文本框的底部来适应文本内容。但若文本框是串接的一部分，便不能使用此命令扩展文本框。

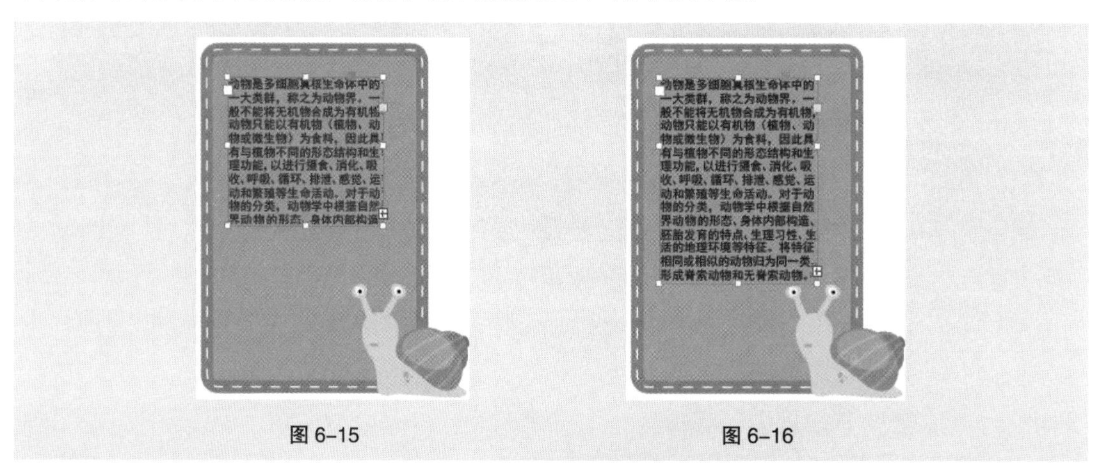

图 6-15　　图 6-16

6.1.3 串接文本框

文本框中的文字可以独立于其他的文本框，或是在相互连接的文本框中流动。相互连接的文本框可以在同一个页面或跨页，也可以在不同的页面。文本串接是指在文本框之间连接文本的过程。

选择“视图 > 其他 > 显示文本串接”命令，选择选择工具▶，选取任意文本框，显示文本串接，如图 6-17 所示。

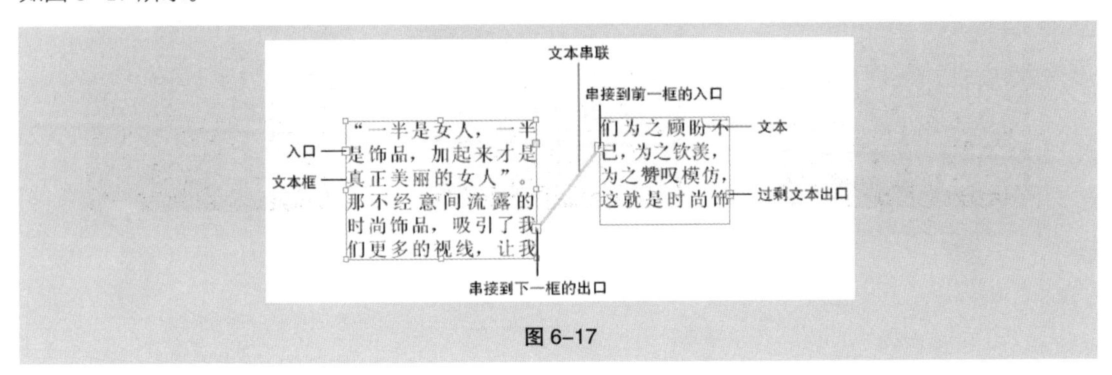

图 6-17

1. 创建串接文本框

◎ 在串接中增加新的框

选择选择工具▶，选取需要的文本框，如图 6-18 所示。单击它的出口调出载入文本图符，在文档中适当的位置拖曳出新的文本框，如图 6-19 所示。松开鼠标，创建串接文本框，过剩的文本将自动流入新创建的文本框中，效果如图 6-20 所示。

图 6-18　　图 6-19　　图 6-20

◎ 将现有的框添加到串接中

选择选择工具▶，将鼠标指针置于要创建串接的文本框的出口，如图 6-21 所示。单击调出载入文本图符，将其置于要连接的文本框之上，载入文本图符变为串接图符，如图 6-22 所示。单击创建两个文本框间的串接，效果如图 6-23 所示。

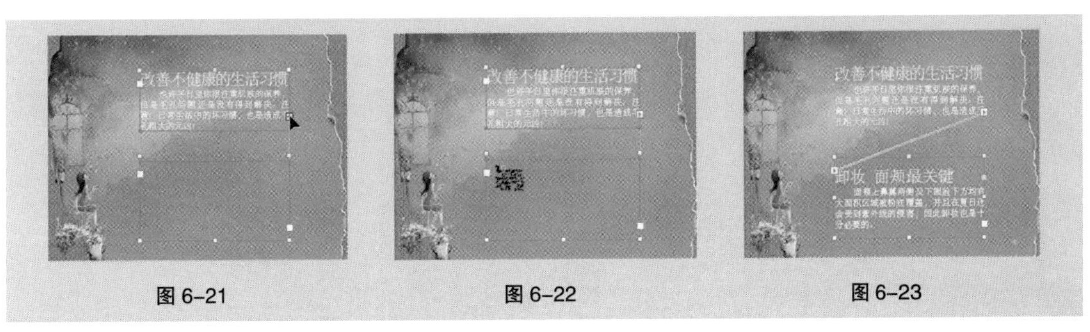

图 6-21　　图 6-22　　图 6-23

2. 取消文本框的串接

选择选择工具▶，单击一个与其他框串接的文本框的出口（或入口），如图 6-24 所示。出现载入图符后，将其置于文本框内，使其显示为串接图符，如图 6-25 所示。单击该框，取消文本框之间的串接，效果如图 6-26 所示。

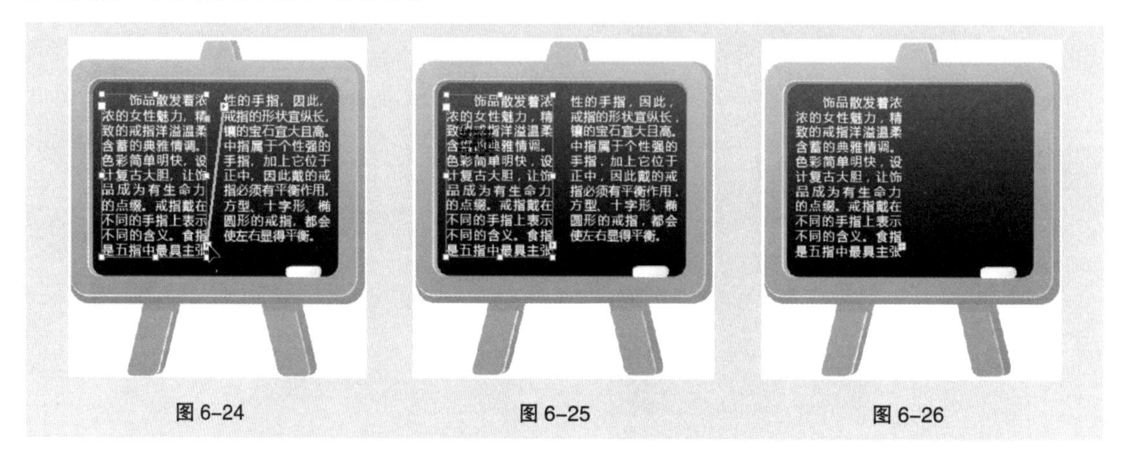

图 6-24　　图 6-25　　图 6-26

选择选择工具▶，选取一个串接文本框，双击该框的出口，可取消文本框之间的串接。

3. 手工或自动排文

在置入文本或是单击文本框的出入口（或出口）后，鼠标指针会变为载入文本图符，就可以在页面上排文了。当载入文本图符位于辅助线或网格的捕捉点时，黑色的箭头变为白色箭头。

◎ 手工排文

选择选择工具▶，单击文本框的出口，鼠标指针会变为载入文本图符，将其拖曳到适当的位置，如图 6-27 所示。单击创建一个与栏宽等宽的文本框，文本自动排入框中，效果如图 6-28 所示。

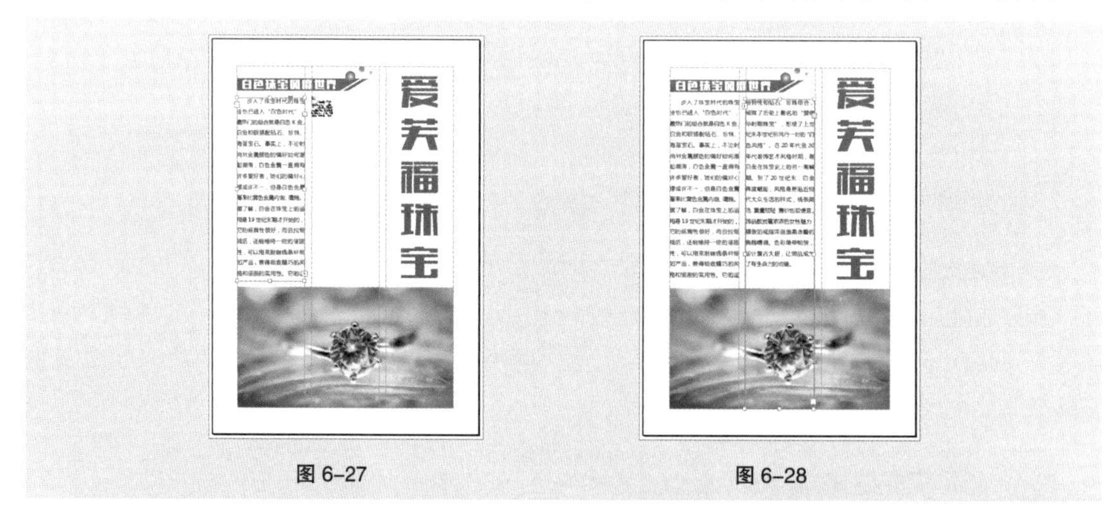

图 6-27　　图 6-28

◎ 半自动排文

选择选择工具▶，单击文本框的出口，如图 6-29 所示，鼠标指针会变为载入文本图符。按住 Alt 键，指针会变为半自动排文图符，将其拖曳到适当的位置，如图 6-30 所示。单击创建一个与栏宽等宽的文本框，文本排入框中，如图 6-31 所示。不松开 Alt 键，重复在适当的位置单击，可继续置入过剩的文本，效果如图 6-32 所示。松开 Alt 键后，鼠标指针会自动变为载入文本图符。

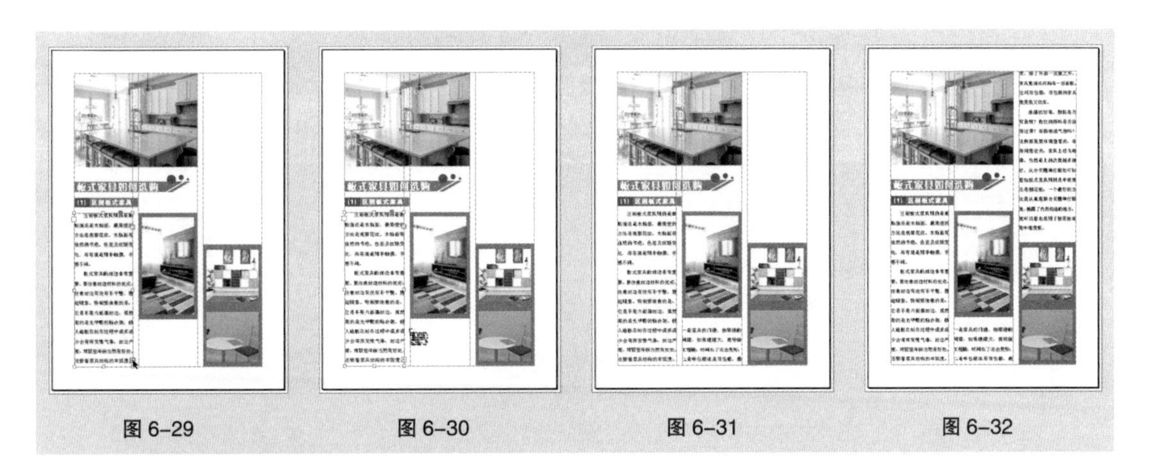

图 6-29　　图 6-30　　图 6-31　　图 6-32

◎ 自动排整个文章

选择选择工具▶，单击文本框的出口，鼠标指针会变为载入文本图符。在按住 Shift 键的同时，指针会变为自动排文图符，将其拖曳到适当的位置，如图 6-33 所示。单击鼠标左键，自动创建与栏宽等宽的多个文本框，效果如图 6-34 所示。若文本超出文档页面，将自动新建文档页面，直到所有的文本都排入文档中。

提示：

单击进行自动排文本时，鼠标指针变为载入文本图符后，按住 Shift+Alt 组合键，指针会变为固定页面自动排文图符。在页面中单击排文时，将所有文本都自动排列到当前页面中，但不添加页面，任何剩余的文本都将成为溢流文本。

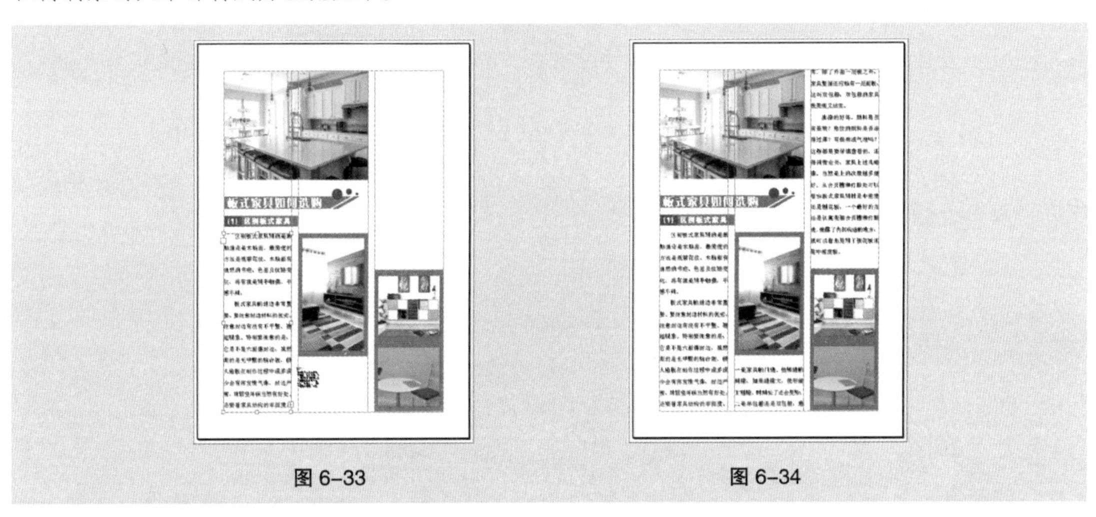

图 6-33　　图 6-34

6.1.4　设置文本框属性

选择选择工具▶，选取一个文本框，如图 6-35 所示。选择“对象 > 文本框架选项”命令，弹出“文本框架选项”对话框，设置需要的数值，如图 6-36 所示。单击“确定”按钮，可以改变文本框属性，效果如图 6-37 所示。

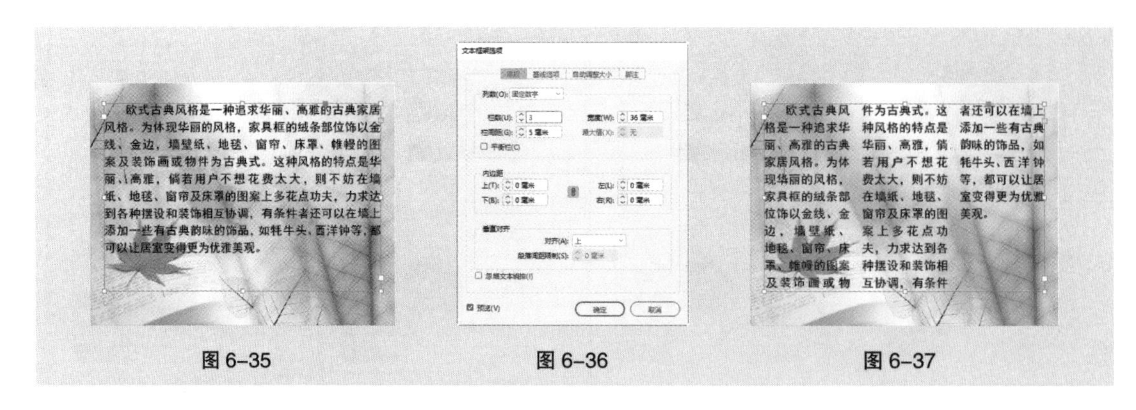
图 6-35　　图 6-36　　图 6-37

“文本框架选项”对话框中主要选项的功能如下。

- “列数”选项组：用于设置固定数字、宽度和弹性宽度，其中“栏数”“栏间距”“宽度”和“最大值”数值框分别用于设置文本框的分栏数、栏间距、栏宽和宽度最大值。
- “平衡栏”复选框：勾选此选项，可以使分栏后文本框中的文本保持平衡。
- “内边距”选项组：用于设置文本框上、下、左、右边距的偏离值。
- “垂直对齐”选项组：其中的“对齐”下拉列表用于设置文本框与文本的对齐方式，包括“上”“居中”“下”和“两端对齐”4 个选项。

6.1.5　文本绕排

选择选择工具 ，选取需要的图片，如图 6-38 所示。选择“窗口 > 文本绕排”命令，弹出“文本绕排”面板，如图 6-39 所示。单击需要的绕排按钮，制作出的文本绕排效果如图 6-40 所示。

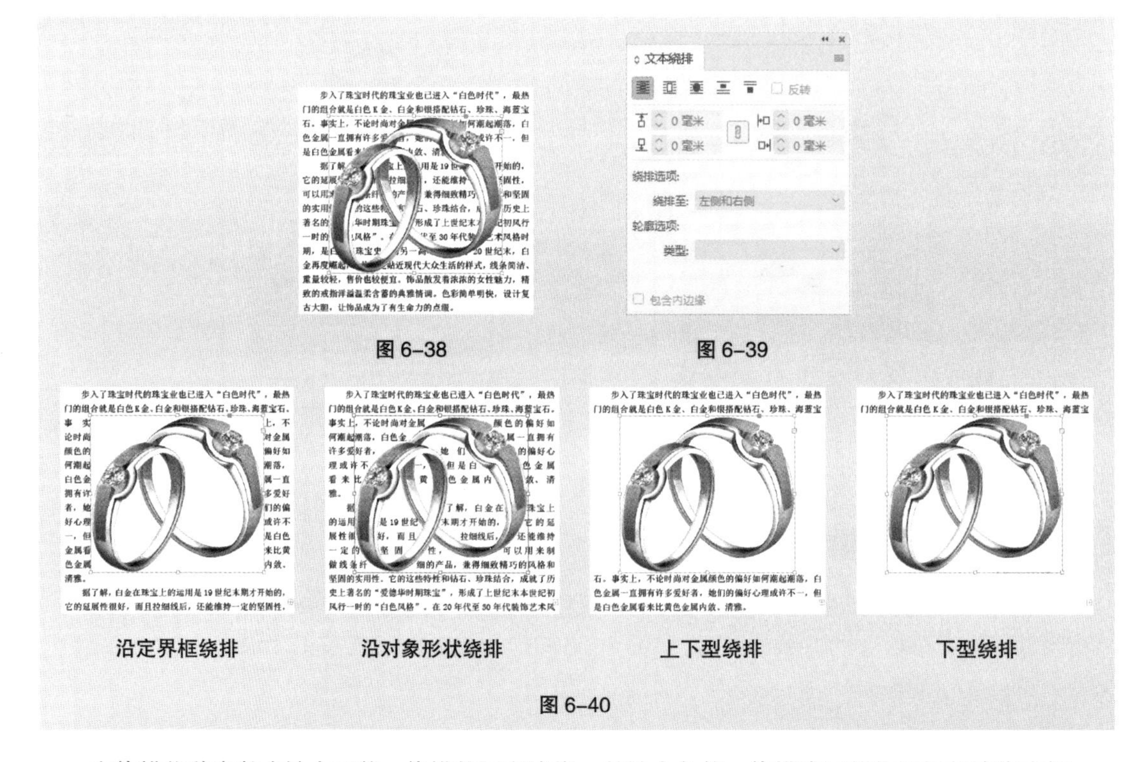

图 6-38　　图 6-39

沿定界框绕排　　沿对象形状绕排　　上下型绕排　　下型绕排

图 6-40

在绕排位移参数中输入正值，绕排将远离边缘；若输入负值，绕排边界将位于框架边缘内部。

提示：

在 InDesign CC 2019 中提供了多种文本绕排的形式。应用好文本绕排可以使杂志或报刊的版式更加美观。

6.1.6 插入字形

选择文字工具 T ，在文本框中单击插入光标，如图 6-41 所示。选择“文字 > 字形”命令，弹出“字形”面板。在面板下方设置需要的字体和字体风格，选取需要的字符，如图 6-42 所示。双击字符图标，在文本中插入字形，效果如图 6-43 所示。

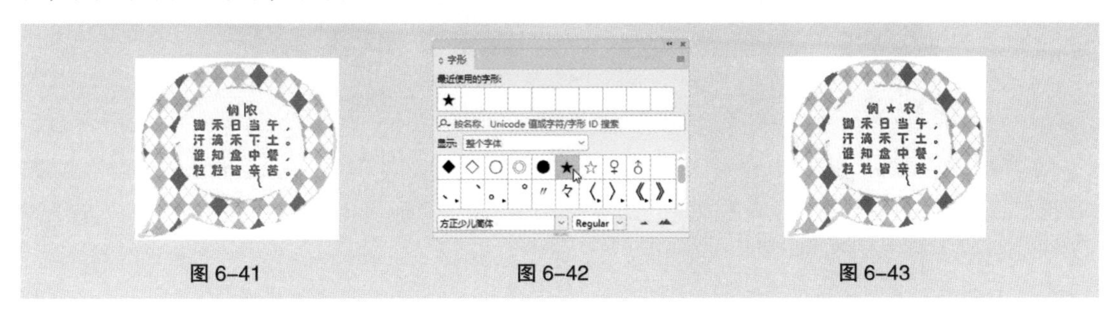

图 6-41　　图 6-42　　图 6-43

6.1.7 从文本创建路径

在 InDesign CC 2019 中，将文本转换为轮廓后，可以像对其他图形对象一样进行编辑和操作。通过这种方式，可以创建多种特殊文字效果。

1. 将文本转换为路径

选择直接选择工具 ，选取需要的文本框，如图 6-44 所示。选择“文字 > 创建轮廓”命令，或按 Ctrl+Shift+O 组合键，文本会转换为路径，效果如图 6-45 所示。

图 6-44　　图 6-45

选择文字工具 T ，选取需要的一个或多个字符，如图 6-46 所示。选择“文字 > 创建轮廓”命令，或按 Ctrl+Shift+O 组合键，字符会转换为路径。选择直接选择工具 ，选取转换后的文字，效果如图 6-47 所示。

图 6-46　　图 6-47

2. 创建文本外框

选择直接选择工具▷，选取转换后的文字，如图 6-48 所示。拖曳需要的锚点到适当的位置，如图 6-49 所示，可创建不规则的文本外框。

图 6-48　　图 6-49

选择选择工具▶，选取一张置入的图片，如图 6-50 所示。按 Ctrl+X 组合键，将其剪切。选择选择工具▶，选取转换为轮廓的文字，如图 6-51 所示。选择“编辑 > 贴入内部”命令，将图片贴入转换后的文字中，效果如图 6-52 所示。

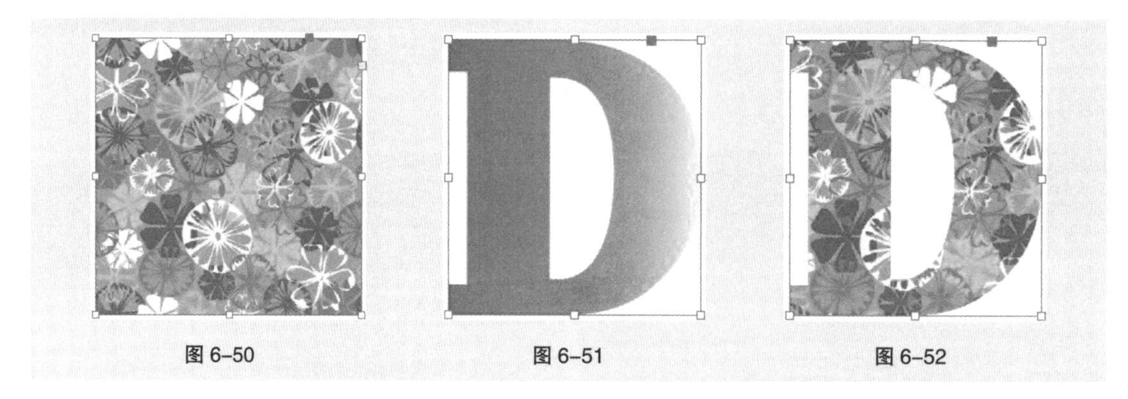

图 6-50　　图 6-51　　图 6-52

选择选择工具▶，选取转换为轮廓的文字，如图 6-53 所示。选择文字工具T，将鼠标指针置于路径内部并单击，插入光标，如图 6-54 所示。输入需要的文字，效果如图 6-55 所示。取消填充后的效果如图 6-56 所示。

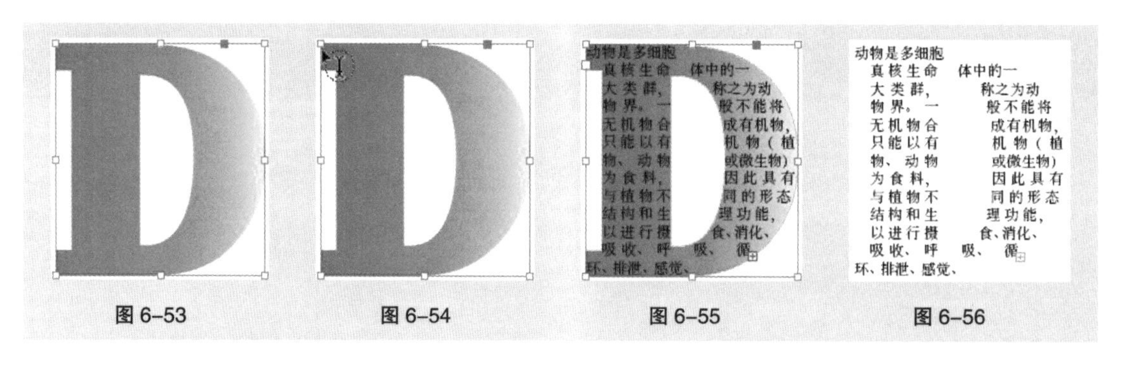

图 6-53　　图 6-54　　图 6-55　　图 6-56

6.2 字符格式控制与段落格式控制

6.2.1 课堂案例——制作女装 Banner

【案例学习目标】学习使用文字工具和“字符”面板制作女装 Banner。

【案例知识要点】使用“置入”命令置入素材图片，使用文本工具、“字符”面板、“X 切变角度”下拉列表添加宣传文字，使用椭圆工具、文字工具、直线工具和“旋转角度”下拉列表制作包邮标签，效果如图 6-57 所示。

【效果所在位置】云盘 > Ch06 > 效果 > 制作女装 Banner.indd。

图 6-57

（1）打开 InDesign CC 2019，选择“文件 > 新建 > 文档”命令，弹出“新建文档”对话框，设置如图 6-58 所示。单击“边距和分栏”按钮，弹出“新建边距和分栏”对话框，设置如图 6-59 所示，单击“确定”按钮，新建一个页面。选择“视图 > 其他 > 隐藏框架边缘”命令，将所绘制图形的框架边缘隐藏。

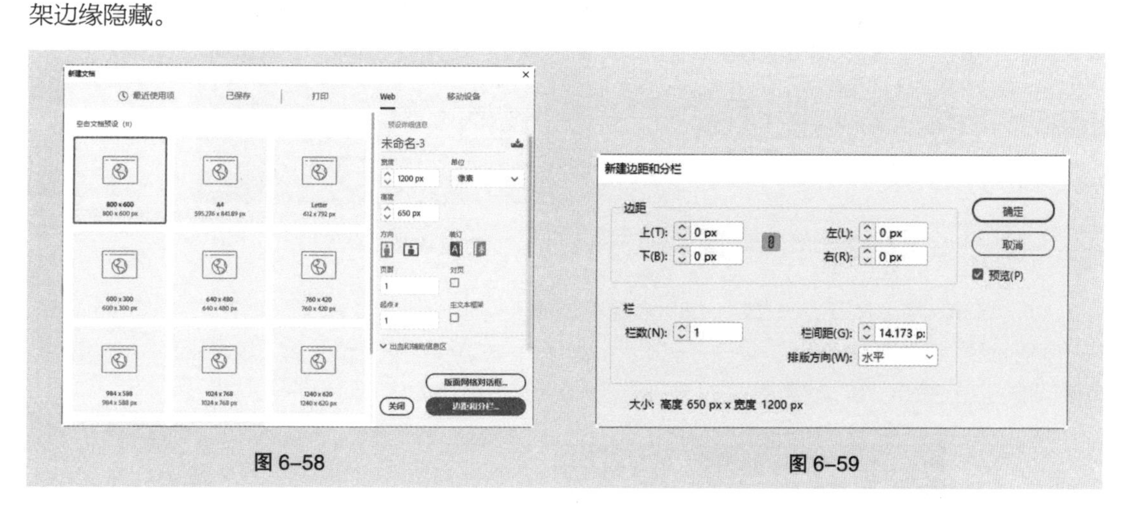

图 6-58　　　　图 6-59

（2）选择“文件 > 置入”命令，弹出“置入”对话框。选择云盘中的“Ch06 > 素材 > 制作女装 Banner > 01、02”文件，单击“打开”按钮，在页面空白处分别单击鼠标左键置入图片。选择自由变换工具，分别将图片拖曳到适当的位置，效果如图 6-60 所示。按 Ctrl+A 组合键，全选图片；按 Ctrl+L 组合键，将其锁定。

（3）选择文字工具 T，在适当的位置分别拖曳文本框，输入需要的文字并选取文字。在“控制”

面板中分别选择合适的字体并设置文字大小，填充文字为白色，效果如图 6-61 所示。

图 6-60　　图 6-61

（4）选择文字工具 T，选取文字“夏季风尚节”。按 Ctrl+T 组合键，弹出“字符”面板，将“字符间距”选项 0 设为“-75”，如图 6-62 所示。按 Enter 键，效果如图 6-63 所示。

图 6-62　　图 6-63

（5）选择文字工具 T，选取数字“8”，在“字符”面板中选择合适的字体并设置文字大小，如图 6-64 所示。按 Enter 键，效果如图 6-65 所示。

图 6-64　　图 6-65

（6）选择文字工具 T，在数字“8”左侧单击插入光标，如图 6-66 所示。在“字符”面板中，将“字偶间距”选项 (0) 设为“-100”，如图 6-67 所示，按 Enter 键，效果如图 6-68 所示。用相同的方法在数字“8”右侧插入光标，设置字偶间距，效果如图 6-69 所示。

图 6-66　　图 6-67

图 6-68　　图 6-69

（7）选择选择工具，在按住 Shift 键的同时，依次单击需要的文字将其同时选取，如图 6-70 所示。在“控制”面板中将“X 切变角度”选项 0° 设为“10° ”，按 Enter 键，效果如图 6-71 所示。

图 6-70　　图 6-71

（8）选择椭圆工具，在按住 Shift 键的同时，在适当的位置拖曳鼠标绘制一个圆形，填充图形为白色，并设置描边色为无，效果如图 6-72 所示。选择文字工具，在适当的位置分别拖曳文本框，输入需要的文字并选取文字，在“控制”面板中分别选择合适的字体并设置文字大小，效果如图 6-73 所示。

（9）选择选择工具，在按住 Shift 键的同时，将输入的文字同时选取，单击工具箱中的“格式针对文本”按钮，设置文字填充色的 RGB 值为 20、52、147，填充文字，效果如图 6-74 所示。

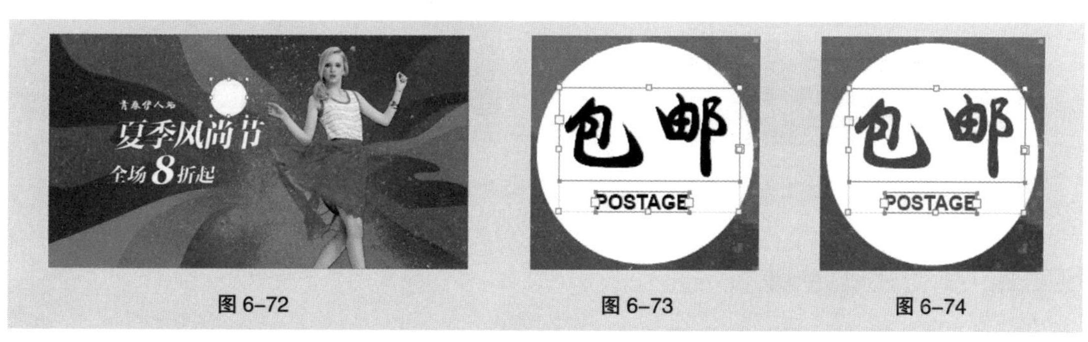

图 6-72　　图 6-73　　图 6-74

（10）选择文字工具，选取文字“包邮”，在“控制”面板中将“字符间距”选项 0 设为“-160”，按 Enter 键，效果如图 6-75 所示。

（11）选择直线工具，在按住 Shift 键的同时，在适当的位置拖曳鼠标绘制一条直线。在“控制”面板中将“描边粗细”选项 0.283 点 设为“0.75 点”，按 Enter 键。设置描边色的 RGB 值为 20、52、147，填充描边，效果如图 6-76 所示。

（12）选择选择工具，在按住 Alt+Shift 组合键的同时，水平向右拖曳直线到适当的位置，复制直线，效果如图 6-77 所示。用框选的方法将所绘制的图形全部选取，在“控制”面板中将“旋转角度”选项 0° 设为“7.5° ”，按 Enter 键，效果如图 6-78 所示。

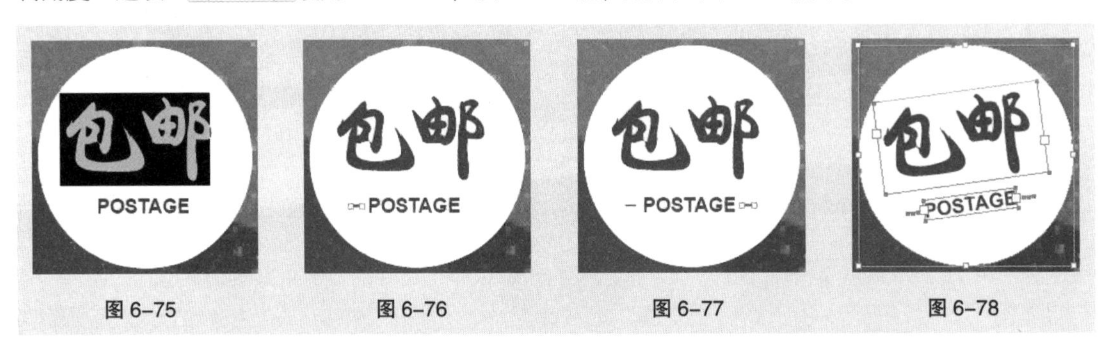

图 6-75　　图 6-76　　图 6-77　　图 6-78

（13）选择文字工具 T，在适当的位置拖曳出一个文本框，输入需要的文字。将输入的文字选取，在“控制”面板中选择合适的字体并设置文字大小，填充文字为白色，效果如图 6-79 所示。

（14）在“字符”面板中，将“行距”选项 (14.4 点 设为“18 点”，其他选项的设置如图 6-80 所示，按 Enter 键，效果如图 6-81 所示。在页面空白处单击鼠标左键，取消文字的选取状态。女装 Banner 制作完成，效果如图 6-82 所示。

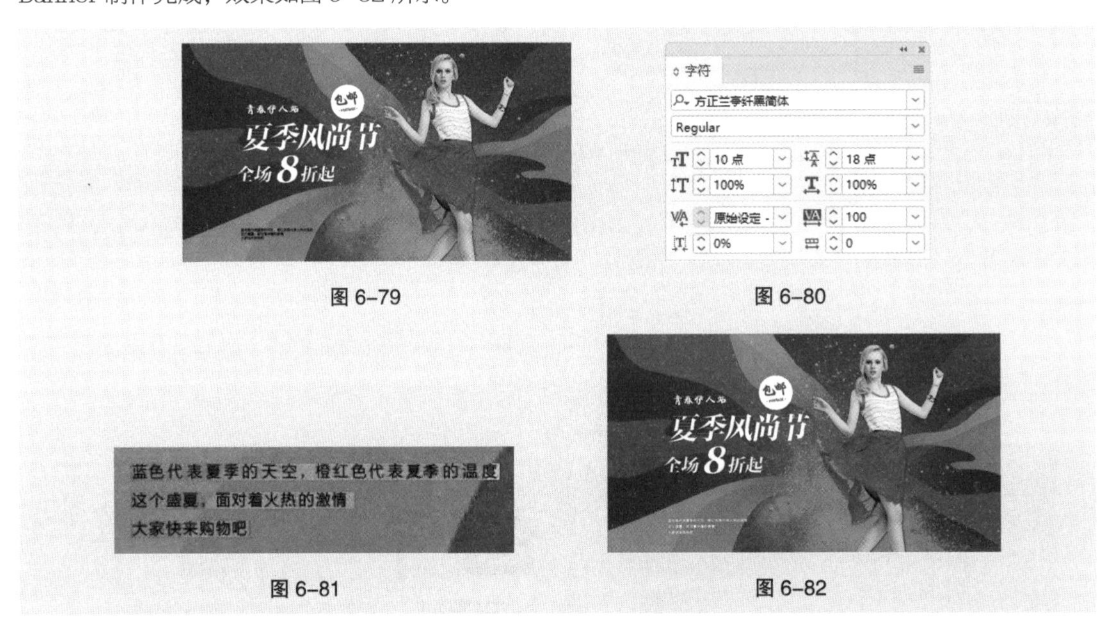

图 6-79　　图 6-80

图 6-81　　图 6-82

6.2.2 字符格式控制

在 InDesign CC 2019 中，可以通过“控制”面板和“字符”面板设置字符的格式。这些格式包括文字的字体、字号、颜色和字符间距等。

选择文字工具 T，“控制”面板如图 6-83 所示。

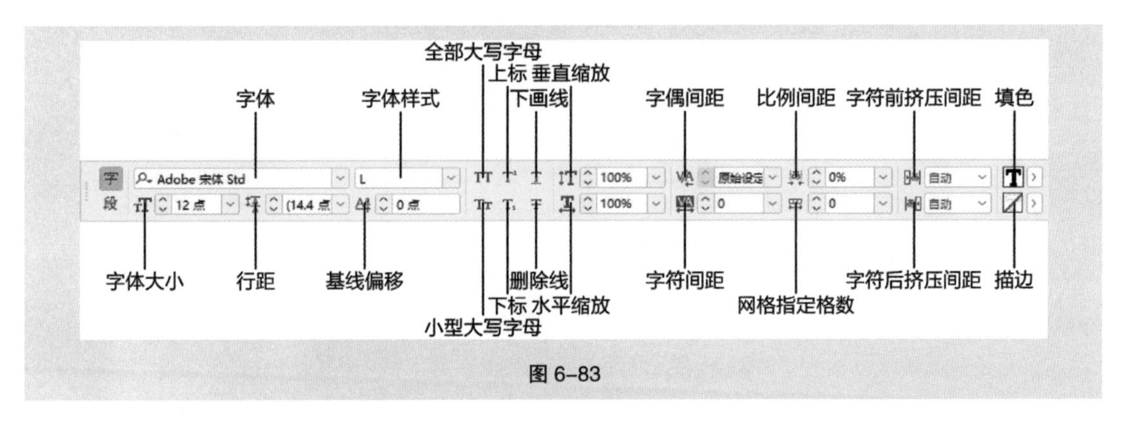

图 6-83

选择“窗口 > 文字和表 > 字符”命令，或按 Ctrl+T 组合键，弹出“字符”面板，如图 6-84 所示。

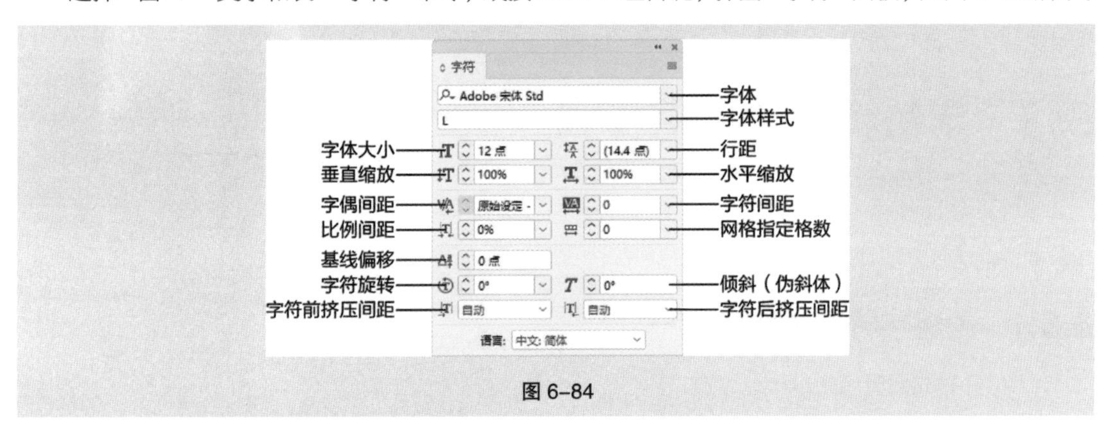

图 6-84

6.2.3 段落格式控制

在 InDesign CC 2019 中，可以通过“控制”面板和“段落”面板设置段落的格式。这些格式包括段落间距、首字下沉、段前间距和段后间距等。

选择文字工具 T，单击“控制”面板中的“段落格式控制”按钮 段，显示如图 6-85 所示。

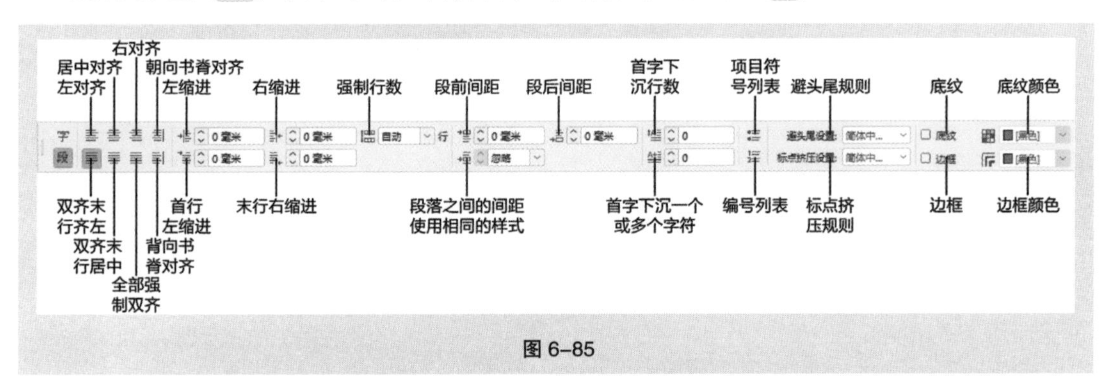

图 6-85

选择“窗口 > 文字和表 > 段落”命令，或按 Ctrl+Alt+T 组合键，弹出“段落”面板，如图 6-86 所示。

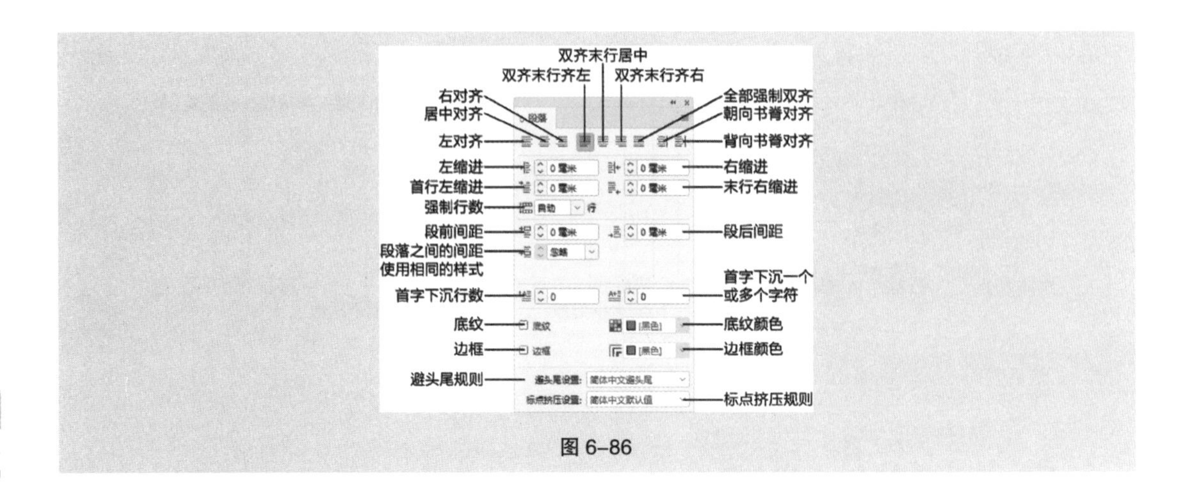

图 6-86

6.3　字符样式和段落样式

字符样式是通过一个步骤就可以应用于文本的一系列字符格式属性的集合。段落样式包括字符和段落格式属性，可应用于一个段落，也可应用于某范围内的段落。

6.3.1　创建字符样式和段落样式

1．打开样式面板

选择“文字 > 字符样式”命令，或按 Shift+F11 组合键，弹出“字符样式”面板，如图 6-87 所示。选择“窗口 > 文字和表 > 字符样式”命令，也可弹出“字符样式”面板。

选择“文字 > 段落样式”命令，或按 F11 键，弹出“段落样式”面板，如图 6-88 所示。选择“窗口 > 文字和表 > 段落样式”命令，也可弹出“段落样式”面板。

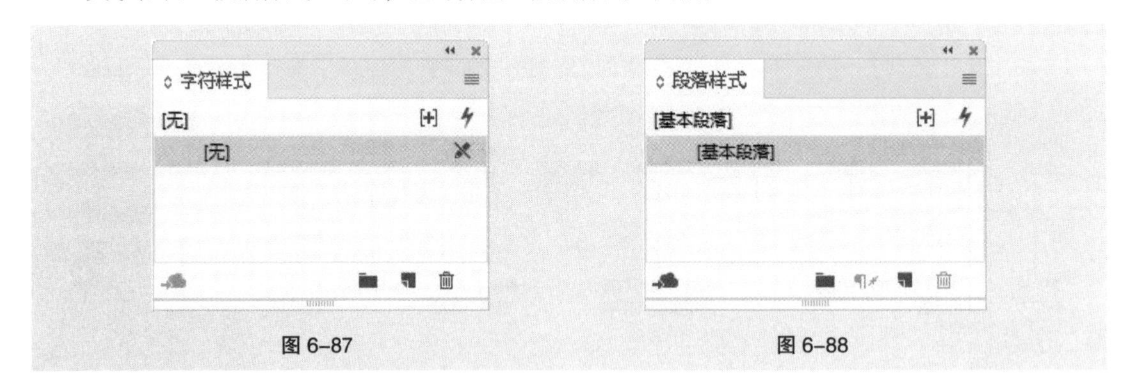

图 6-87　　图 6-88

2．定义字符样式

单击“字符样式”面板下方的“创建新样式”按钮 ，在面板中生成新样式，如图 6-89 所示。双击新样式的名称，弹出“字符样式选项”对话框，如图 6-90 所示。其中主要选项的功能如下。

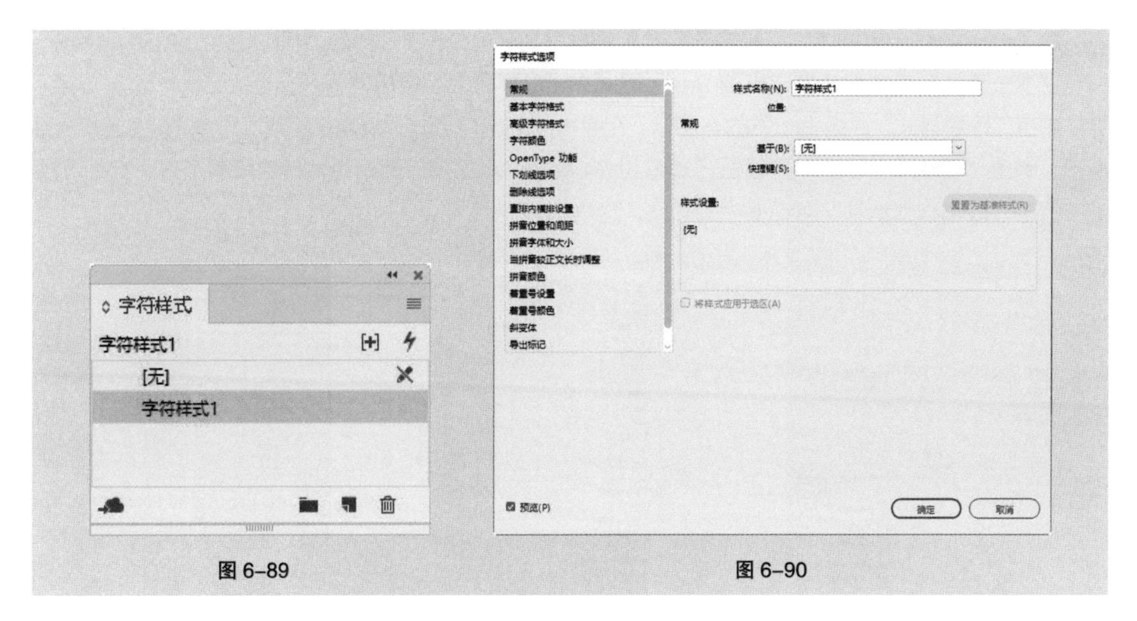

图 6-89　　图 6-90

- “样式名称”文本框：用于输入新样式的名称。
- “基于”下拉列表：用于选择当前样式所基于的样式。使用此选项，可以将样式相互链接，以便一种样式中的变化可以反映到基于它的子样式中。默认情况下，新样式基于“[无]”或当前任何选定文本的样式。
- “快捷键”文本框：用于添加键盘快捷键。
- “将样式应用于选区”复选框：勾选该选项，可将新样式应用于选定文本。

在其他选项中指定格式属性，可通过单击左侧的某个类别，指定要添加到样式中的属性。完成设置后，单击“确定”按钮即可。

3．定义段落样式

单击“段落样式”面板下方的“创建新样式”按钮，在面板中生成新样式，如图 6-91 所示。双击新样式的名称，弹出“段落样式选项”对话框，如图 6-92 所示。

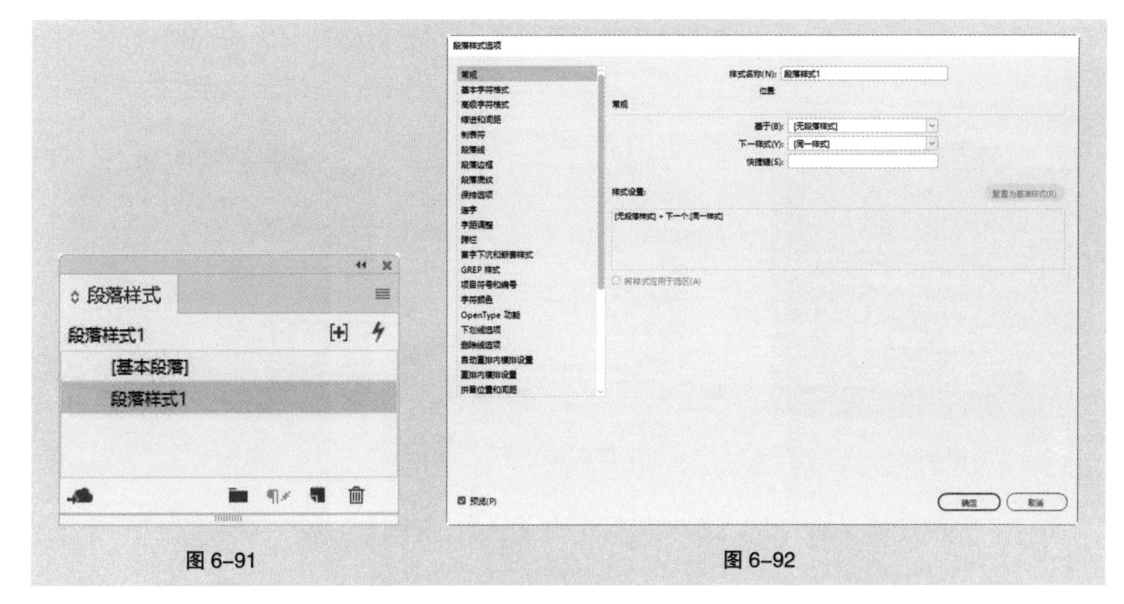

图 6-91　　图 6-92

除“下一样式”下拉列表外，其他选项的设置与“字符样式选项”对话框中的相同，这里不再赘述。

“下一样式”选项用于指定当按 Enter 键时在当前样式之后应用的样式。

单击“段落样式”面板右上方的≡图标，在弹出的菜单中选择“新建段落样式”命令，如图 6–93 所示，弹出“新建段落样式”对话框，如图 6–94 所示。利用该对话框也可新建段落样式。其中选项的设置与“段落样式选项”对话框中的相同，这里不再赘述。

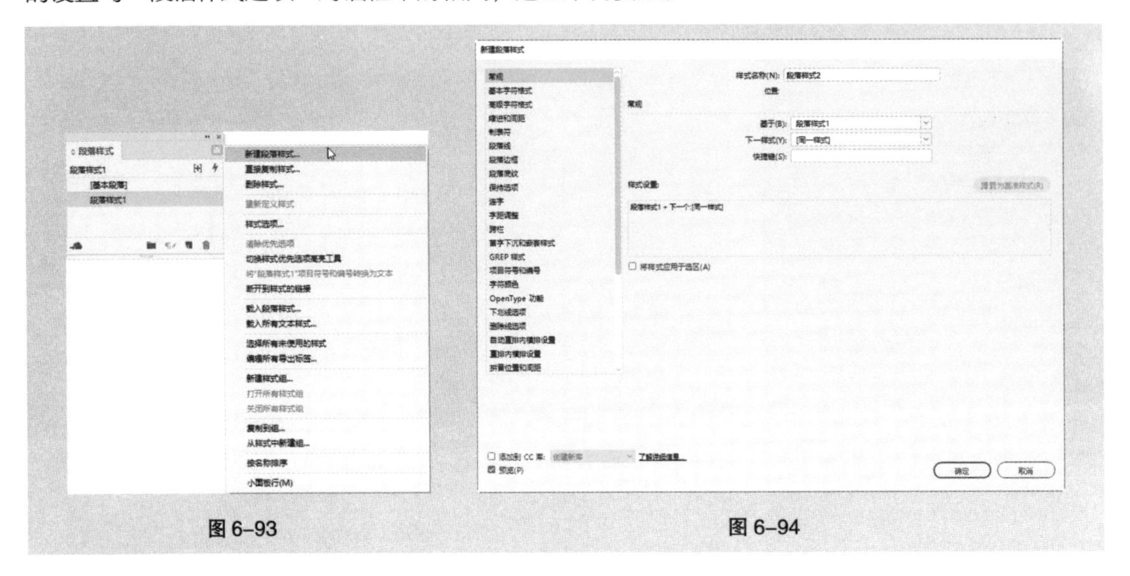

图 6–93　　图 6–94

技巧：

若想在现有文本格式的基础上创建一种新的样式，选择该文本或在该文本中单击插入光标，单击“段落样式”面板下方的“创建新样式”按钮 即可。

6.3.2　编辑字符样式和段落样式

1. 应用字符样式

选择文字工具 T，选取需要的字符，如图 6–95 所示。在“字符样式”面板中单击需要的字符样式名称，如图 6–96 所示。为选取的字符添加样式，取消文字的选取状态，效果如图 6–97 所示。

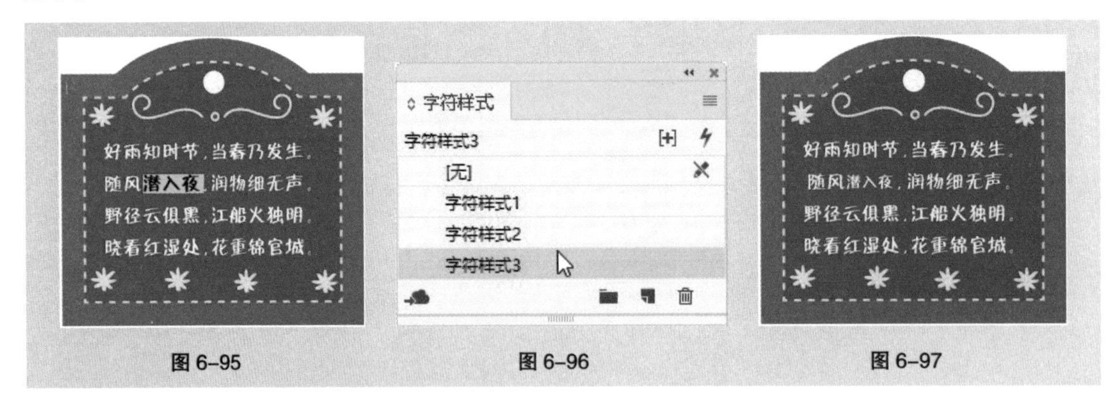

图 6–95　　图 6–96　　图 6–97

在“字符样式”面板或“控制”面板中单击“快速应用”按钮，弹出“快速应用”面板，单击需要的段落样式，或按定义的快捷键，也可为选取的字符添加样式。

2. 应用段落样式

选择文字工具T，在段落文本中单击插入光标，如图 6–98 所示。在“段落样式”面板中单击需要的段落样式名称，如图 6–99 所示。为选取的段落添加样式，效果如图 6–100 所示。

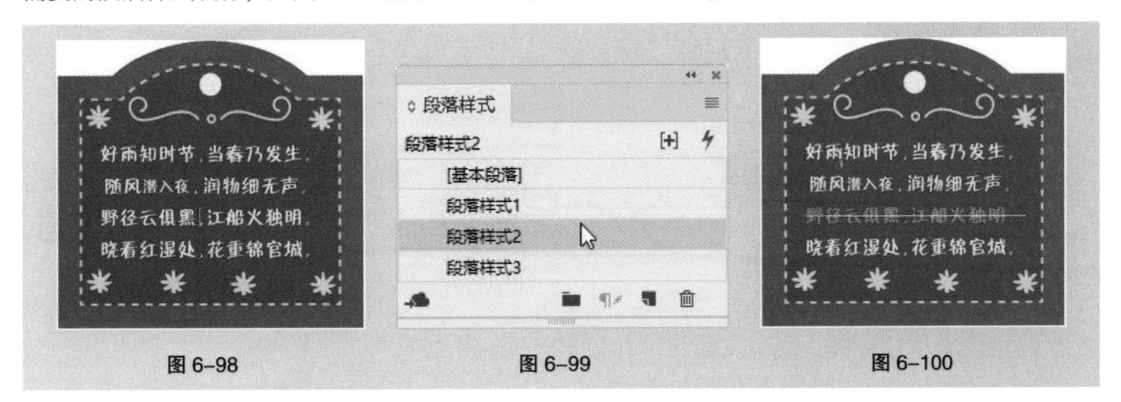

图 6–98　　图 6–99　　图 6–100

在“段落样式”面板或“控制”面板中单击“快速应用”按钮，弹出“快速应用”面板，单击需要的段落样式，或按定义的快捷键，也可为选取的段落添加样式。

3. 编辑样式

在“段落样式”面板中，用鼠标右键单击要编辑的样式名称（如“段落样式 2”），在弹出的快捷菜单中选择“编辑‘段落样式 2’”命令，如图 6–101 所示，弹出“段落样式选项”对话框，如图 6–102 所示。设置需要的选项，单击“确定”按钮即可。

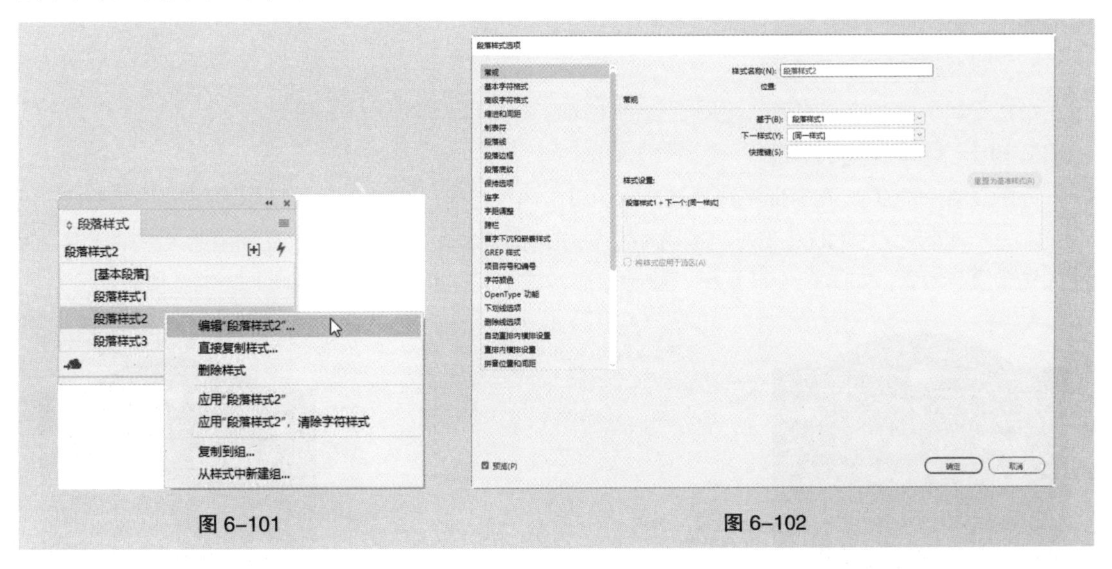

图 6–101　　图 6–102

也可以在“段落样式”面板中，双击要编辑的样式名称，或者在选择要编辑的样式后，单击面板右上方的≡图标，在弹出的菜单中选择“样式选项”命令，弹出“段落样式选项”对话框，设置需要的选项，单击“确定”按钮即可。

字符样式的编辑与段落样式相似，故这里不再赘述。

注意：

单击或双击样式会将该样式应用于当前选定的文本或文本框架，如果没有选定任何文本或文本框架，则会将该样式设置为新框架中输入的任何文本的默认样式。

4．删除样式

在“段落样式”面板中，选取需要删除的段落样式（如“段落样式 3”），如图 6-103 所示。单击面板下方的“删除选定样式 > 组”按钮，或单击右上方的图标，在弹出的菜单中选择“删除样式”命令，如图 6-104 所示。删除选取的段落样式后，面板如图 6-105 所示。

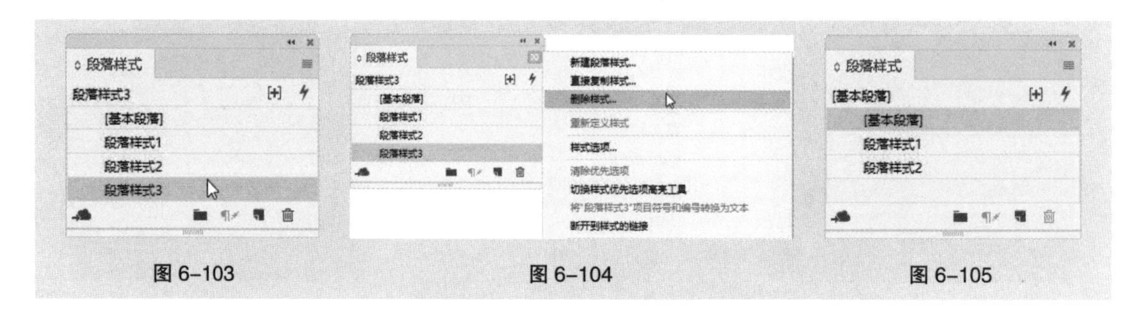

图 6-103　　图 6-104　　图 6-105

在要删除的段落样式上单击鼠标右键，在弹出的快捷菜单中单击“删除样式”命令，也可删除选取的样式。

提示：

要删除所有未使用的样式，在“段落样式”面板中单击右上方的图标，在弹出的菜单中选择“选择所有未使用的”命令，选取所有未使用的样式，单击“删除选定样式 > 组”按钮。当删除未使用的样式时，不会提示替换该样式。

在“字符样式”面板中删除样式的方法与在“段落样式”面板中删除样式的方法相似，故这里不再赘述。

5．清除段落样式优先选项

当将不属于某个样式的格式应用于这种样式的文本时，此格式称为优先选项。当选择含优先选项的文本时，样式名称旁会显示一个加号（+）。

选择文字工具，在有优先选项的文本中单击插入光标，如图 6-106 所示。单击“段落样式”面板中的“清除选区中的优先选项”按钮，或单击面板右上方的图标，在弹出的菜单中选择“清除优先选项”命令，如图 6-107 所示。删除段落样式的优先选项后，效果如图 6-108 所示。

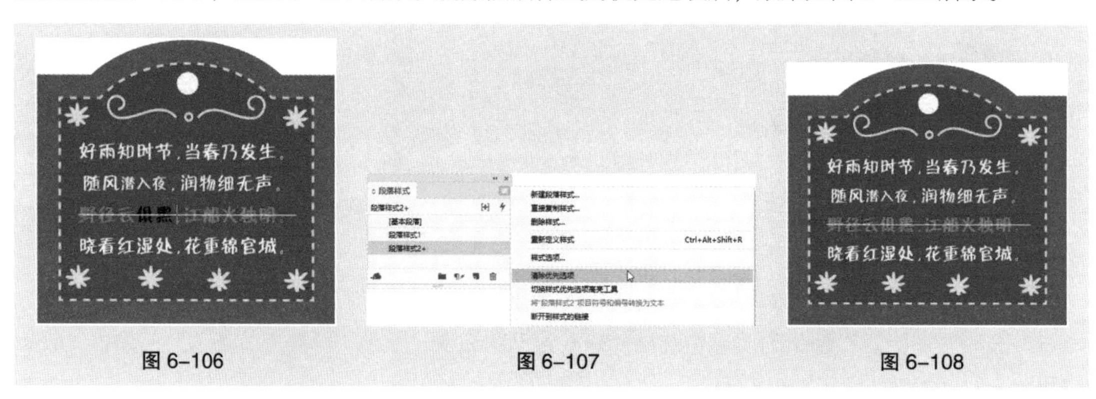

图 6-106　　图 6-107　　图 6-108

6.4 制表符

6.4.1 课堂案例——制作台历

【案例学习目标】学习使用文字工具和“制表符”命令制作风景台历。

【案例知识要点】使用矩形工具、钢笔工具、“路径查找器”面板和“投影”命令绘制台历背景，使用文字工具和“制表符”面板制作台历日期，效果如图 6-109 所示。

【效果所在位置】云盘 > Ch06 > 效果 > 制作台历 .indd。

图 6-109

1. 制作台历背景

（1）打开 InDesign CC 2019，选择“文件 > 新建 > 文档”命令，弹出“新建文档”对话框，设置如图 6-110 所示。单击“边距和分栏”按钮，弹出“新建边距和分栏”对话框，设置如图 6-111 所示。单击“确定”按钮，新建一个页面。选择“视图 > 其他 > 隐藏框架边缘”命令，将所绘制图形的框架边缘隐藏。

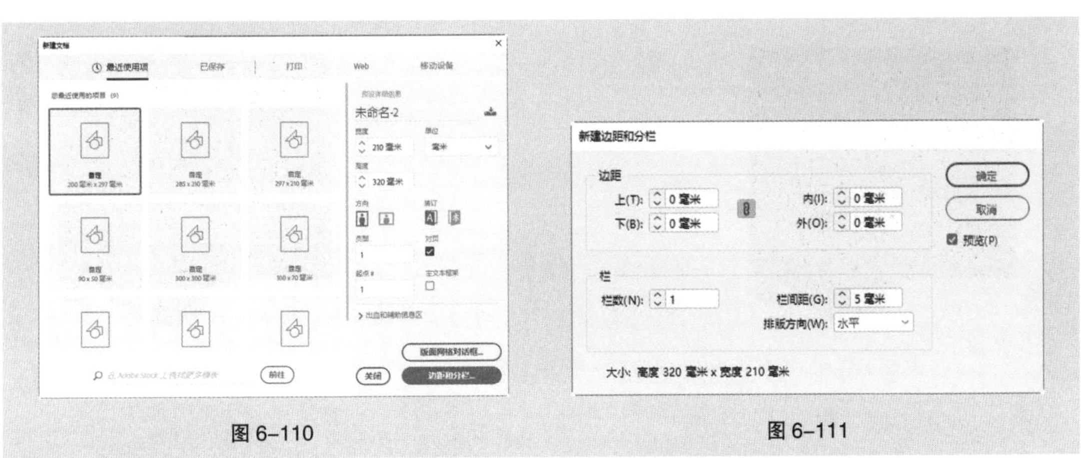

图 6-110　　图 6-111

（2）选择矩形工具，在适当的位置绘制一个矩形。设置填充色的 CMYK 值为 9、0、5、0，填充图形，并设置描边色为无，效果如图 6-112 所示。

（3）选择钢笔工具，在适当的位置绘制闭合路径，设置填充色的 CMYK 值为 65、100、70、50，填充图形，并设置描边色为无，效果如图 6-113 所示。

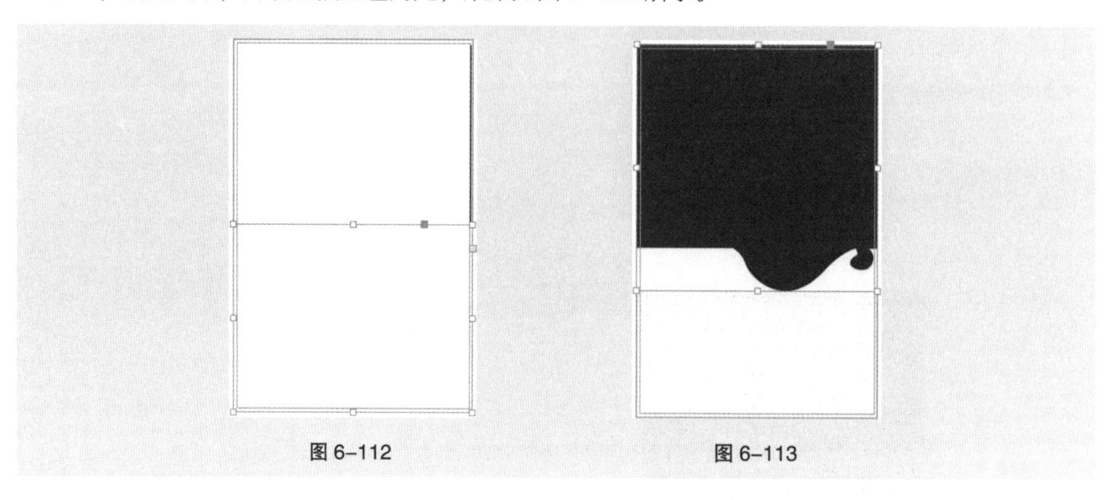

图 6-112　　图 6-113

（4）选择椭圆工具，在按住 Shift 键的同时，在适当的位置绘制一个圆形，填充图形为白色，并设置描边色为无，效果如图 6-114 所示。

（5）选择选择工具，在按住 Alt+Shift 组合键的同时，水平向右拖曳图形到适当的位置，复制图形，效果如图 6-115 所示。连续按 Ctrl+Alt+4 组合键，按需要再复制多个图形，效果如图 6-116 所示。

图 6-114　　图 6-115　　图 6-116

（6）选择选择工具，在按住 Shift 键的同时，将所绘制的图形同时选取，如图 6-117 所示。选择“窗口 > 对象和版面 > 路径查找器”命令，弹出“路径查找器”面板，单击“减去”按钮，如图 6-118 所示，生成新对象，效果如图 6-119 所示。

图 6-117　　图 6-118　　图 6-119

（7）单击“控制”面板中的“向选定的目标添加对象效果”按钮，在弹出的菜单中选择“投影”

命令，弹出“效果”对话框，选项的设置如图 6–120 所示。单击“确定”按钮，效果如图 6–121 所示。

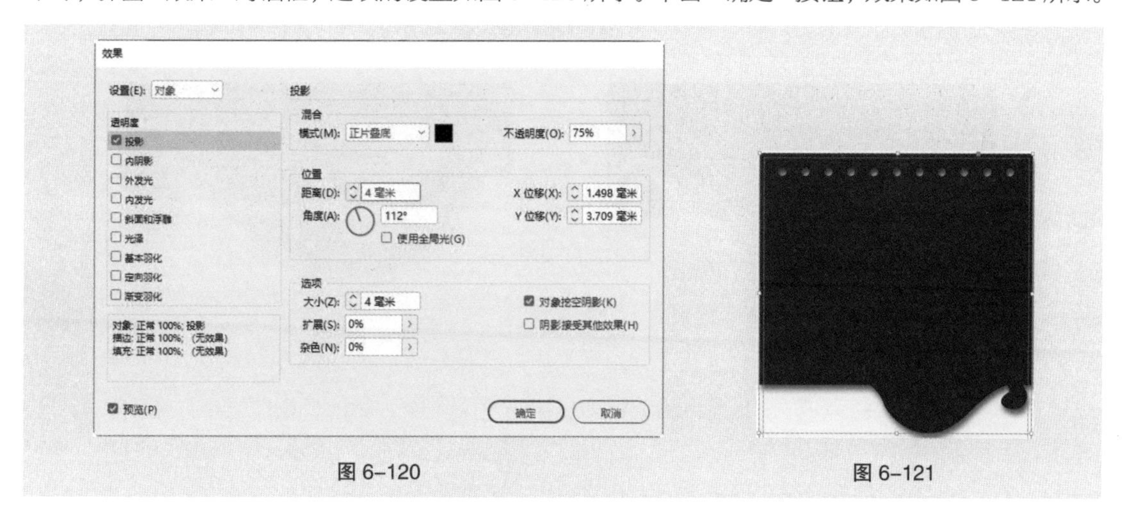

图 6–120　　图 6–121

（8）选择钢笔工具，在适当的位置绘制一条路径，将“控制”面板中的“描边粗细”选项 0.283 点 设置为“6 点”，按 Enter 键，效果如图 6–122 所示。设置描边色的 CMYK 值为 19、31、93、0，填充描边，效果如图 6–123 所示。

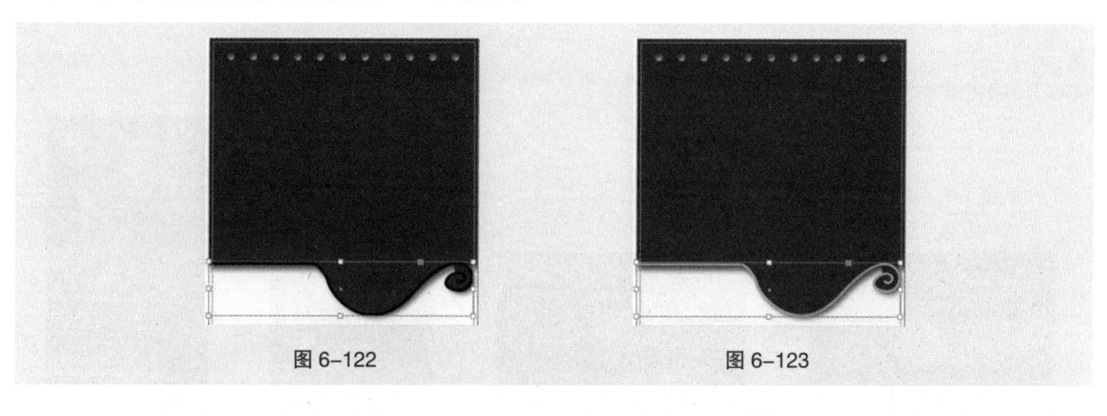

图 6–122　　图 6–123

（9）单击“控制”面板中的“向选定的目标添加对象效果”按钮 fx，在弹出的菜单中选择“投影”命令，弹出“效果”对话框，选项的设置如图 6–124 所示。单击“确定”按钮，效果如图 6–125 所示。

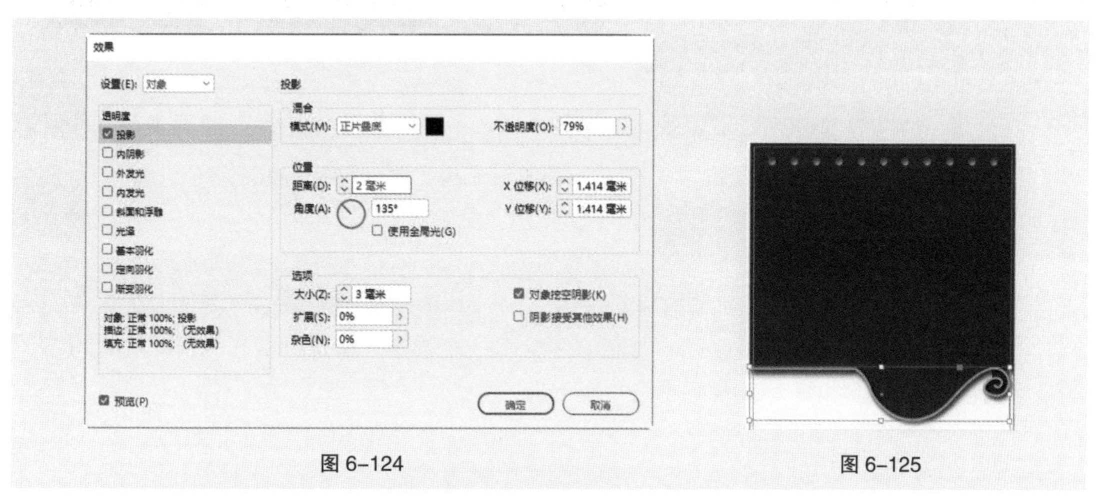

图 6–124　　图 6–125

（10）选择钢笔工具，在适当的位置绘制一个闭合路径，如图 6-126 所示。设置填充色的 CMYK 值为 19、31、93、0，填充图形，并设置描边色为无，效果如图 6-127 所示。

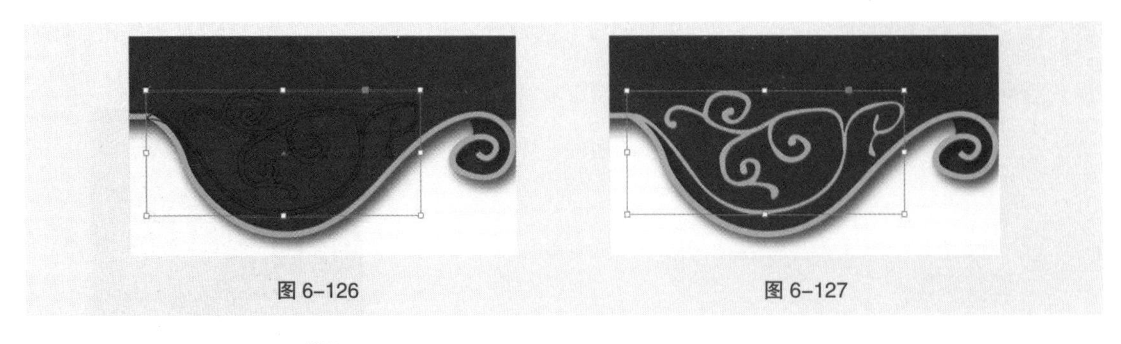

图 6-126　　图 6-127

（11）选择文字工具，在适当的位置拖曳出一个文本框，输入需要的文字并选取文字，在“控制”面板中选择合适的字体和文字大小，效果如图 6-128 所示。设置文字填充色的 CMYK 值为 19、31、93、0，填充文字，取消文字的选取状态，效果如图 6-129 所示。

（12）选择直排文字工具，在适当的位置分别拖曳出文本框，输入需要的文字并选取文字。在“控制”面板中分别选择合适的字体并设置文字大小，效果如图 6-130 所示。

（13）选择选择工具，在按住 Shift 键的同时，将输入的文字同时选取，单击工具箱中的“格式针对文本”按钮，设置文字填充色的 CMYK 值为 19、31、93、0，填充文字，效果如图 6-131 所示。

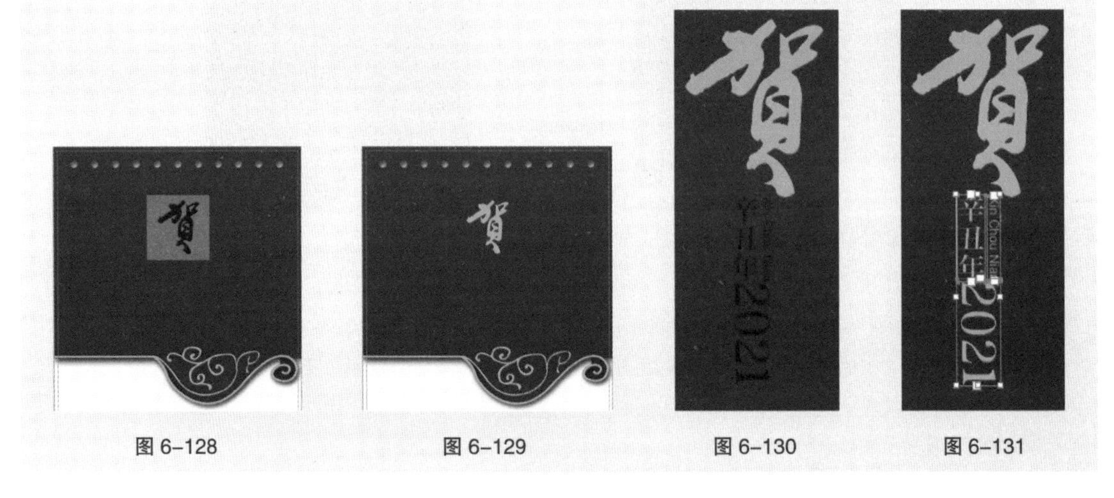

图 6-128　　图 6-129　　图 6-130　　图 6-131

（14）选择文字工具，选取文字“Xin Chou Nian”，如图 6-132 所示。在“控制”面板中将“字符间距”选项设置为“-10”，按 Enter 键，效果如图 6-133 所示。

（15）选择椭圆工具，在按住 Shift 键的同时，在适当的位置绘制一个圆形，设置填充色的 CMYK 值为 19、31、93、0，填充图形，并设置描边色为无，效果如图 6-134 所示。

（16）选择文字工具，在适当的位置拖曳出一个文本框，输入需要的文字并选取文字，在“控制”面板中选择合适的字体和文字大小。设置文字填充色的 CMYK 值为 65、100、70、50，填充文字，效果如图 6-135 所示。

图 6-132

图 6-133

图 6-134

图 6-135

2. 添加台历日期

（1）选择矩形工具，在适当的位置绘制一个矩形。设置填充色的 CMYK 值为 65、100、70、50，填充图形，并设置描边色为无，效果如图 6-136 所示。

（2）选择文字工具 T，在页面中分别拖曳出文本框，输入需要的文字并选取文字。在“控制”面板中分别选择合适的字体和文字大小，效果如图 6-137 所示。

图 6-136　　图 6-137

（3）选择文字工具 T，在页面外空白处拖曳出一个文本框，输入需要的文字。将输入的文字选取，在“控制”面板中选择合适的字体并设置文字大小，效果如图 6-138 所示。在“控制”面板中将“行距”选项 (14.4 点) 设置为“37 点”，按 Enter 键，效果如图 6-139 所示。

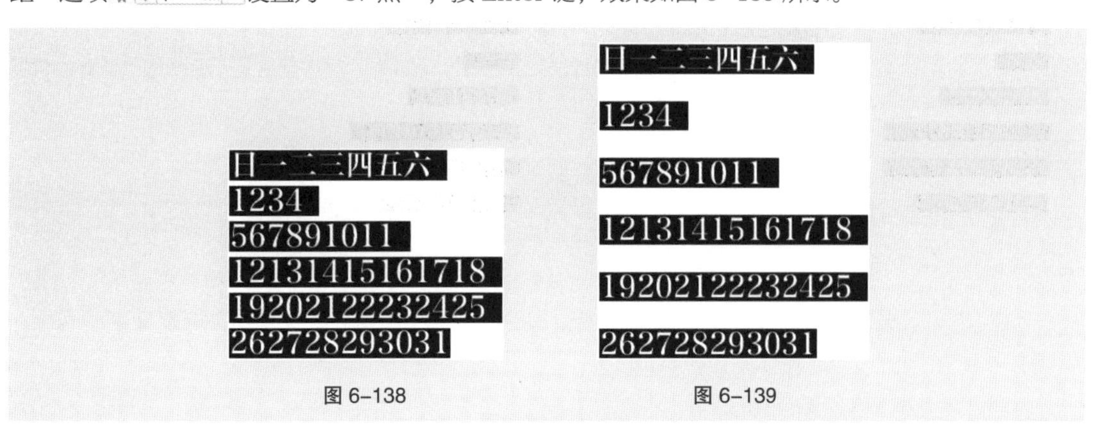

图 6-138　　图 6-139

（4）选择文字工具 T，选取文字“日”，如图 6-140 所示。设置文字填充色的 CMYK 值为 0、0、0、59，填充文字，取消文字的选取状态，效果如图 6-141 所示。使用相同的方法选取其他文字并填充相应的颜色，效果如图 6-142 所示。

图 6-140　　图 6-141　　图 6-142

（5）选择文字工具 T，将输入的文字同时选取，如图 6-143 所示。选择“文字 > 制表符”命令，弹出“制表符”面板，如图 6-144 所示。单击“居中对齐制表符”按钮 ↓，并在标尺上单击添加制表符，在“X”文本框中输入“21 毫米”，如图 6-145 所示。单击面板右上方的 ≡ 图标，在弹出的菜单中选择“重复制表符”命令，“制表符”面板如图 6-146 所示。

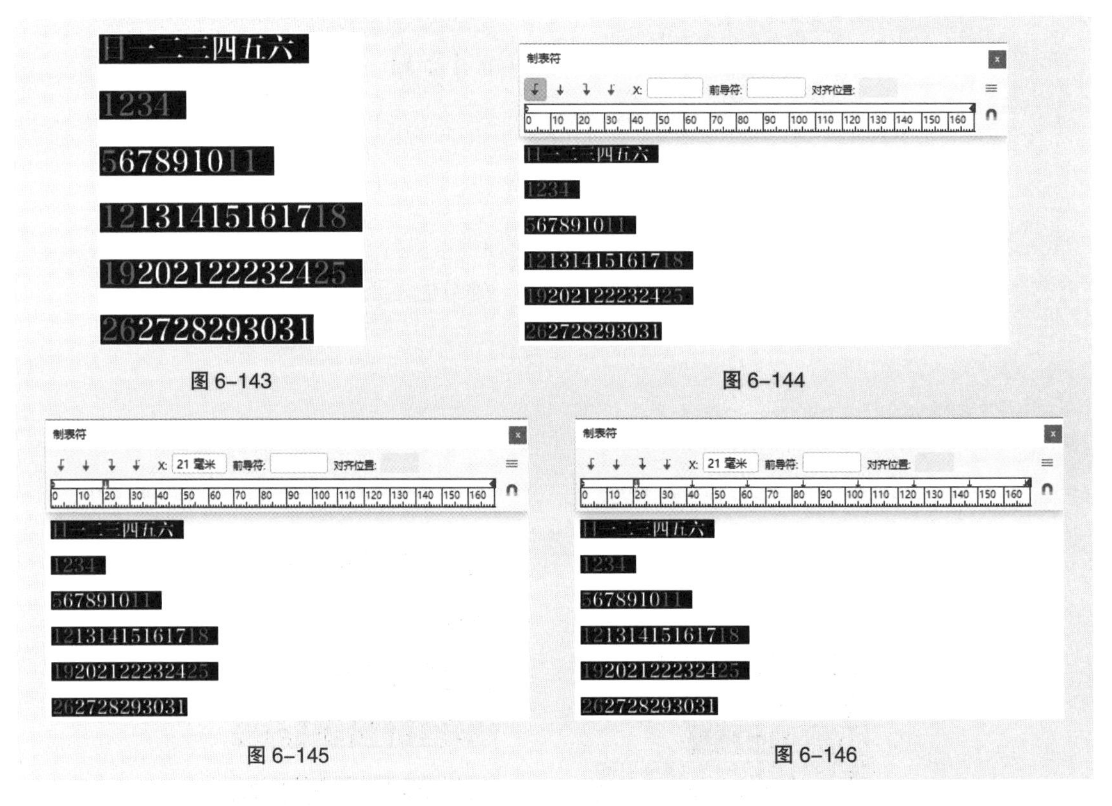

图 6-143　　图 6-144

图 6-145　　图 6-146

（6）在适当的位置单击鼠标左键插入光标，如图 6-147 所示。按 Tab 键，调整文字的间距，如图 6-148 所示。

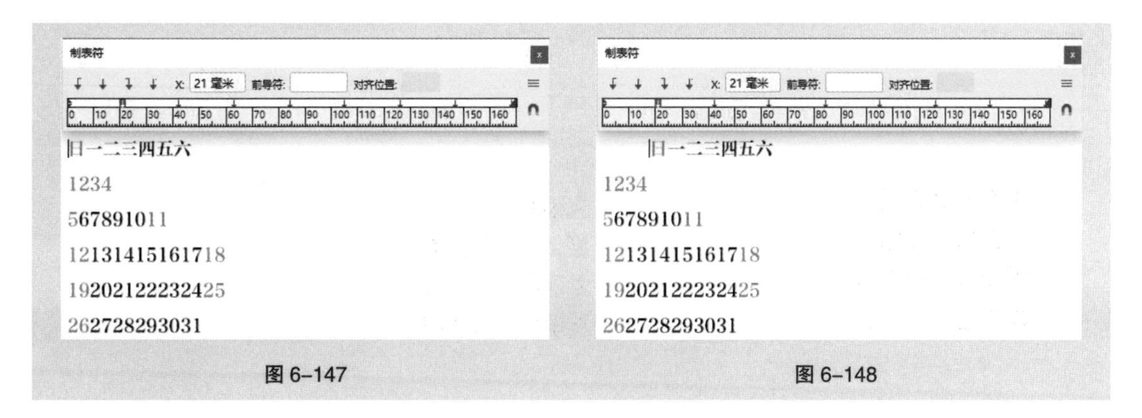

图 6-147　　图 6-148

（7）在文字“日”后面插入光标，按 Tab 键，再次调整文字的间距，如图 6-149 所示。用相同的方法分别在适当的位置插入光标，按 Tab 键，调整文字的间距，效果如图 6-150 所示。

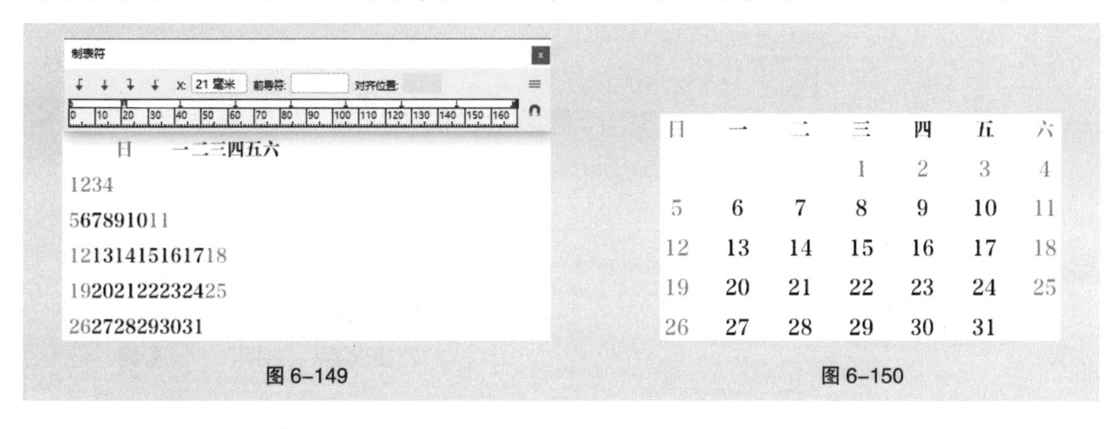

图 6-149　　图 6-150

（8）选择选择工具，选取日期文本框，并将其拖曳到页面中适当的位置，效果如图 6-151 所示。在空白页面处单击，取消选取状态，台历制作完成，效果如图 6-152 所示。

图 6-151　　图 6-152

6.4.2 创建制表符

选择文字工具 T，选取需要的文本框，如图 6-153 所示。选择“文字 > 制表符”命令，或按

Shift+Ctrl+T 组合键，弹出“制表符”面板，如图 6-154 所示。

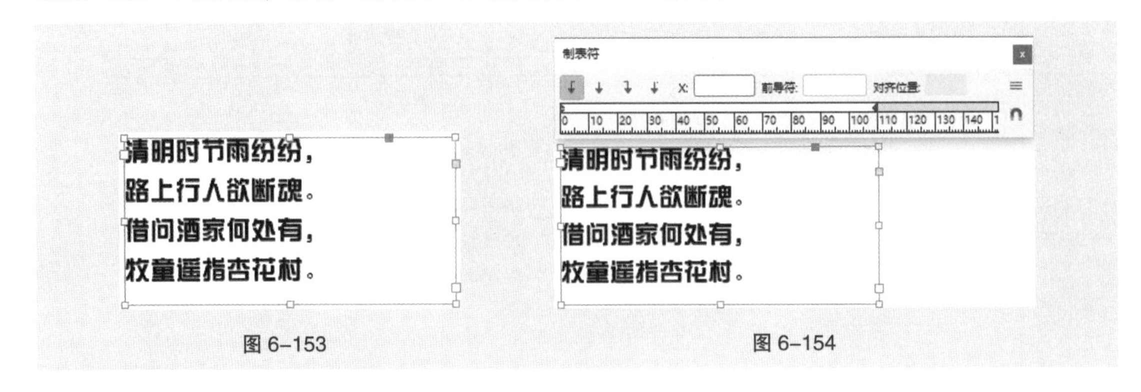

图 6-153　　图 6-154

1. 设置制表符

在标尺上多次单击，设置制表符，如图 6-155 所示。在段落文本中需要添加制表符的位置单击，插入光标，按 Tab 键，调整文本的位置，效果如图 6-156 所示。

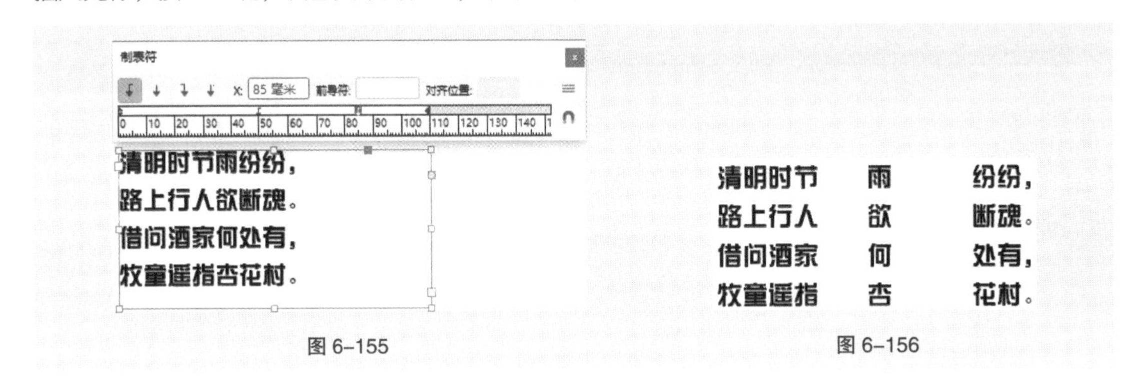

图 6-155　　图 6-156

2. 添加前导符

将所有文字同时选取，在标尺上单击选取一个已有的制表符，如图 6-157 所示。在对话框上方的“前导符”文本框中输入需要的字符，按 Enter 键确认操作，效果如图 6-158 所示。

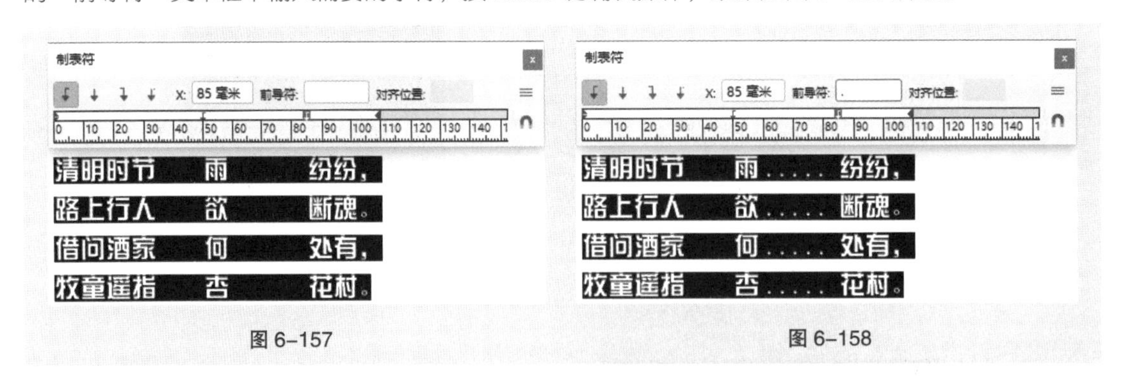

图 6-157　　图 6-158

3. 更改制表符的对齐方式

在标尺上单击选取一个已有的制表符，如图 6-159 所示。单击标尺上方的制表符对齐按钮（这里单击“右对齐制表符”按钮 ），更改制表符的对齐方式，效果如图 6-160 所示。

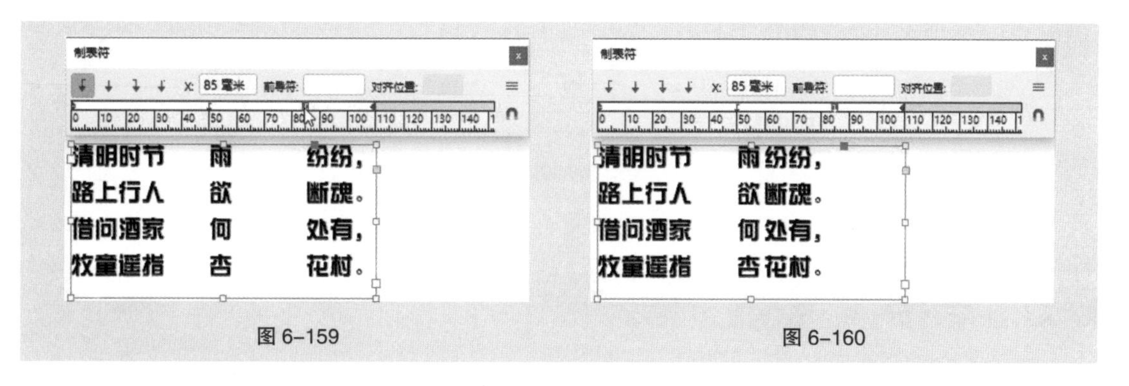

图 6-159　　图 6-160

4. 移动制表符的位置

在标尺上单击选取一个已有的制表符，如图 6-161 所示。在标尺上直接将其拖曳到新位置或在“X”文本框中输入需要的数值，移动制表符的位置，效果如图 6-162 所示。

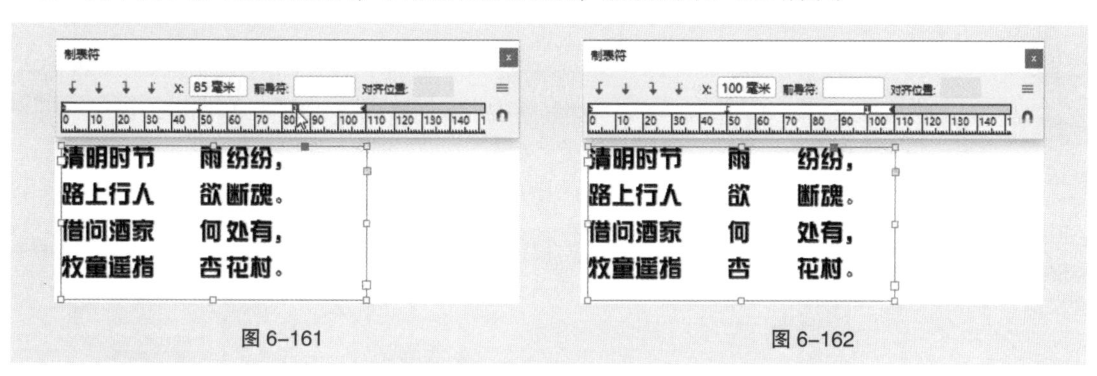

图 6-161　　图 6-162

5. 重复制表符

在标尺上单击选取一个已有的制表符，如图 6-163 所示。单击右上方的≡按钮，在弹出的菜单中选择“重复制表符”命令，在标尺上重复当前的制表符设置，效果如图 6-164 所示。

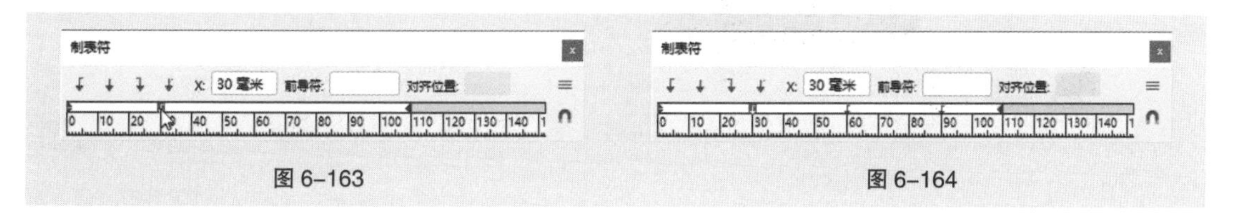

图 6-163　　图 6-164

6. 删除定位符

在标尺上单击选取一个已有的制表符，如图 6-165 所示。直接拖离标尺或单击右上方的≡按钮，在弹出的菜单中选择“删除制表符”命令，删除选取的制表符，如图 6-166 所示。

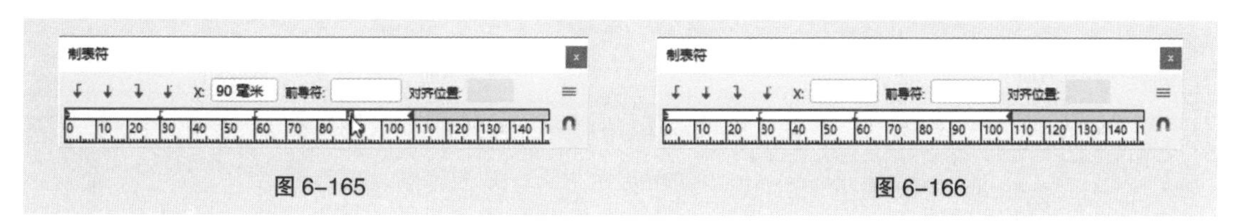

图 6-165　　图 6-166

单击对话框右上方的≡按钮，在弹出的菜单中选择“清除全部”命令，恢复为默认的制表符，效果如图 6-167 所示。

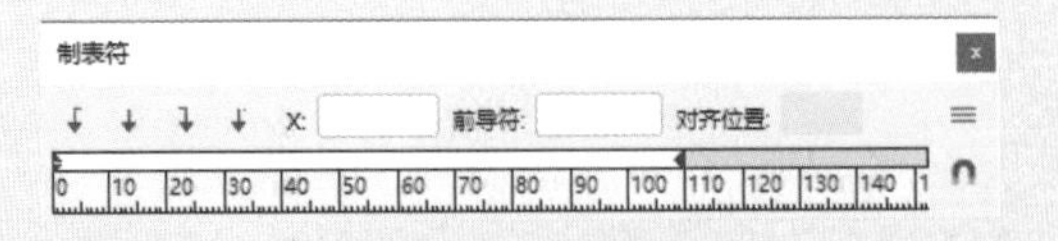

图 6–167

6.5 表格

表格是由单元格的行和列组成的。单元格类似于文本框架，可在其中添加文本、随文图。下面介绍表格的创建和使用方法。

6.5.1 课堂案例——制作汽车广告

【案例学习目标】学习使用文字工具和表格制作汽车广告。

【案例知识要点】使用文字工具、“切变”命令添加广告语，使用“置入”命令、矩形工具和“贴入内部”命令制作图片剪切效果，使用“插入表”命令插入表格并添加文字，使用“合并单元格”命令合并选取的单元格，效果如图 6-168 所示。

【效果所在位置】云盘 > Ch06 > 效果 > 制作汽车广告 .indd。

图 6–168

1．添加并编辑标题文字

（1）打开 InDesign CC 2019，选择“文件 > 新建 > 文档”命令，弹出“新建文档”对话框，设置如图 6–169 所示。单击“边距和分栏”按钮，弹出“新建边距和分栏”对话框，设置如图 6–170 所示，单击“确定”按钮，新建一个页面。选择“视图 > 其他 > 隐藏框架边缘”命令，将所绘制图形的框架边缘隐藏。

（2）选择矩形工具，在页面中拖曳鼠标绘制一个与页面大小相等的矩形，设置填充色的 CMYK 值为 0、0、0、16，填充图形，并设置描边色为无，效果如图 6–171 所示。

（3）选择“文件 > 置入”命令，弹出“置入”对话框。选择云盘中的“Ch06 > 素材 > 制作汽车广告 > 01”文件，单击“打开”按钮，在页面空白处单击鼠标左键置入图片。选择自由变换工具，将图片拖曳到适当的位置并调整其大小，效果如图 6–172 所示。

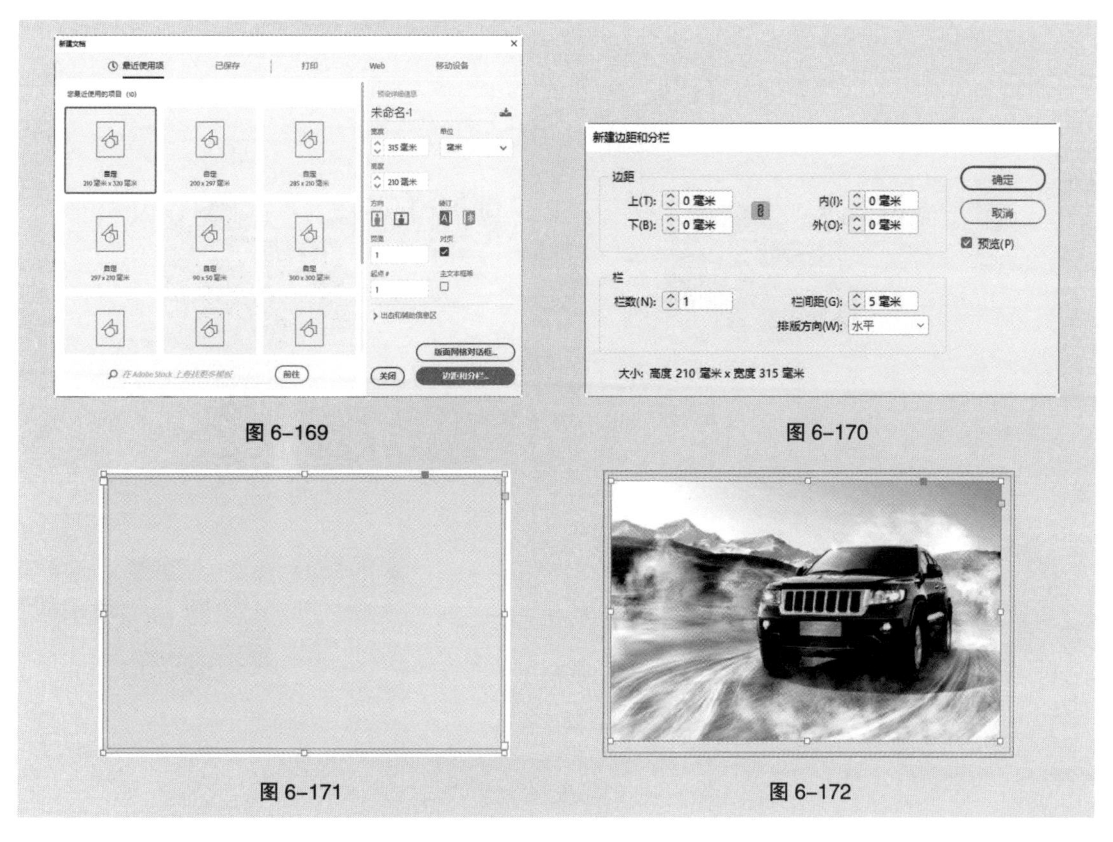

图 6-169　　图 6-170

图 6-171　　图 6-172

（4）选择选择工具▶，在按住 Shift 键的同时，将矩形和图片同时选取。按 Shift+F7 组合键，弹出“对齐”面板，单击“水平居中对齐”按钮，如图 6-173 所示，对齐效果如图 6-174 所示。

图 6-173　　图 6-174

（5）按 Ctrl+O 组合键，打开云盘中的“Ch06 > 素材 > 制作汽车广告 > 02”文件，按 Ctrl+A 组合键，将其全选。按 Ctrl+C 组合键，复制选取的图像。返回到正在编辑的页面，按 Ctrl+V 组合键，将其粘贴到页面中，选择选择工具▶，拖曳复制的图形到适当的位置，效果如图 6-175 所示。

（6）选择文字工具T，在页面中分别拖曳出文本框，输入需要的文字并选取文字。在“控制”面板中选择合适的字体和文字大小，效果如图 6-176 所示。

（7）选择选择工具▶，在按住 Shift 键的同时，将输入的文字同时选取。单击工具箱中的“格式针对文本”按钮T，设置文字填充色的 CMYK 值为 0、100、100、37，填充文字，效果如图 6-177 所示。

（8）选择“对象 > 变换 > 切变”命令，弹出“切变”对话框，选项的设置如图 6-178 所示。单击“确定”按钮，效果如图 6-179 所示。

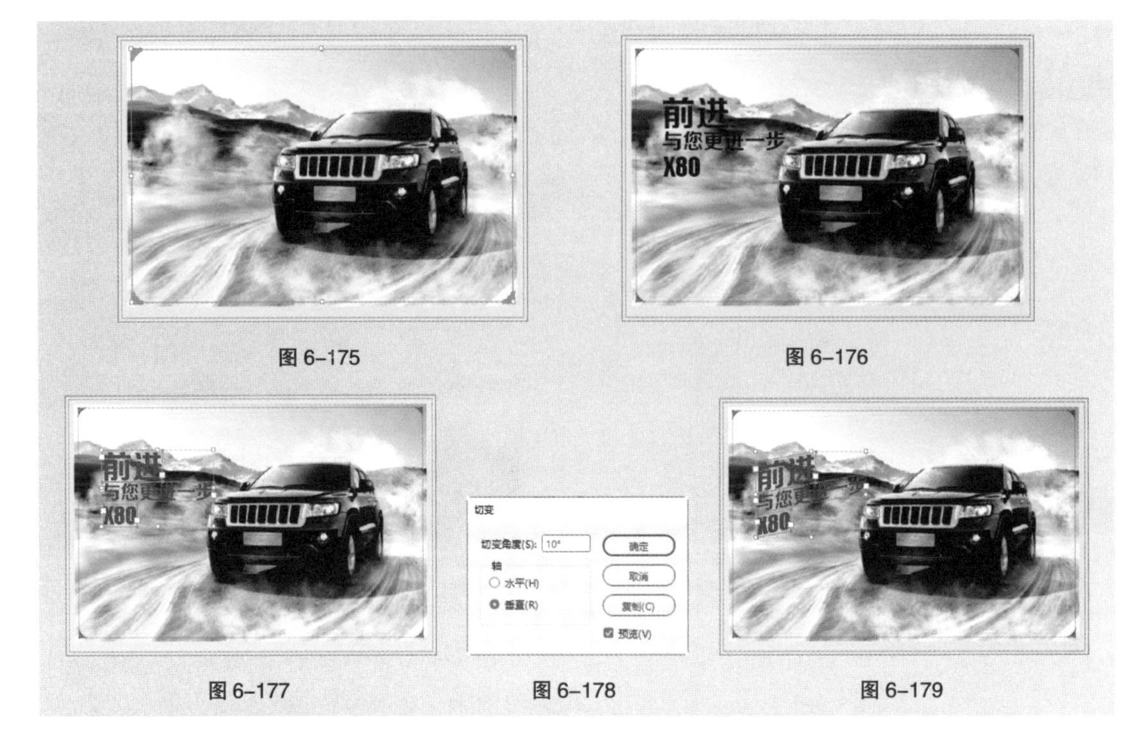

图 6-175　图 6-176

图 6-177　图 6-178　图 6-179

2. 置入并编辑图片

（1）选择矩形工具，在按住 Shift 键的同时，在适当的位置绘制一个矩形。设置填充色为黑色，填充图形，并设置描边色的 CMYK 值为 0、0、10、0，填充描边。在“控制”面板中将“描边粗细”选项 0.283 点 设置为“5 点”，按 Enter 键，效果如图 6-180 所示。

（2）选择“文件 > 置入”命令，弹出“置入”对话框，选择云盘中的“Ch06 > 素材 > 制作汽车广告 > 03”文件，单击“打开”按钮，在页面空白处单击鼠标左键置入图片。选择自由变换工具，将图片拖曳到适当的位置并调整其大小，效果如图 6-181 所示。

图 6-180　图 6-181

（3）保持图片的选取状态，按 Ctrl+X 组合键，剪切图片。选择选择工具，选择下方矩形，如图 6-182 所示，选择“编辑 > 贴入内部”命令，将图片贴入矩形的内部，效果如图 6-183 所示。使用相同的方法置入“04”“05”图片制作出图 6-184 所示的效果。

（4）选择文字工具 T，在适当的位置拖曳出一个文本框，输入需要的文字并选取文字，在“控制”面板中选择合适的字体并设置文字大小，效果如图 6-185 所示。在“控制”面板中将“行距”选项 (14.4 点 设置为“18 点”，按 Enter 键，效果如图 6-186 所示。

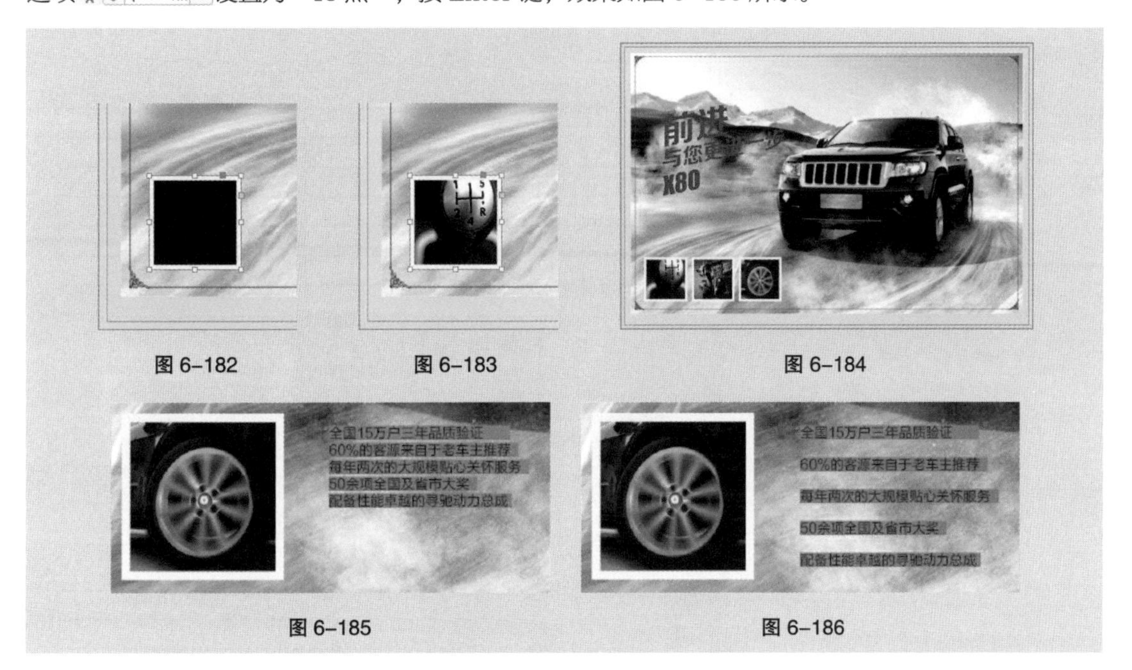

图 6-182　图 6-183　图 6-184

图 6-185　图 6-186

（5）保持文字的选取状态。在按住 Alt 键的同时，单击“控制”面板中的“项目符号列表”按钮，在弹出的对话框中将“列表类型”设为项目符号。单击“添加”按钮，在弹出的“添加项目符号”对话框中选择需要的符号，如图 6-187 所示。单击“确定”按钮，回到“项目符号和编号”对话框中，设置如图 6-188 所示。单击“确定”按钮，效果如图 6-189 所示。

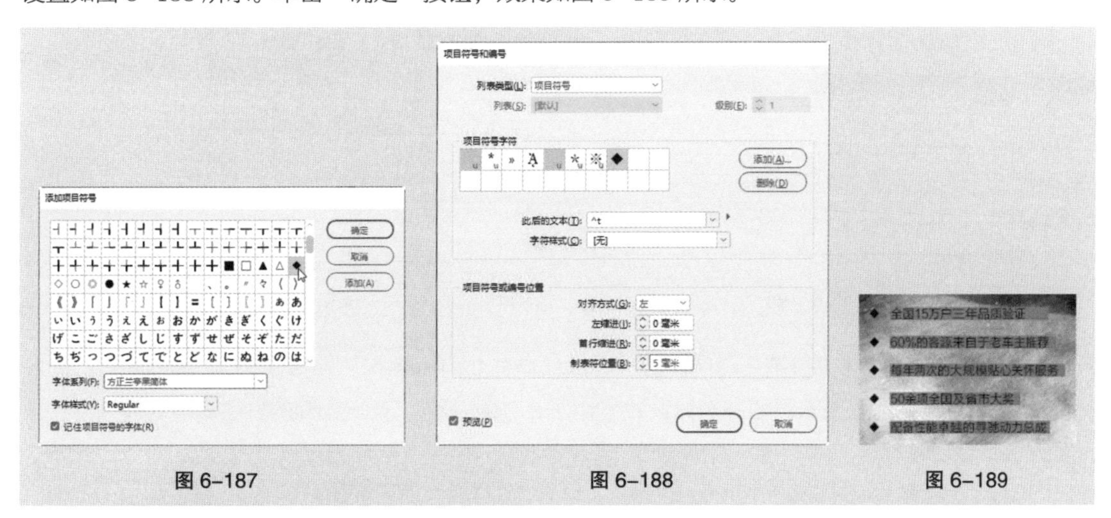

图 6-187　图 6-188　图 6-189

3．绘制并编辑表格

（1）选择文字工具 T，在页面外拖曳出一个文本框。选择“表 > 插入表”命令，在弹出的对话框中进行设置，如图 6-190 所示。单击“确定”按钮，效果如图 6-191 所示。

（2）将鼠标指针移至表的左上角，当鼠标指针变为箭头形状↘时，单击鼠标左键选取整个表。选择“表 > 单元格选项 > 描边和填色”命令，弹出“单元格选项”对话框，选项的设置如图 6-192 所示。单击“确定”按钮，效果如图 6-193 所示。

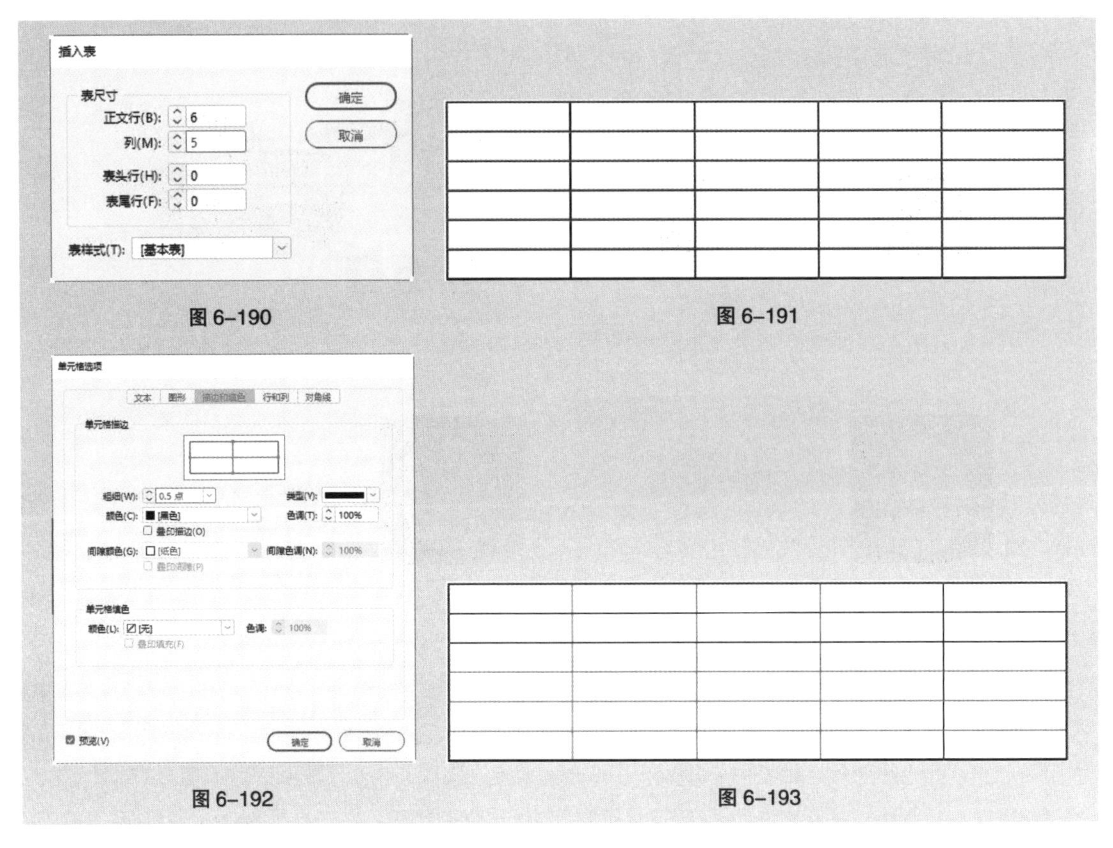

图 6-190

图 6-191

图 6-192

图 6-193

（3）将鼠标指针移到表第一行的下边缘，鼠标指针变为↕图标，按住鼠标左键向下拖曳鼠标，如图 6-194 所示。松开鼠标，效果如图 6-195 所示。

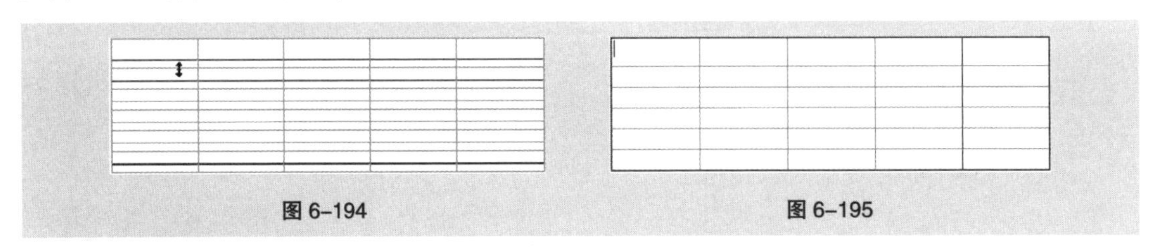

图 6-194

图 6-195

（4）将鼠标指针移到表第一列的右边缘，鼠标指针变为↔图标。在按住 Shift 键的同时，向左拖曳鼠标，如图 6-196 所示。松开鼠标，效果如图 6-197 所示。使用相同的方法调整其他列线，效果如图 6-198 所示。

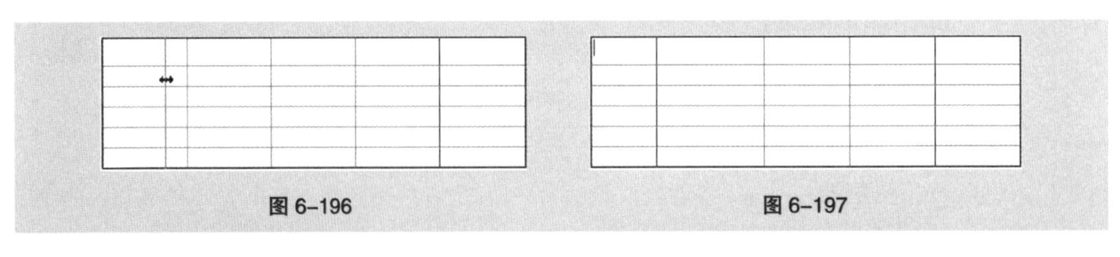

图 6-196

图 6-197

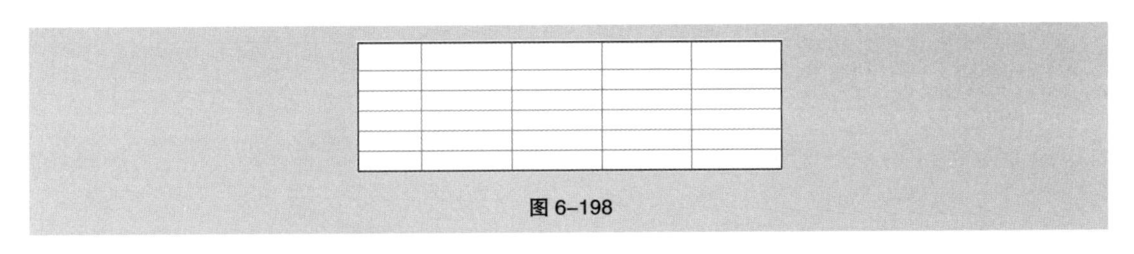

图 6-198

（5）将鼠标指针移到表最后一行的左边缘，当鼠标指针变为➡图标时，单击鼠标左键，最后一行被选中，如图 6-199 所示。选择“表 > 合并单元格”命令，将选取的表格合并，效果如图 6-200 所示。

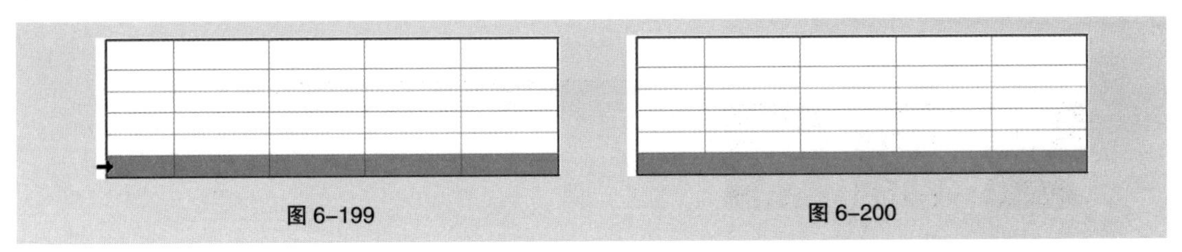

图 6-199　　图 6-200

（6）选择“表 > 表选项 > 交替填色”命令，弹出“表选项”对话框，单击“交替模式”选项右侧的⌄按钮，在下拉列表中选择“每隔一行”选项。单击“颜色”选项右侧的⌄按钮，在弹出的色板中选择需要的色板，其他选项的设置如图 6-201 所示。单击“确定”按钮，效果如图 6-202 所示。

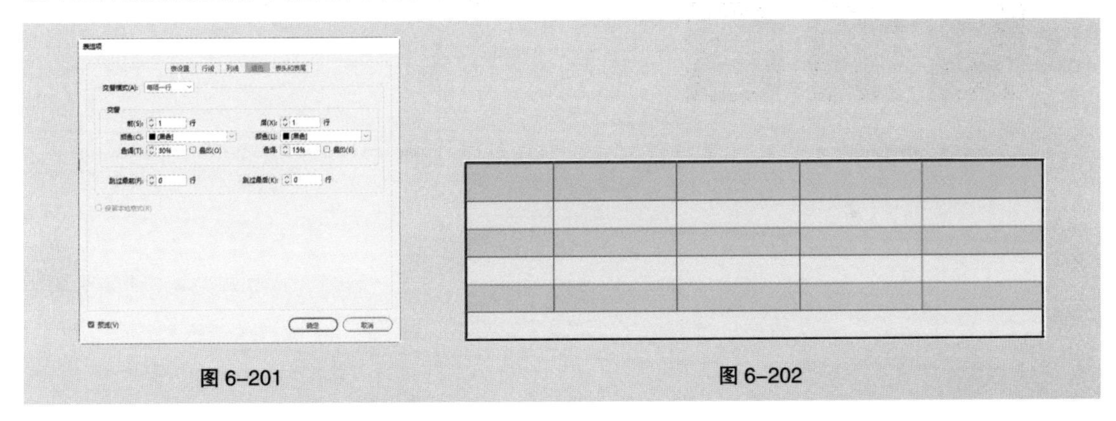

图 6-201　　图 6-202

（7）选择文字工具 T，在表格中输入需要的文字。将输入的文字选取，在“控制”面板中选择合适的字体并设置文字大小，效果如图 6-203 所示。

车型名称	乐风 TC 2012 款 1.8TSI 尊贵型	乐风 TC 2012 款 1.8TSI 豪华型	乐风 TC 2012 款 2.0TSI 尊贵型	乐风 TC 2012 款 2.0TSI 豪华型
发动机	1.8T 160 马力 L4	1.8T 160 马力 L4	2.0T 200 马力 L4	2.0T 200 马力 L4
变速箱	7 挡双离合	7 挡双离合	6 挡双离合	6 挡双离合
车身结构	4 门 5 座三厢车	4 门 5 座三厢车	4 门 5 座三厢车	4 门 5 座三厢车
进气形式	涡轮增压	涡轮增压	涡轮增压	涡轮增压
4799*1855*1417				

图 6-203

（8）将鼠标指针移至表的左上方，当鼠标指针变为箭头形状↘时，单击鼠标左键选取整个表，如图 6-204 所示。在“控制”面板中，单击“居中对齐”按钮☰和“居中对齐”按钮▦，文字效果如图 6-205 所示。

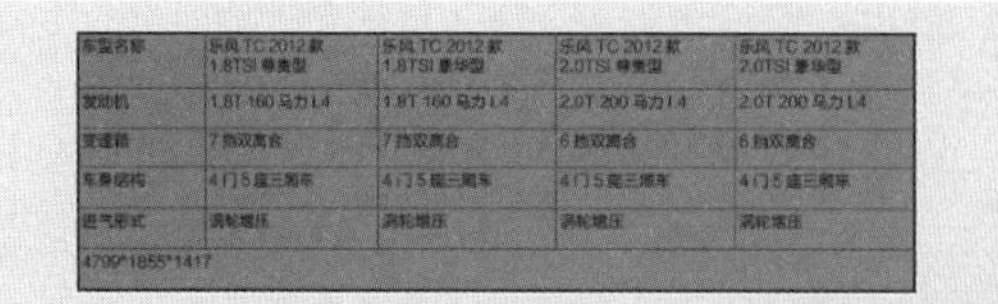

车型名称	乐风 TC 2012款 1.8TSI 尊贵型	乐风 TC 2012款 1.8TSI 豪华型	乐风 TC 2012款 2.0TSI 尊贵型	乐风 TC 2012款 2.0TSI 豪华型
发动机	1.8T 160马力 L4	1.8T 160马力 L4	2.0T 200马力 L4	2.0T 200马力 L4
变速箱	7挡双离合	7挡双离合	6挡双离合	6挡双离合
车身结构	4门5座三厢车	4门5座三厢车	4门5座三厢车	4门5座三厢车
进气形式	涡轮增压	涡轮增压	涡轮增压	涡轮增压
4799*1855*1417				

图 6-204

车型名称	乐风 TC 2012款 1.8TSI 尊贵型	乐风 TC 2012款 1.8TSI 豪华型	乐风 TC 2012款 2.0TSI 尊贵型	乐风 TC 2012款 2.0TSI 豪华型
发动机	1.8T 160马力 L4	1.8T 160马力 L4	2.0T 200马力 L4	2.0T 200马力 L4
变速箱	7挡双离合	7挡双离合	6挡双离合	6挡双离合
车身结构	4门5座三厢车	4门5座三厢车	4门5座三厢车	4门5座三厢车
进气形式	涡轮增压	涡轮增压	涡轮增压	涡轮增压
4799*1855*1417				

图 6-205

（9）选择选择工具▶，选取表格，将其拖曳到页面中适当的位置，如图 6-206 所示。选择文字工具T，在适当的位置拖曳出一个文本框，输入需要的文字并选取文字，在“控制”面板中选择合适的字体和文字大小。将“字符间距”选项 0 设为“160”，按 Enter 键，效果如图 6-207 所示。

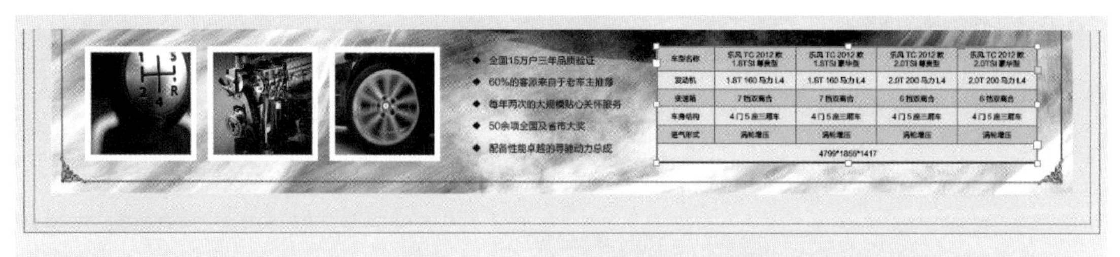

图 6-206

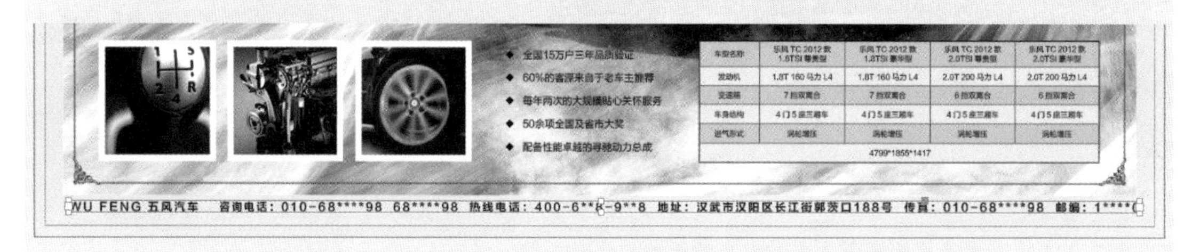

图 6-207

（10）选择文字工具T，选取英文文字“WU FENG”，在“控制”面板中选择合适的字体和文字大小，效果如图 6-208 所示。选取文字“WU FENG 五风汽车”，设置文字填充色的 CMYK 值为 0、100、100、37，填充文字，效果如图 6-209 所示。在页面空白处单击，取消文字的选取状态，汽车广告制作完成，效果如图 6-210 所示。

图 6-208　　图 6-209　　图 6-210

6.5.2 表的创建

1. 创建表

选择文字工具 T ，在需要的位置拖曳出文本框或在要创建表的文本框中单击插入光标，如图 6–211 所示。选择“表 > 插入表”命令，或按 Ctrl+Shift+Alt+T 组合键，弹出“插入表”对话框，设置需要的数值，如图 6–212 所示。单击“确定”按钮，效果如图 6–213 所示。

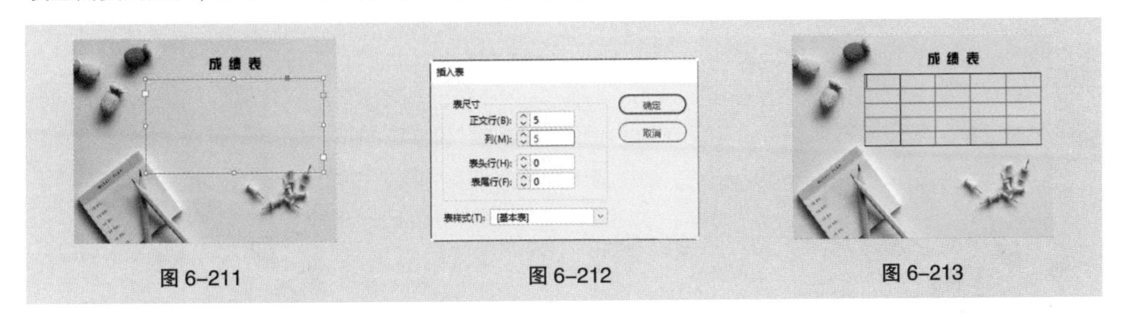

图 6–211　　图 6–212　　图 6–213

“插入表”对话框中常用选项的功能如下。

- “正文行”“列”数值框：用于指定正文行中的水平单元格数及列中的垂直单元格数。
- “表头行”“表尾行”数值框：若表内容跨多个列或多个框架，这两个数值框用于指定要在其中重复信息的表头行或表尾行的数量。

2. 在表中添加文本和图形

选择文字工具 T ，在单元格中单击插入光标，输入需要的文本。在需要的单元格中单击插入光标，如图 6–214 所示。选择“文件 > 置入”命令，弹出“置入”对话框。选取需要的图形，单击“打开”按钮，置入需要的图形，效果如图 6–215 所示。

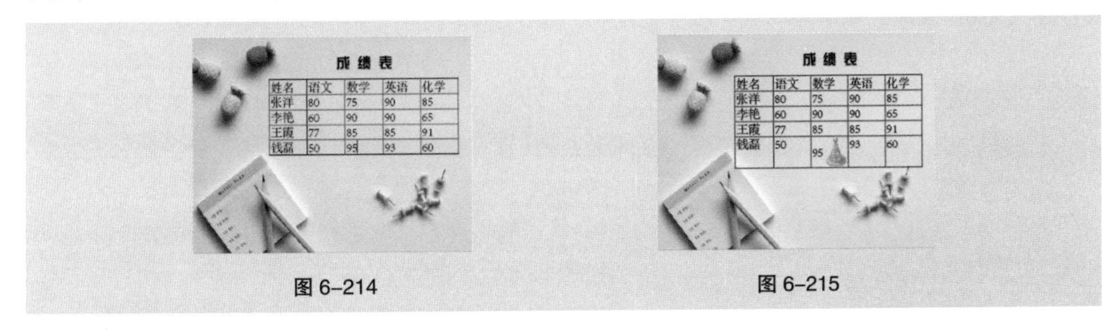

图 6–214　　图 6–215

选择选择工具 ▶ ，选取需要的图形，如图 6–216 所示。按 Ctrl+X 组合键（或按 Ctrl+C 组合键），剪切（或复制）需要的图形。选择文字工具 T ，在单元格中单击插入光标，如图 6–217 所示。按 Ctrl+V 组合键，将图形贴入表中，效果如图 6–218 所示。

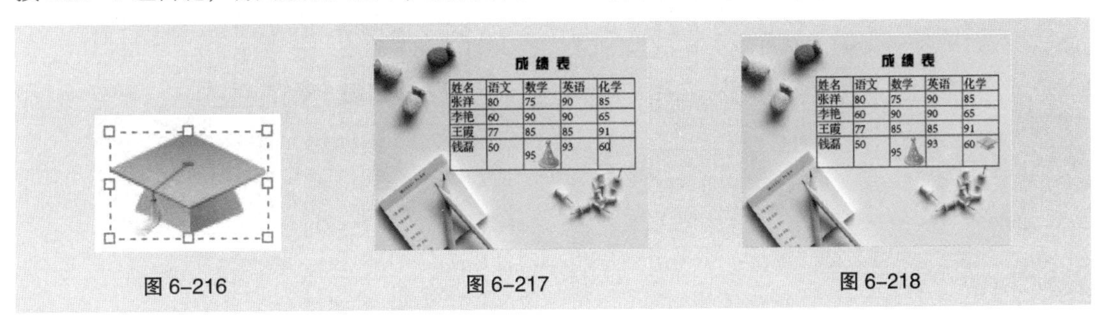

图 6–216　　图 6–217　　图 6–218

3．在表中移动光标

按 Tab 键光标可以后移一个单元格。若在最后一个单元格中按 Tab 键，则会新建一行。

按 Shift+Tab 组合键光标可以前移一个单元格。如果在第一个单元格中按 Shift+Tab 组合键，光标将移至最后一个单元格。

如果在光标位于直排表中某行的最后一个单元格的末尾时按向下方向键，则光标会移至同一行中第一个单元格的起始位置。同样，如果在光标位于直排表中某列的最后一个单元格的末尾时按向左方向键，则光标会移至同一列中第一个单元格的起始位置。

选择文字工具 T，在表中单击插入光标，如图 6-219 所示。选择“表 > 转至行”命令，弹出“转至行”对话框，指定要转到的行，如图 6-220 所示。单击“确定”按钮，效果如图 6-221 所示。

若当前表中定义了表头行或表尾行，则在菜单中选择“表头”或“表尾”，单击“确定”按钮即可。

图 6-219　　图 6-220　　图 6-221

6.5.3　选择并编辑表

1．选择表单元格、行和列或整个表

◎ 选择单元格

选择文字工具 T，在要选取的单元格内单击，或选取单元格中的文本，选择“表 > 选择 > 单元格”命令，选取单元格。

选择文字工具 T，拖动鼠标选取需要的单元格。注意不要拖动行线或列线，否则会改变表的大小。

◎ 选择整行或整列

选择文字工具 T，在要选取的单元格内单击，或选取单元格中的文本，选择“表 > 选择 > 行 > 列”命令，选取整行或整列。

选择文字工具 T，将鼠标指针移至表中需要选取的列的上边缘，当指针变为箭头形状↓时，如图 6-222 所示，单击鼠标左键，选取整列，如图 6-223 所示。

姓名	语文	历史	政治
张三	90	85	99
李四	70	90	95
王五	67	89	79

图 6-222

姓名	语文	历史	政治
张三	90	85	99
李四	70	90	95
王五	67	89	79

图 6-223

选择文字工具 T，将鼠标指针移至表中行的左边缘，当指针变为箭头形状➡时，如图 6-224 所示，单击鼠标左键，选取整行，如图 6-225 所示。

姓名	语文	历史	政治
张三	90	85	99
李四	70	90	95
王五	67	89	79

图 6-224

姓名	语文	历史	政治
张三	90	85	99
李四	70	90	95
王五	67	89	79

图 6-225

◎ 选择整个表

选择文字工具 T，直接选取单元格中的文本或在要选取的单元格内单击，插入光标，选择“表 > 选择 > 表”命令，或按 Ctrl+Alt+A 组合键，选取整个表。

选择文字工具 T，将鼠标指针移至表的左上方，当指针变为箭头形状↘时，如图 6-226 所示，单击鼠标左键，选取整个表，如图 6-227 所示。

姓名	语文	历史	政治
张三	90	85	99
李四	70	90	95
王五	67	89	79

图 6-226

姓名	语文	历史	政治
张三	90	85	99
李四	70	90	95
王五	67	89	79

图 6-227

2. 插入行和列

◎ 插入行

选择“文字”工具 T，在要插入行的前一行或后一行中的任一单元格中单击，插入光标，如图 6-228 所示。选择“表 > 插入 > 行”命令，或按 Ctrl+9 组合键，弹出“插入行”对话框，设置需要的数值，如图 6-229 所示。单击“确定”按钮，效果如图 6-230 所示。

姓名	语文	历史	政治
张三	90	85	99
李四	70	90	95
王五	67	89	79

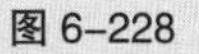

图 6-228

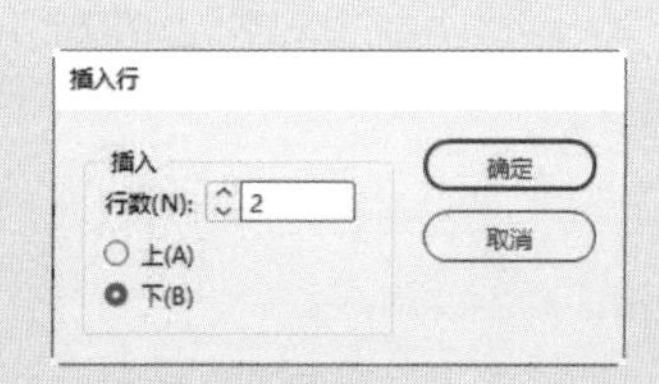

图 6-229

姓名	语文	历史	政治
张三	90	85	99
李四	70	90	95
王五	67	89	79

图 6-230

“行数”数值框：用于指定新行应该显示在当前行的上方还是下方。

选择文字工具 T，在表中的最后一个单元格中单击插入光标，如图 6-231 所示。按 Tab 键，可插入一行，效果如图 6-232 所示。

姓名	语文	历史	政治
张三	90	85	99
李四	70	90	95
王五	67	89	79

图 6-231

姓名	语文	历史	政治
张三	90	85	99
李四	70	90	95
王五	67	89	79

图 6-232

◎ 插入列

选择文字工具 T ，在要插入列的前一列或后一列中的任一单元格中单击，插入光标，如图 6-233 所示。选择“表 > 插入 > 列”命令，或按 Ctrl+Alt+9 组合键，弹出“插入列”对话框，设置需要的数值，如图 6-234 所示。单击“确定”按钮，效果如图 6-235 所示。

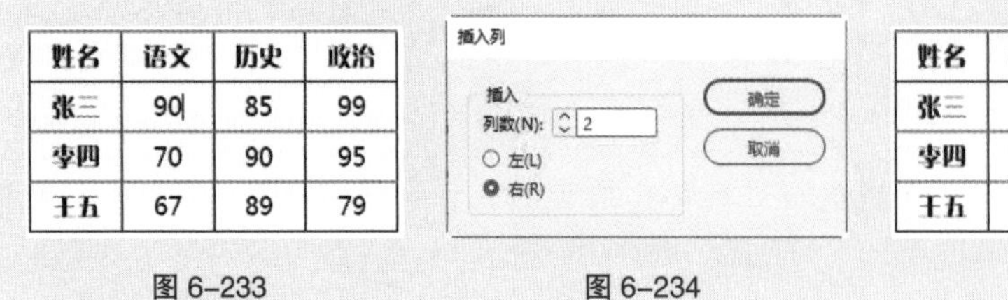

图 6-233　图 6-234　图 6-235

“列数”数值框用于指定新列应该显示在当前列的左侧还是右侧。

◎ 插入多行和多列

选择文字工具 T ，在表中任一位置单击插入光标，如图 6-236 所示。选择“表 > 表选项 > 表设置”命令，弹出“表选项”对话框，设置需要的数值，如图 6-237 所示。单击“确定”按钮，效果如图 6-238 所示。

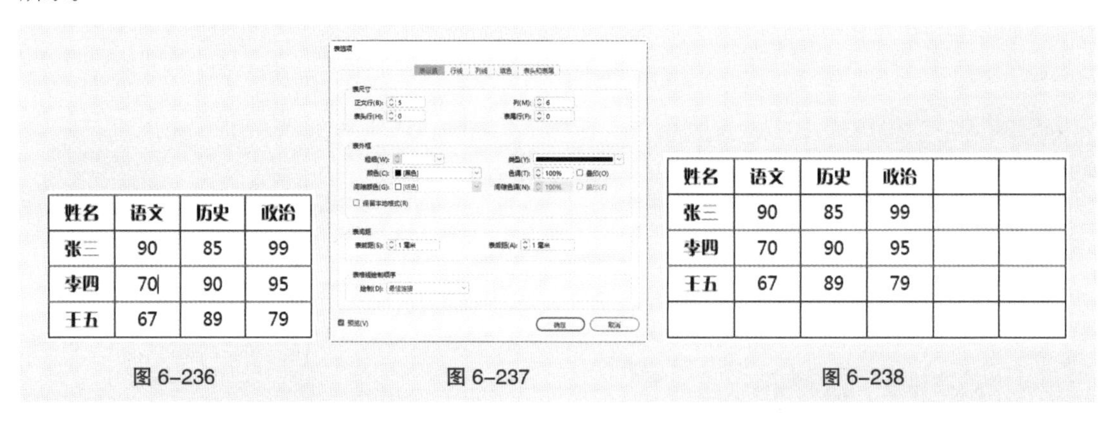

图 6-236　图 6-237　图 6-238

在“表尺寸”选项组中的“正文行”“表头行”“列”和“表尾行”选项中输入新表的行数和列数，可将新行添加到表的底部，新列则添加到表的右侧。

选择文字工具 T ，在表中任一位置单击插入光标，如图 6-239 所示。选择“窗口 > 文字和表 > 表”命令，或按 Shift+F9 组合键，弹出“表”面板，在“行数”和“列数”数值框中分别输入需要的数值，如图 6-240 所示。按 Enter 键，效果如图 6-241 所示。

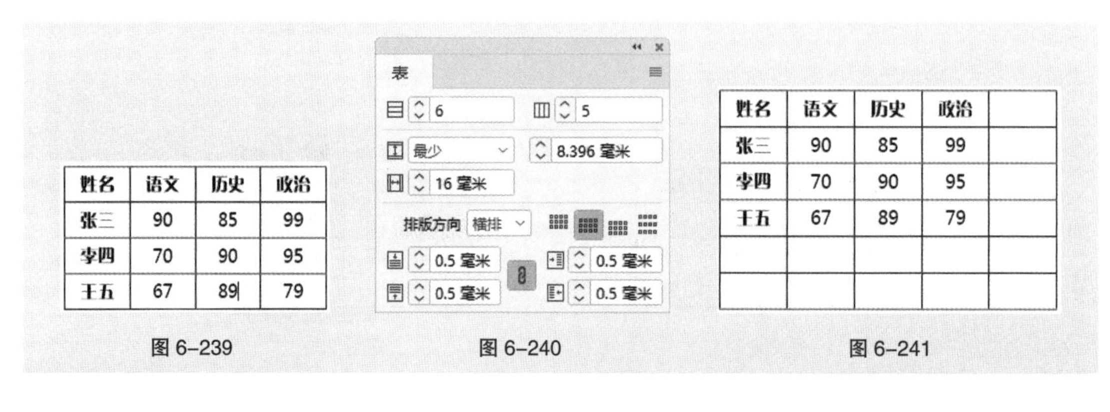

图 6-239　图 6-240　图 6-241

◎ 通过拖曳的方式插入行或列

选择文字工具 T，将鼠标指针放置在要插入列的前一列边框上，指针变为图标↔，如图 6-242 所示。按住 Alt 键向右拖曳鼠标，如图 6-243 所示，松开鼠标，效果如图 6-244 所示。

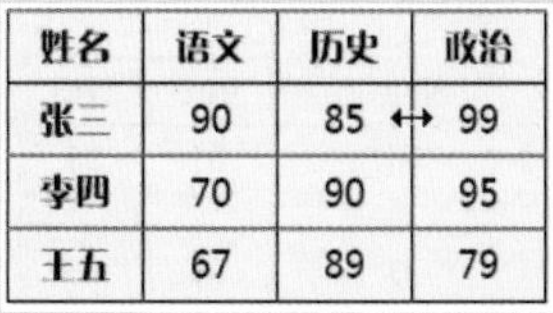

姓名	语文	历史	政治
张三	90	85	99
李四	70	90	95
王五	67	89	79

图 6-242

姓名	语文	历史	政治	
张三	90	85	99	
李四	70	90	95	
王五	67	89	79	

图 6-243

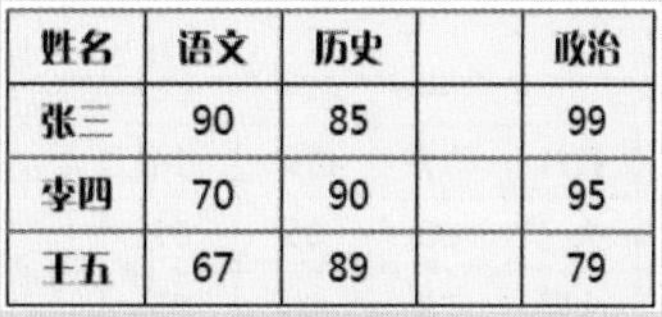

姓名	语文	历史		政治
张三	90	85		99
李四	70	90		95
王五	67	89		79

图 6-244

选择文字工具 T，将鼠标指针放置在要插入行的前一行的边框上，指针变为图标↕，如图 6-245 所示。按住 Alt 键向下拖曳鼠标，如图 6-246 所示，松开鼠标，效果如图 6-247 所示。

姓名	语文	历史	政治
张三	90	85	99
李四	70	90	95
王五	67	89	79

图 6-245

姓名	语文	历史	政治
张三	90	85	99
李四	70	90	95
王五	67	89	79

图 6-246

姓名	语文	历史	政治
张三	90	85	99
李四	70	90	95
王五	67	89	79

图 6-247

注意：

对于横排表中表的上边缘或左边缘，或直排表中表的上边缘或右边缘，不能通过拖动来插入行或列，这些区域用于选择行或列。

3. 删除行、列或表

选择文字工具 T，在要删除的行、列或表中单击，或选取表中的文本。选择“表 > 删除 > 行、列或表”命令，删除行、列或表。

选择文字工具 T，在表中任一位置单击插入光标。选择“表 > 表选项 > 表设置”命令，弹出“表选项”对话框，在“表尺寸”选项组中输入新的行数和列数，单击“确定”按钮，可删除行、列和表。行从表的底部被删除，列从表的左侧被删除。

选择文字工具 T，将光标放置在表的下边框或右边框上，当光标显示为图标↕（或↔）时，按住鼠标左键，在向上（或向左）拖曳鼠标时按住 Alt 键，分别删除行或列。

6.5.4 设置表的格式

1. 调整行、列或表的大小

◎ 调整行和列的大小

选择文字工具 T，在要调整行或列的任一单元格中单击插入光标，如图 6-248 所示。选择“表 > 单元格选项 > 行和列”命令，弹出“单元格选项”对话框，在“行高”和“列宽”数值框中输入需要的行高和列宽数值，如图 6-249 所示。单击“确定”按钮，效果如图 6-250 所示。

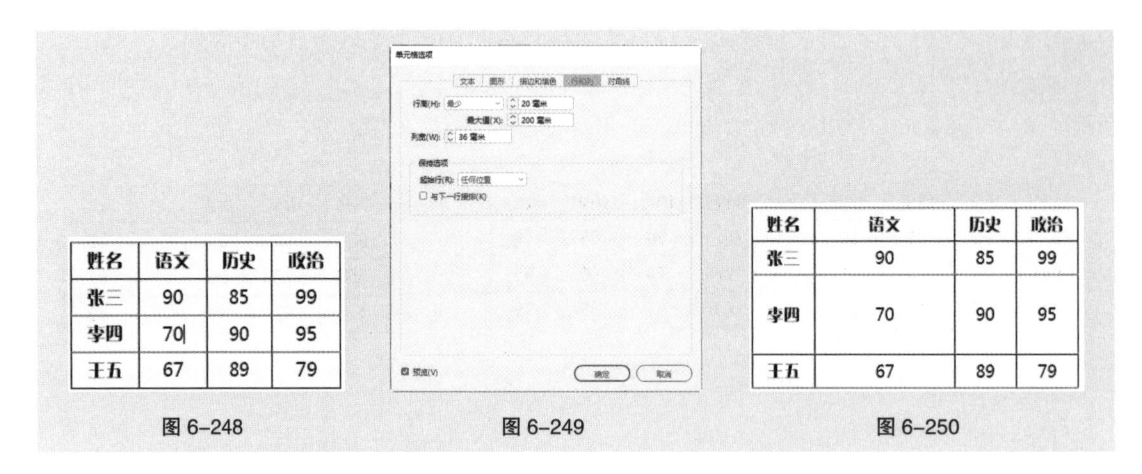

姓名	语文	历史	政治
张三	90	85	99
李四	70	90	95
王五	67	89	79

姓名	语文	历史	政治
张三	90	85	99
李四	70	90	95
王五	67	89	79

图 6-248　　图 6-249　　图 6-250

选择文字工具 T，在行或列的任一单元格中单击插入光标，如图 6-251 所示。选择“窗口 > 文字和表 > 表”命令，或按 Shift+F9 组合键，弹出“表”面板，在“行高”和“列宽”数值框中分别输入需要的数值，如图 6-252 所示。按 Enter 键，效果如图 6-253 所示。

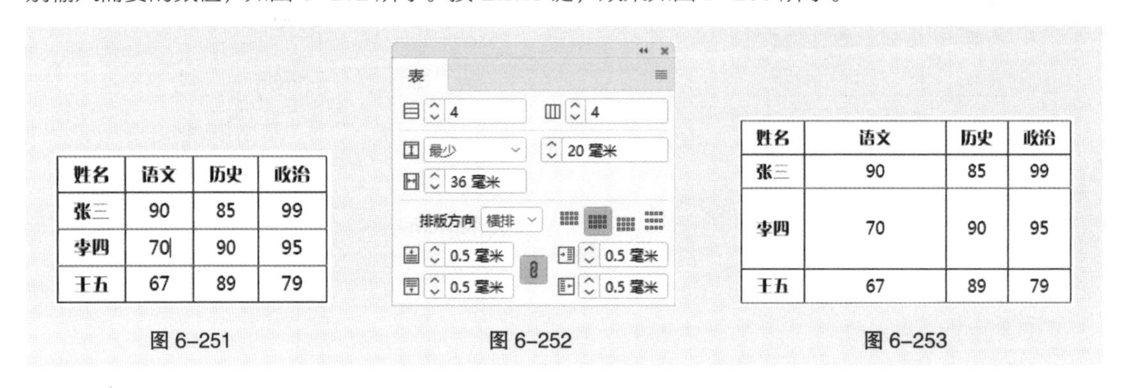

姓名	语文	历史	政治
张三	90	85	99
李四	70	90	95
王五	67	89	79

姓名	语文	历史	政治
张三	90	85	99
李四	70	90	95
王五	67	89	79

图 6-251　　图 6-252　　图 6-253

选择文字工具 T，将鼠标指针放置在列或行的边缘上，当指针变为 ↔（或↕）图标时，向左（或向右）拖曳鼠标以增大（或减小）列宽，向上（或向下）拖曳鼠标以增大（或减小）行高。

◎ 在不改变表宽的情况下调整行高和列宽

选择文字工具 T，将鼠标指针放置在要调整列宽的列边缘上，变为 ↔ 图标，如图 6-254 所示，按住 Shift 键的同时，向右（或向左）拖曳鼠标，如图 6-255 所示，可增大（或减小）列宽，效果如图 6-256 所示。

姓名	语文	历史	政治
张三	90	85	99
李四	70	90	95
王五	67	89	79

图 6-254

姓名	语文	历史	政治
张三	90	85	99
李四	70	90	95
王五	67	89	79

图 6-255

姓名	语文	历史	政治
张三	90	85	99
李四	70	90	95
王五	67	89	79

图 6-256

选择文字工具 T，将鼠标指针放置在要调整行高的行边缘上，用相同的方法上下拖曳鼠标，可在不改变表高的情况下改变行高。

选择文字工具 T，将鼠标指针放置在表的下边缘，指针变为 ↕ 图标，如图 6-257 所示。按住 Shift 键向下（或向上）拖曳鼠标，如图 6-258 所示，可增大（或减小）行高，如图 6-259 所示。

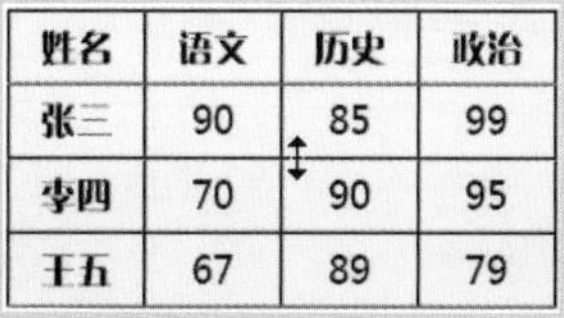

姓名	语文	历史	政治
张三	90	85	99
李四	70	90	95
王五	67	89	79

图 6-257

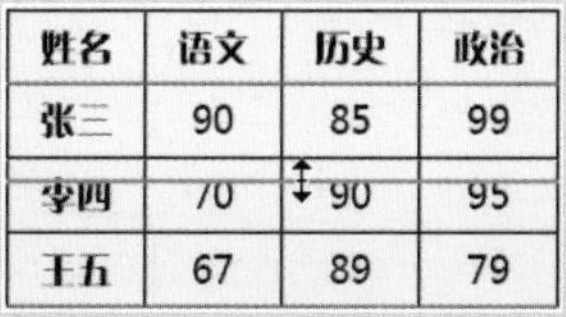

姓名	语文	历史	政治
张三	90	85	99
李四	70	90	95
王五	67	89	79

图 6-258

姓名	语文	历史	政治
张三	90	85	99
李四	70	90	95
王五	67	89	79

图 6-259

选择文字工具 T，将鼠标指针放置在表的右边缘，用相同的方法左右拖曳鼠标，可在不改变表高的情况下按比例改变列宽。

◎ 调整整个表的大小

选择文字工具 T，将鼠标指针放置在表的右下角，指针变为↘图标，如图 6-260 所示。向右下方（或向左上方）拖曳鼠标，如图 6-261 所示，可增大（或减小）表的大小，效果如图 6-262 所示。

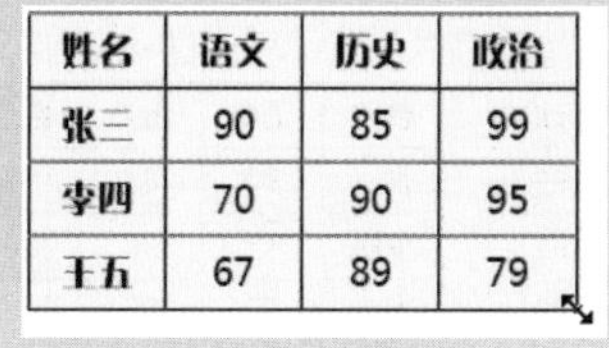

姓名	语文	历史	政治
张三	90	85	99
李四	70	90	95
王五	67	89	79

图 6-260

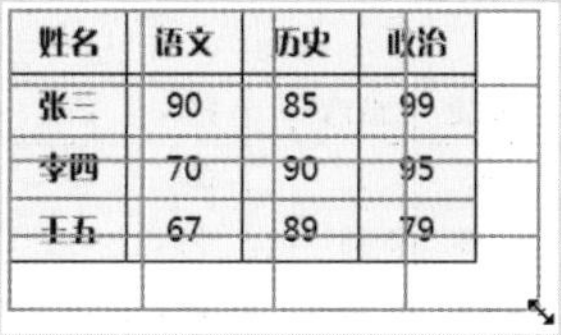

姓名	语文	历史	政治
张三	90	85	99
李四	70	90	95
王五	67	89	79

图 6-261

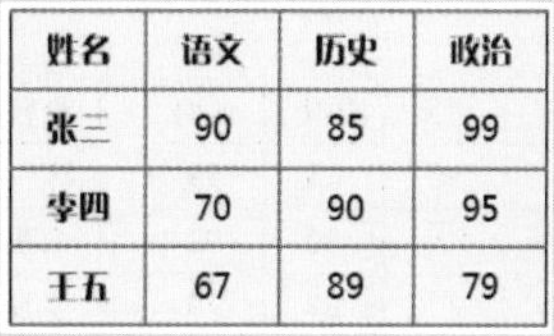

姓名	语文	历史	政治
张三	90	85	99
李四	70	90	95
王五	67	89	79

图 6-262

◎ 均匀分布行和列

选择文字工具 T，选取要均匀分布的行，如图 6-263 所示。选择“表 > 均匀分布行”命令，均匀分布选取的单元格所在的行，取消文字的选取状态，效果如图 6-264 所示。

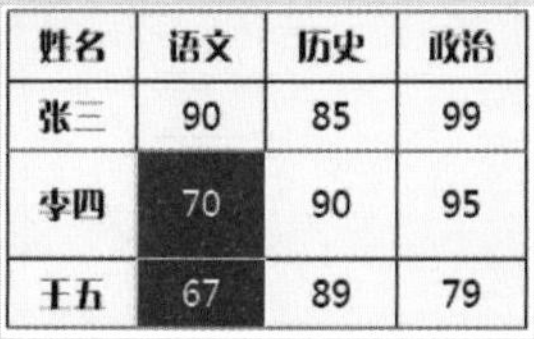

姓名	语文	历史	政治
张三	90	85	99
李四	70	90	95
王五	67	89	79

图 6-263

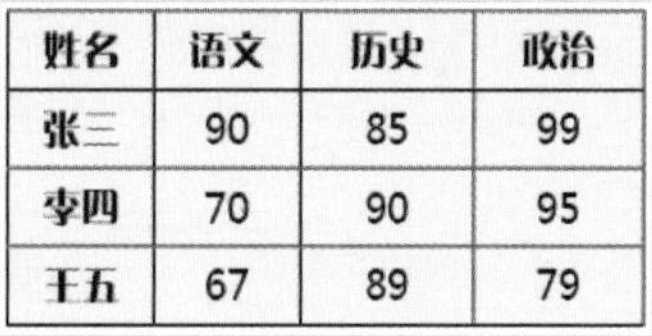

姓名	语文	历史	政治
张三	90	85	99
李四	70	90	95
王五	67	89	79

图 6-264

选择文字工具 T，选取要均匀分布的列，如图 6-265 所示。选择“表 > 均匀分布列”命令，均匀分布选取的单元格所在的列，取消文字的选取状态，效果如图 6-266 所示。

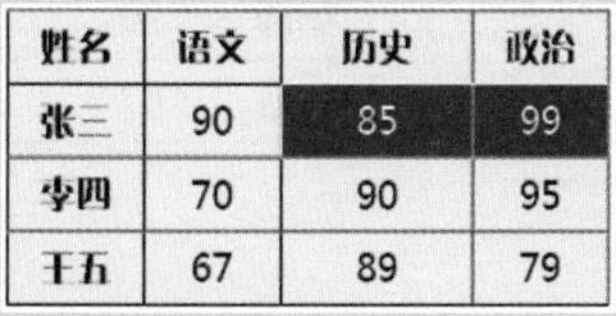

姓名	语文	历史	政治
张三	90	85	99
李四	70	90	95
王五	67	89	79

图 6-265

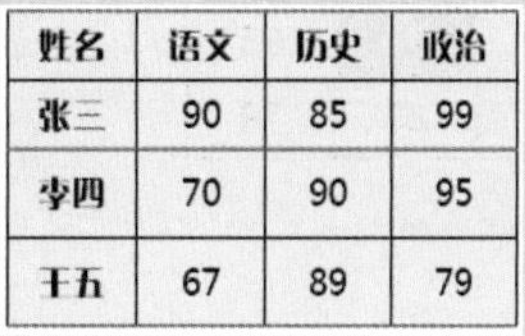

姓名	语文	历史	政治
张三	90	85	99
李四	70	90	95
王五	67	89	79

图 6-266

2．设置表中文本的格式

◎ 更改表单元格中文本的对齐方式

选择文字工具 T，选取要更改文字对齐方式的单元格，如图 6-267 所示。选择“表 > 单元格

选项 > 文本”命令，弹出“单元格选项”对话框，如图 6–268 所示。在“垂直对齐”选项组中分别选取需要的对齐方式，单击“确定”按钮，效果如图 6–269 所示。

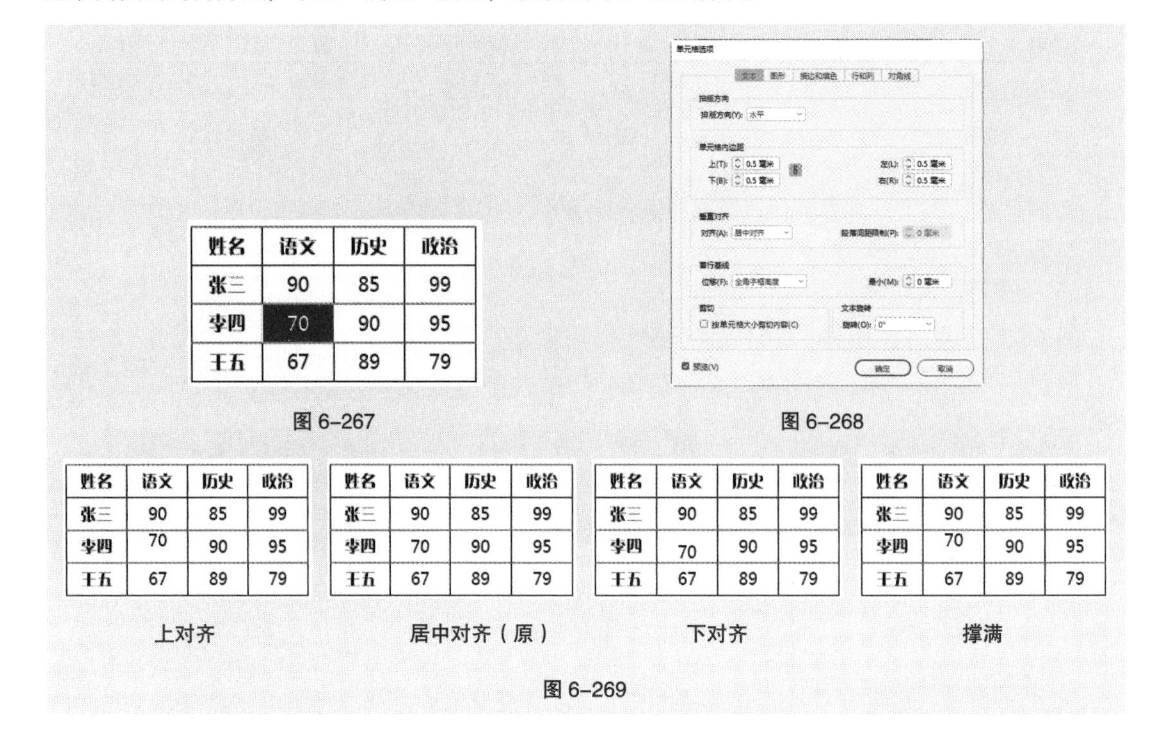

姓名	语文	历史	政治
张三	90	85	99
李四	70	90	95
王五	67	89	79

图 6–267　　图 6–268

上对齐　居中对齐（原）　下对齐　撑满

图 6–269

◎ 旋转单元格中的文本

选择文字工具 T，选取要旋转文字的单元格，如图 6–270 所示。选择“表 > 单元格选项 > 文本”命令，弹出“单元格选项”对话框，在“文本旋转”选项组中的“旋转”选项中选取需要的旋转角度，如图 6–271 所示。单击“确定”按钮，效果如图 6–272 所示。

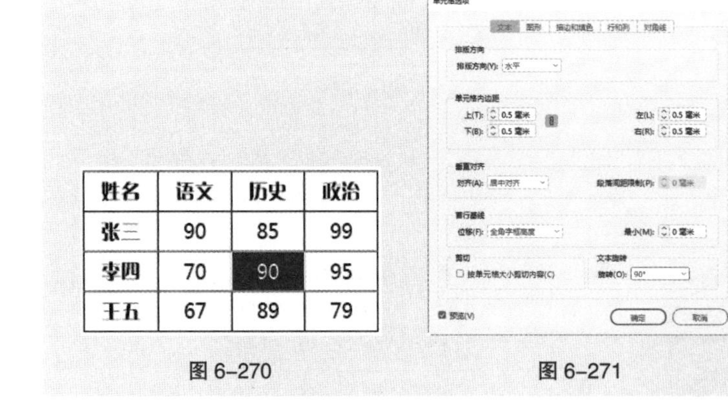

姓名	语文	历史	政治
张三	90	85	99
李四	70	90	95
王五	67	89	79

姓名	语文	历史	政治
张三	90	85	99
李四	70	90	95
王五	67	89	79

图 6–270　　图 6–271　　图 6–272

3. 合并和拆分单元格

◎ 合并单元格

选择文字工具 T，选取要合并的单元格，如图 6–273 所示。选择“表 > 合并单元格”命令，合并选取的单元格，取消选取状态，效果如图 6–274 所示。

选择文字工具 T，在合并后的单元格中单击插入光标，如图 6–275 所示。选择“表 > 取消合并单元格”命令，可取消单元格的合并，效果如图 6-276 所示。

成绩单			
姓名	语文	历史	政治
张三	90	85	99
李四	70	90	95
王五	67	89	79

图 6-273

成绩单			
姓名	语文	历史	政治
张三	90	85	99
李四	70	90	95
王五	67	89	79

图 6-274

成绩单			
姓名	语文	历史	政治
张三	90	85	99
李四	70	90	95
王五	67	89	79

图 6-275

成绩单			
姓名	语文	历史	政治
张三	90	85	99
李四	70	90	95
王五	67	89	79

图 6-276

◎ 拆分单元格

选择文字工具 T，选取要拆分的单元格，如图 6-277 所示。选择“表 > 水平拆分单元格”命令，水平拆分选取的单元格，取消选取状态，效果如图 6-278 所示。

选择文字工具 T，选取要拆分的单元格，如图 6-279 所示。选择“表 > 垂直拆分单元格”命令，垂直拆分选取的单元格，取消选取状态，效果如图 6-280 所示。

成绩单			
姓名	语文	历史	政治
张三	90	85	99
李四	70	90	95
王五	67	89	79

图 6-277

成绩单			
姓名	语文	历史	政治
张三	90	85	99
李四	70	90	95
王五	67	89	79

图 6-278

成绩单			
姓名	语文	历史	政治
张三	90	85	99
李四	70	90	95
王五	67	89	79

图 6-279

成绩单						
姓名	语文		历史		政治	
张三	90		85		99	
李四	70		90		95	
王五	67		89		79	

图 6-280

6.5.5 表格的描边和填色

1. 更改表边框的描边和填色

选择文字工具 T，在表中单击插入光标，如图 6-281 所示。选择“表 > 表选项 > 表设置”命令，弹出“表选项”对话框，设置需要的数值，如图 6-282 所示。单击“确定”按钮，效果如图 6-283 所示。

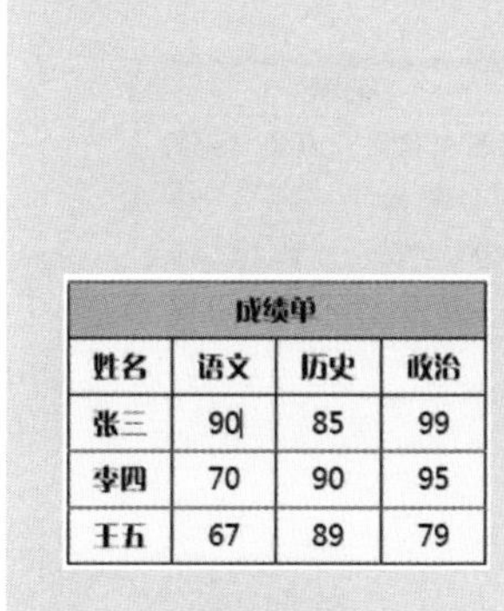

成绩单			
姓名	语文	历史	政治
张三	90	85	99
李四	70	90	95
王五	67	89	79

图 6-281

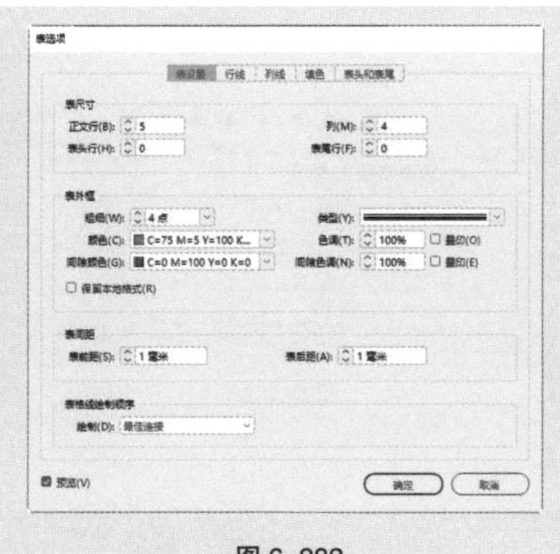

图 6-282

成绩单			
姓名	语文	历史	政治
张三	90	85	99
李四	70	90	95
王五	67	89	79

图 6-283

“表选项”对话框中主要选项的功能如下。

- “表外框”选项组：用于指定表框所需的粗细、类型、颜色、色调和间隙颜色。
- “保留本地格式”复选框：用于设置个别单元格的描边格式不被覆盖。

2. 为单元格添加描边和填色

◎ 使用单元格选项添加描边和填色

选择文字工具 T，在表中选取需要的单元格，如图 6-284 所示。选择“表 > 单元格选项 > 描边和填色”命令，弹出“单元格选项”对话框，设置需要的数值，如图 6-285 所示。单击“确定”按钮，取消选取状态，如图 6-286 所示。

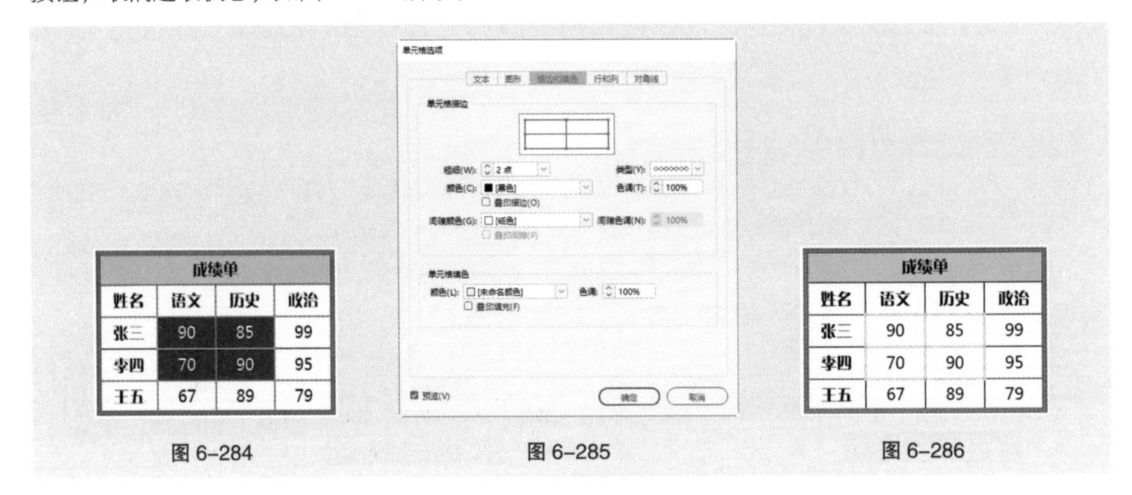

图 6-284　图 6-285　图 6-286

在“单元格描边”选项组中的预览区域中，单击蓝色线条，可以取消线条的选取状态，线条呈灰色状态，将不能描边。在其他选项中指定线条所需的粗细、类型、颜色、色调和间隙颜色。

在“单元格填色”选项组中指定单元格所需的颜色和色调。

◎ 使用“描边”面板添加描边

选择文字工具 T，在表中选取需要的单元格，如图 6-287 所示。选择“窗口 > 描边”命令，或按F10键，弹出“描边”面板，在预览区域中取消不需要添加描边的线条，其他选项的设置如图 6-288 所示。按 Enter 键，取消选取状态，效果如图 6-289 所示。

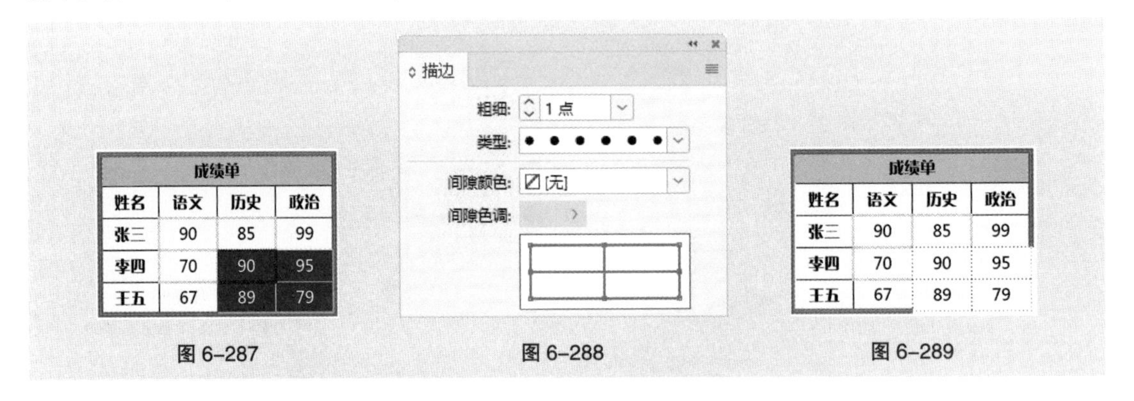

图 6-287　图 6-288　图 6-289

3. 为单元格添加对角线

选择文字工具 T，在要添加对角线的单元格中单击插入光标，如图 6-290 所示。选择“表 > 单元格选项 > 对角线”命令，弹出“单元格选项”对话框，设置需要的数值，如图 6-291 所示。单击“确定”按钮，效果如图 6-292 所示。

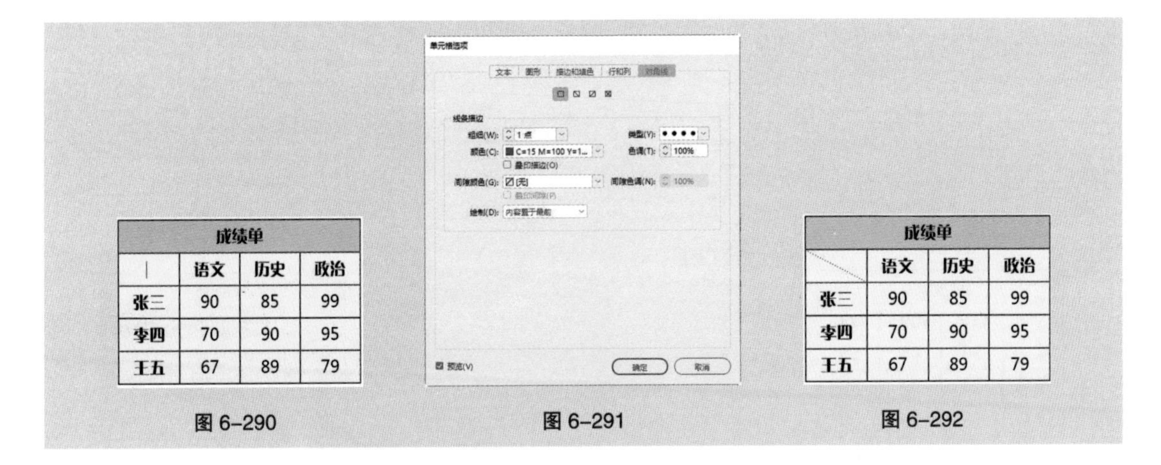

图 6-290　　图 6-291　　图 6-292

单击要添加的对角线类型按钮：“从左上角到右下角的对角线”按钮、“从右上角到左下角的对角线”按钮、“交叉对角线”按钮。在“线条描边”选项组中指定对角线所需的粗细、类型、颜色、色调、间隙颜色和间隙色调。

在“绘制”下拉列表中选择“对角线置于最前”可将对角线放置在单元格内容的前面，选择“内容置于最前”可将对角线放置在单元格内容的后面。

4．在表中交替进行描边和填色

◎ 为表添加交替描边

选择文字工具，在表中单击插入光标，如图 6-293 所示。选择“表 > 表选项 > 交替行线”命令，弹出“表选项”对话框。在“交替模式”下拉列表中选取需要的模式类型，激活下方选项，设置需要的数值，如图 6-294 所示。单击“确定”按钮，效果如图 6-295 所示。

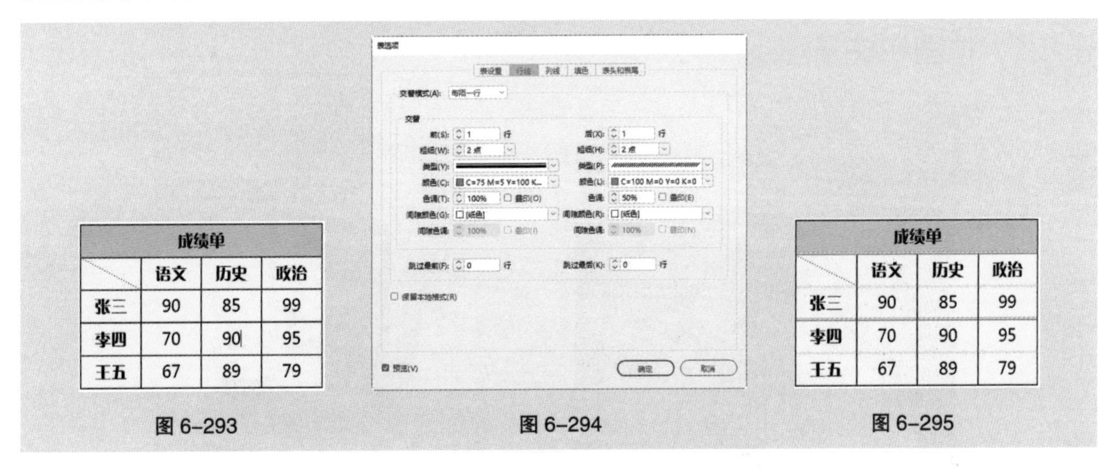

图 6-293　　图 6-294　　图 6-295

在“交替”选项组中设置第一种模式和后续模式的描边或填色选项。

在“跳过最前”和“跳过最后”数值框中指定表的开始和结束处不显示描边属性的行数或列数。

选择文字工具，在表中单击插入光标，选择“表 > 表选项 > 交替列线”命令，弹出“表选项”对话框，用相同的方法设置选项，可以为表添加交替列线。

◎ 为表添加交替填充

选择文字工具，在表中单击插入光标，如图 6-296 所示。选择“表 > 表选项 > 交替填色”命令，弹出“表选项”对话框。在“交替模式”下拉列表中选取需要的模式类型，激活下方选项。设置需要的数值，如图 6-297 所示，单击“确定”按钮，效果如图 6-298 所示。

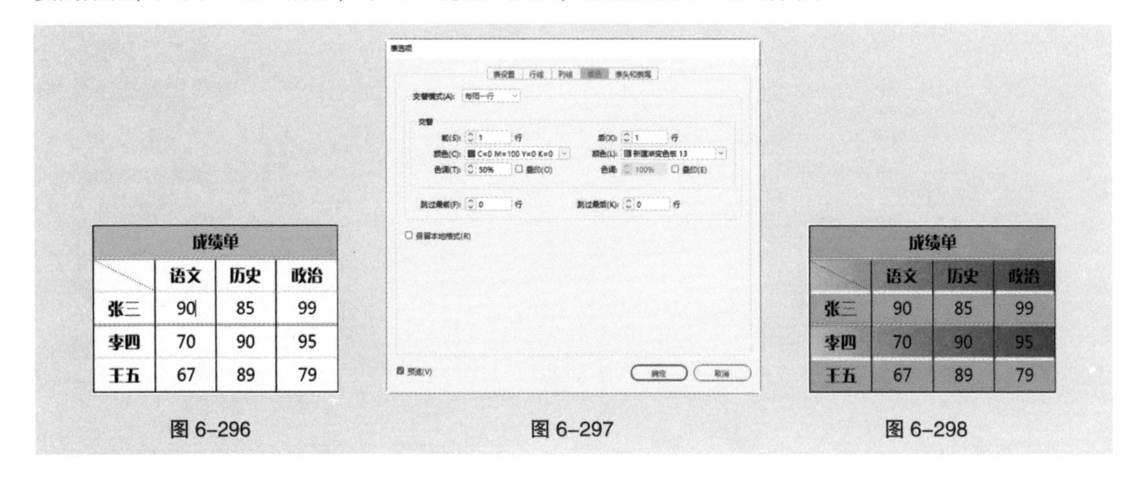

图 6-296　　图 6-297　　图 6-298

◎ 关闭表中的交替描边和交替填色

选择文字工具 T，在表中单击插入光标，选择“表 > 表选项 > 交替填色”命令，弹出“表选项”对话框。在“交替模式”下拉列表中选取“无”，单击“确定”按钮，即可关闭表中的交替填色。

6.6 置入图像

在 InDesign CC 2019 中，可以通过“置入”命令将图形图像导入到 InDesign 的页面中，再通过“编辑”命令对导入的图形图像进行处理。

6.6.1 位图和矢量图

在计算机中，图像大致可以分为位图和矢量图两种。位图效果如图 6-299 所示，矢量图效果如图 6-300 所示。

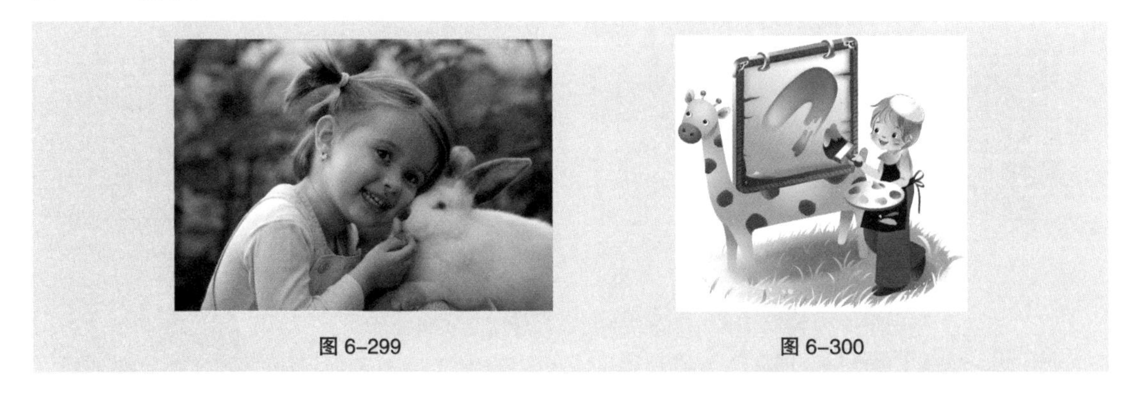

图 6-299　　图 6-300

位图又称为点阵图，是由许多点组成的，这些点称为像素。许许多多不同色彩的像素组合在一起便构成了一幅图像。由于位图采取了点阵的方式，使每个像素都能够记录图像的色彩信息，所以位图可以精确地表现色彩丰富的图像。但图像的色彩越丰富，图像的像素就越多（即分辨率越高），文件也就越大，因此处理位图图像时，对计算机硬盘和内存的要求也较高。同时，由于位图本身的特点，图像在缩放和旋转变形时会产生失真的现象。

矢量图是相对位图而言的，也称为向量图，它是以数学的矢量方式来记录图像内容的。矢量图中的图形元素称为对象，每个对象都是独立的，具有各自的属性（如颜色、形状、轮廓、大小和位置等）。矢量图在缩放时不会产生失真的现象，并且其文件占用的内存空间较小。这种图像的缺点是不易制作色彩丰富的图像，无法像位图那样精确地描绘各种绚丽的色彩。

这两种类型的图像各具特色，也各有优缺点，并且两者之间具有良好的互补性。因此，在图像处理和绘制图形的过程中，将这两种图像交互使用，取长补短，一定能使创作出来的作品更加完美。

6.6.2 置入图像的方法

使用“置入”命令是将图形导入 InDesign 中的主要方法，因为它可以在分辨率、文件格式、多页面 PDF 和颜色方面提供最高级别的支持。

在页面区域中未选取任何内容，如图 6–301 所示。选择“文件 > 置入”命令，弹出“置入”对话框，在弹出的对话框中选择需要的文件，如图 6–302 所示。单击“打开”按钮，在页面中单击鼠标左键置入图像，效果如图 6–303 所示。

图 6–301　　图 6–302　　图 6–303

选择选择工具 ▶，在页面区域中选取图框，如图 6–304 所示。选择“文件 > 置入”命令，弹出“置入”对话框，在对话框中选择需要的文件，如图 6–305 所示。单击“打开”按钮，置入图像，效果如图 6–306 所示。

图 6–304　　图 6–305　　图 6–306

选择选择工具 ▶，在页面区域中选取图像，如图 6–307 所示。选择“文件 > 置入”命令，弹出“置入”对话框。在对话框中选择需要的文件，在对话框下方勾选“替换所选项目”复选框，如图 6–308 所示。单击“打开”按钮，置入并替换所选图像，效果如图 6–309 所示。

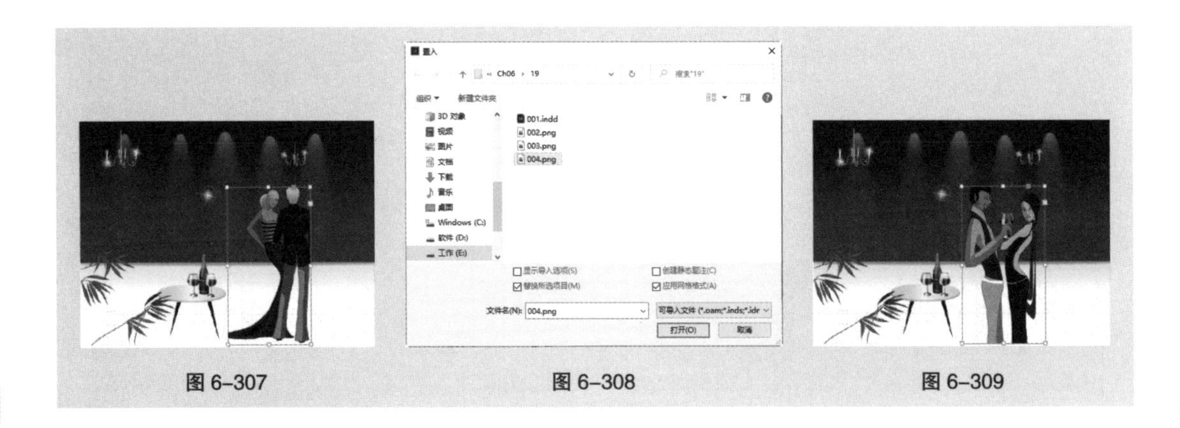

图 6-307　　图 6-308　　图 6-309

6.6.3 “链接”面板

置入一个图像包括链接图像和嵌入图像两种形式。当以链接图像的形式置入一个图像时，它的原始文件并没有真正复制到文档中，而是为原始文件创建了一个链接（或称文件路径）。而在嵌入图像文件时，会增加文档文件的大小并断开指向原始文件的链接。

所有置入的文件都会被列在“链接”面板中。选择“窗口 > 链接”命令，弹出“链接”面板，如图6-310所示。

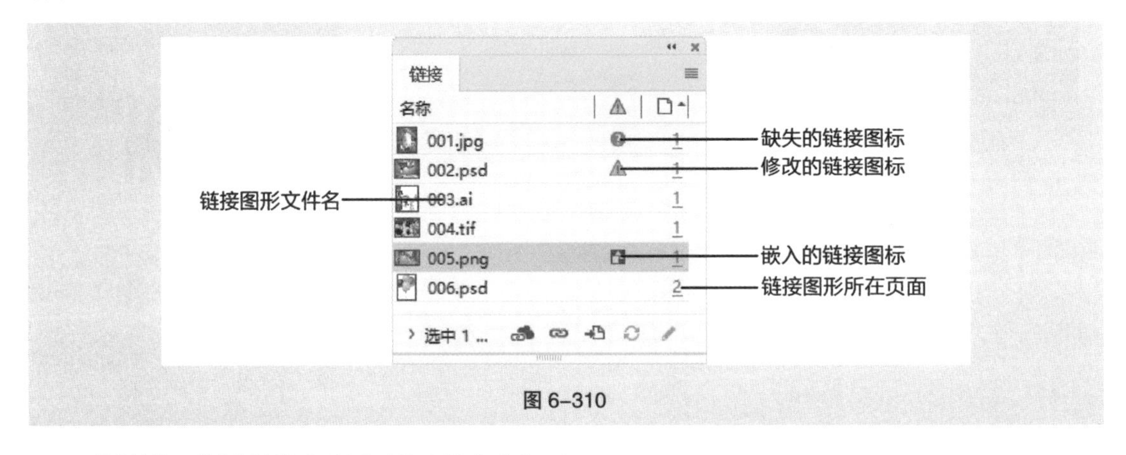

图 6-310

“链接”面板中链接文件显示状态的含义如下。

- 最新：最新的文件只显示文件的名称及其在文档中所处的页面。
- 修改：修改的文件会显示⚠图标。此图标意味着磁盘上的文件版本比文档的文件版本新。
- 缺失：丢失的文件会显示❓图标。此图标表示图形不再位于导入时的位置，但仍存在于某个地方。如果在显示此图标的状态下打印或导出文档，则文件可能无法以全分辨率打印或导出。
- 嵌入：嵌入的文件显示▣图标。嵌入链接文件会导致该链接的管理操作暂停。

6.7 课堂练习——制作购物招贴

【练习知识要点】使用“矩形”和“置入”命令制作背景效果，使用文字工具和“旋转角度”命令添加广告语，使用椭圆工具、多边形工具和文字工具制作标志，使用直线工具、文字工具和“字符”面板添加其他相关信息，效果如图 6–311 所示。

【效果所在位置】云盘 > Ch06 > 效果 > 制作购物招贴 .indd。

图 6–311

6.8 课后习题——制作旅游广告

【习题知识要点】使用文字工具、“创建轮廓”命令、“置入”命令和“贴入内部”命令制作广告语，使用“插入表”命令和“表”面板添加并编辑表格，效果如图 6–312 所示。

【效果所在位置】云盘 > Ch06 > 效果 > 制作旅游广告 .indd。

图 6–312

07

第 7 章 页面布局

本章介绍

本章介绍在 InDesign CC 2019 中编排页面的方法，讲解页面、跨页和主页的概念，以及页码、章节页码的设置和“页面”面板的使用方法。通过本章的学习，读者可以快捷地编排页面，减少不必要的重复工作，使排版工作变得更加高效。

学习目标

- 熟练掌握版面的布局方法。
- 掌握主页的使用技巧。
- 熟练掌握页面和跨页的使用方法。

技能目标

- 掌握美妆杂志封面的制作方法。
- 掌握美妆杂志内页的制作方法。

第 7 章简介

7.1 版面布局

InDesign CC 2019 的版面布局包括基本布局和精确布局两种：建立新文档，设置页面、版心和分栏，指定出血和辅助信息区域等为基本布局，标尺、网格和参考线可以给出对象的准确位置，方便进行版面的精确布局。

7.1.1 课堂案例——制作美妆杂志封面

【案例学习目标】学习使用文字工具、“字符”面板、“段落”面板和填充工具制作美妆杂志封面。

【案例知识要点】使用“置入”命令置入图片，使用文字工具、“投影”命令、“字形”面板添加杂志名称及刊期，使用文字工具和“填充”面板添加其他相关信息，使用矩形工具、“角选项”命令制作装饰图形，效果如图 7-1 所示。

【效果所在位置】云盘 > Ch07 > 效果 > 制作美妆杂志封面 .indd。

图 7-1

1. 添加杂志名称和刊期

（1）打开 InDesign CC 2019，选择“文件 > 新建 > 文档”命令，弹出“新建文档”对话框，设置如图 7-2 所示。单击“边距和分栏”按钮，弹出“新建边距和分栏”对话框，设置如图 7-3 所示。单击“确定”按钮，新建一个页面。选择“视图 > 其他 > 隐藏框架边缘”命令，将所绘制图形的框架边缘隐藏。

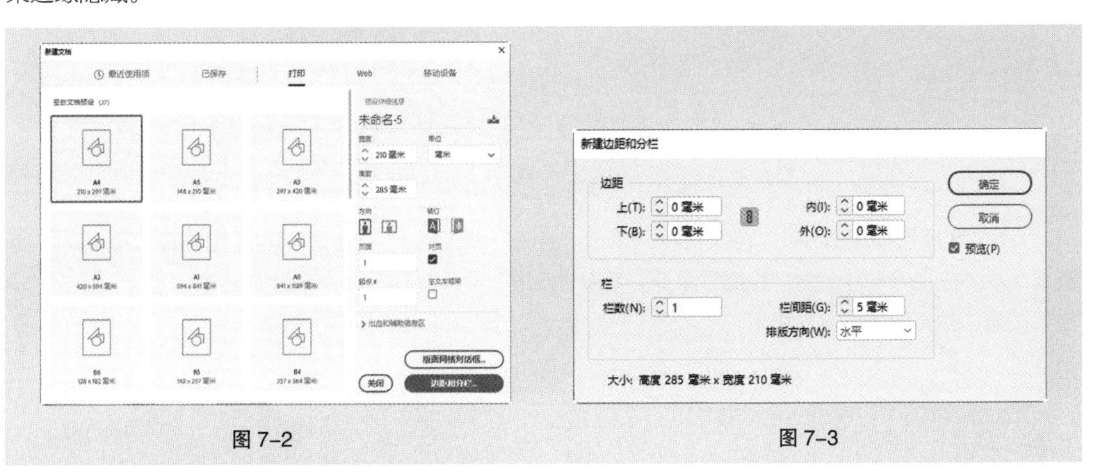

图 7-2　　图 7-3

（2）选择“文件 > 置入”命令，弹出“置入”对话框。选择云盘中的“Ch07 > 素材 > 制作美妆杂志封面 > 01”文件，单击“打开”按钮，在页面空白处单击鼠标左键置入图片。选择自由变换工具，将图片拖曳到适当的位置并调整其大小，效果如图 7-4 所示。

（3）保持图片的选取状态。选择选择工具，选中左侧限位框中间的控制手柄，并将其向右拖曳到适当的位置，裁剪图片，效果如图 7-5 所示。使用相同的方法对其他三边进行裁切，效果如图 7-6 所示。

图 7-4　　图 7-5　　图 7-6

（4）选取并复制记事本文档中需要的文字。返回到 InDesign 页面中，选择文字工具，在适当的位置拖曳出一个文本框，将复制的文字粘贴到文本框中。选取输入的文字，在“控制”面板中选择合适的字体并设置文字大小。设置文字填充色的 CMYK 值为 0、100、45、0，填充文字，效果如图 7-7 所示。选取英文“o”，设置文字填充色的 CMYK 值为 0、100、20、0，填充文字，取消选取状态，效果如图 7-8 所示。

图 7-7　　图 7-8

（5）选择选择工具，选取文字，单击“控制”面板中的“向选定的目标添加对象效果”按钮，在弹出的菜单中选择“投影”命令，弹出“效果”对话框，选项的设置如图 7-9 所示。单击“确定”按钮，效果如图 7-10 所示。

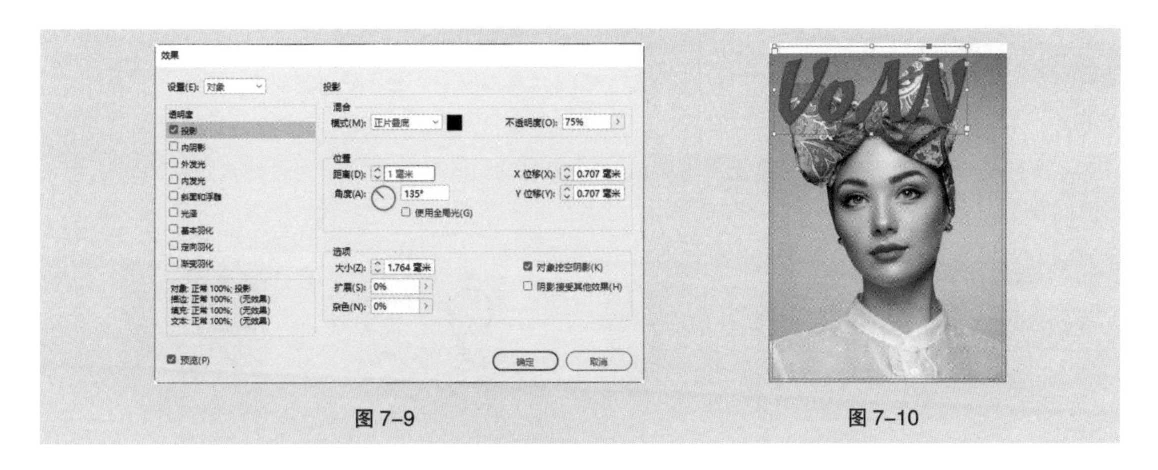

图 7-9　　图 7-10

（6）分别选取并复制记事本文档中需要的文字。返回到 InDesign 页面中，选择文字工具 T，在适当的位置分别拖曳出文本框，将复制的文字粘贴到文本框中。分别选取输入的文字，在“控制”面板中分别选择合适的字体并设置文字大小，效果如图 7-11 所示。

图 7-11

（7）选择文字工具 T，在“儿”文字右侧单击插入光标，如图 7-12 所示。选择“文字 > 字形”命令，弹出“字形”面板，在面板下方设置需要的字体和字体样式，在需要的字形上双击鼠标左键，如图 7-13 所示，在文本框中插入字形，效果如图 7-14 所示。

图 7-12　　图 7-13　　图 7-14

（8）选择选择工具 ▶，在按住 Shift 键的同时，选取需要的文字，单击工具箱中的“格式针对文本”按钮 T，填充文字为白色，效果如图 7-15 所示。选择文字工具 T，选取需要的文字，在“控制”面板中单击“居中对齐”按钮 ≡，文字对齐效果如图 7-16 所示。

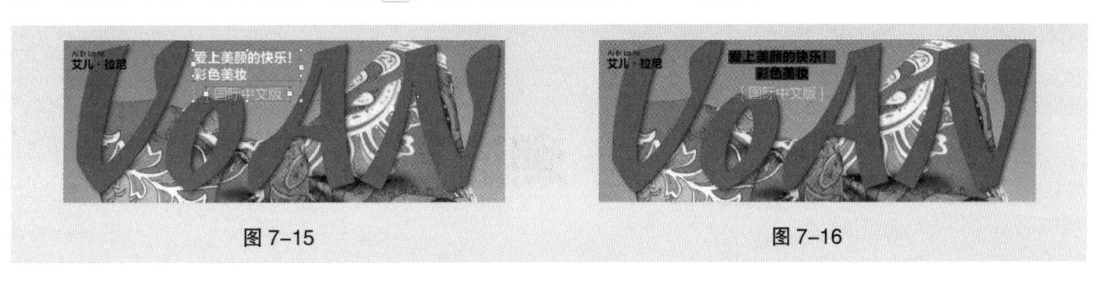

图 7-15　　图 7-16

（9）分别选取并复制记事本文档中需要的文字。返回到 InDesign 页面中，选择文字工具 T，在适当的位置分别拖曳出文本框，将复制的文字粘贴到文本框中。分别选取输入的文字，在“控制”面板中分别选择合适的字体并设置文字大小，效果如图 7-17 所示。

（10）选择文字工具 T，选取数字“78”，在“控制”面板中设置文字大小，效果如图 7-18 所示。用相同的方法设置其他文字大小，效果如图 7-19 所示。

图 7-17　　图 7-18　　图 7-19

（11）选择“文件 > 置入”命令，弹出“置入”对话框，选择云盘中的“Ch07 > 素材 > 制作美妆杂志封面 > 02”文件，单击“打开”按钮，在页面空白处单击鼠标左键置入图片。选择自由变换工具，将图片拖曳到适当的位置并调整其大小，效果如图 7-20 所示。

（12）选取并复制记事本文档中需要的文字。返回到 InDesign 页面中，选择文字工具 T，在适当的位置拖曳出一个文本框，将复制的文字粘贴到文本框中。选取输入的文字，在“控制”面板中选择合适的字体并设置文字大小，填充文字为白色，效果如图 7-21 所示。

（13）在“控制”面板中单击“居中对齐”按钮，文字对齐效果如图 7-22 所示。选择文字工具 T，选取文字“美丽”，在“控制”面板中选择合适的字体，效果如图 7-23 所示。

图 7-20　　图 7-21　　图 7-22　　图 7-23

2. 添加栏目名称

（1）分别选取并复制记事本文档中需要的文字。返回到 InDesign 页面中，选择文字工具 T，在适当的位置分别拖曳出文本框，将复制的文字粘贴到文本框中。分别选取输入的文字，在“控制”面板中分别选择合适的字体并设置文字大小，效果如图 7-24 所示。选取文字“彩色美妆”，如图 7-25 所示，填充文字为白色。

图 7-24　　图 7-25

（2）选择选择工具▶，在按住 Shift 键的同时，选取需要的文字，单击工具箱中的“格式针对文本”按钮T，设置文字填充色的 CMYK 值为 0、100、45、0，填充文字，效果如图 7–26 所示。

（3）选择选择工具▶，在按住 Shift 键的同时，单击上方需要的文字将其同时选取。按 Shift + F7 组合键，弹出“对齐”面板，单击“水平居中对齐”按钮，如图 7–27 所示，对齐效果如图 7–28 所示。

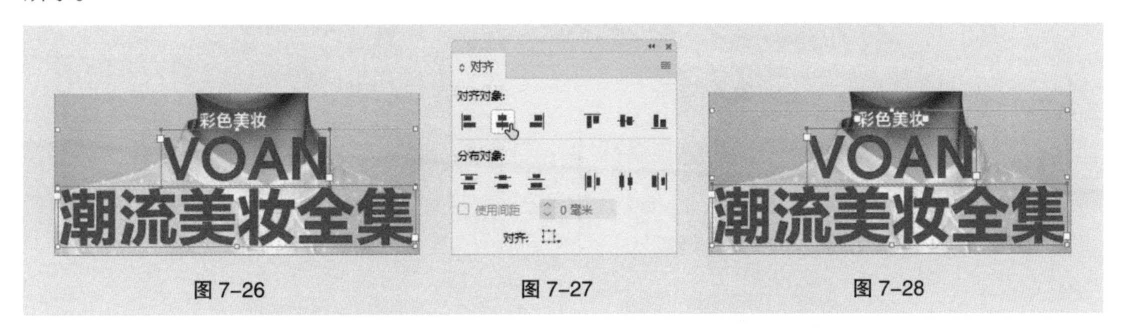

图 7–26　　图 7–27　　图 7–28

（4）选择椭圆工具，在按住 Shift 键的同时，在适当的位置拖曳鼠标绘制一个圆形，填充图形为白色，并在“控制”面板中将“描边粗细”选项 0.283 点 设为“0.5 点”，按 Enter 键，效果如图 7–29 所示。

（5）选取并复制记事本文档中需要的文字。返回到 InDesign 页面中，选择“文字”工具T，在适当的位置拖曳出一个文本框，将复制的文字粘贴到文本框中。选取输入的文字，在“控制”面板中选择合适的字体并设置文字大小，效果如图 7–30 所示。

图 7–29　　图 7–30

（6）在“控制”面板中单击“居中对齐”按钮，文字对齐效果如图 7–31 所示。选择文字工具T，选取文字“限量版”，在“控制”面板中选择合适的字体并设置文字大小，效果如图 7–32 所示。

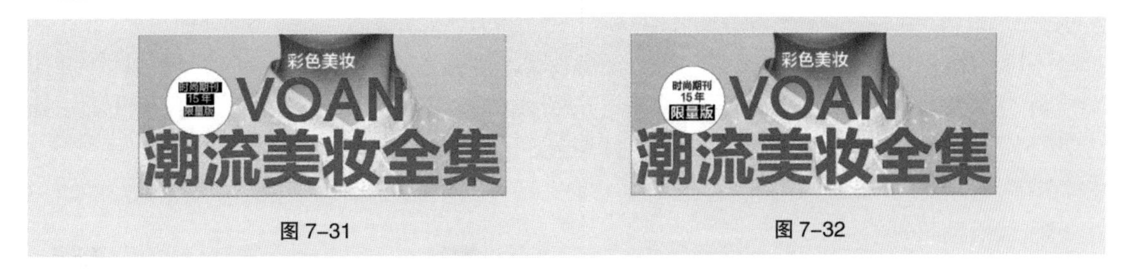

图 7–31　　图 7–32

（7）选择选择工具▶，在按住 Shift 键的同时，单击下方的圆形将其同时选取，连续按 Ctrl+ [组合键，将图形向后移动到适当的位置，效果如图 7–33 所示。

（8）分别选取并复制记事本文档中需要的文字。返回到 InDesign 页面中，选择文字工具T，在适当的位置分别拖曳出文本框，将复制的文字粘贴到文本框中。分别选取输入的文字，在“控制”面板中分别选择合适的字体并设置文字大小，效果如图 7–34 所示。

图 7-33

图 7-34

（9）选择选择工具，选取需要的文字，单击工具箱中的“格式针对文本”按钮T，设置文字填充色的CMYK值为0、100、45、0，填充文字，效果如图7–35所示。选择文字工具T，在“高”文字左侧单击插入光标，如图7–36所示。

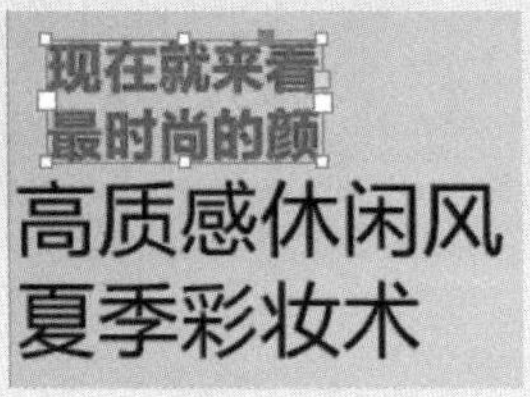

图 7-35

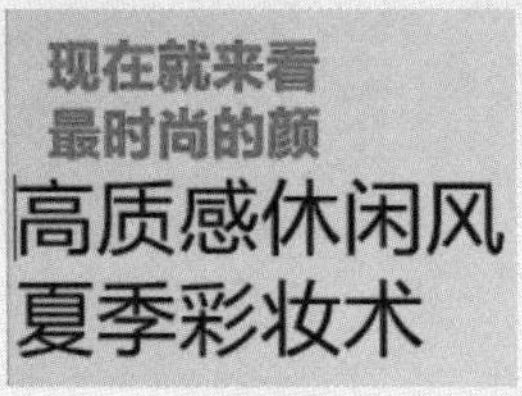

图 7-36

（10）选择“文字 > 字形”命令，弹出“字形”面板，在面板下方设置需要的字体和字体样式，在需要的字形上双击鼠标左键，如图7–37所示，在文本框中插入字形，效果如图7–38所示。

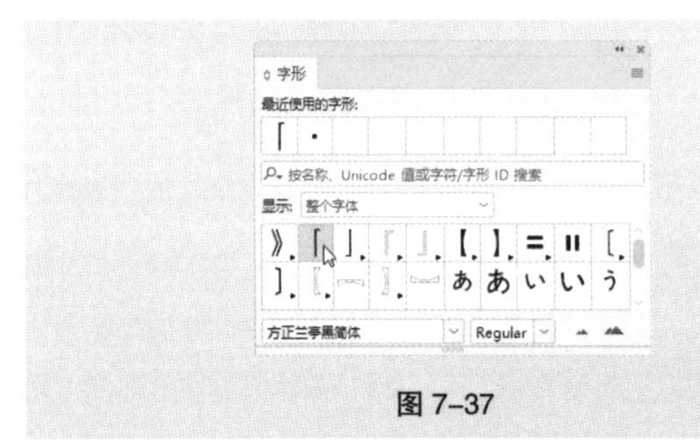

图 7-37

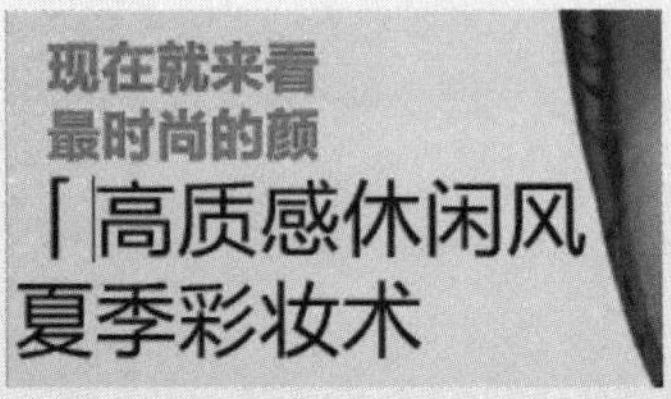

图 7-38

（11）保持光标的插入状态。按Ctrl+T组合键，弹出“字符”面板，将“字偶间距”选项 (0) 设为“–300”，如图7–39所示，按Enter键，效果如图7–40所示。用相同的方法插入其他字形，并设置字偶间距，效果如图7–41所示。

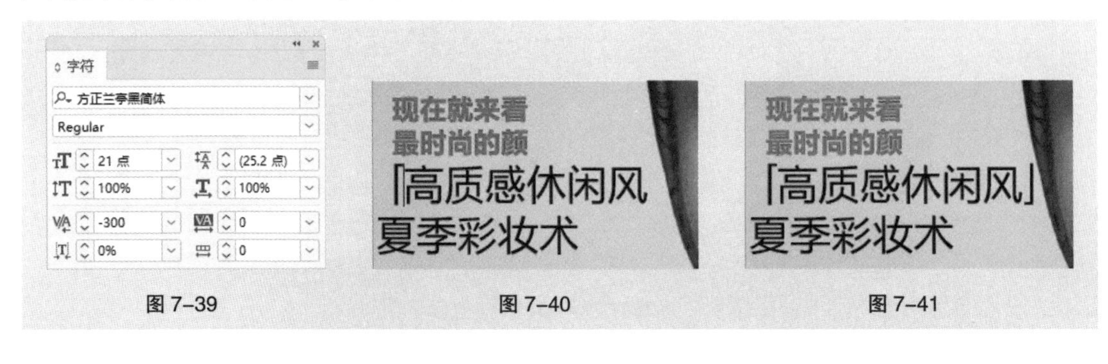

图 7-39　图 7-40　图 7-41

（12）选择文字工具 T，选取文字“夏季彩妆术”，按 Ctrl+Alt+T 组合键，弹出“段落”面板，选项的设置如图 7-42 所示。按 Enter 键，效果如图 7-43 所示。

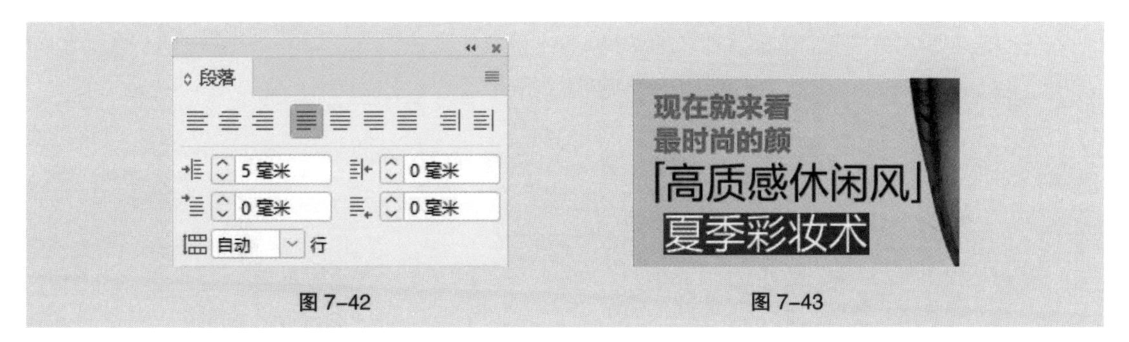

图 7-42　　图 7-43

（13）分别选取并复制记事本文档中需要的文字。返回到 InDesign 页面中，选择文字工具 T，在适当的位置分别拖曳出文本框，将复制的文字粘贴到文本框中。分别选取输入的文字，在“控制”面板中分别选择合适的字体并设置文字大小，效果如图 7-44 所示。

（14）选择选择工具 ▶，将输入的文字同时选取。单击工具箱中的“格式针对文本”按钮 T，设置文字填充色的 CMYK 值为 0、100、45、0，填充文字，效果如图 7-45 所示。选择文字工具 T，选取文字“只要 +1 技巧！”，在“控制”面板中设置文字大小，效果如图 7-46 所示。

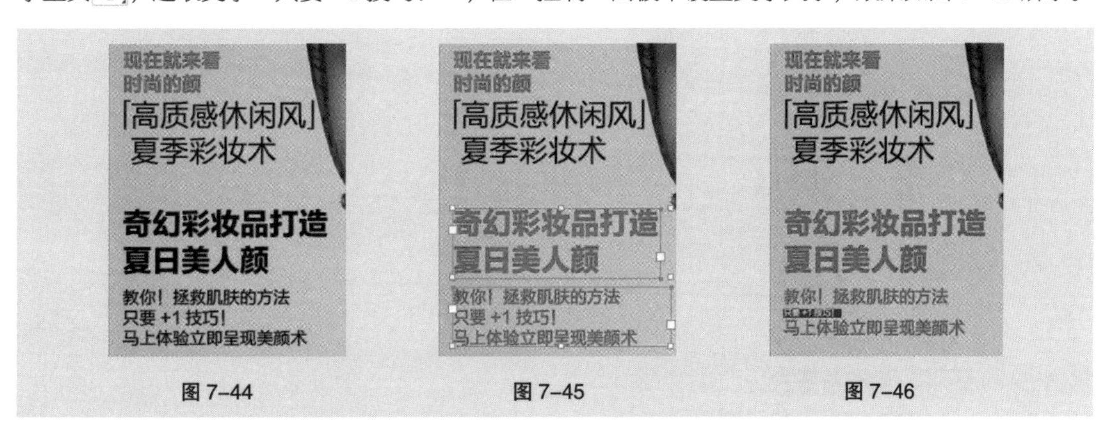

图 7-44　　图 7-45　　图 7-46

（15）用相同的方法输入其他栏目文字，并填充相应的颜色，效果如图 7-47 所示。选择矩形工具 □，在适当的位置拖曳鼠标绘制一个矩形，填充图形为白色，并设置描边色为无，效果如图 7-48 所示。

图 7-47　　图 7-48

（16）保持图形的选取状态。选择“对象 > 角选项”命令，在弹出的“角选项”对话框中进行设置，如图 7-49 所示。单击“确定”按钮，效果如图 7-50 所示。

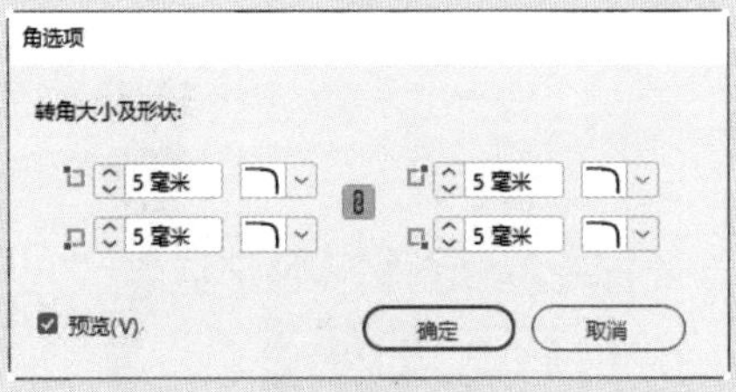

图 7-49 　　　　图 7-50

（17）选择文字工具 T，在矩形上拖曳出一个文本框，输入需要的文字并选取文字，在“控制”面板中选择合适的字体并设置文字大小。设置文字填充色的 CMYK 值为 0、100、45、0，填充文字，效果如图 7-51 所示。在页面空白处单击鼠标左键，取消文字的选取状态，美妆杂志封面制作完成，效果如图 7-52 所示。

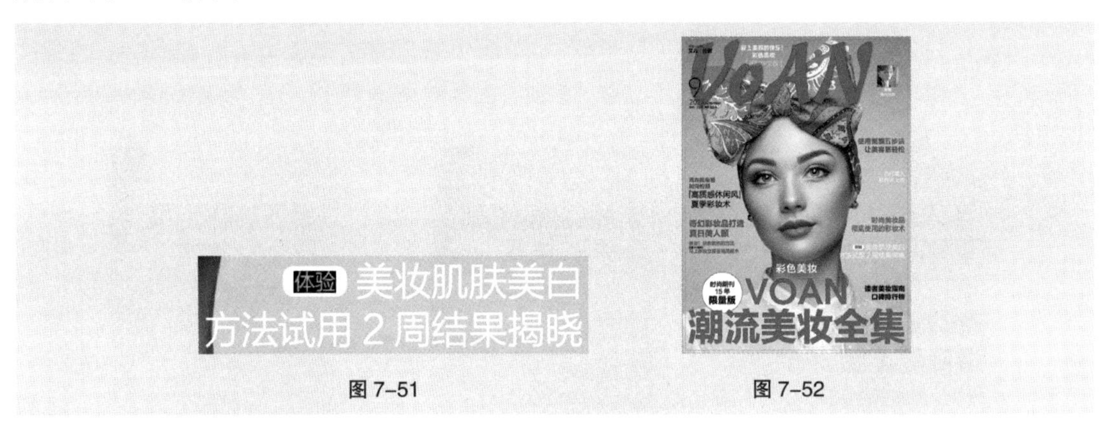

图 7-51　　　　图 7-52

7.1.2　设置基本布局

1. 文档窗口一览

在文档窗口中，新建一个页面，如图 7-53 所示。

页面的结构性区域由以下颜色标出。

- 黑色线标明跨页中每个页面的尺寸，细的阴影有助于从粘贴板中区分出跨页。
- 围绕页面外的红色线代表出血区域。
- 围绕页面外的蓝色线代表辅助信息区域。
- 品红色的线是边空线（或称版心线）。
- 紫色线是分栏线。
- 其他颜色的线条是辅助线。当辅助线出现时，在被选取的情况下，辅助线的颜色显示为所在图层的颜色。

注意：

分栏线出现在版心线的前面。当分栏线正好在版心线之上时，会遮住版心线。

选择“编辑 > 首选项 > 参考线和粘贴板”命令，弹出“首选项”对话框，如图 7-54 所示。

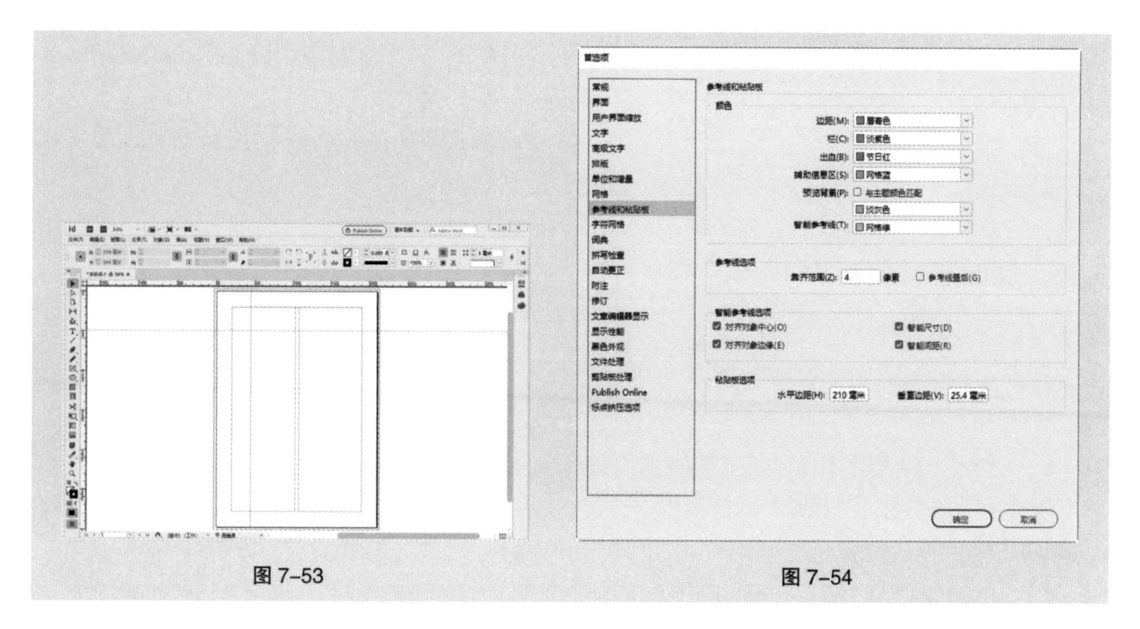

图 7-53　　　　图 7-54

在“首选项”对话框中，可以设置页边距和分栏参考线的颜色，以及粘贴板上出血和辅助信息区域参考线的颜色。还可以就对象需要距离参考线多近才能靠齐参考线、参考线显示在对象之前还是之后及粘贴板的大小进行设置。

2. 更改文档设置

选择“文件 > 文档设置”命令，弹出“文档设置”对话框，单击“出血和辅助信息区”左侧的箭头按钮〉，展开“出血和辅助信息区”设置区，如图 7-55 所示。单击“调整版面”按钮，弹出“调整版面”对话框，如图 7-56 所示。指定文档选项，单击“确定”按钮，即可更改文档设置。

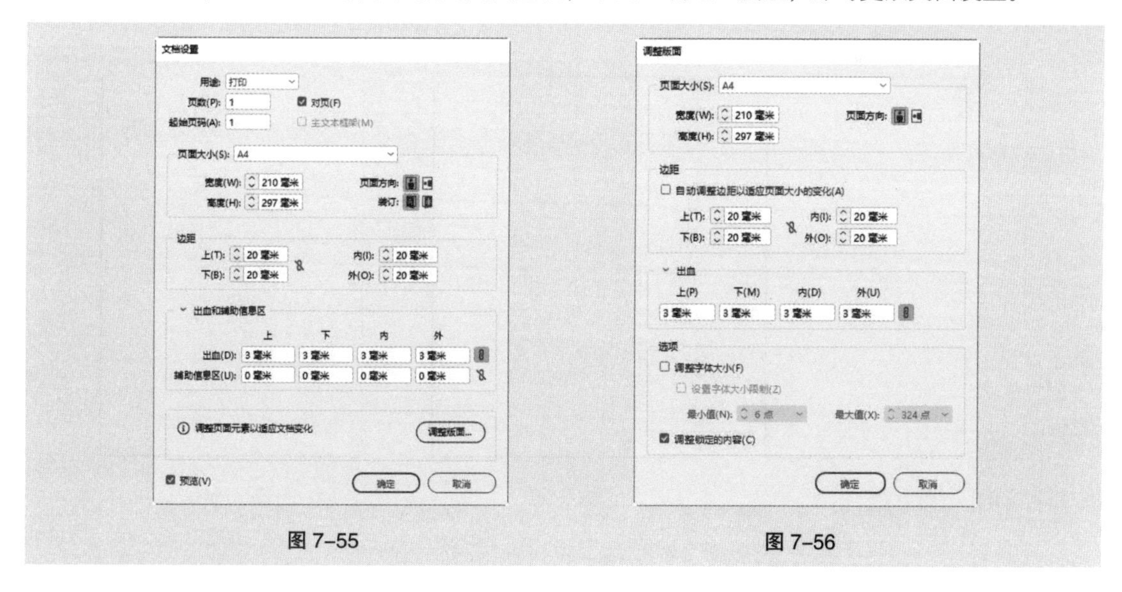

图 7-55　　　　图 7-56

勾选“自动调整边距以适应页面大小的变化”复选框，可以按设置的页面大小，自动调整边距。

3. 更改页边距和分栏

在“页面”面板中选择要修改的跨页或页面，选择“版面 > 边距和分栏”命令，弹出“边距和分栏”对话框，如图 7-57 所示。其中主要选项的功能如下。

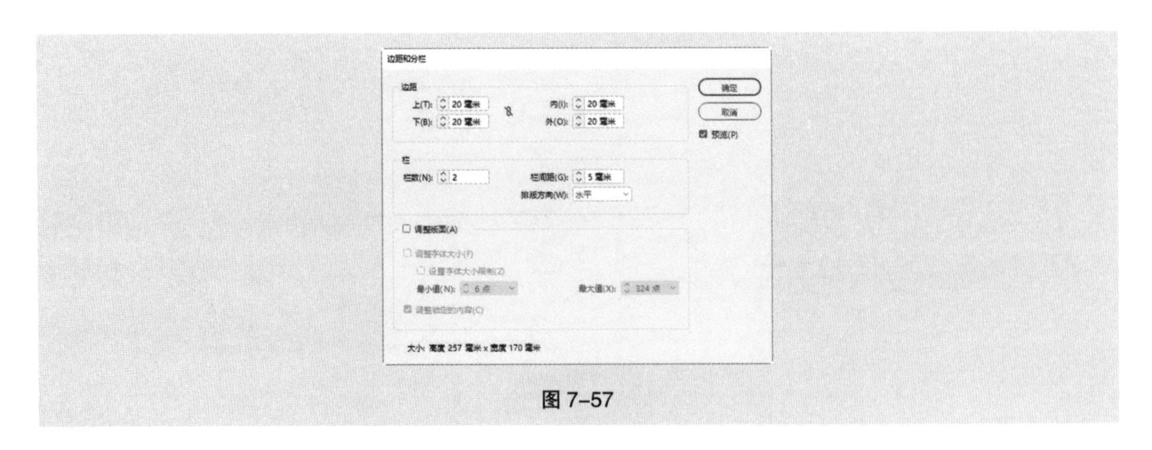

图 7-57

- “边距”选项组：用于指定边距参考线到页面的各个边缘之间的距离。
- “栏”选项组：“栏数”数值框用于设置在边距参考线内创建的分栏的数目，“栏间距”数值框用于设置栏间的宽度值。
- “排版方向”下拉列表：通过在下拉列表中选择“水平”或“垂直”选项来指定栏的方向。
- “调整版面”复选框：勾选此复选框，下方选项被激活，可调整文档版面中的页面元素。
- “调整字体大小”复选框：用于按设置的页面大小和边距，来修改文档中的字体大小。
- “设置字体大小限制”复选框：用于定义字体大小的上限值和下限值。
- “调整锁定的内容”复选框：用于调整版面中锁定的内容。

4. 创建不相等栏宽

在“页面”面板中选择要修改的跨页或页面，如图 7-58 所示。选择“视图 > 网格和参考线 > 锁定栏参考线”命令，解除栏参考线的锁定。选择选择工具，选取需要的栏参考线，按住鼠标左键拖曳鼠标指针到适当的位置，如图 7-59 所示，松开鼠标，效果如图 7-60 所示。

图 7-58　　图 7-59　　图 7-60

7.1.3 版面精确布局

1. 标尺和度量单位

可以为水平标尺和垂直标尺设置不同的度量系统。为水平标尺选择的系统将控制制表符、边距、缩进和其他度量。标尺的默认度量单位是毫米，如图 7-61 所示。

可以为屏幕上的标尺及面板和对话框设置度量单位。选择“编辑 > 首选项 > 单位和增量”命令，弹出“首选项”对话框，如图 7-62 所示，设置需要的度量单位，单击“确定”按钮即可。

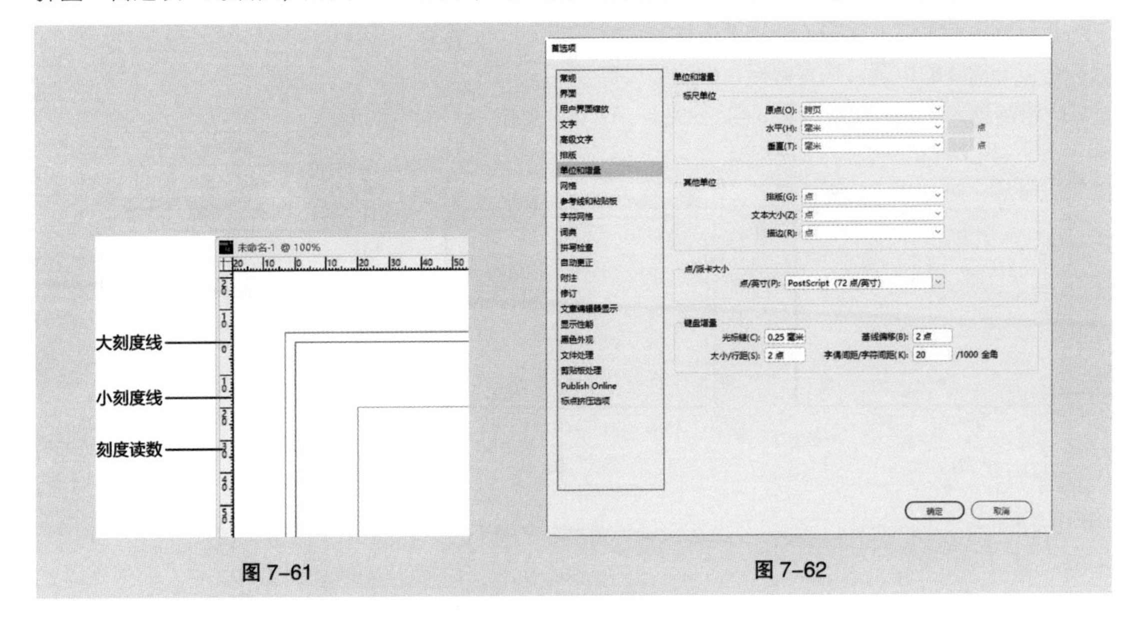

图 7-61　　图 7-62

在标尺上单击鼠标右键，在弹出的快捷菜单中选择单位可更改标尺单位。在水平标尺和垂直标尺的交叉点处单击鼠标右键，可以为两个标尺更改标尺单位。

2. 网格

选择“视图 > 网格和参考线 > 显示 > 隐藏文档网格”命令，可显示或隐藏文档网格。

选择“编辑 > 首选项 > 网格”命令，弹出“首选项”对话框，如图 7-63 所示，设置需要的网格选项，单击“确定”按钮即可。

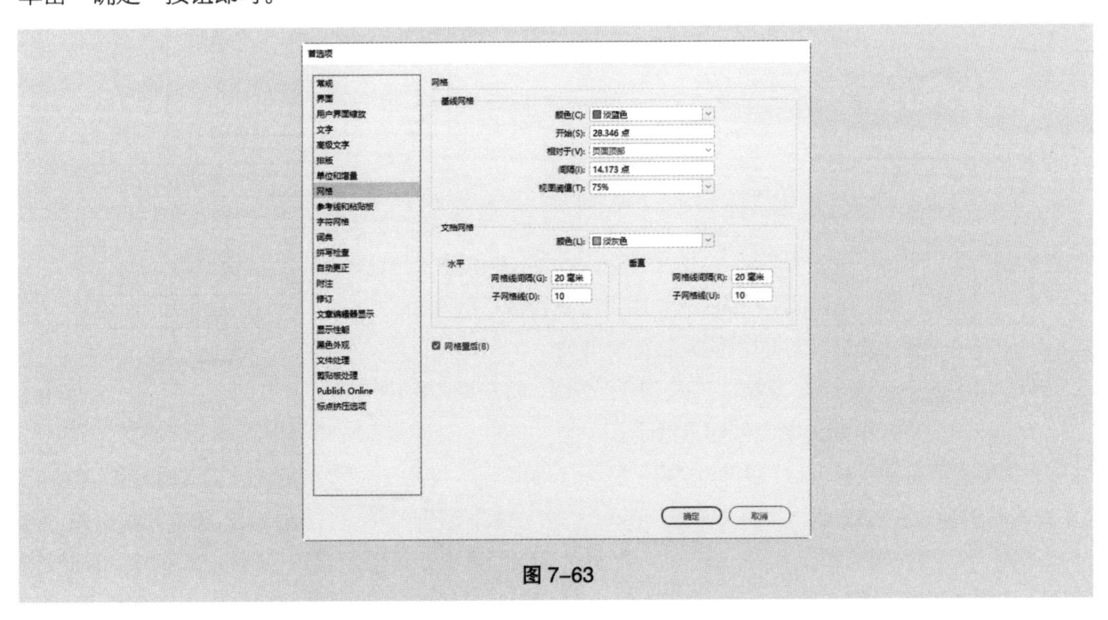

图 7-63

选择“视图 > 网格和参考线 > 靠齐文档网格”命令，将对象拖向网格，对象的一角将与网格 4 个角点中的一个靠齐，可靠齐文档网格中的对象。在按住 Ctrl 键的同时，可以靠齐网格网眼的 9 个特殊位置。

3．标尺参考线

◎ 创建标尺参考线

将鼠标指针定位到水平（或垂直）标尺上，如图 7-64 所示，按住鼠标左键不放拖曳鼠标指针到目标跨页上需要的位置，松开鼠标，创建标尺参考线，如图 7-65 所示。如果将参考线拖曳到粘贴板上，它将跨越该粘贴板和跨页，如图 7-66 所示；如果将参考线拖曳到页面上，它将变为页面参考线。

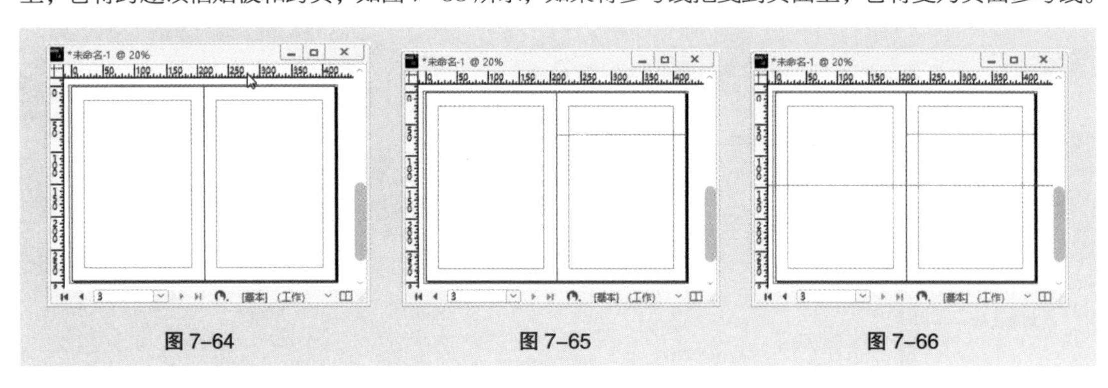

图 7-64　　图 7-65　　图 7-66

在按住 Ctrl 键的同时，将参考线从水平（或垂直）标尺上拖曳到目标跨页，可以在粘贴板不可见时创建跨页参考线。双击水平或垂直标尺上的特定位置，可在不拖曳参考线的情况下创建跨页参考线。如果要将参考线与最近的刻度线对齐，可在双击标尺时按住 Shift 键。

选择“版面 > 创建参考线”命令，弹出“创建参考线”对话框，设置需要的选项，如图 7-67 所示，单击“确定”按钮，效果如图 7-68 所示。其中主要选项的功能如下。

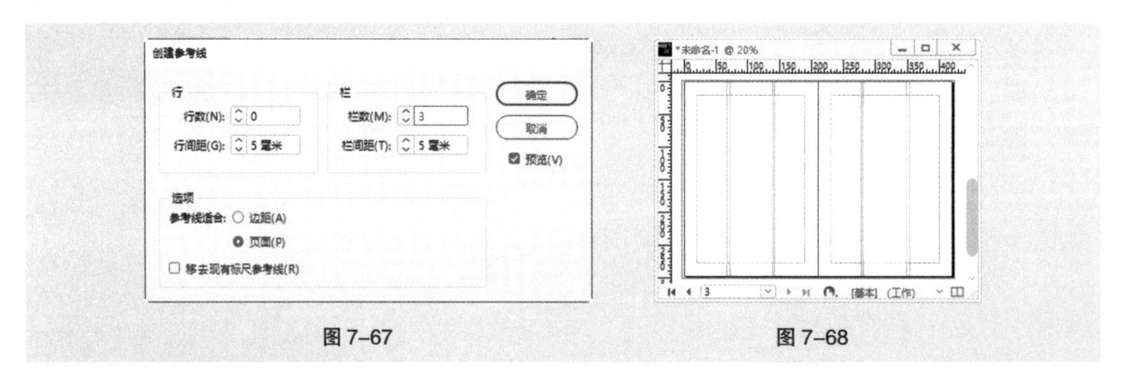

图 7-67　　图 7-68

- “行数”和“栏数”数值框：用于指定要创建的行或栏的数目。
- “行间距”和“栏间距”数值框：用于指定行或栏的间距。

创建的栏在置入文本文件时不能控制文本排列。

- “参考线适合”选项：选择“边距”单选按钮，将在页边距内的版心区域创建参考线，选择“页面”单选按钮，将在页面边缘内创建参考线。
- “移去现有标尺参考线”复选框：用于删除任何现有参考线（包括锁定或隐藏图层上的参考线）。

◎ 编辑标尺参考线

选择“视图 > 网格和参考线 > 显示 > 隐藏参考线”命令，可显示或隐藏所有边距、栏和标尺参考线。选择“视图 > 网格和参考线 > 锁定参考线”命令，可锁定参考线。

按 Ctrl+Alt+G 组合键，选择目标跨页上的所有标尺参考线。选择一个或多个标尺参考线，按 Delete 键，可删除参考线。也可以拖曳标尺参考线到标尺上，将其删除。

7.2 使用主页

主页相当于一个可以快速应用到多个页面的背景。主页上的对象将显示在应用该主页的所有页面上，且将显示在文档页面中同一图层的对象之后。对主页进行的更改将自动应用到关联的页面上。

7.2.1 课堂案例——制作美妆杂志内页

【案例学习目标】学习使用“置入”命令置入素材图片；使用“页面”面板编辑页面，使用文字工具和“段落”面板制作美妆杂志内页，使用“页码和章节选项”命令更改起始页码，使用“当前页码”命令添加自动页码。

【案例知识要点】使用文字工具和填充工具添加标题及杂志内容，使用“段落样式”面板设置文字新样式，使用“投影”命令为图片添加投影效果，效果如图 7–69 所示。

【效果所在位置】云盘 > Ch07 > 效果 > 制作美妆杂志内页 .indd。

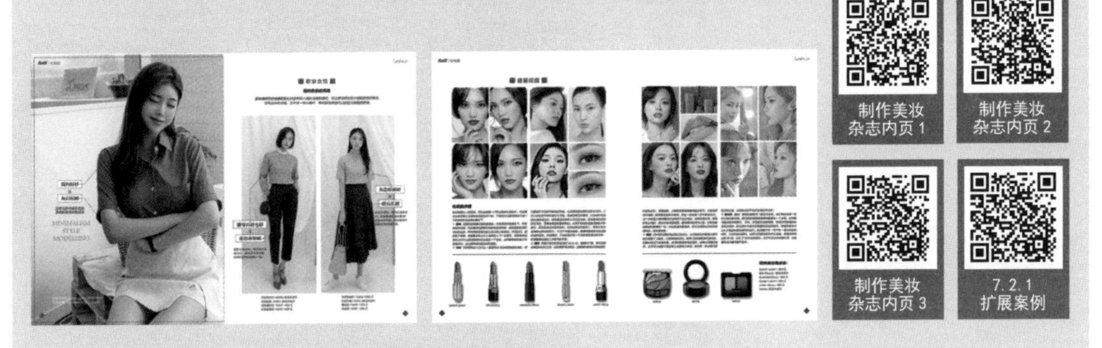

图 7–69

1．制作主页内容

（1）打开 InDesign CC 2019，选择“文件 > 新建 > 文档”命令，弹出“新建文档”对话框，设置如图 7–70 所示。单击“边距和分栏”按钮，弹出“新建边距和分栏”对话框，设置如图 7–71 所示，单击“确定”按钮，新建一个页面。选择“视图 > 其他 > 隐藏框架边缘”命令，将所绘制图形的框架边缘隐藏。

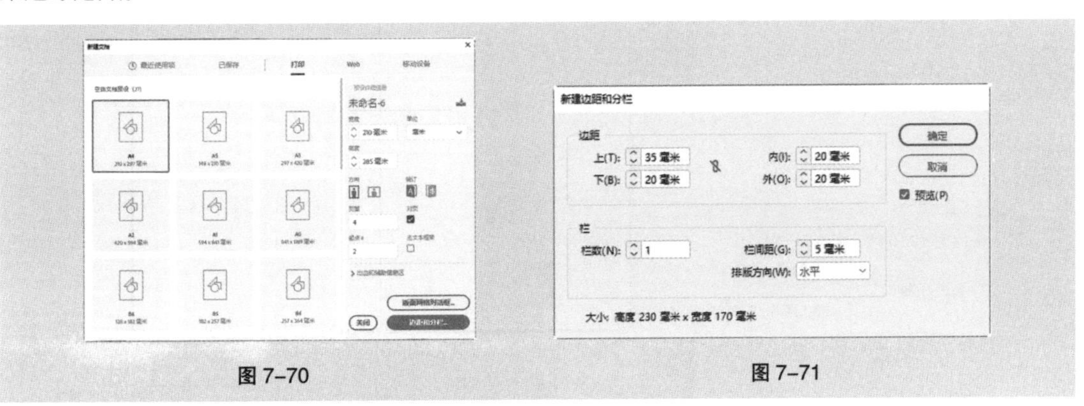

图 7–70　　图 7–71

（2）选择“窗口 > 页面”命令，弹出“页面”面板。在按住 Shift 键的同时，单击所有页面的图标，将其全部选取，如图 7-72 所示。单击面板右上方的≡图标，在弹出的菜单中取消选择“允许选定的跨页随机排布”命令，如图 7-73 所示。

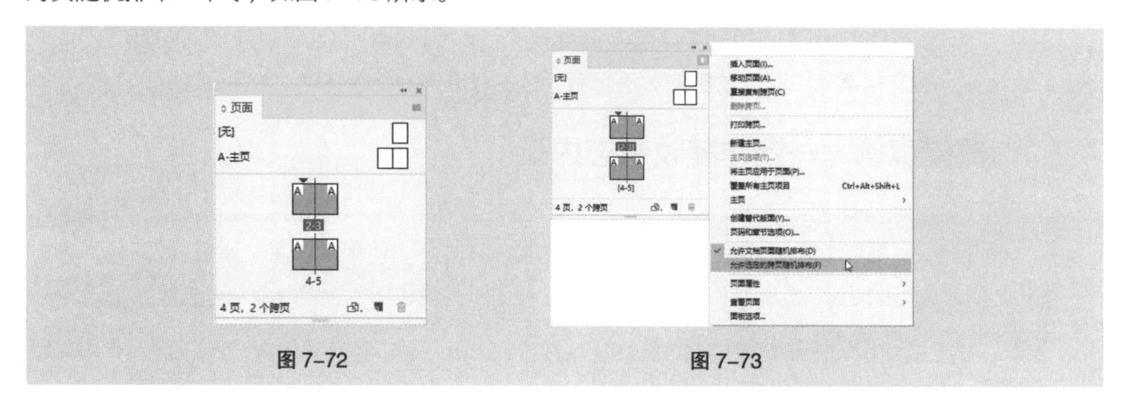

图 7-72　　图 7-73

（3）双击第二页的页面图标，如图 7-74 所示。选择“版面 > 页码和章节选项”命令，弹出“页码和章节选项”对话框，设置如图 7-75 所示。单击“确定”按钮，“页面”面板显示如图 7-76 所示。

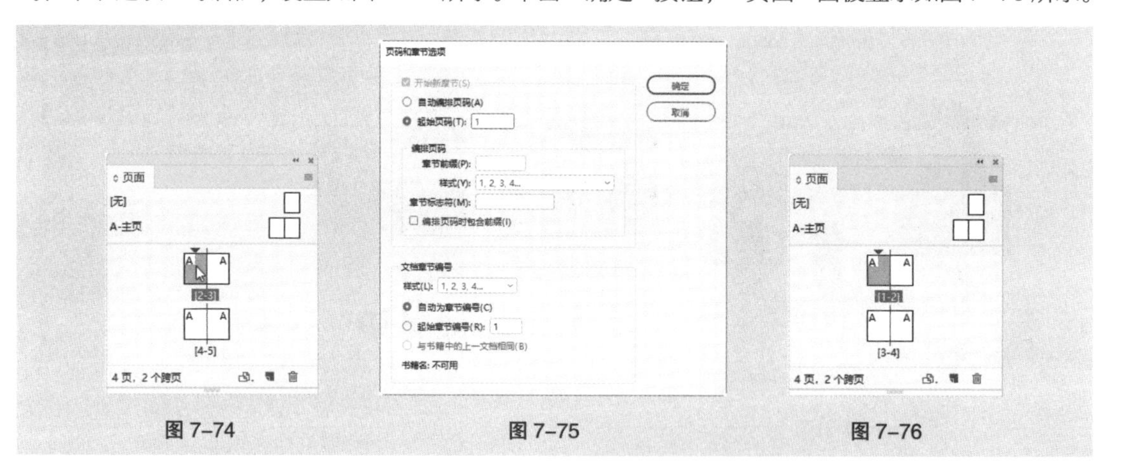

图 7-74　　图 7-75　　图 7-76

（4）在“状态栏”中单击“文档所属页面”选项右侧的 按钮，在弹出的页码中选择“A- 主页”。按 Ctrl+R 组合键，显示标尺。选择选择工具 ，在页面外拖曳出一条水平参考线，在“控制”面板中将“Y”轴选项设为 280 毫米，如图 7-77 所示。按 Enter 键确定操作，效果如图 7-78 所示。

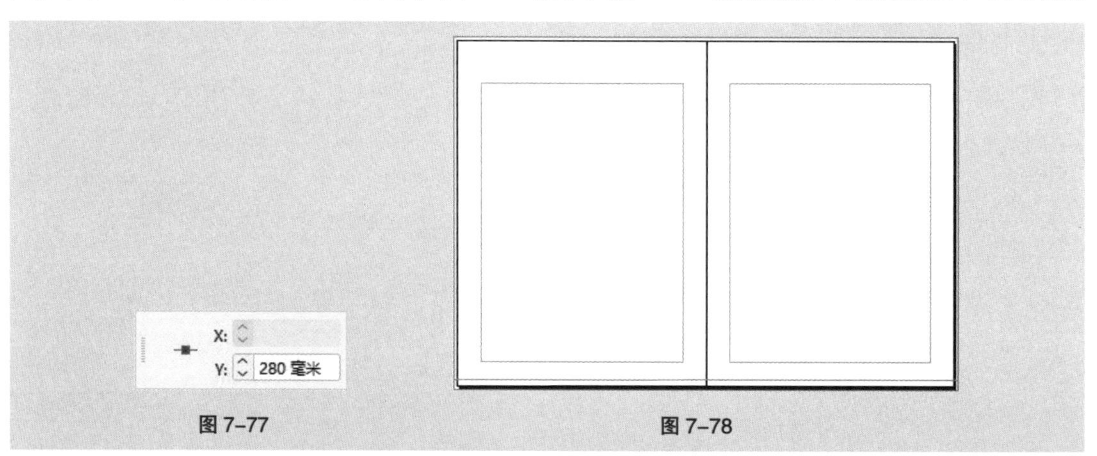

图 7-77　　图 7-78

（5）选择选择工具▶，在页面中拖曳出一条垂直参考线，在“控制”面板中将“X”轴选项设为5毫米，如图7-79所示。按Enter键确定操作，效果如图7-80所示。保持参考线的选取状态，并在“控制”面板中将“X”轴选项设为415毫米，按Alt+Enter组合键，确定操作，效果如图7-81所示。选择“视图 > 网格和参考线 > 锁定参考线”命令，将参考线锁定。

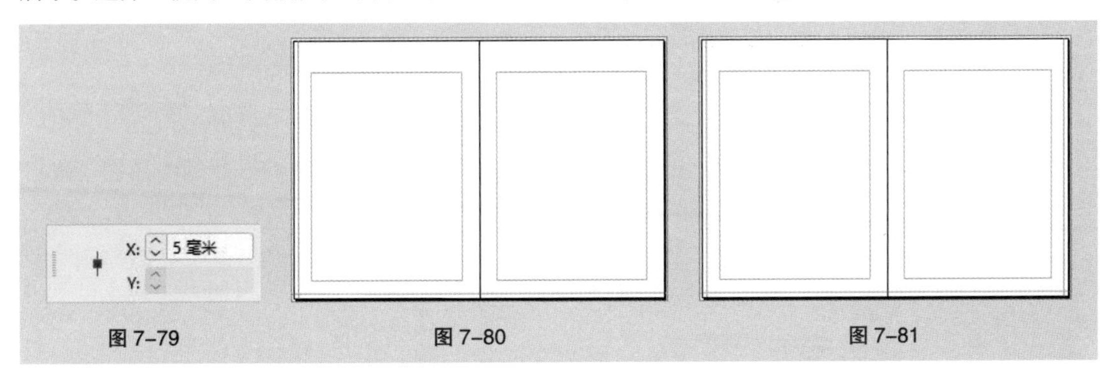

图7-79　图7-80　图7-81

（6）选择文字工具T，在页面左上角分别拖曳出两个文本框，输入需要的文字，选取输入的文字，在“控制”面板中分别选择合适的字体并设置文字大小，取消文字的选取状态，效果如图7-82所示。

（7）选择选择工具▶，选取文字“女装篇”，单击工具箱中的“格式针对文本”按钮T，设置文字填充色的CMYK值为0、68、100、43，填充文字，效果如图7-83所示。

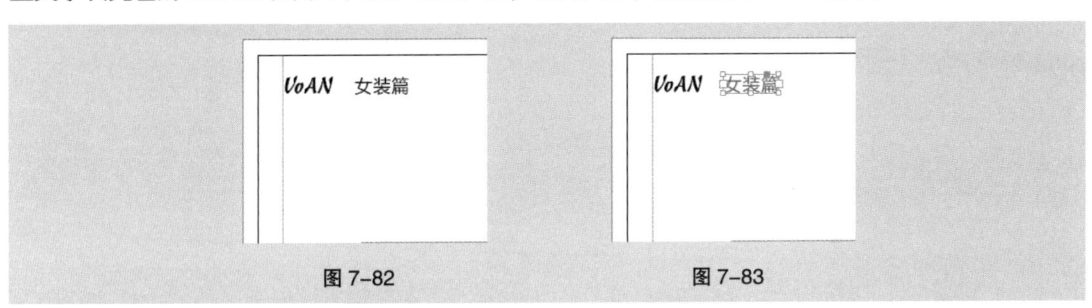

图7-82　图7-83

（8）选择直线工具╱，在按住Shift键的同时，在适当的位置拖曳鼠标绘制一条竖线，在“控制”面板中将“描边粗细”选项 0.283点 设为“0.5点”，按Enter键，效果如图7-84所示。

（9）选择文字工具T，在跨页右上角拖曳出一个文本框，输入需要的文字。选取输入的文字，在“控制”面板中选择合适的字体并设置文字大小，效果如图7-85所示。

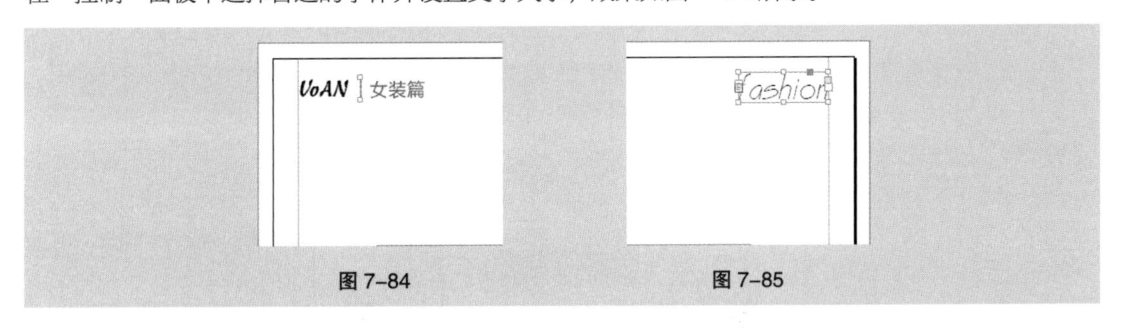

图7-84　图7-85

（10）选择矩形工具□，在按住Shift键的同时，在页面左下角绘制一个正方形。设置图形填充色的CMYK值为0、68、100、43，填充图形，并设置描边色为无，效果如图7-86所示。在“控制”面板中将“旋转角度”选项 0° 设为“45°”，按Enter键，效果如图7-87所示。

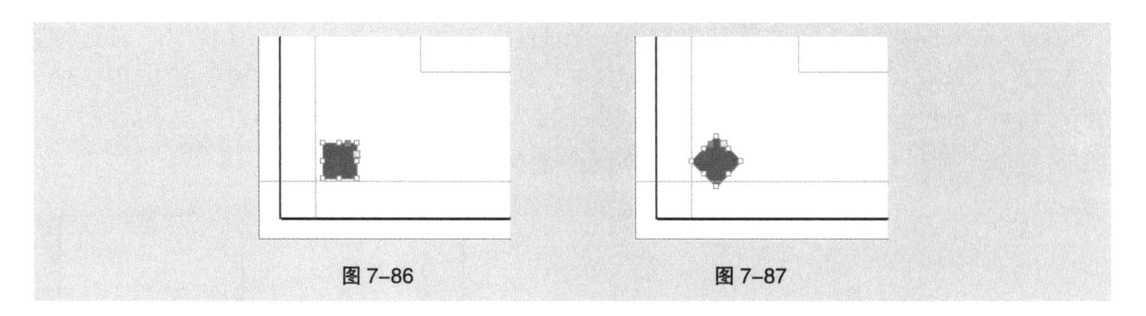

图 7-86　　图 7-87

（11）选择“对象 > 角选项”命令，在弹出的对话框中进行设置，如图 7-88 所示。单击“确定”按钮，效果如图 7-89 所示。

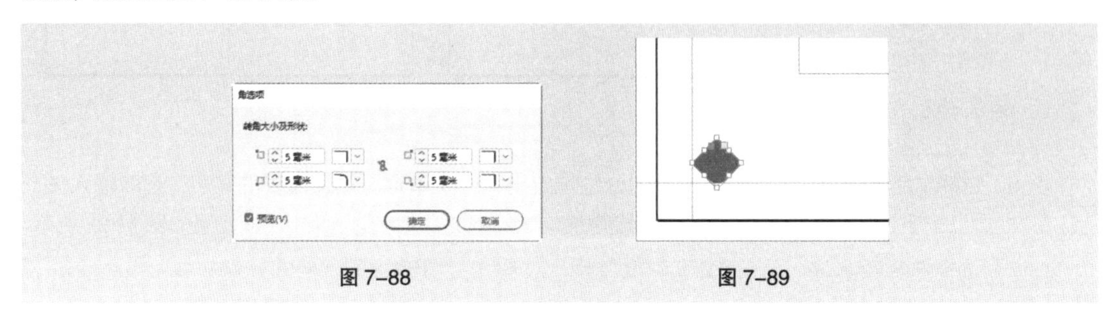

图 7-88　　图 7-89

（12）选择文字工具 T，在适当的位置拖曳出一个文本框。按 Ctrl+Shift+Alt+N 组合键，在文本框中添加自动页码，如图 7-90 所示。选取添加的页码，在“控制”面板中选择合适的字体并设置文字大小，效果如图 7-91 所示。

（13）选择选择工具 ▶，选取页码，选择“对象 > 适合 > 使框架适合内容”命令，使文本框适合文字，如图 7-92 所示。

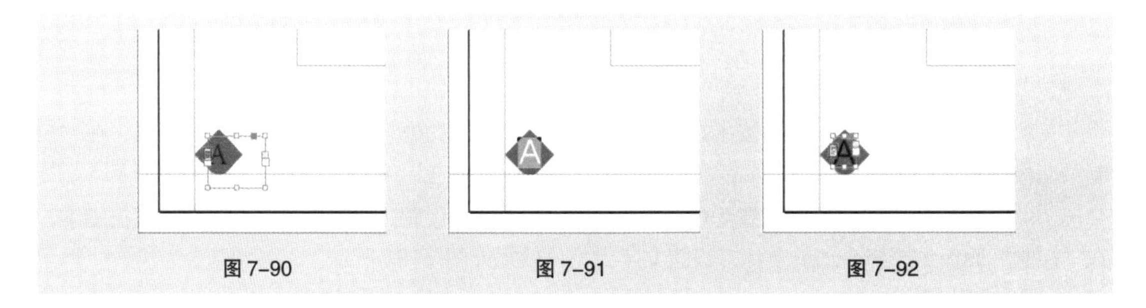

图 7-90　　图 7-91　　图 7-92

（14）选择选择工具 ▶，用框选的方法将图形和页码全部选取，按 Ctrl+G 组合键，将其编组，如图 7-93 所示。在按住 Alt+Shift 组合键的同时，用鼠标向右拖曳编组文字到跨页上适当的位置，复制页码，效果如图 7-94 所示。

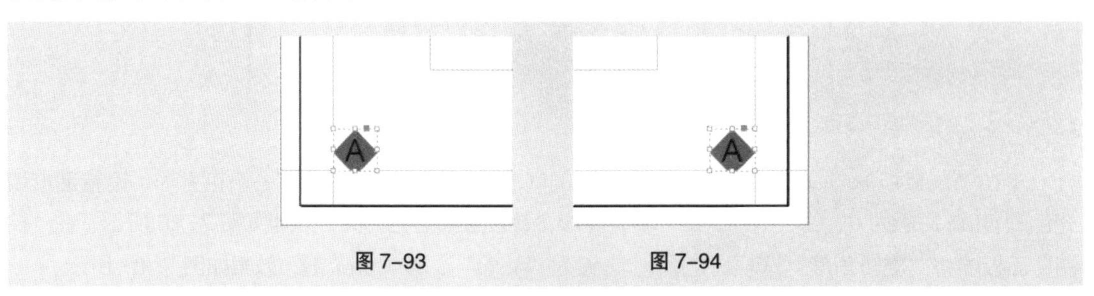

图 7-93　　图 7-94

（15）单击“页面”面板右上方的≡图标，在弹出的菜单中选择“直接复制主页跨页‘A- 主页’（C）”命令，将“A- 主页”的内容直接复制到自动创建的“B- 主页”中，“页面”面板如图 7-95 所示，页面效果如图 7-96 所示。

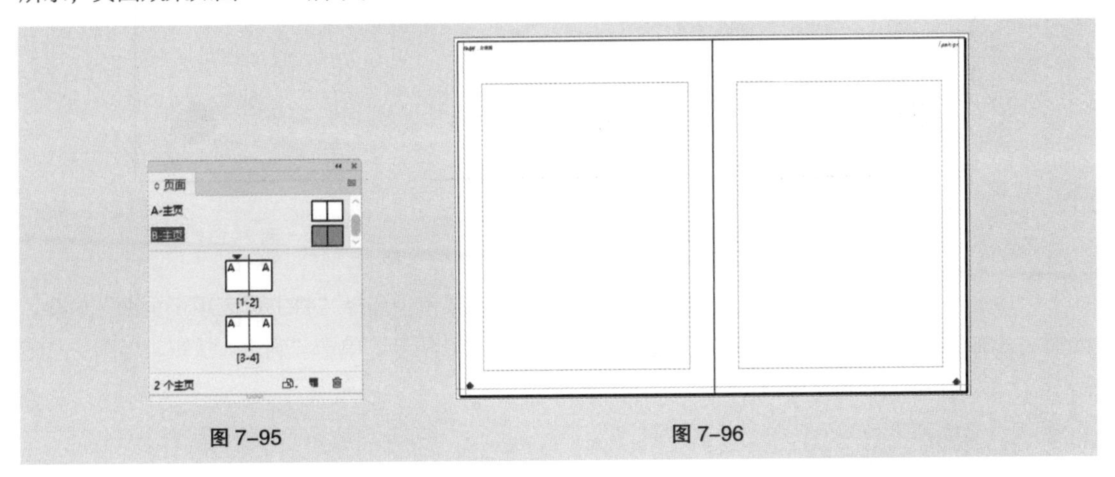

图 7-95 图 7-96

（16）选择“版面 > 边距和分栏”命令，弹出“边距和分栏”对话框，选项的设置如图 7-97 所示。单击“确定”按钮，页面如图 7-98 所示。

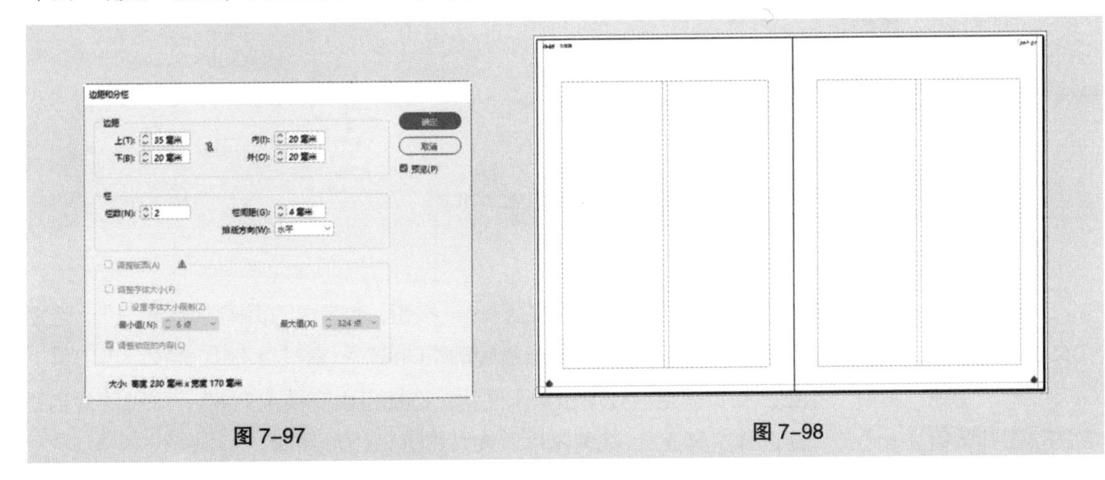

图 7-97 图 7-98

（17）放大显示视图。选择文字工具 T，选取文字“女装篇”，如图 7-99 所示。重新输入需要的文字，如图 7-100 所示。选择选择工具 ▶，选取文字，单击工具箱中的“格式针对文本”按钮 T，设置文字填充色的 CMYK 值为 0、100、100、43，填充文字，效果如图 7-101 所示。

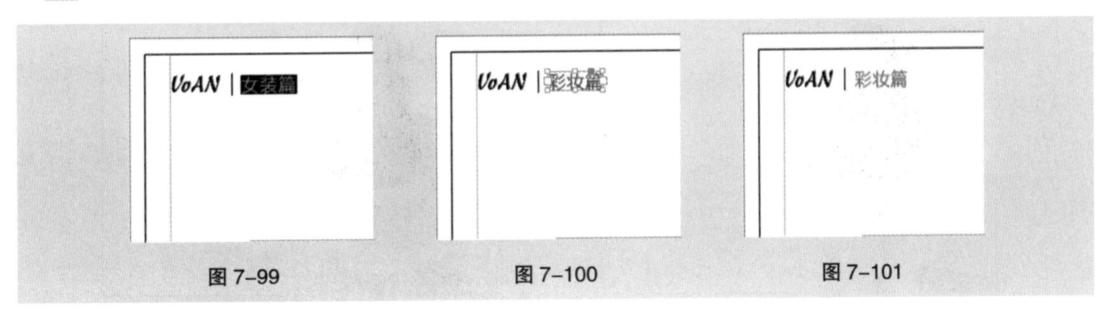

图 7-99 图 7-100 图 7-101

（18）调整显示视图。选择直接选择工具 ▷，选取菱形，如图 7-102 所示。设置图形填充色的 CMYK 值为 0、100、100、43，填充图形，效果如图 7-103 所示。用相同的方法修改跨页上菱形的颜色，效果如图 7-104 所示。

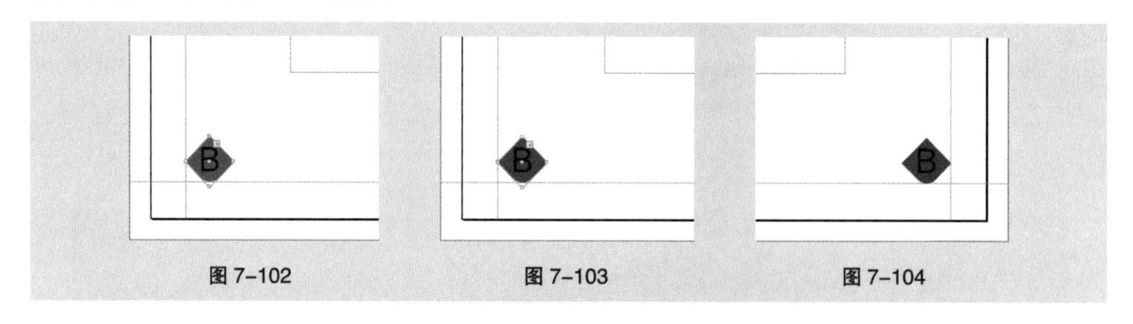

图 7-102　　图 7-103　　图 7-104

（19）单击“页面”面板右上方的≡图标，在弹出的菜单中选择“将主页应用于页面”命令，如图 7-105 所示。在弹出的对话框中进行设置，如图 7-106 所示。单击“确定”按钮，如图 7-107 所示。

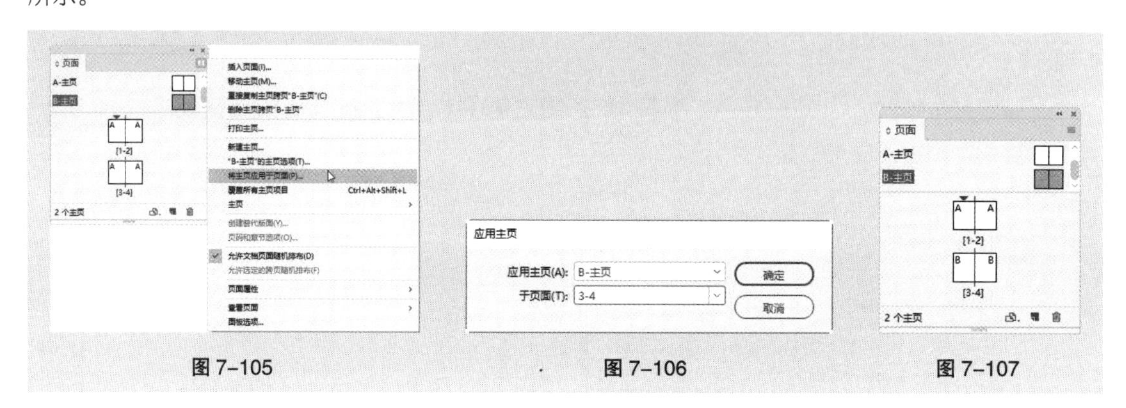

图 7-105　　图 7-106　　图 7-107

2. 制作内页 1 和 2

（1）在“状态栏”中单击“文档所属页面”选项右侧的按钮，在弹出的页码中选择“1”。选择“文件 > 置入”命令，弹出“置入”对话框，选择云盘中的“Ch07 > 素材 > 制作美妆杂志内页 > 01”文件，单击“打开”按钮，在页面空白处单击置入图片。选择自由变换工具，拖曳图片到适当的位置并调整其大小。选择选择工具，裁剪图片，效果如图 7-108 所示。

（2）在“页面”面板中双击选取页面“1”，单击“页面”面板右上方的≡图标，在弹出的菜单中选择“覆盖所有主页项目”命令，将主页项目覆盖到页面中。按 Ctrl+Shift+［组合键，将图片置于最底层，效果如图 7-109 所示。

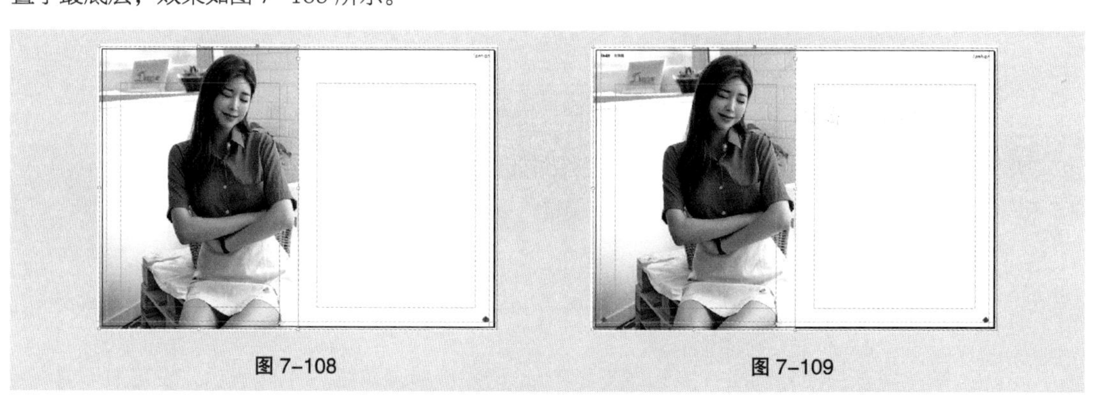

图 7-108　　图 7-109

（3）选择矩形工具，在适当的位置拖曳鼠标绘制一个矩形，填充图形为白色。在“控制”面板中将“描边粗细”选项 0.283 点 设为“0.5 点”，按 Enter 键，效果如图 7–110 所示。

（4）选择文字工具T，在适当的位置拖曳出一个文本框，输入需要的文字并选取文字，在“控制”面板中选择合适的字体并设置文字大小，效果如图 7–111 所示。

（5）选择椭圆工具，在按住 Shift 键的同时，在适当的位置拖曳鼠标绘制一个圆形，按 Shift+X 组合键，互换填色和描边，取消选取状态，效果如图 7–112 所示。

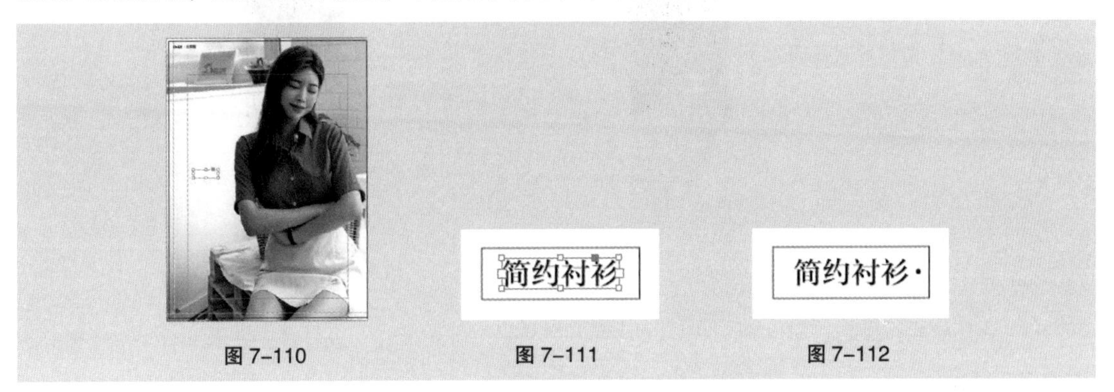

图 7–110　　图 7–111　　图 7–112

（6）选择钢笔工具，在适当的位置绘制一条折线，如图 7–113 所示。选择“窗口 > 描边”命令，弹出“描边”面板，在“终点箭头”下拉列表中选择“实心圆”，其他选项的设置如图 7–114 所示。按 Enter 键，效果如图 7–115 所示。

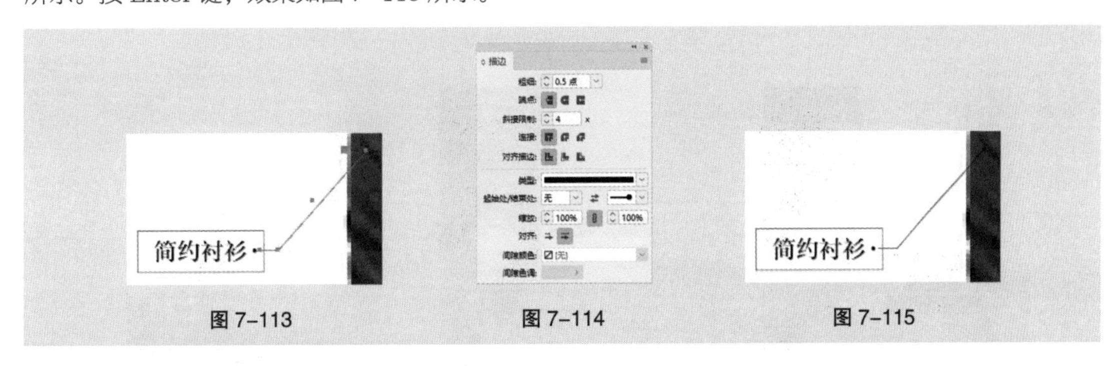

图 7–113　　图 7–114　　图 7–115

（7）选择选择工具，在按住 Shift 键的同时，依次单击图形和文字将其同时选取。在按住 Alt+Shift 组合键的同时，垂直向下拖曳图形和文字到适当的位置，复制图形和文字，效果如图 7–116 所示。选择文字工具T，重新输入需要的文字，效果如图 7–117 所示。

（8）选择文字工具T，在适当的位置拖曳出一个文本框，输入需要的文字并选取文字，在“控制”面板中选择合适的字体并设置文字大小，效果如图 7–118 所示。

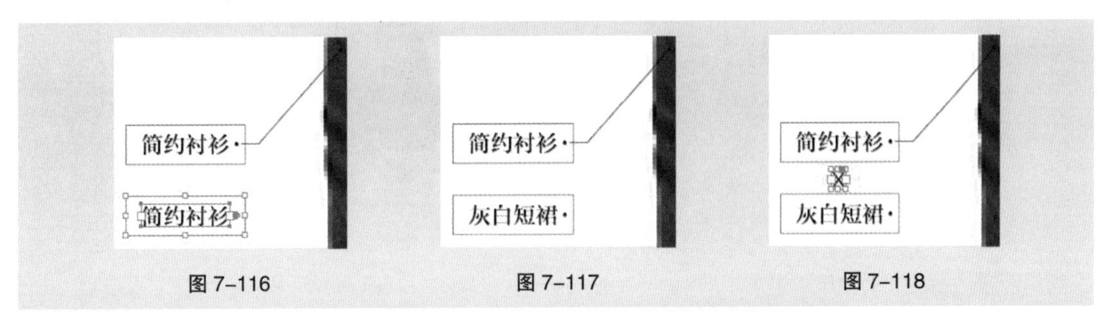

图 7–116　　图 7–117　　图 7–118

（9）用相同的方法再绘制一条折线，并设置相同的终点，效果如图 7–119 所示。分别选取并复制记事本文档中需要的文字。返回到 InDesign 页面中，选择文字工具 T，在适当的位置分别拖曳出文本框，将复制的文字粘贴到文本框中。分别选取输入的文字，在“控制”面板中分别选择合适的字体并设置文字大小，效果如图 7–120 所示。

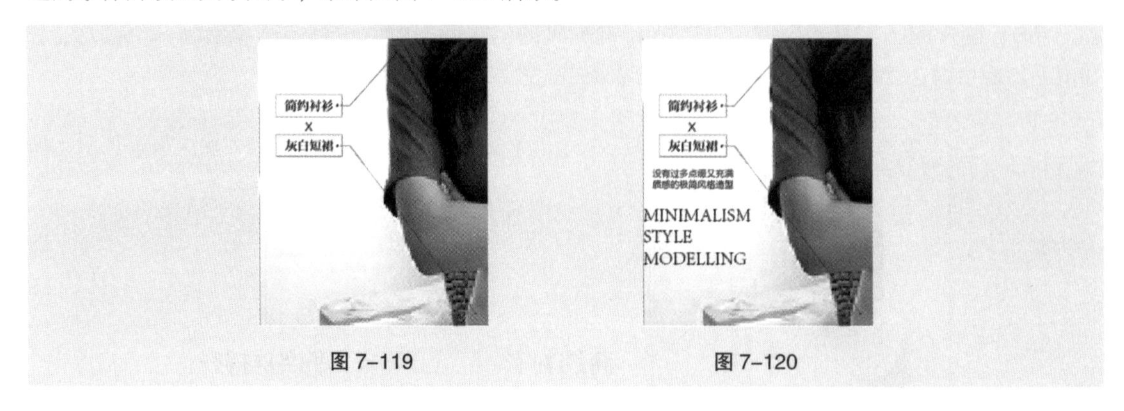

图 7–119　　图 7–120

（10）选择文字工具 T，选取下方英文文字，在“控制”面板中单击“居中对齐”按钮，文字对齐效果如图 7–121 所示。设置文字填充色的 CMYK 值为 0、68、100、43，填充文字，取消选取状态，效果如图 7–122 所示。

（11）选取并复制记事本文档中需要的文字。返回到 InDesign 页面中，选择文字工具 T，在适当的位置拖曳出一个文本框，将复制的文字粘贴到文本框中。选取输入的文字，在“控制”面板中选择合适的字体并设置文字大小，填充文字为白色，效果如图 7–123 所示。

图 7–121　　图 7–122　　图 7–123

（12）在“页面”面板中双击选取页面“2”，选择“版面 > 边距和分栏”命令，弹出“边距和分栏”对话框，选项的设置如图 7–124 所示。单击“确定”按钮，页面如图 7–125 所示。

图 7–124　　图 7–125

（13）选取并复制记事本文档中需要的文字。返回到 InDesign 页面中，选择文字工具 T，在适当的位置拖曳出一个文本框，将复制的文字粘贴到文本框中。选取输入的文字，在“控制”面板中选择合适的字体并设置文字大小，效果如图 7–126 所示。在“控制”面板中将“字符间距”选项 设为“100”，按 Enter 键，效果如图 7–127 所示。

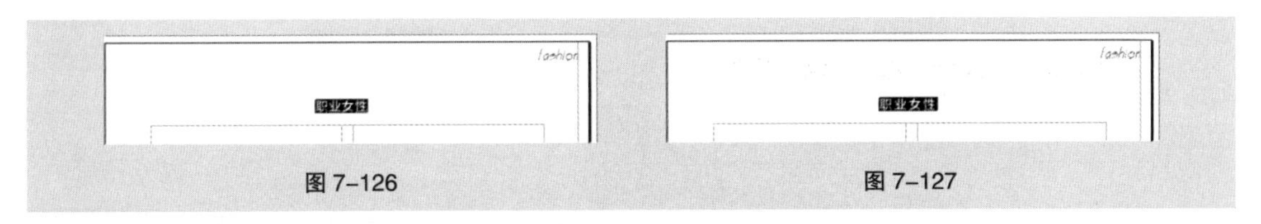

图 7–126　　图 7–127

（14）保持文字的选取状态。设置文字填充色的 CMYK 值为 0、68、100、43，填充文字，效果如图 7–128 所示。选择选择工具，选取文字，按 F11 键，弹出“段落样式”面板，单击面板下方的“创建新样式”按钮，生成新的段落样式并将其命名为“一级标题”，如图 7–129 所示。

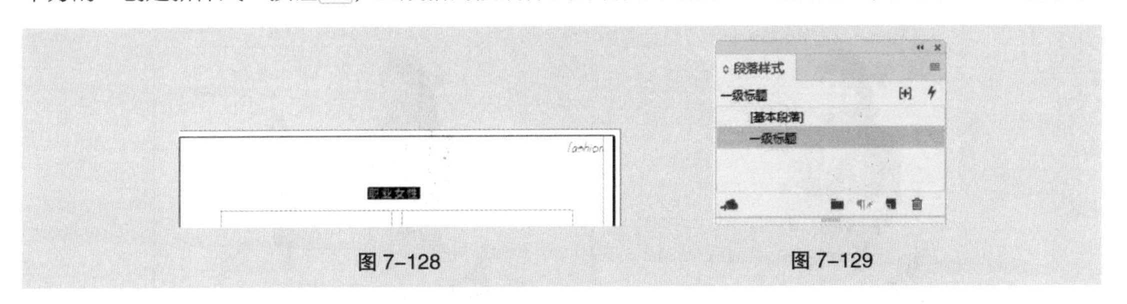

图 7–128　　图 7–129

（15）选择矩形工具，在按住 Shift 键的同时，在文字左侧绘制一个正方形。设置图形填充色的 CMYK 值为 0、68、100、43，填充图形，并设置描边色为无，效果如图 7–130 所示。选择选择工具，在按住 Alt+Shift 组合键的同时，水平向右拖曳图形到适当的位置，复制图形，效果如图 7–131 所示。

图 7–130　　图 7–131

（16）分别选取并复制记事本文档中需要的文字。返回到 InDesign 页面中，选择文字工具 T，在适当的位置分别拖曳出文本框，将复制的文字粘贴到文本框中。分别选取输入的文字，在“控制”面板中分别选择合适的字体并设置文字大小，取消文字的选取状态，效果如图 7–132 所示。

（17）选择选择工具，选取文字“简约色系的‘冷淡’风格”，单击“段落样式”面板下方的“创建新样式”按钮，生成新的段落样式并将其命名为“二级标题”，如图 7–133 所示。

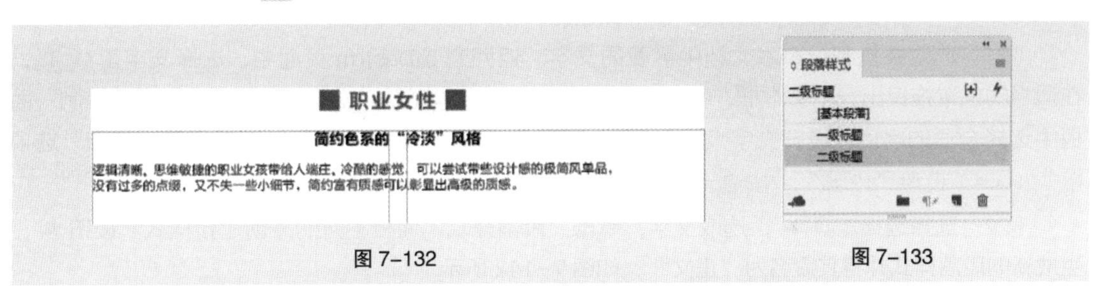

图 7–132　　图 7–133

（18）选择文字工具 T，选取下方需要的文字，在“控制”面板中将“行距”选项 (14.4 点 设为“14 点”，按 Enter 键，效果如图 7-134 所示。再单击“控制”面板中的“居中对齐”按钮，取消选取状态，文字对齐效果如图 7-135 所示。

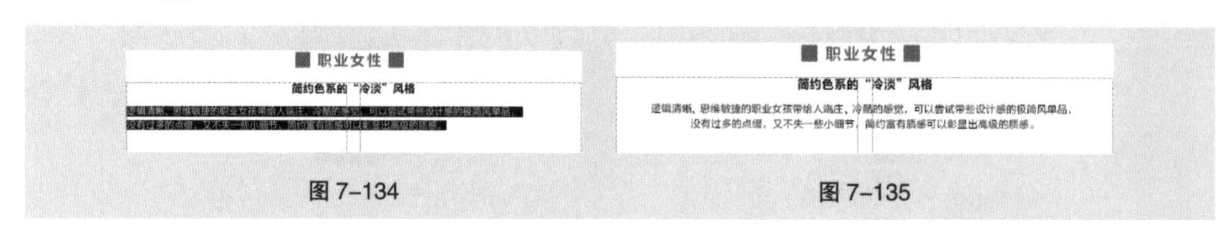

图 7-134　　图 7-135

（19）选择矩形工具，在适当的位置绘制一个矩形，如图 7-136 所示。取消选取状态，选择“文件 > 置入”命令，弹出“置入”对话框，选择云盘中的“Ch07 > 素材 > 制作美妆杂志内页 > 02”文件，单击“打开”按钮，在页面空白处单击，置入图片。选择“自由变换”工具，拖曳图片到适当的位置并调整其大小，效果如图 7-137 所示。

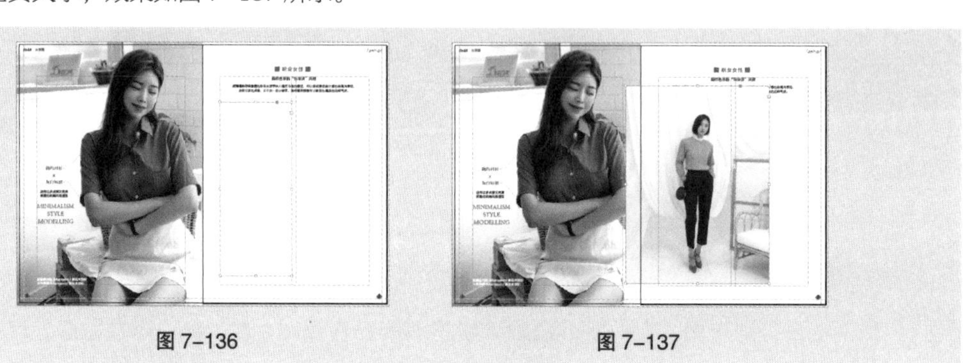

图 7-136　　图 7-137

（20）按 Ctrl+X 组合键，将图片剪切到剪贴板上。选择选择工具，选中下方的矩形，选择“编辑 > 贴入内部”命令，将图片贴入矩形框的内部，并设置描边色为无，效果如图 7-138 所示。用相同的方法利用左侧图片的标注步骤标注右侧图片，效果如图 7-139 所示。

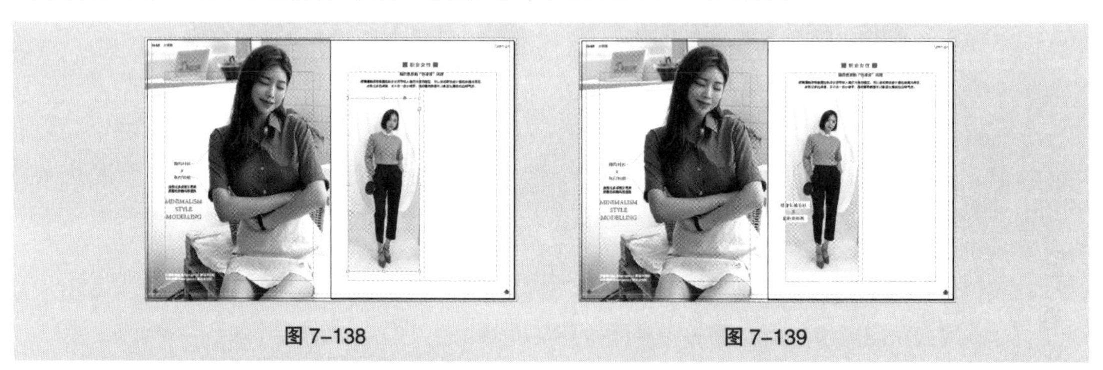

图 7-138　　图 7-139

（21）选取并复制记事本文档中需要的文字。返回到 InDesign 页面中，选择文字工具 T，在适当的位置拖曳出一个文本框，将复制的文字粘贴到文本框中。选取所有的文字，在“控制”面板中选择合适的字体并设置文字大小，效果如图 7-140 所示。在“控制”面板中将“行距”选项 (14.4 点 设为“12 点”，按 Enter 键，效果如图 7-141 所示。

（22）选择选择工具，选取文字，单击“段落样式”面板下方的“创建新样式”按钮，生成新的段落样式并将其命名为“正文”，如图 7-142 所示。

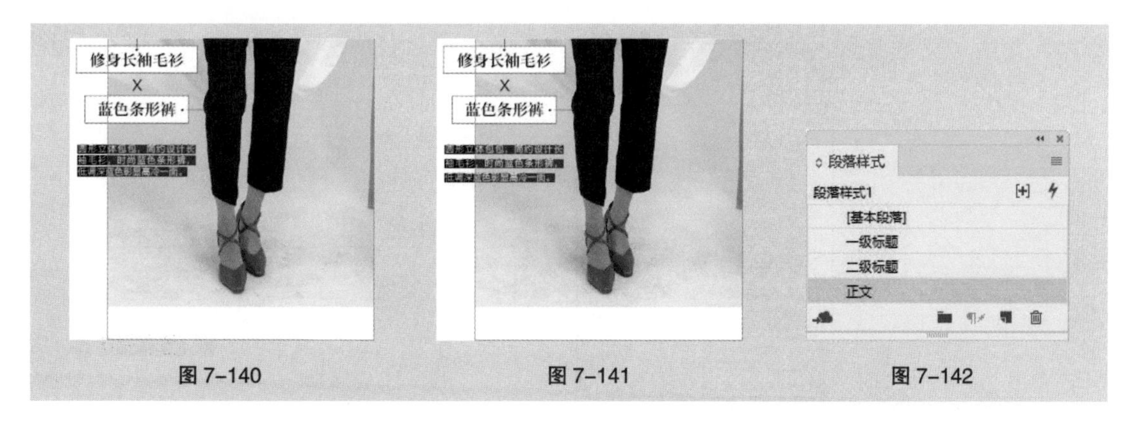

图 7–140　　图 7–141　　图 7–142

（23）选取并复制记事本文档中需要的文字。返回到 InDesign 页面中，选择文字工具 T，在适当的位置拖曳出一个文本框，将复制的文字粘贴到文本框中，效果如图 7–143 所示。

（24）选择选择工具，同时选取输入的文字，在“段落样式”面板中单击“正文”样式，如图 7–144 所示，文字效果如图 7–145 所示。

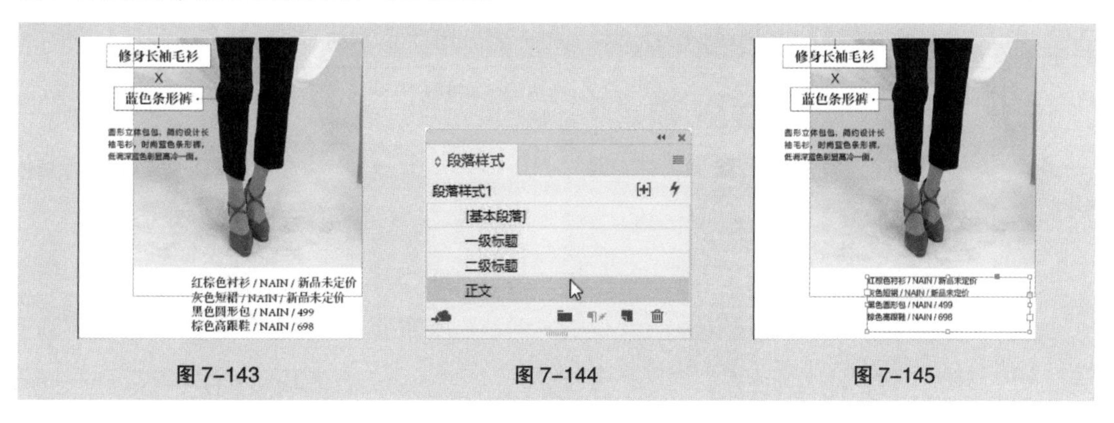

图 7–143　　图 7–144　　图 7–145

（25）使用相同的方法置入其他图片并制作图 7–146 所示的效果。选择选择工具，用框选的方法选取需要的图形和文字，如图 7–147 所示。按 Ctrl+C 组合键，复制图形和文字。

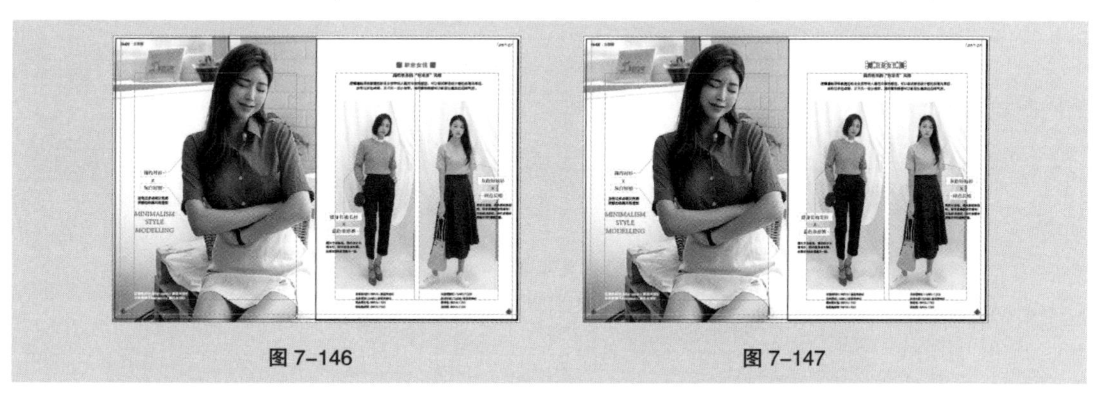

图 7–146　　图 7–147

3. 制作内页 3 和 4

（1）在“状态栏”中单击“文档所属页面”选项右侧的按钮，在弹出的页码中选择“3”。按 Ctrl+V 组合键，粘贴图形和文字，并将其拖曳到适当的位置，效果如图 7–148 所示。选择文字工具 T，选取文字“职业女性”，如图 7–149 所示。

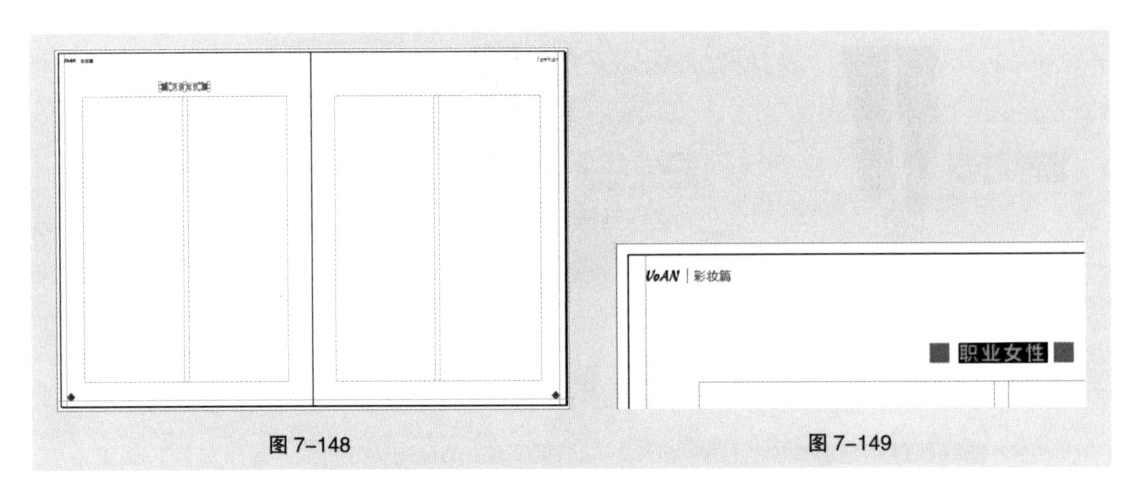

图 7-148　　图 7-149

（2）重新输入文字“盛夏花园”，效果如图 7-150 所示。选择选择工具，选取文字，单击工具箱中的“格式针对文本”按钮，设置文字填充色的 CMYK 值为 0、100、100、43，填充文字，效果如图 7-151 所示。

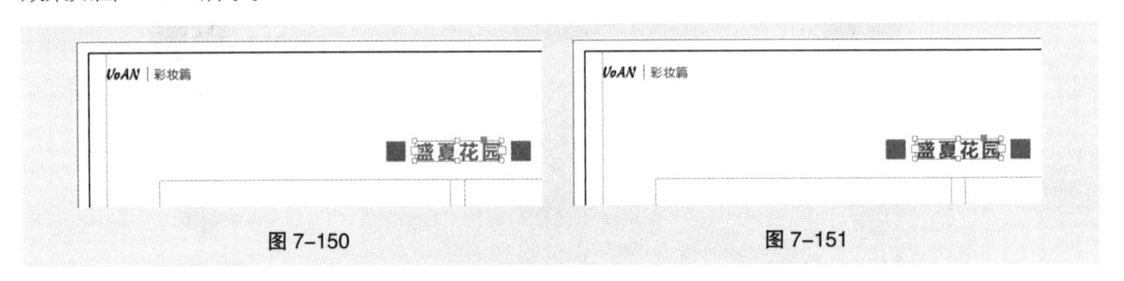

图 7-150　　图 7-151

（3）选择选择工具，在按住 Shift 键的同时，选取需要的正方形，设置图形填充色的 CMYK 值为 0、100、100、43，填充图形，效果如图 7-152 所示。选择矩形工具，在适当的位置绘制一个矩形，如图 7-153 所示。

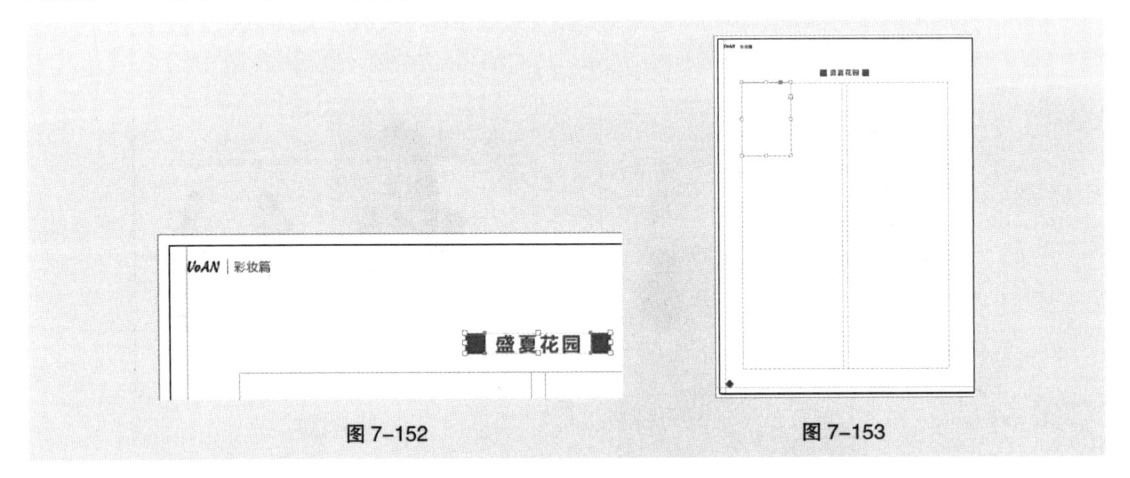

图 7-152　　图 7-153

（4）选择选择工具，在按住 Alt+Shift 组合键的同时，水平向右拖曳图形到适当的位置，复制图形，效果如图 7-154 所示。按住 Shift 键，单击原图形将其同时选取，在按住 Alt+Shift 组合键的同时，水平向右拖曳图形到适当的位置，复制图形，效果如图 7-155 所示。用相同的方法再复制一组图形，效果如图 7-156 所示。

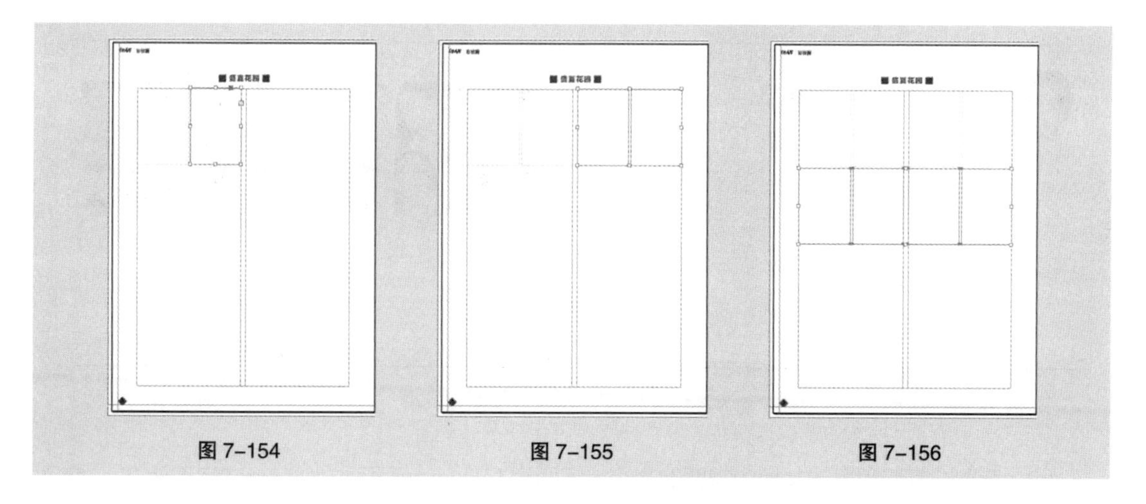

图 7-154　　图 7-155　　图 7-156

（5）选择选择工具，选取最后一个矩形，向上拖曳矩形下边中间的控制手柄到适当的位置，调整其大小，效果如图 7-157 所示。在按住 Alt+Shift 组合键的同时，垂直向下拖曳图形到适当的位置，复制图形，效果如图 7-158 所示。取消图形的选取状态。

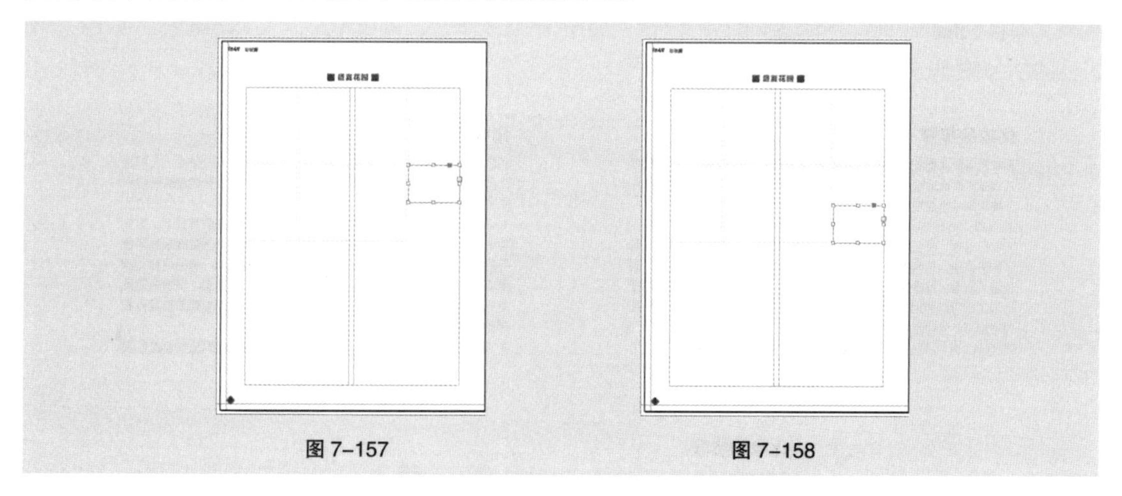

图 7-157　　图 7-158

（6）选择“文件 > 置入”命令，弹出“置入”对话框，选择云盘中的“Ch07 > 素材 > 制作美妆杂志内页 > 04”文件，单击“打开”按钮，在页面空白处单击置入图片。选择自由变换工具，拖曳图片到适当的位置并调整其大小，效果如图 7-159 所示。

（7）按 Ctrl+X 组合键，将图片剪切到剪贴板上。选择选择工具，选中下方第一个矩形，选择“编辑 > 贴入内部”命令，将图片贴入矩形框的内部，并设置描边色为无，效果如图 7-160 所示。使用相同的方法置入其他图片并制作图 7-161 所示的效果。

（8）选取并复制记事本文档中需要的文字。返回到 InDesign 页面中，选择文字工具，在适当的位置拖曳出一个文本框，将复制的文字粘贴到文本框中。将输入的文字同时选取，在“段落样式”面板中单击“二级标题”样式，效果如图 7-162 所示。

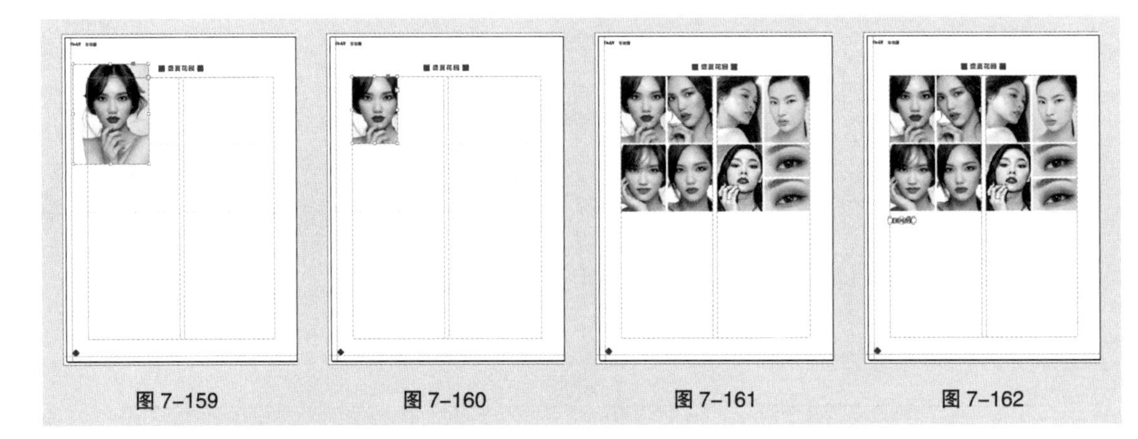

图 7-159　　图 7-160　　图 7-161　　图 7-162

（9）选取并复制记事本文档中需要的文字。返回到 InDesign 页面中，选择文字工具 T，在适当的位置拖曳出一个文本框，将复制的文字粘贴到文本框中。将输入的文字同时选取，在“段落样式”面板中单击“正文”样式，效果如图 7-163 所示。

（10）选择选择工具 ▶，选取文字，单击文本框的出口，如图 7-164 所示。当鼠标指针变为载入文本图符时，将其移动到适当的位置，如图 7-165 所示。拖曳鼠标，文本自动排入框中，效果如图 7-166 所示。

化妆的步骤

彩妆就像女人的法宝，而化妆则是一门专业的知识和技术，尤其是化妆程序能让女性朋友的容貌焕然一新。下面就为大家详细地介绍一下具体的彩妆程序步骤。

1. 底妆：完美的妆容最关键的是底妆。在时间允许的情况下，可先将眉形处理，然后敷保湿面膜令皮肤更晶莹亮泽，选择跟肤色同色号的粉底液，再利用粉底刷在脸上均匀刷上粉底液，来回轻扫，避免留下刷痕，就像是在脸上打上无数的小 "X" 的感觉，在粉底刷使用完之后可以再用海绵块轻轻按压一下全脸，这样能帮助粉底分布得更均匀，也让整体妆效更加自然通透；

2. 定妆：有很多的女士为什么一直感觉自己的妆面脏脏油油的，其

图 7-163

图 7-164

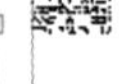

图 7-165

问题就在于没有仔细地定好妆。大多数的蜜粉是有很多色号的，之所以分色号不单单是为了好看，而是有其他的原因，如粉红色适合皮肤苍白的人，绿色适合皮肤上有红血丝的人，紫色适合皮肤较暗沉的人，而模特用的则是紫色的。先用粉饼粘取适量的蜜粉对折揉匀，用手指弹去多余的粉末，均匀地按压在肌肤上，再用大号化妆刷刷去多余的粉末，千万不可遗忘眼角、鼻翼和嘴角等油脂旺盛的区域。好的蜜粉，不仅仅起到一个定妆吸收油光的效果，而更重要的是起二次修饰的作用；

3. 眼线：将镜子放在距离身体的 20 厘米处，眼睛向下看，用无名指将眼皮轻轻向上拉，以贴着睫毛的根部，由眼尾向眼角分段地描画

图 7-166

（11）选择文字工具T，选取文字“1. 底妆”，如图 7-167 所示。在“控制”面板中选择合适的字体，取消文字的选取状态，效果如图 7-168 所示。

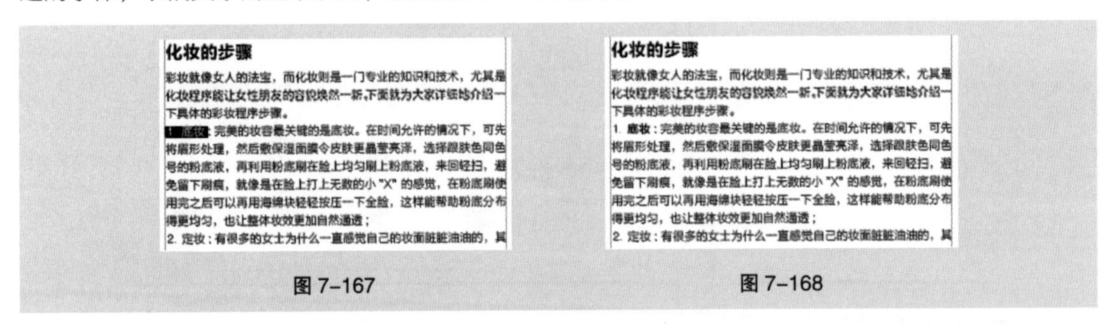

图 7-167　　图 7-168

（12）用相同的方法分别选取其他文字并设置适当的字体，效果如图 7-169 所示。选择直线工具，按住 Shift 键的同时，在适当的位置拖曳鼠标绘制一条直线，在“控制”面板中将“描边粗细”选项 0.283 点 设为 1 点，按 Enter 键，效果如图 7-170 所示。

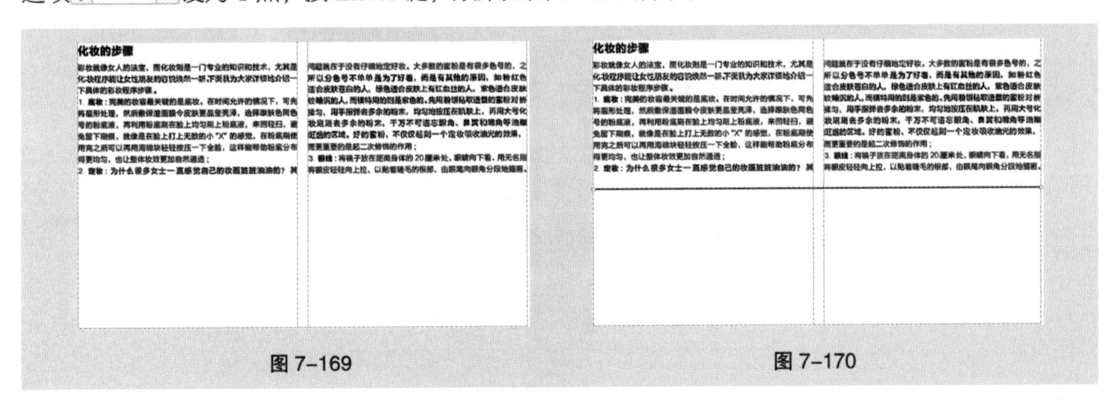
图 7-169　　图 7-170

（13）选择“文件 > 置入”命令，弹出“置入”对话框，选择云盘中的“Ch07 > 素材 > 制作美妆杂志内页 > 26”文件，单击“打开”按钮，在页面空白处单击置入图片。选择自由变换工具，拖曳图片到适当的位置并调整其大小，效果如图 7-171 所示。

（14）单击“控制”面板中的“向选定的目标添加对象效果”按钮fx，在弹出的菜单中选择“投影”命令，弹出“效果”对话框，选项的设置如图 7-172 所示。单击“确定”按钮，效果如图 7-173 所示。

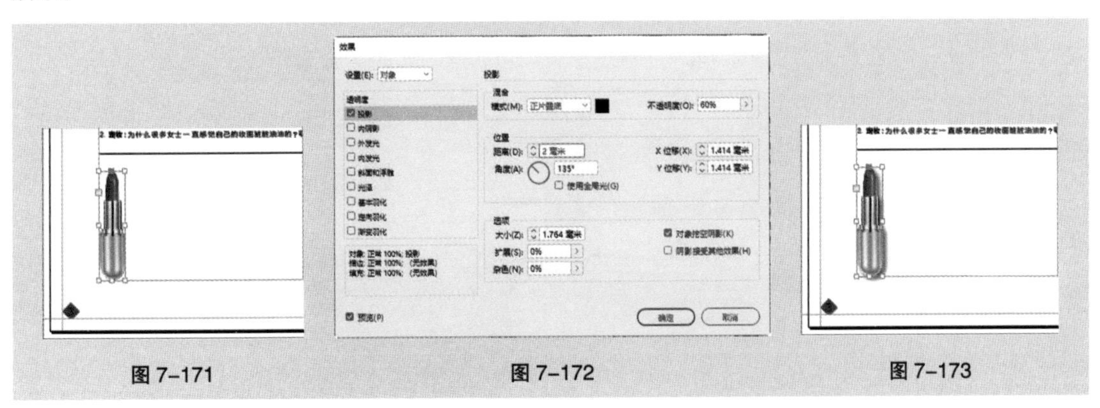
图 7-171　　图 7-172　　图 7-173

（15）选取并复制记事本文档中需要的文字。返回到 InDesign 页面中，选择文字工具T，在适当的位置拖曳出一个文本框，将复制的文字粘贴到文本框中。将所有的文字选取，在“控制”面板中选择合适的字体并设置文字大小，取消文字的选取状态，效果如图 7–174 所示。用相同的方法置入其他图片，并添加投影和文字，效果如图 7–175 所示。

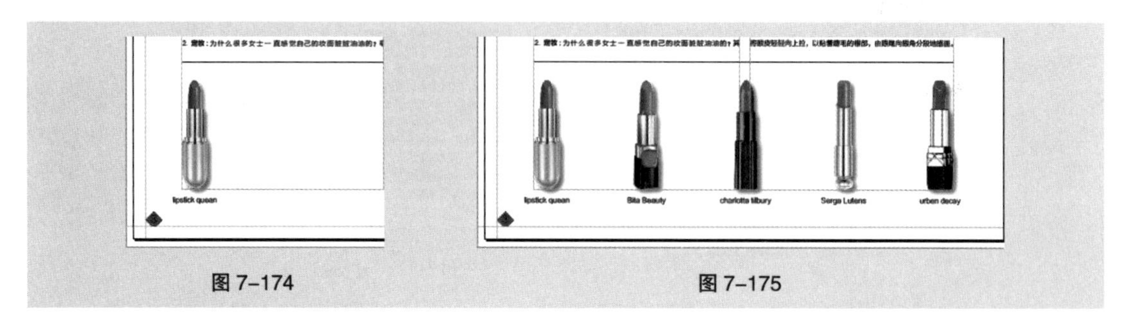

图 7–174　　图 7–175

（16）在“状态栏”中单击“文档所属页面”选项右侧的 按钮，在弹出的页码中选择“4”。使用上述方法制作出图 7–176 所示的效果。

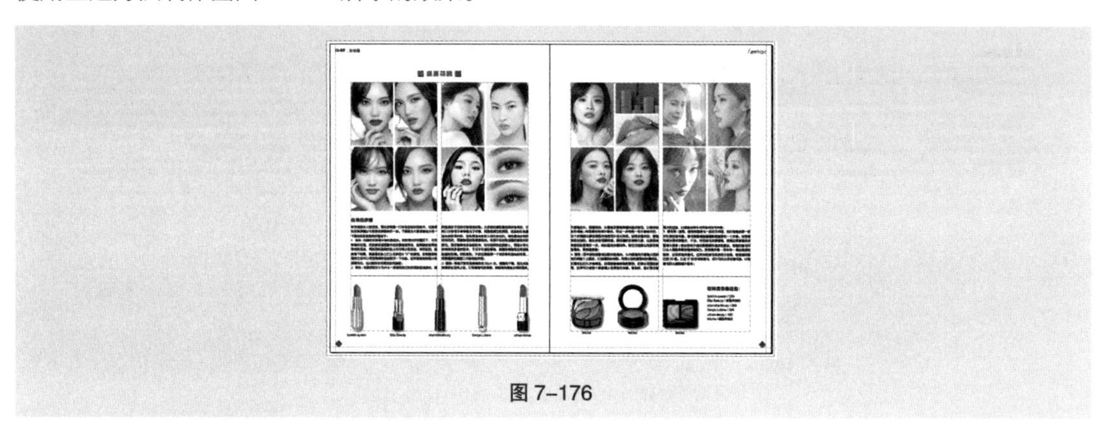

图 7–176

7.2.2　创建主页

可以从头开始创建新的主页，也可以利用现有主页或跨页创建主页。当主页应用于其他页面之后，对原主页所做的任何更改会自动反映到所有基于它的主页和文档页面中。

1．从头开始创建主页

选择“窗口 > 页面”命令，弹出“页面”面板。单击面板右上方的≡图标，在弹出的菜单中选择“新建主页”命令，如图 7–177 所示，弹出“新建主页”对话框，如图 7–178 所示。

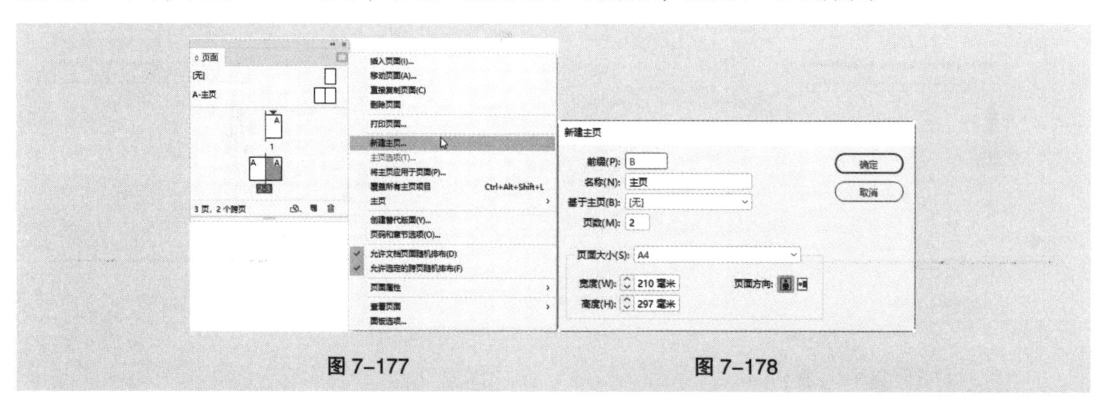

图 7–177　　图 7–178

"新建主页"对话框中主要选项的功能如下。

- "前缀"文本框：用于标识"页面"面板中各个页面所应用的主页，最多可以输入 4 个字符。
- "名称"文本框：用于输入主页跨页的名称。
- "基于主页"下拉列表：用于选择一个以此主页跨页为基础的现有主页跨页，或选择"无"。
- "页数"文本框：可在该选项的文本框中输入一个值并以该值作为主页跨页中要包含的页数（最多为 10）。
- "页面大小"下拉列表：用于设置新建主页的页面大小和页面方向。

设置需要的选项，如图 7-179 所示。单击"确定"按钮，创建新的主页，效果如图 7-180 所示。

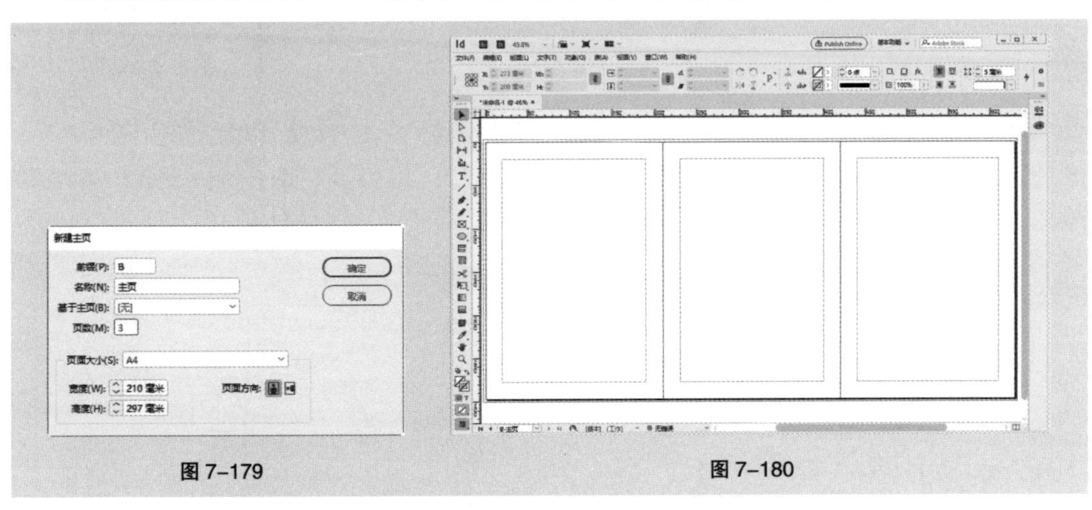

图 7-179　　图 7-180

2. 从现有页面或跨页创建主页

在"页面"面板中单击选取需要的跨页（或页面）图标，如图 7-181 所示。按住鼠标左键将其从"页面"部分拖曳到"主页"部分，如图 7-182 所示。松开鼠标，以现有跨页为基础创建主页，如图 7-183 所示。

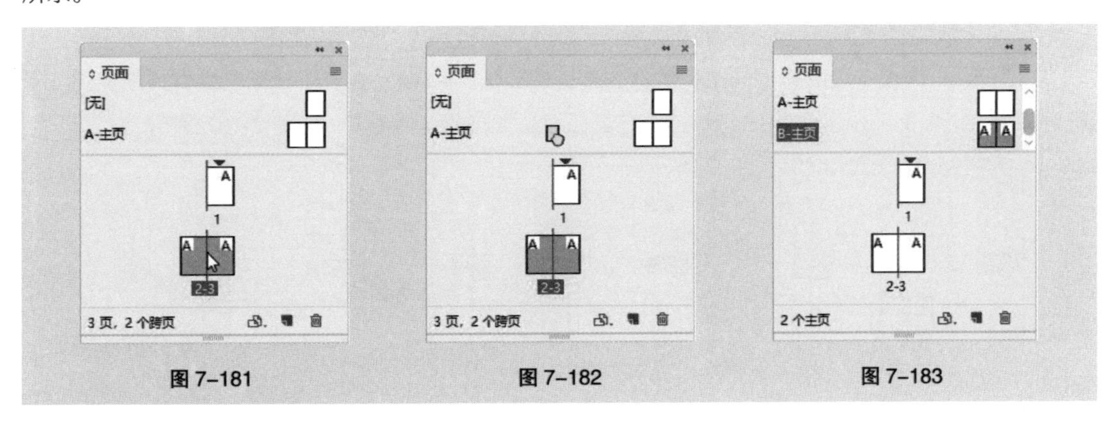

图 7-181　　图 7-182　　图 7-183

7.2.3　基于其他主页的主页

在"页面"面板中选取需要的主页图标，如图 7-184 所示。单击面板右上方的≡图标，在弹出的菜单中选择"'C- 主页'的主页选项"命令，弹出"主页选项"对话框。在"基于主页"选项中选取需要的主页，设置如图 7-185 所示。单击"确定"按钮，"C- 主页"基于"B- 主页"创建主页样式，效果如图 7-186 所示。

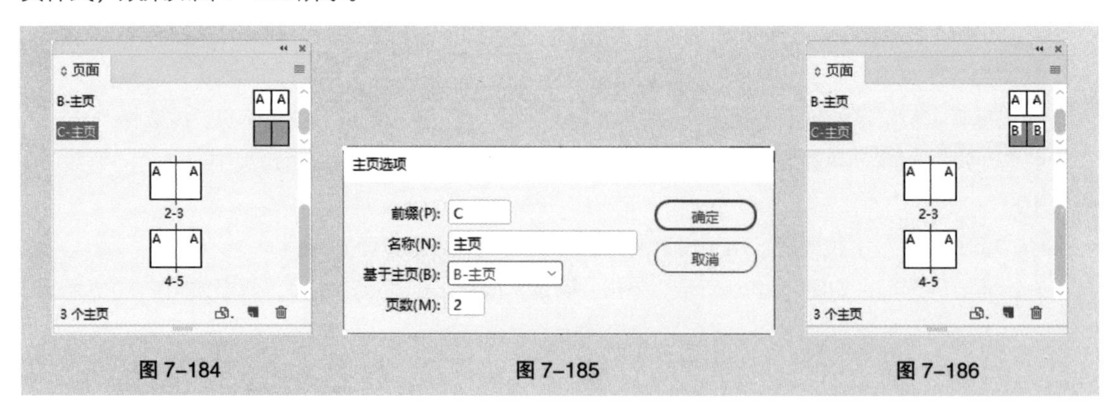

图 7-184　图 7-185　图 7-186

在“页面”面板中选取需要的主页跨页名称，如图 7-187 所示。按住鼠标左键将其拖曳到应用该主页的另一个主页名称上，如图 7-188 所示。松开鼠标，“B- 主页”基于“C- 主页”创建主页样式，如图 7-189 所示。

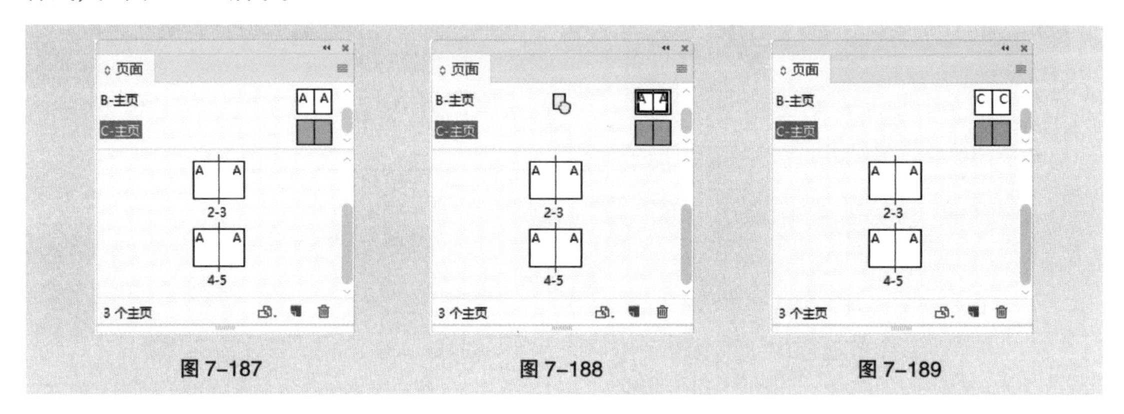

图 7-187　图 7-188　图 7-189

7.2.4　复制主页

在“页面”面板中选取需要的主页跨页名称，如图 7-190 所示。按住鼠标左键将其拖曳到“新建页面”按钮 上，如图 7-191 所示。松开鼠标，在文档中复制主页，如图 7-192 所示。

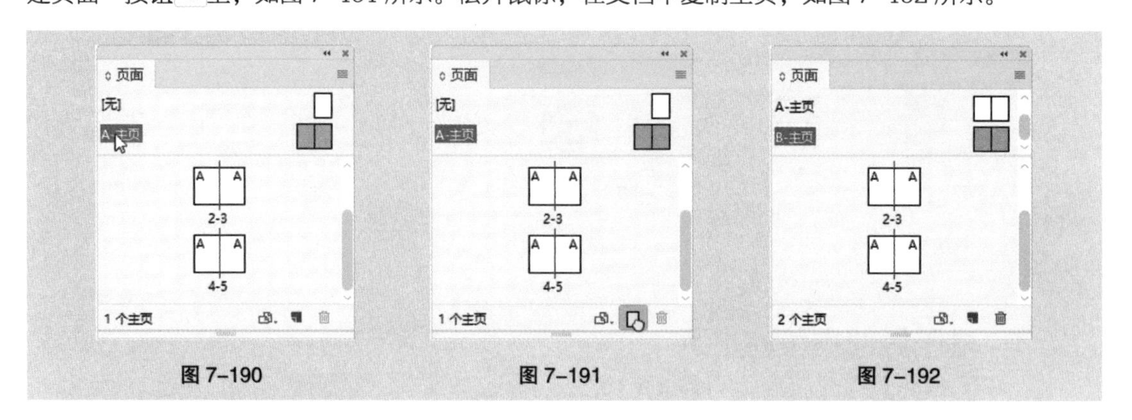

图 7-190　图 7-191　图 7-192

在“页面”面板中选取需要的主页跨页名称。单击面板右上方的≡图标，在弹出的菜单中选择“直接复制主页跨页‘B- 主页’”命令，可以在文档中复制主页。

7.2.5 应用主页

1. 将主页应用于页面或跨页

在“页面”面板中选取需要的主页图标，如图 7-193 所示。将其拖曳到要应用主页的页面图标上，当黑色矩形围绕页面时，如图 7-194 所示，松开鼠标，为页面应用主页，如图 7-195 所示。

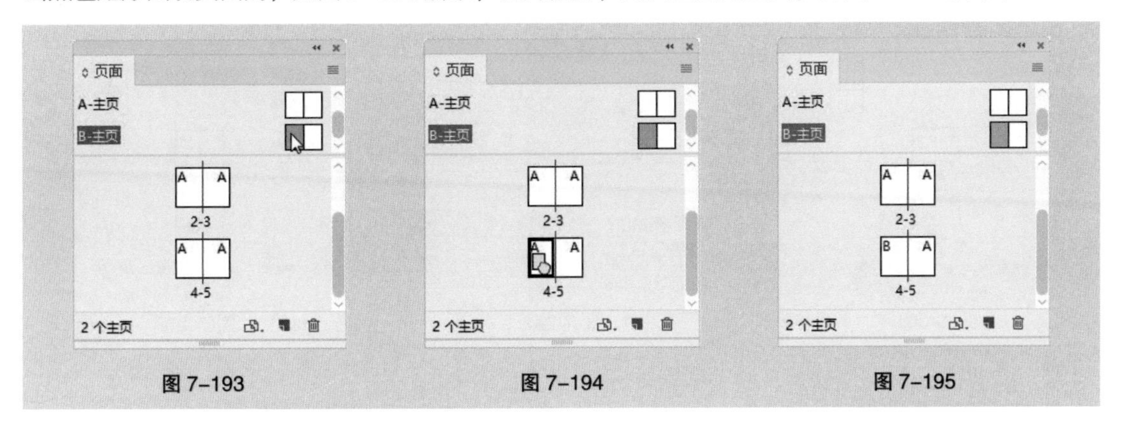

图 7-193　　图 7-194　　图 7-195

在“页面”面板中选取需要的主页跨页图标，如图 7-196 所示。将其拖曳到跨页的角点上，如图 7-197 所示，当黑色矩形围绕跨页时，松开鼠标，为跨页应用主页，如图 7-198 所示。

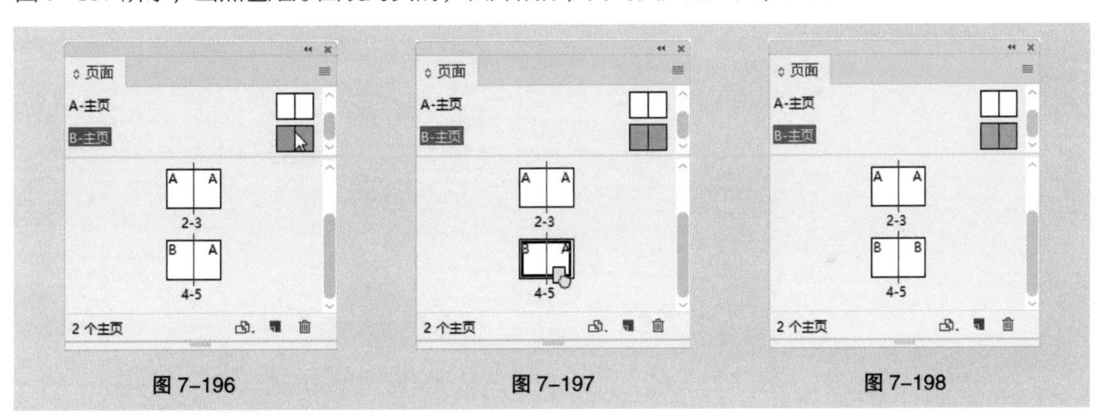

图 7-196　　图 7-197　　图 7-198

2. 将主页应用于多个页面

在“页面”面板中选取需要的页面图标，如图 7-199 所示。在按住 Alt 键的同时，单击要应用的主页，将主页应用于多个页面，效果如图 7-200 所示。

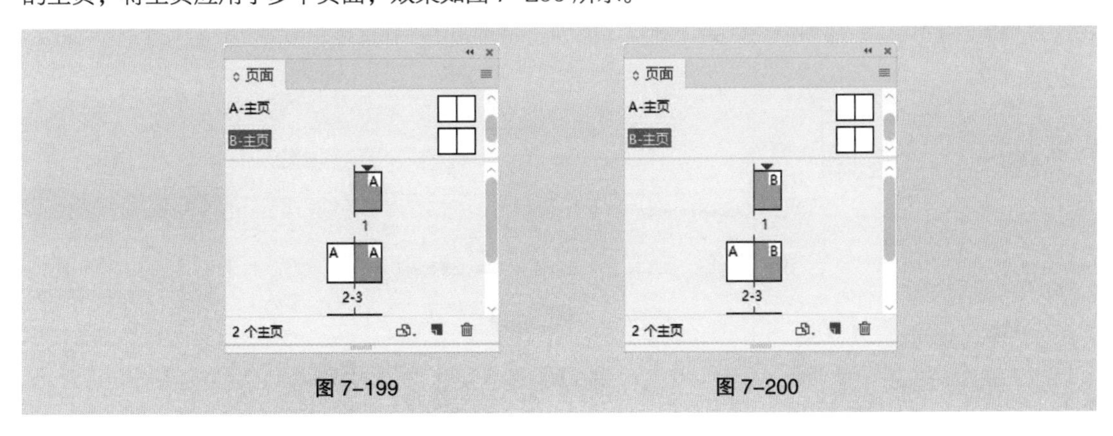

图 7-199　　图 7-200

在“页面”面板中选取需要的主页跨页名称，如图 7-201 所示，单击面板右上方的≡图标，在弹出的菜单中选择“将主页应用于页面”命令，弹出“应用主页”对话框。在“应用主页”选项中指定要应用的主页，在“于页面”选项中指定需要应用主页的页面范围，设置如图 7-202 所示。单击“确定”按钮，将主页应用于选定的页面，如图 7-203 所示。

图 7-201　图 7-202　图 7-203

7.2.6　取消指定的主页

在“页面”面板中选取需要取消主页的页面图标，如图 7-204 所示。在按住 Alt 键的同时，单击“[无]”页面图标，将取消指定的主页，效果如图 7-205 所示。

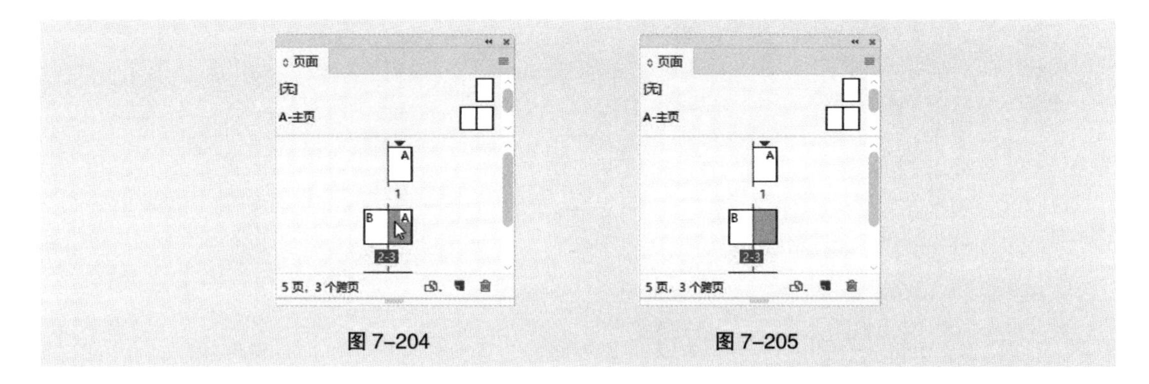

图 7-204　图 7-205

7.2.7　删除主页

在“页面”面板中选取要删除的主页，如图 7-206 所示。单击“删除选中页面”按钮，弹出提示对话框，如图 7-207 所示。单击“确定”按钮，删除主页，如图 7-208 所示。

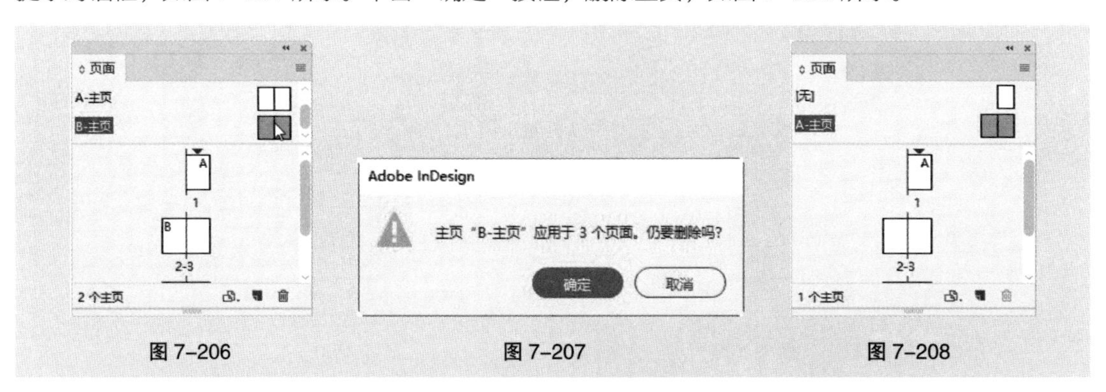

图 7-206　图 7-207　图 7-208

将选取的主页直接拖曳到“删除选中页面”按钮 上，可删除主页。单击面板右上方的 图标，在弹出的菜单中选择“删除主页跨页‘1- 主页’”命令，也可删除主页。

7.2.8 添加页码和章节编号

可以在页面上添加页码标记来指定页码的位置和外观。由于页码标记自动更新，当在文档内增加、移除或排列页面时，它所显示的页码总会是正确的。页码标记可以与文本一样设置格式和样式。

1. 添加自动页码

选择文字工具 T，在要添加页码的页面中拖曳出一个文本框，如图 7–209 所示。选择“文字 > 插入特殊字符 > 标志符 > 当前页码”命令，或按 Ctrl+Alt+Shift+N 组合键，如图 7–210 所示，在文本框中添加自动页码，如图 7–211 所示。

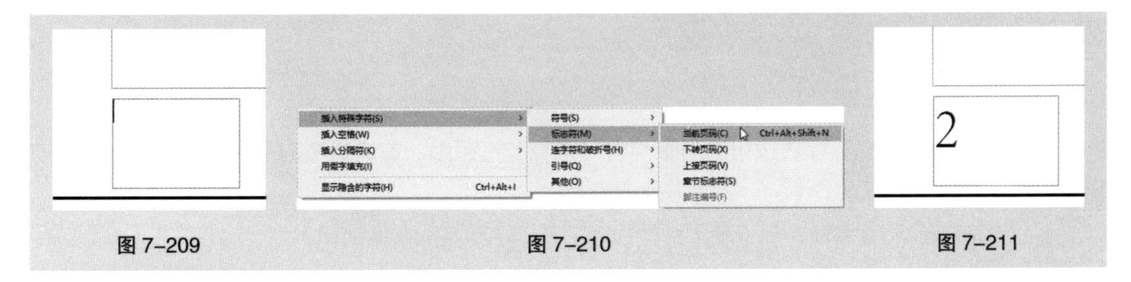

图 7–209　图 7–210　图 7–211

在页面区域显示主页，选择文字工具 T，在主页中拖曳出一个文本框，如图 7–212 所示。在文本框中单击鼠标右键，在弹出的快捷菜单中选择“插入特殊字符 > 标志符 > 当前页码”命令，在文本框中添加自动页码，如图 7–213 所示。页码以该主页的前缀显示。

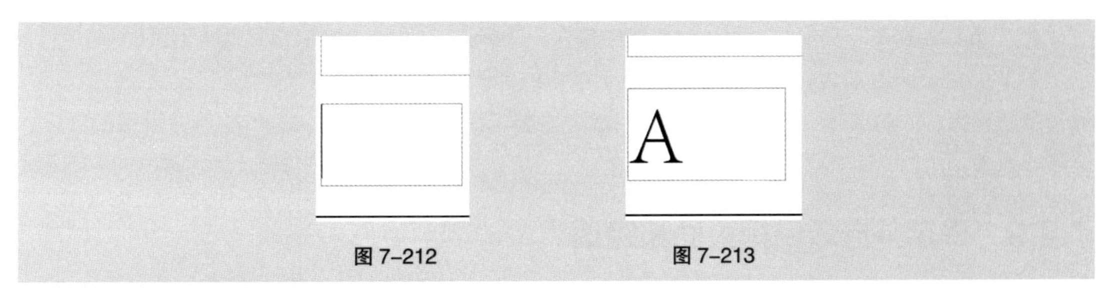

图 7–212　图 7–213

2. 添加章节编号

选择文字工具 T，在要显示章节编号的位置拖曳出一个文本框，如图 7–214 所示。选择“文字 > 文本变量 > 插入变量 > 章节编号”命令，如图 7–215 所示，在文本框中添加自动的章节编号，如图 7–216 所示。

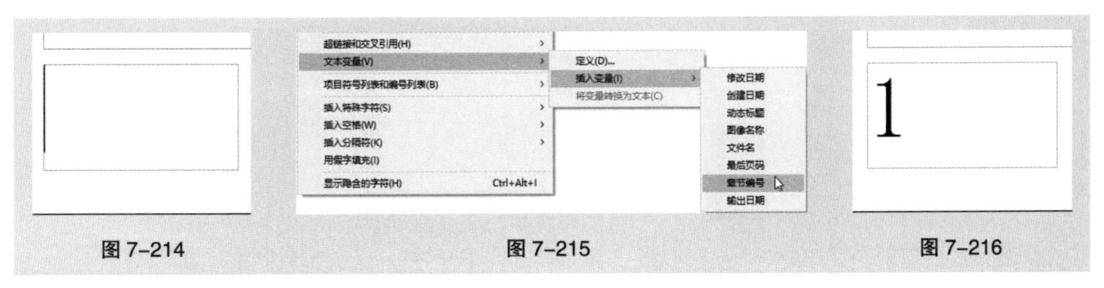

图 7–214　图 7–215　图 7–216

3. 更改页码和章节编号的格式

选择“版面 > 页码和章节选项”命令，弹出“页码和章节选项”对话框，如图 7-217 所示。设置需要的选项，单击“确定”按钮，可更改页码和章节编号的格式。该对话框中主要选项的功能如下。

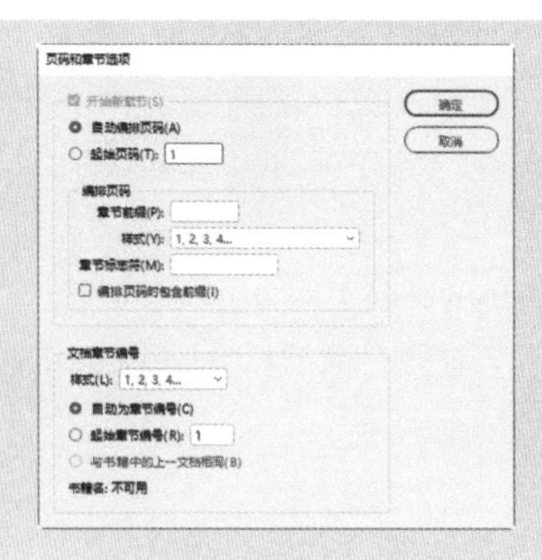

图 7-217

- “自动编排页码”单选按钮：用于使当前章节的页码跟随前一章节的页码。当在当前页码前面添加页面时，文档或章节中的页码将自动更新。
- “起始页码”文本框：用于输入文档或当前章节第一页的起始页码。
- “章节前缀”文本框：用于为章节输入一个标签，该标签包括要在前缀和页码之间显示的空格或标点符号。前缀的长度不应大于 8 个字符。不能为空，也不能为输入的空格，可以是从文档窗口中复制和粘贴的空格字符。
- “样式”下拉列表：用于从菜单中选择一种页码样式。该样式仅应用于本章节中的所有页面。
- “章节标志符”文本框：在该文本框中输入一个标签，InDesign 会将其插入到页面中。
- “编排页码时包含前缀”复选框：用于在生成目录或索引时或在打印包含自动页码的页面时显示章节前缀。取消选择此选项，将在 InDesign 中显示章节前缀，但在打印的文档、索引和目录中隐藏该前缀。

7.2.9 确定并选取目标页面和跨页

在“页面”面板中双击其图标（或位于图标下的页码），将在页面中确定并选取目标页面或跨页。

在文档中单击页面、该页面上的任何对象或文档窗口中该页面的粘贴板，将确定并选取目标页面和跨页。

单击目标页面的图标，如图 7-218 所示，可在“页面”面板中选取该页面。在视图文档中确定的页面为第一页，要选取目标跨页，单击图标下的页码即可，如图 7-219 所示。

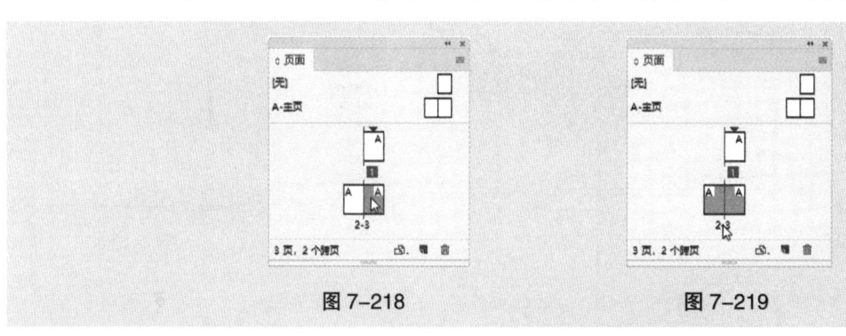

图 7-218　　图 7-219

7.2.10　以两页跨页作为文档的开始

选择“文件 > 文档设置”命令，确定文档至少包含 3 个页面，已勾选“对页”选项，单击“确定”按钮，效果如图 7-220 所示。设置文档的第一页为空，在按住 Shift 键的同时，在“页面”面板中选取除第一页外的其他页面，如图 7-221 所示。

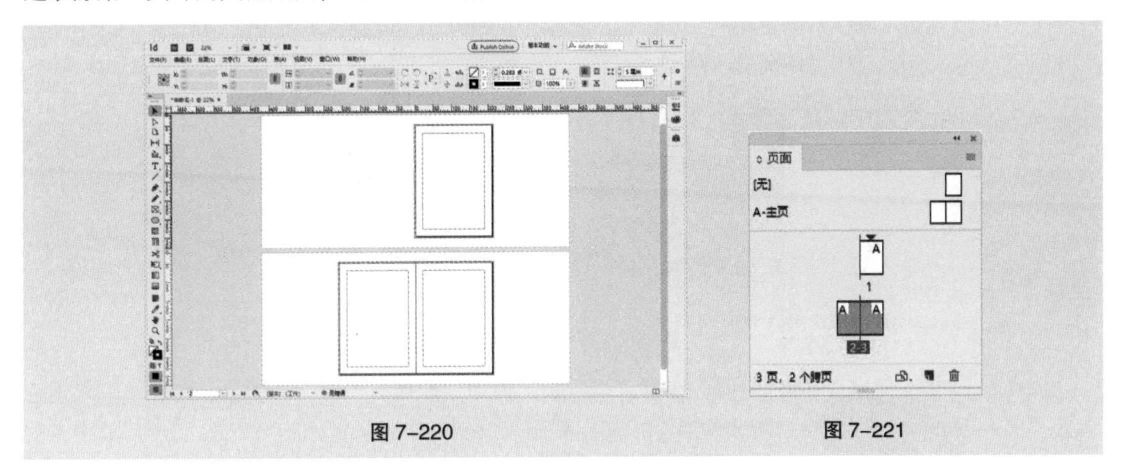

图 7-220　　图 7-221

单击面板右上方的 ≡ 图标，在弹出的菜单中取消选择“允许选定的跨页随机排布”命令，如图 7-222 所示，“页面”面板如图 7-223 所示。

在“页面”面板中选取第一页，单击“删除选中页面”按钮 🗑，“页面”面板如图 7-224 所示，页面区域如图 7-225 所示。

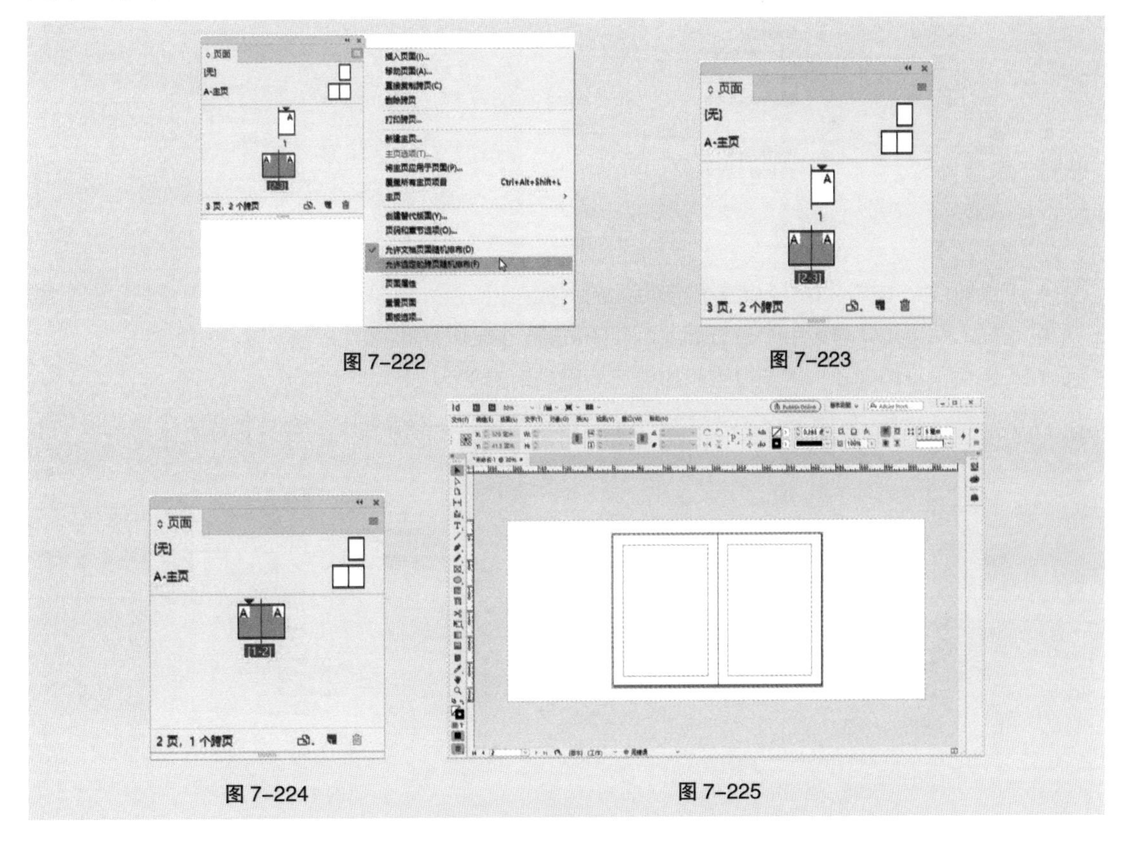

图 7-222　　图 7-223

图 7-224　　图 7-225

7.2.11 添加新页面

在“页面”面板中单击“新建页面”按钮，如图 7-226 所示，在活动页面或跨页之后将添加一个页面，如图 7-227 所示。新页面将与现有的活动页面使用相同的主页。

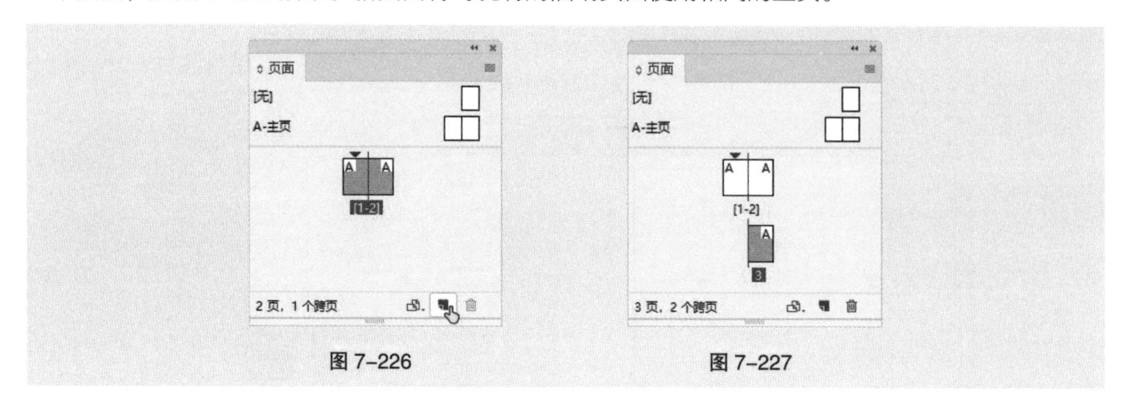

图 7-226　　图 7-227

选择“版面 > 页面 > 插入页面”命令，或单击“页面”面板右上方的≡图标，在弹出的菜单中选择“插入页面”命令，如图 7-228 所示，弹出“插入页面”对话框，如图 7-229 所示。其中主要选项的功能如下。

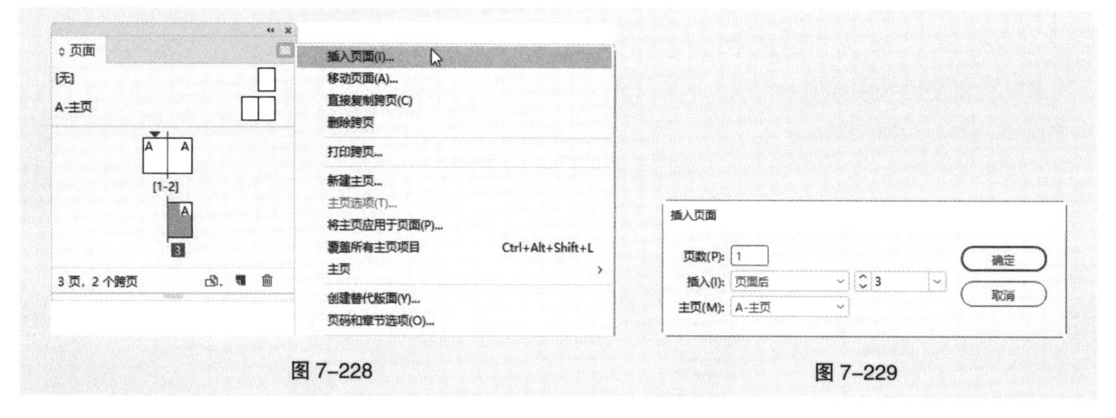

图 7-228　　图 7-229

- “页数”文本框：用于指定要添加页面的页数。
- “插入”下拉列表：用于设置插入页面的位置，并根据需要指定页面。
- “主页”下拉列表：用于设置添加的页面要应用的主页。

设置需要的选项，如图 7-230 所示，单击“确定”按钮，效果如图 7-231 所示。

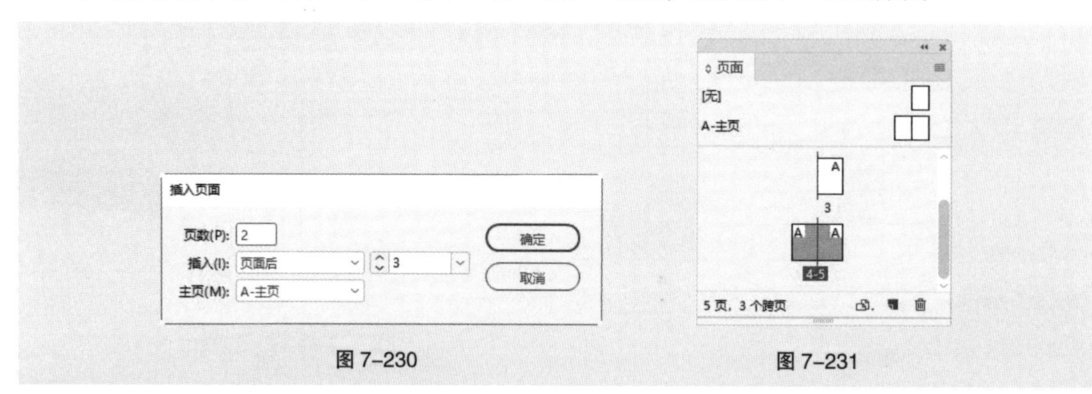

图 7-230　　图 7-231

7.2.12 移动页面

选择“版面 > 页面 > 移动页面”命令，或单击“页面”面板右上方的≡图标，在弹出的菜单中选择“移动页面”命令，如图 7–232 所示，弹出“移动页面”对话框，如图 7–233 所示。其中主要选项的功能如下。

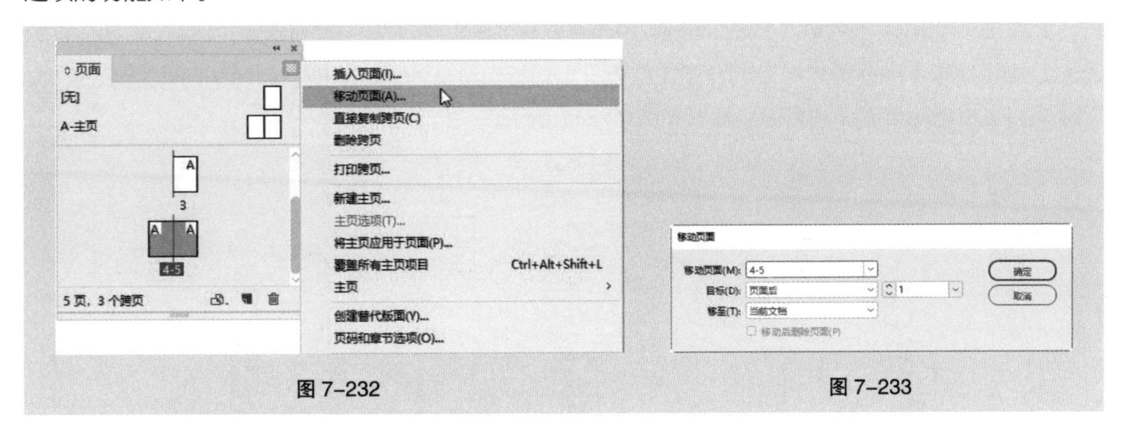

图 7–232　　图 7–233

- “移动页面”下拉列表：用于指定要移动的一个或多个页面。
- “目标”下拉列表：用于指定将移动到的位置，并根据需要指定页面。
- “移至”下拉列表：用于指定移动的目标文档。

设置需要的选项，如图 7–234 所示，单击“确定”按钮，效果如图 7–235 所示。

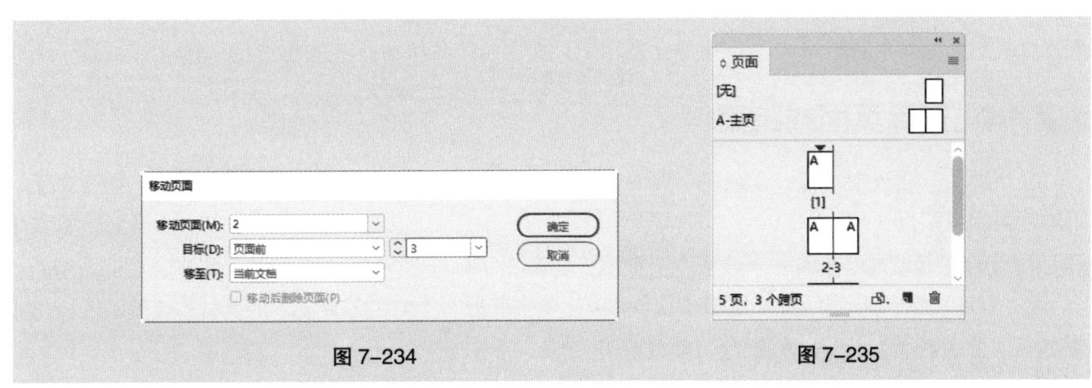

图 7–234　　图 7–235

在“页面”面板中单击选取需要的页面图标，如图 7–236 所示，按住鼠标左键将其拖曳至适当的位置，如图 7–237 所示。松开鼠标，效果如图 7–238 所示。

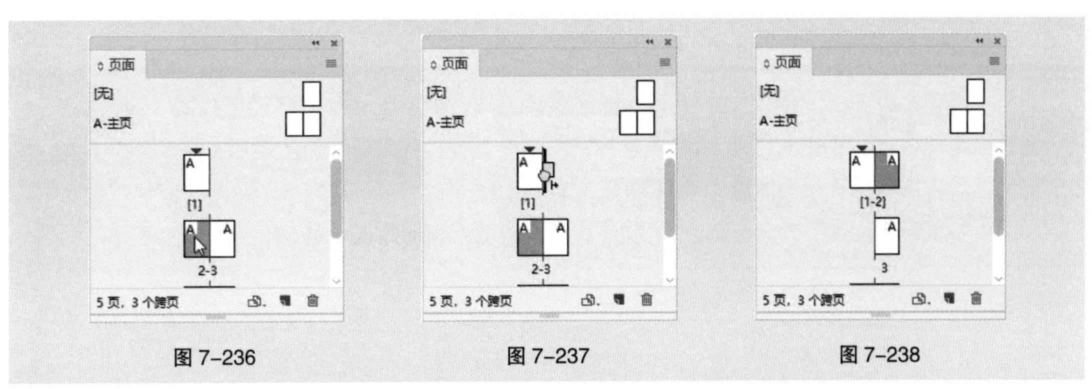

图 7–236　　图 7–237　　图 7–238

7.2.13 复制页面或跨页

在“页面”面板中单击选取需要的页面图标，按住鼠标左键并将其拖曳到面板下方的“新建页面”按钮上，可复制页面。单击面板右上方的图标，在弹出的菜单中选择“直接复制页面”命令，也可复制页面。

在按住 Alt 键的同时，在“页面”面板中单击选取需要的页面图标（或页面范围号码），如图 7-239 所示，按住鼠标左键并将其拖曳到需要的位置，当鼠标指针变为图标时，如图 7-240 所示，在文档末尾将生成新的页面，“页面”面板如图 7-241 所示。

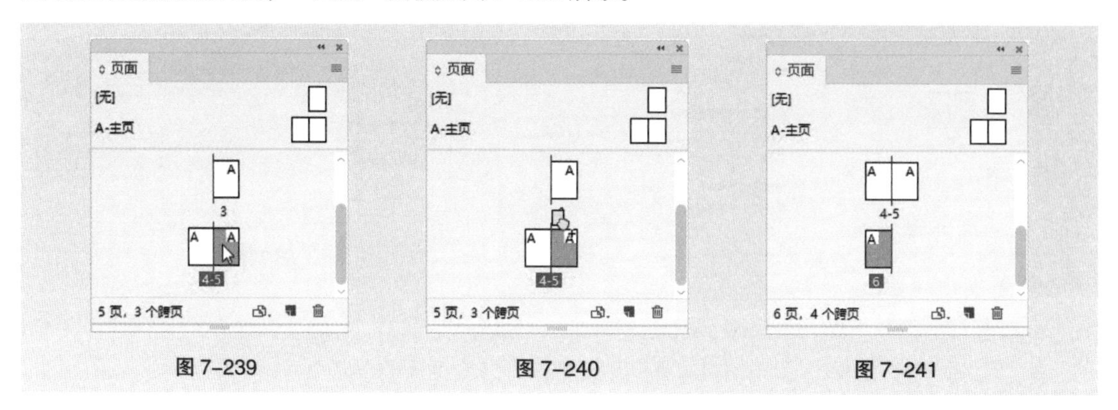

图 7-239　图 7-240　图 7-241

注意：

复制页面或跨页也将复制页面或跨页上的所有对象。复制的跨页与其他跨页的文本串接将被打断，但复制的跨页内的所有文本串接将完整无缺，和原始跨页中的所有文本串接一样。

7.2.14 删除页面或跨页

在“页面”面板中，将一个或多个页面图标或页面范围号码拖曳到“删除选中页面”按钮上，将删除页面或跨页。

在“页面”面板中，选取一个或多个页面图标，单击“删除选中页面”按钮，将删除页面或跨页。

在“页面”面板中，选取一个或多个页面图标，单击面板右上方的图标，在弹出的菜单中选择“删除页面 > 删除跨页”命令，将删除页面或跨页。

7.3 课堂练习——制作房地产画册封面

【练习知识要点】使用文字工具、直接选择工具、矩形工具和“路径查找器”面板制作画册标题文字，使用矩形工具、“路径查找器”命令制作楼层缩影，使用矩形工具、椭圆工具、文字工具添加地标及相关信息，效果如图 7-242 所示。

【效果所在位置】云盘 > Ch07 > 效果 > 制作房地产画册封面 .indd。

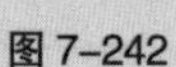

图 7-242

7.4 课后习题——制作房地产画册内页

【习题知识要点】使用“页码和章节选项”命令更改起始页码，使用“置入”命令、选择工具添加并裁剪图片，使用矩形工具和“贴入内部”命令制作图片剪切效果，使用矩形工具、渐变色板工具制作图像渐变效果，使用文字工具和“段落样式”面板添加标题及段落文字，效果如图 7-243 所示。

【效果所在位置】云盘 > Ch07 > 效果 > 制作房地产画册内页 .indd。

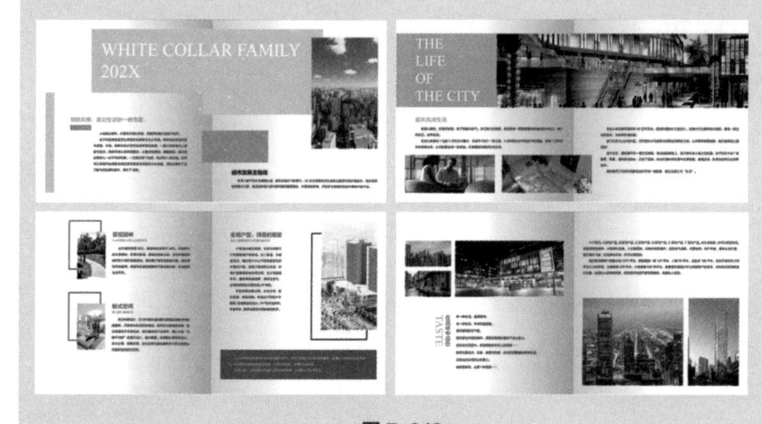

图 7-243

第 8 章

08 书籍编排

本章介绍

本章介绍 InDesign CC 2019 中书籍的编排方法。通过本章的学习，读者可以完成更加复杂的排版设计项目，提高排版的专业技术水平。

学习目标

- 熟练掌握创建目录的方法。
- 掌握创建书籍的方法。

技能目标

- 掌握美妆杂志目录的制作方法。
- 掌握美妆杂志的制作方法。

第 8 章简介

8.1 创建目录

目录可以列出书籍、杂志或其他出版物的内容，可以显示插图列表、广告商或摄影人员名单，也可以包含有助于在文档或书籍文件中查找的信息。

8.1.1 课堂案例——制作美妆杂志目录

【案例学习目标】学习使用文字工具、“段落样式”面板和“目录”命令制作美妆杂志目录。

【案例知识要点】使用“置入”命令添加图片，使用“段落样式”面板、“字符样式”面板和“目录”命令提取目录，效果如图 8-1 所示。

【效果所在位置】云盘 > Ch08 > 效果 > 制作美妆杂志目录 .indd。

图 8-1

1. 添加装饰图片和文字

（1）打开 InDesign CC 2019，选择“文件 > 新建 > 文档”命令，弹出“新建文档”对话框，设置如图 8-2 所示。单击“边距和分栏”按钮，弹出“新建边距和分栏”对话框，设置如图 8-3 所示，单击“确定”按钮，新建一个页面。选择“视图 > 其他 > 隐藏框架边缘”命令，将所绘制图形的框架边缘隐藏。

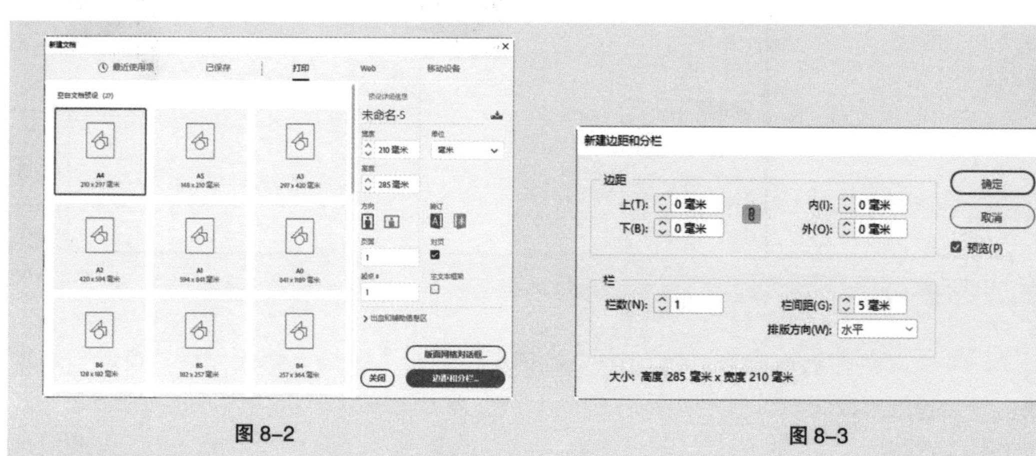

图 8-2　　图 8-3

（2）选择文字工具 T，在页面适当的位置分别拖曳出两个文本框，输入需要的文字。将输入的文字选取，在“控制”面板中分别选择合适的字体并设置文字大小，取消文字的选取状态，效果如图 8-4 所示。

（3）选择选择工具 ，用框选的方法将输入的文字同时选取，在“控制”面板中将“X 切变角度”选项 0° 设为“10° ”，按 Enter 键，效果如图 8-5 所示。单击工具箱中的“格式针对文本”按钮 T，设置文字填充色的 CMYK 值为 0、0、0、80，填充文字，效果如图 8-6 所示。

图 8-4　图 8-5　图 8-6

（4）选择直线工具 ，在按住 Shift 键的同时，在适当的位置拖曳鼠标绘制一条直线，在“控制”面板中将“描边粗细”选项 0.283 点 设为“0.5 点”，按 Enter 键，效果如图 8-7 所示。

（5）选择“文件 > 置入”命令，弹出“置入”对话框，选择云盘中的“Ch08 > 素材 > 制作美妆杂志目录 > 01”文件，单击“打开”按钮，在页面中空白处单击鼠标左键置入图片。选择自由变换工具 ，将图片拖曳到适当的位置并调整其大小，选择选择工具 ，裁剪图片，效果如图 8-8 所示。

（6）选择文字工具 T，在适当的位置拖曳出一个文本框，输入需要的文字。将输入的文字选取，在“控制”面板中选择合适的字体并设置文字大小，效果如图 8-9 所示。

图 8-7　图 8-8　图 8-9

（7）保持文字的选取状态。按 Ctrl+T 组合键，弹出“字符”面板，将“倾斜”选项 T 0° 设为“10° ”，如图 8-10 所示，按 Enter 键，效果图 8-11 所示。用相同的方法置入“02”文件制作图 8-12 所示的效果。

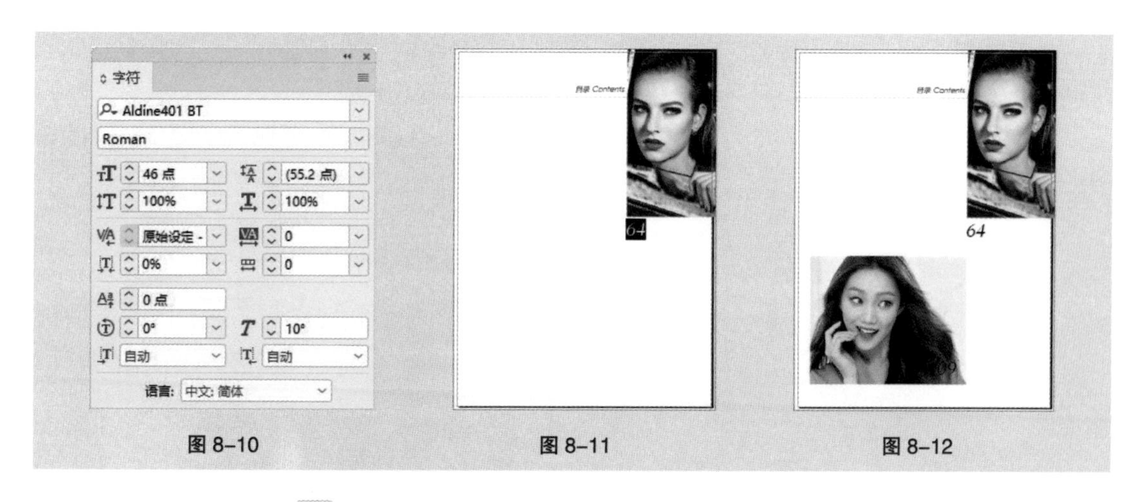

图 8-10　　图 8-11　　图 8-12

（8）选择文字工具T，在适当的位置拖曳出一个文本框，输入需要的文字。将输入的文字选取，在“控制”面板中选择合适的字体并设置文字大小，效果如图 8-13 所示。设置文字填充色的 CMYK 值为 0、80、100、0，填充文字，取消选取状态，效果如图 8-14 所示。

（9）选择直线工具／，在按住 Shift 键的同时，在适当的位置拖曳鼠标绘制一条直线，在“控制”面板中将“描边粗细”选项 0.283 点 设为“0.5 点”，按 Enter 键。设置描边色的 CMYK 值为 0、80、100、0，填充描边，效果如图 8-15 所示。

图 8-13　　图 8-14　　图 8-15

2. 提取目录

（1）按 Ctrl+O 组合键，打开云盘中的“Ch07 > 效果 > 制作美妆杂志内页 .indd”文件，单击“打开”按钮，打开文件。选择“窗口 > 色板”命令，弹出“色板”面板，单击面板右上方的≡图标，在弹出的菜单中选择“新建颜色色板”命令，弹出“新建颜色色板”对话框，设置如图 8-16 所示。单击“确定”按钮，“色板”面板如图 8-17 所示。

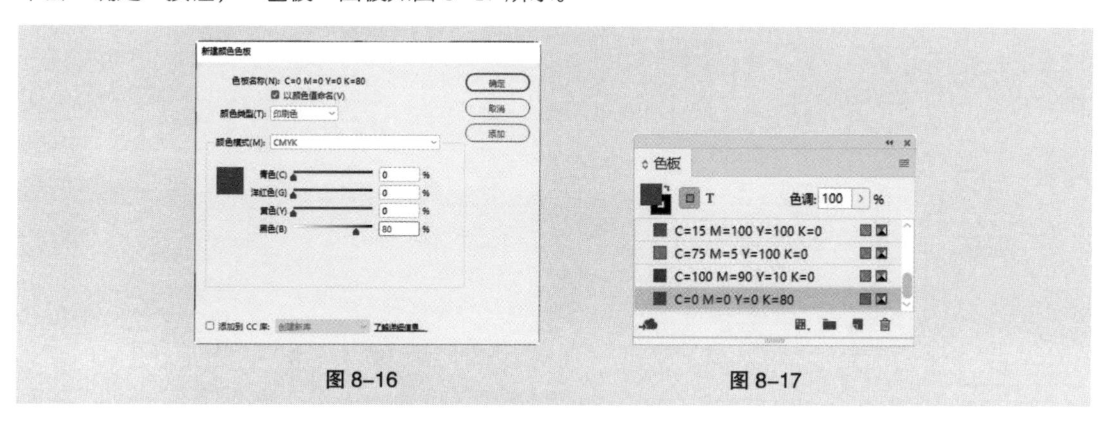

图 8-16　　图 8-17

（2）选择“文字 > 段落样式”命令，弹出“段落样式”面板，单击面板下方的“创建新样式”按钮，生成新的段落样式并将其命名为“目录标题”，如图 8-18 所示。

（3）单击“段落样式”面板下方的“创建新样式”按钮，生成新的段落样式并将其命名为“目录正文”，如图 8-19 所示。

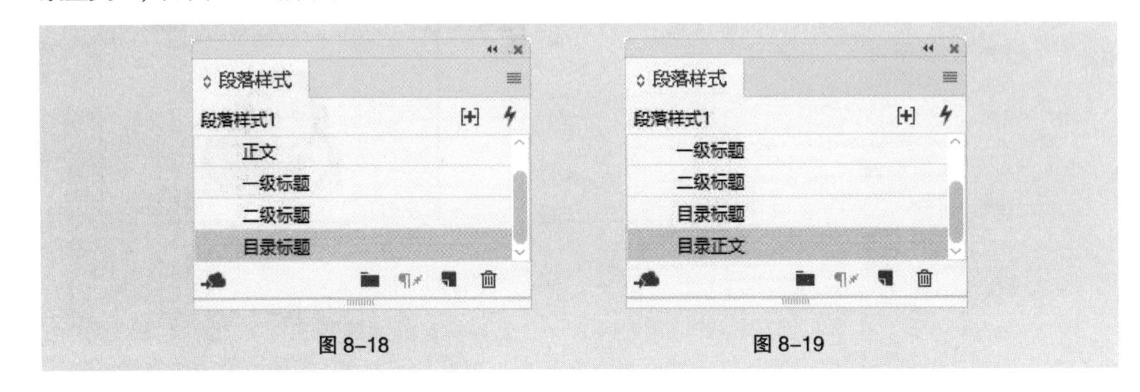

图 8-18　　图 8-19

（4）双击“目录标题”样式，弹出“段落样式选项”对话框。单击“基本字符格式”选项，弹出相应的对话框，选项的设置如图 8-20 所示。单击“字符颜色”选项，弹出相应的对话框，选择需要的颜色，如图 8-21 所示，单击“确定”按钮。

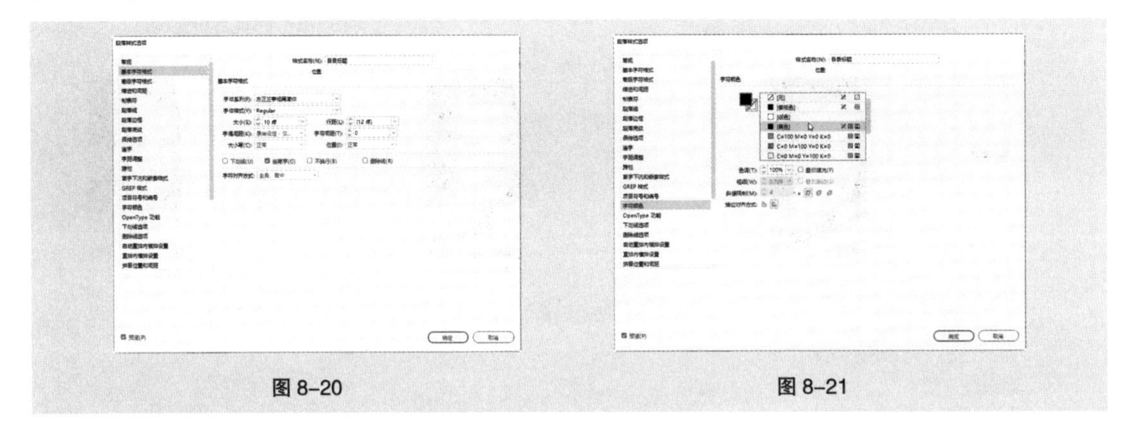
图 8-20　　图 8-21

（5）双击“目录正文”样式，弹出“段落样式选项”对话框。单击“基本字符格式”选项，弹出相应的对话框，选项的设置如图 8-22 所示。单击“字符颜色”选项，弹出相应的对话框，选择需要的颜色，如图 8-23 所示，单击“确定”按钮。

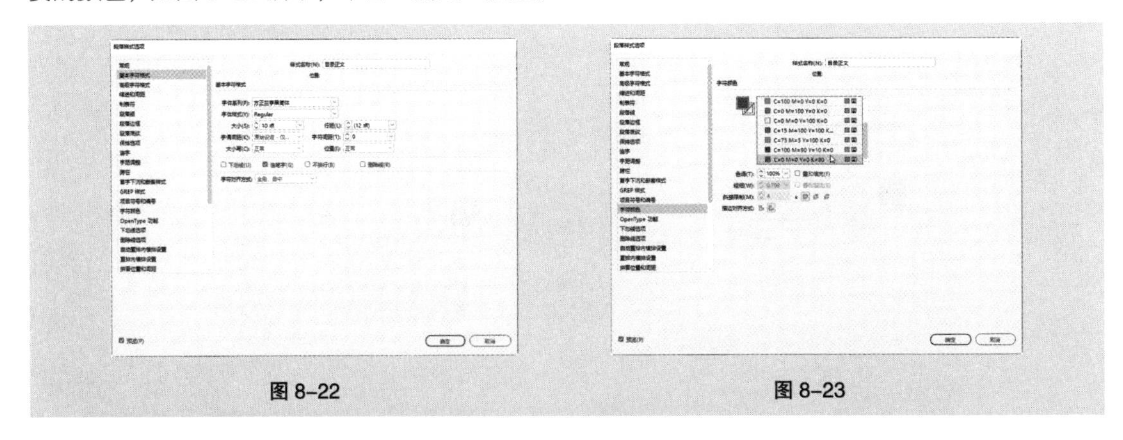
图 8-22　　图 8-23

（6）选择“文字 > 字符样式”命令，弹出“字符样式”面板，如图 8-24 所示。单击面板下方的“创建新样式”按钮，生成新的字符样式并将其命名为“目录页码”，如图 8-25 所示。

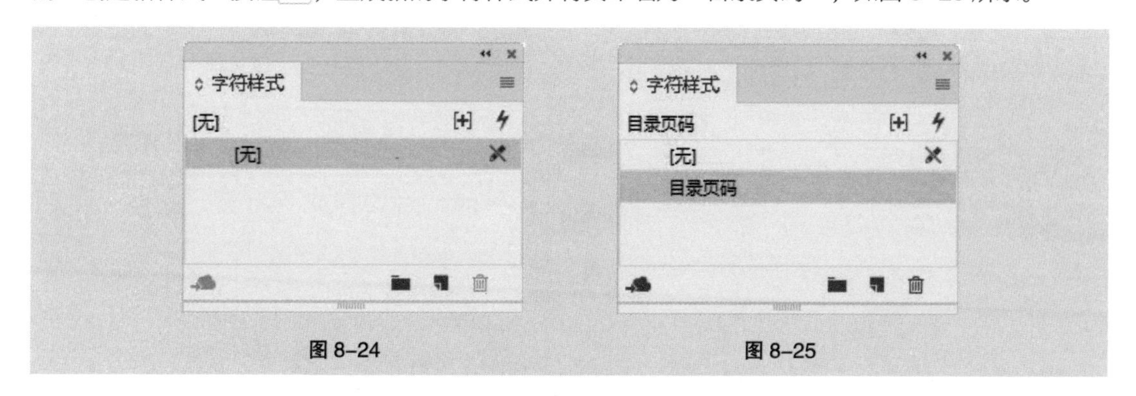

图 8-24　　图 8-25

（7）双击“目录页码”样式，弹出“字符样式选项”对话框，单击“基本字符格式”选项，弹出相应的对话框，选项的设置如图 8-26 所示。单击“高级字符格式”选项，弹出相应的对话框，选项的设置如图 8-27 所示，单击“确定”按钮。

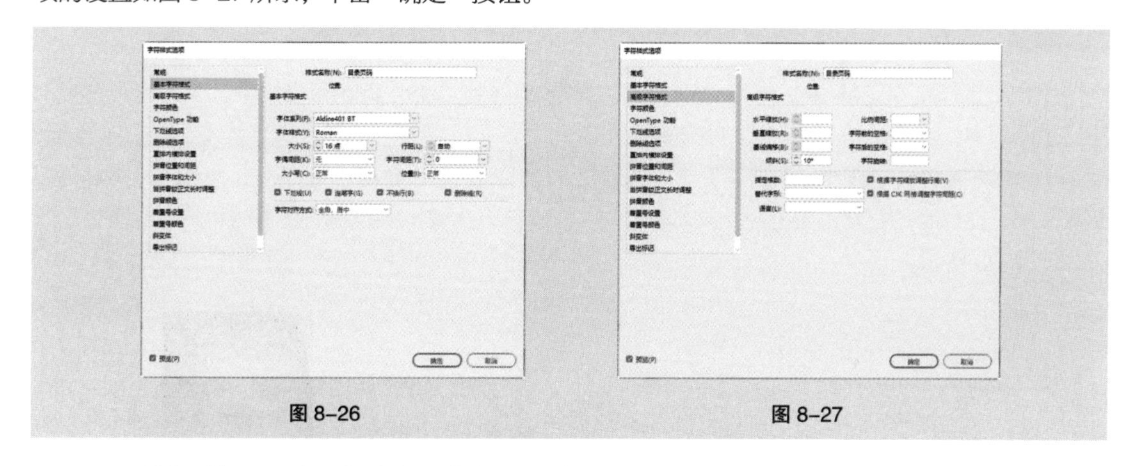

图 8-26　　图 8-27

（8）选择“版面 > 目录”命令，弹出“目录”对话框。在“其他样式”列表中选择“一级标题”样式，单击“添加”按钮 « 添加(A)，将“一级标题”添加到“包含段落样式”列表中，如图 8-28 所示。在“样式：一级标题”选项组中，在“条目样式”下拉列表中选择“目录标题”，在“页码”下拉列表中选择“条目前”，在“样式”下拉列表中选择“目录页码”，如图 8-29 所示。

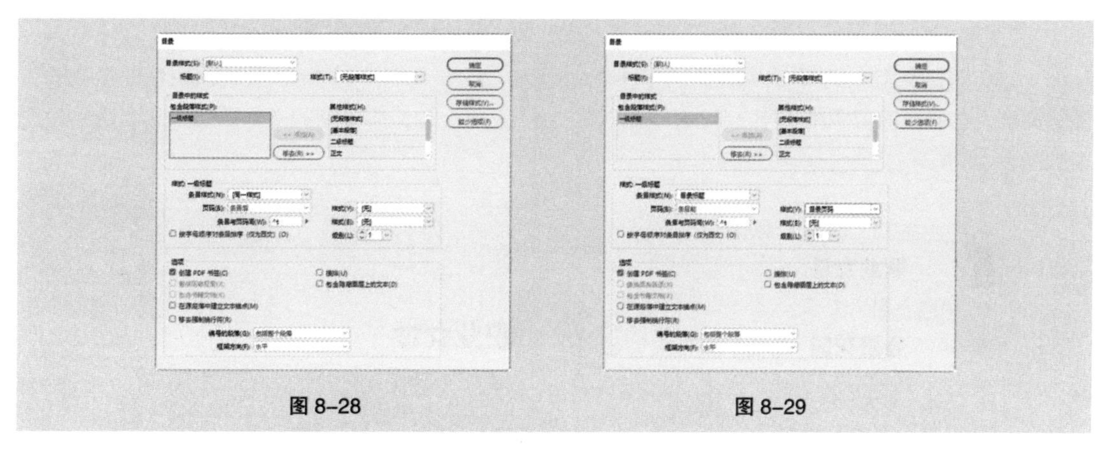

图 8-28　　图 8-29

（9）在“其他样式”列表中选择“二级标题”样式，单击“添加”按钮 << 添加(A) ，将“二级标题”添加到“包含段落样式”列表中。在“样式：二级标题”选项组中，在“条目样式”下拉列表中选择“目录正文”，在“页码”下拉列表中选择“无页码”，如图 8–30 所示。单击“确定”按钮，在页面空白处拖曳鼠标，提取目录，效果如图 8–31 所示。

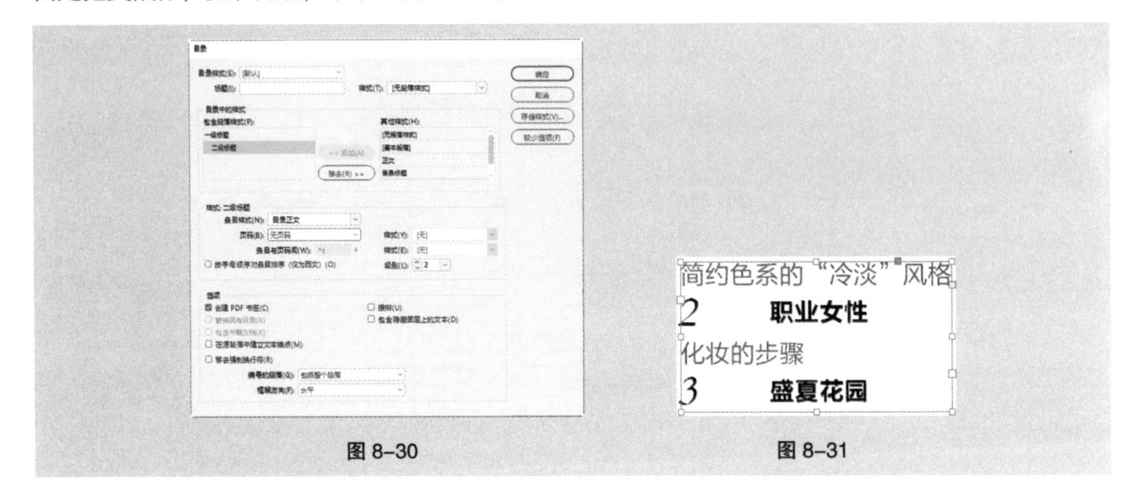

图 8–30 图 8–31

（10）选择选择工具 ，选取目录文字，按 Ctrl+X 组合键，剪切目录文字。返回到正在编辑的目录页面中，按 Ctrl+V 组合键，粘贴目录文字。

（11）选择文字工具 T ，在目录文字中选取文字“职业女性”，如图 8–32 所示。按 Ctrl+C 组合键，复制文字，在适当的位置拖曳出一个文本框；按 Ctrl+V 组合键，将复制的文字粘贴到文本框中，效果如图 8–33 所示。

图 8–32 图 8–33

（12）选择文字工具 T ，在目录文字中选取页码“2”，如图 8–34 所示。按 Ctrl+C 组合键，复制文字，在适当的位置拖曳出一个文本框；按 Ctrl+V 组合键，将复制的文字粘贴到文本框中，效果如图 8–35 所示。

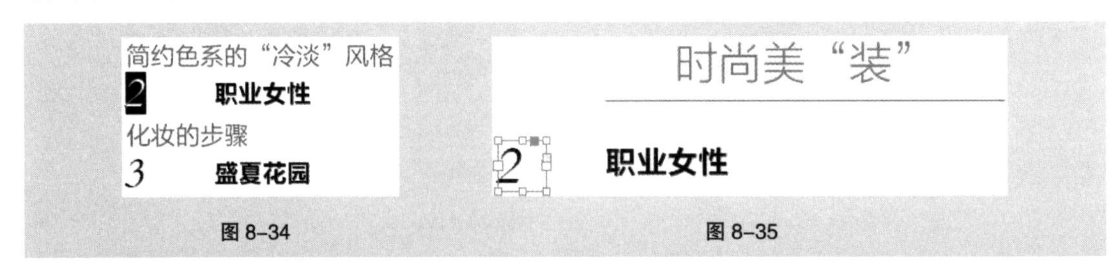

图 8–34 图 8–35

（13）选择文字工具T，在数字“2”左侧单击插入光标，输入需要的数字，效果如图 8-36 所示。用相同的方法选取并复制其他文字，效果如图 8-37 所示。

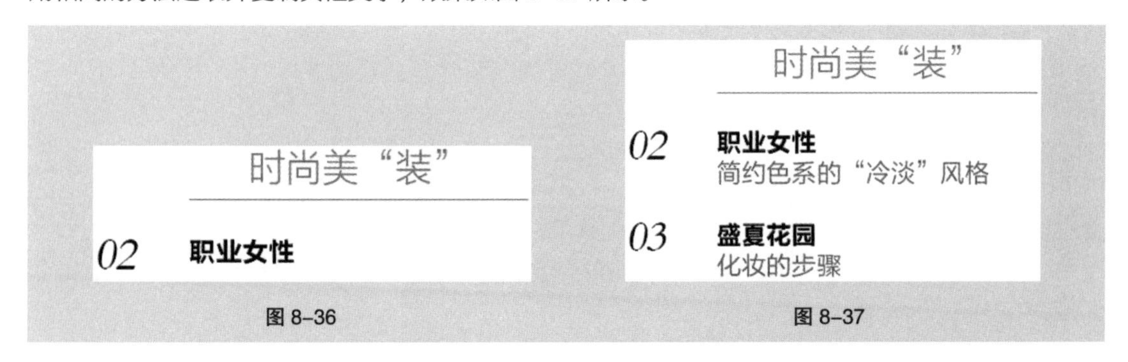

图 8-36　　图 8-37

（14）选择直线工具／，在按住 Shift 键的同时，在适当的位置拖曳鼠标绘制一条竖线，效果如图 8-38 所示。选择“窗口 > 描边”命令，弹出“描边”面板，在“类型”下拉列表中选择“虚线”，其他选项的设置如图 8-39 所示，线条效果如图 8-40 所示。

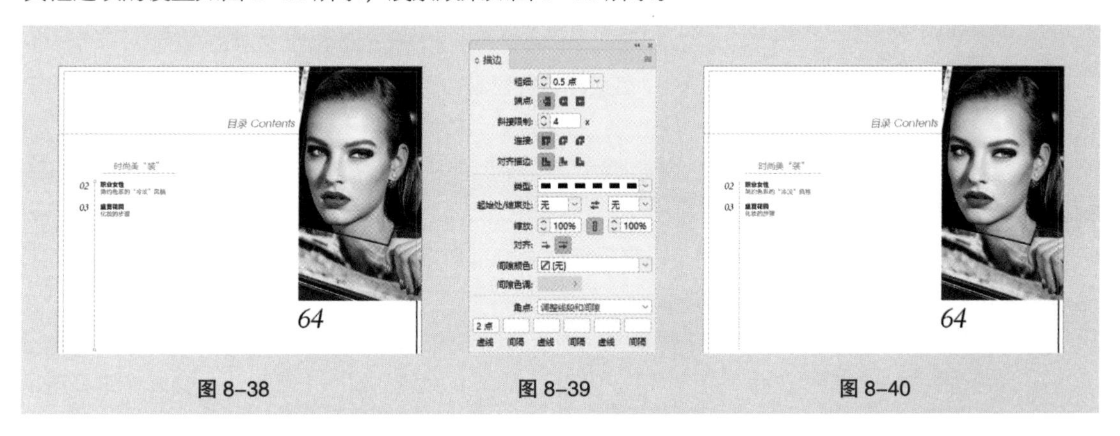

图 8-38　　图 8-39　　图 8-40

（15）按照上述方法，提取其他目录文字，效果如图 8-41 所示。美妆杂志目录制作完成。

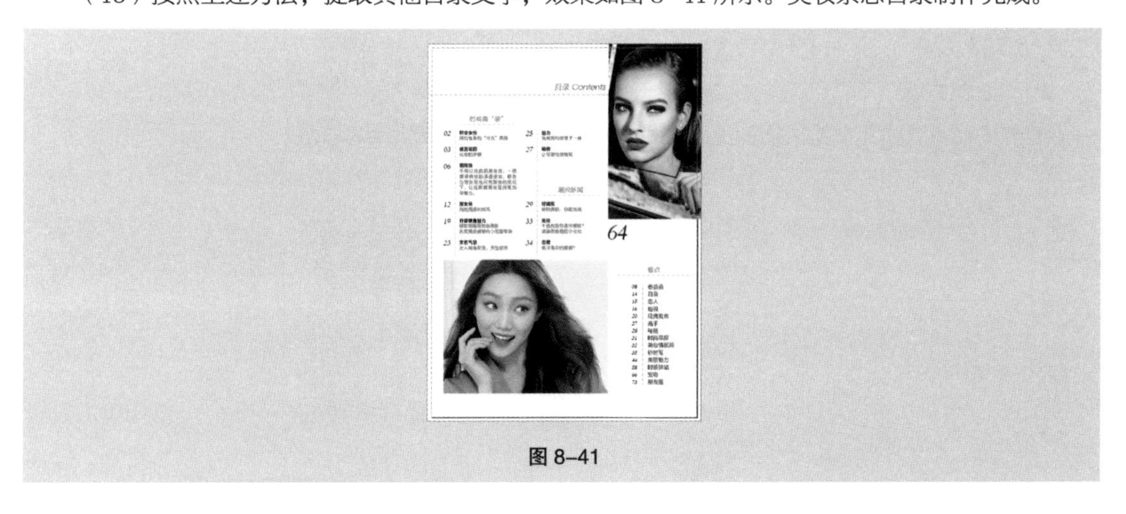

图 8-41

8.1.2　生成目录

生成目录前，先确定应包含的段落（如章、节标题），为每个段落定义段落样式，确保将这些样式应用于单篇文档或编入书刊的多篇文档中的所有相应段落。

在创建目录时，应在文档中添加新页面。选择“版面 > 目录”命令，弹出“目录”对话框，如图 8-42 所示。其中主要选项的功能如下。

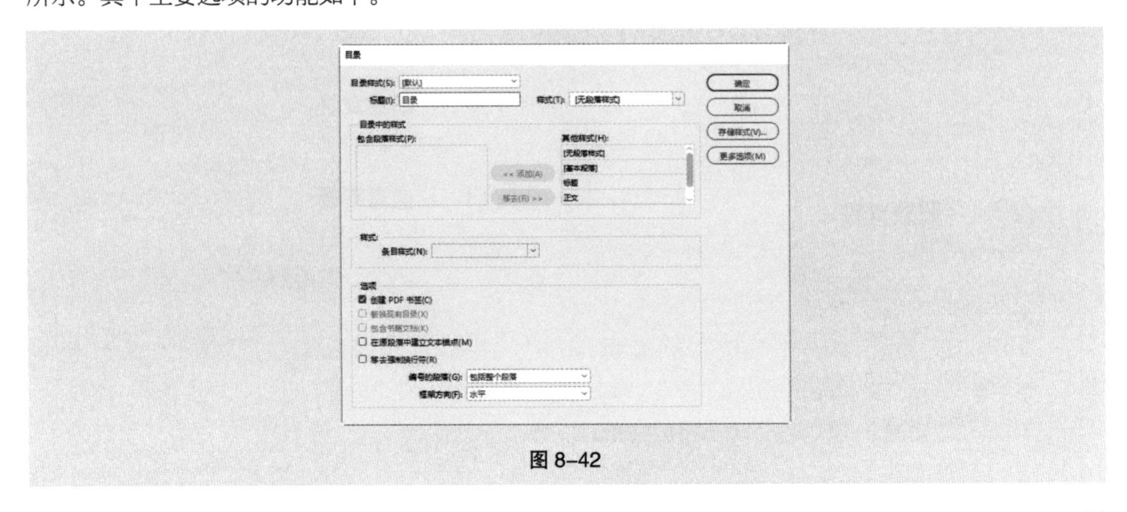

图 8-42

- “标题”文本框：用于键入目录标题。目录标题将显示在目录顶部。要设置标题的格式，可从“样式”菜单中选择一个样式。
- “其他样式”列表框：通过双击“其他样式”列表框中的段落样式，将其添加到“包括段落样式”列表中，以确定目录包含的内容。
- “创建 PDF 书签”复选框：用于设置将文档导出为 PDF 时，在 Adobe Acrobat 8 或 Adobe Reader® 的“书签”面板中显示目录条目。
- “替换现有目录”复选框：用于替换文档中所有现有的目录文章。
- “包含书籍文档”复选框：用于为书刊列表中的所有文档创建一个目录，重编该书的页码。如果只想为当前文档生成目录，则取消勾选此选项。
- “编号的段落”下拉列表：若目录中包括使用编号的段落样式，用于指定目录条目包括整个段落（编号和文本）、只包括编号或只包括段落。
- “框架方向”下拉列表：指定要用于创建目录的文本框架的排版方向。

单击“更多选项”按钮，将弹出设置目录样式的选项，如图 8-43 所示。

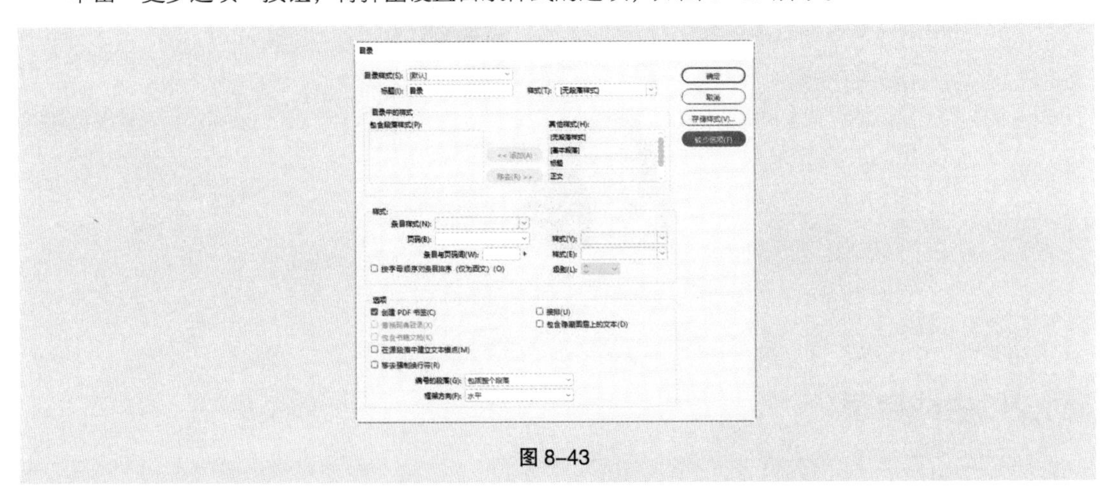

图 8-43

● “条目样式”下拉列表：对应“包括段落样式”中的每种样式，可选择一种段落样式应用到相关联的目录条目。

● “页码”下拉列表：用于选择页码的位置，可在右侧的“样式”选项中选择页码需要的字符样式。

● “条目与页码间”下拉列表：用于指定要在目录条目及其页码之间显示的字符。可以在弹出的列表中选择其他特殊字符。在右侧的“样式”选项中选择需要的字符样式。

● “按字母顺序对条目排序（仅为西文）”复选框：用于按字母顺序对选定样式中的目录条目进行排序。

● “级别”下拉列表：默认情况下，“包含段落样式”列表中添加的每个项目都比它的直接上层项目低一级。可以通过为选定段落样式指定新的级别编号来更改这一层次。

● “接排”复选框：选择该复选框，所有目录条目接排到某一个段落中。

● “包含隐藏图层上的文本”复选框：选择该复选框，在目录中包含隐藏图层上的段落。当创建其自身在文档中为不可见文本的广告商名单或插图列表时，勾选此选项。

设置需要的选项，如图 8-44 所示，单击“确定”按钮，鼠标指针变为载入的文本图标，在页面中需要的位置拖曳鼠标指针，创建目录，效果如图 8-45 所示。

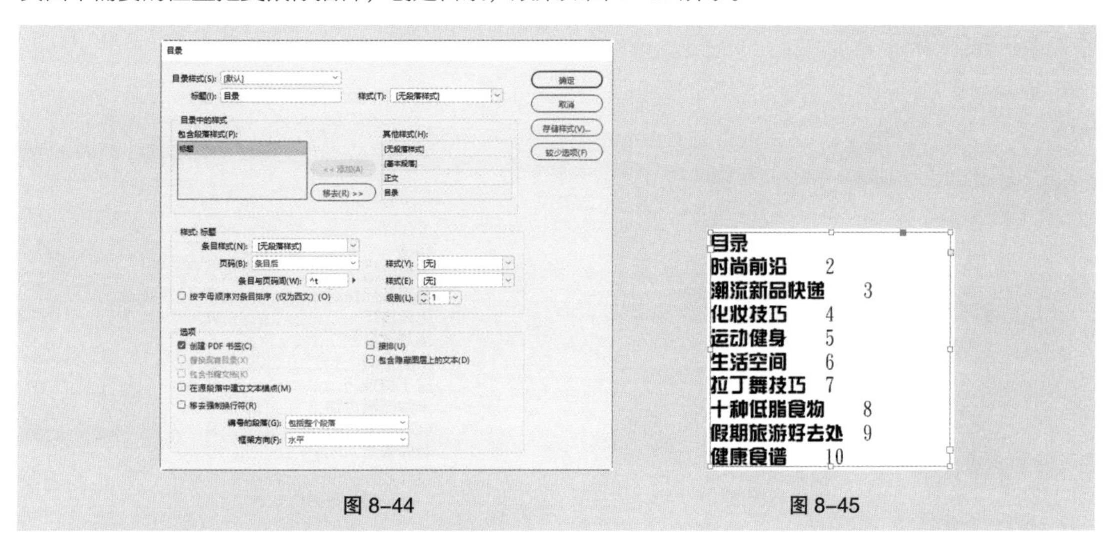

图 8-44　　图 8-45

注意：

拖曳鼠标指针时应避免将目录框架串接到文档中的其他文本框架。如果替换现有目录，则整篇文章都将被更新后的目录替换。

8.1.3 创建具有定位符前导符的目录条目

1. 创建具有定位符前导符的段落样式

选择“窗口 > 样式 > 段落样式”命令，弹出“段落样式”面板。双击应用目录条目的段落样式的名称，弹出“段落样式选项”对话框，单击左侧的“制表符”选项，弹出相应的面板，如图 8-46 所示。单击“右对齐制表符”按钮，在标尺上单击放置定位符，在“前导符”选项中输入一个句点（.），如图 8-47 所示。单击“确定”按钮，创建具有定位符前导符的段落样式。

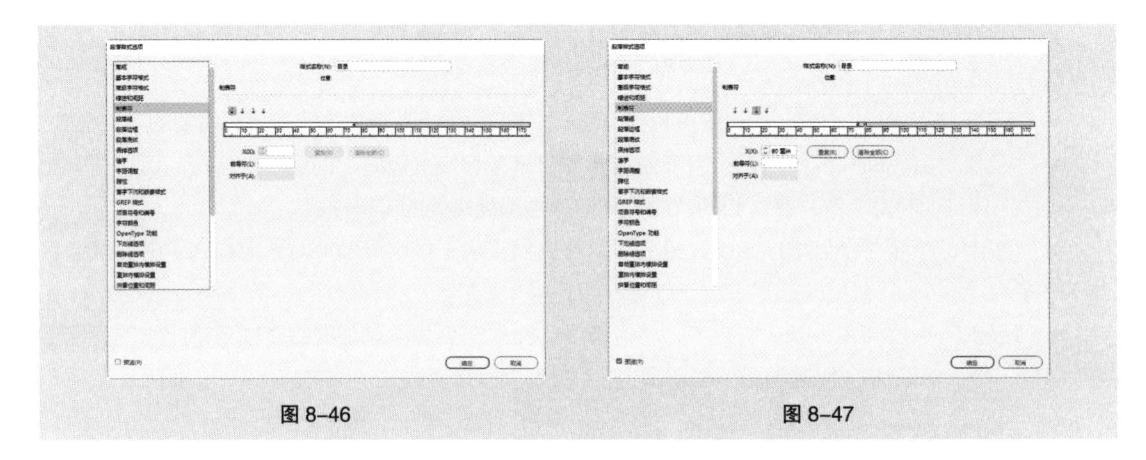
图 8-46　　图 8-47

2. 创建具有定位符前导符的目录条目

选择“版面 > 目录”命令，弹出“目录”对话框，在“包含段落样式”列表中选择在目录显示中带定位符前导符的项目，在“条目样式”下拉列表中选择包含定位符前导符的段落样式。单击“更多选项”按钮，在“条目与页码间”选项中设置“^t”，如图 8-48 所示。单击“确定”按钮，创建具有定位符前导符的目录条目，如图 8-49 所示。

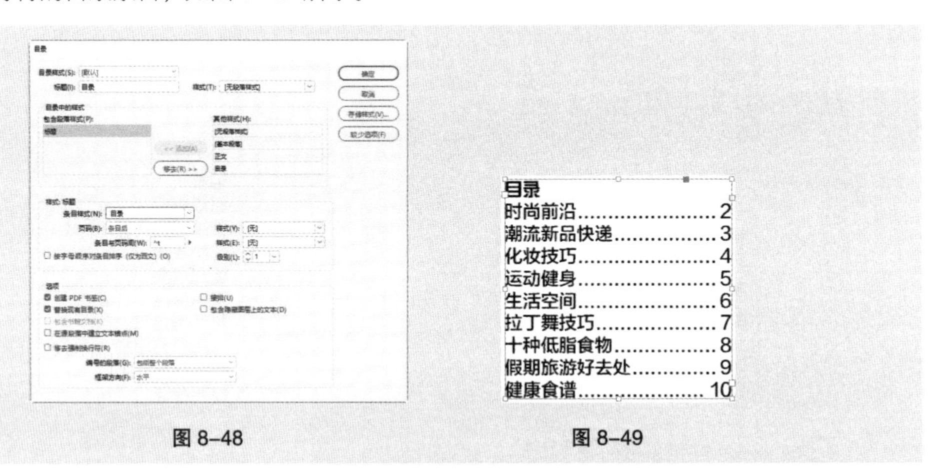

图 8-48　　图 8-49

8.2 创建书籍

书籍文件是一个可以共享样式、色板、主页及其他项目的文档集。可以按顺序给编入书籍的文档中的页面编号、打印书籍中选定的文档或将它们导出为 PDF。

8.2.1 课堂案例——制作美妆杂志

【案例学习目标】学习使用“书籍”面板制作杂志。

【案例知识要点】使用“新建书籍”命令和“添加文档”命令制作美妆杂志，“制作美妆杂志”面板如图 8-50 所示。

【效果所在位置】云盘 > Ch08 > 效果 > 制作美妆杂志 .indd。

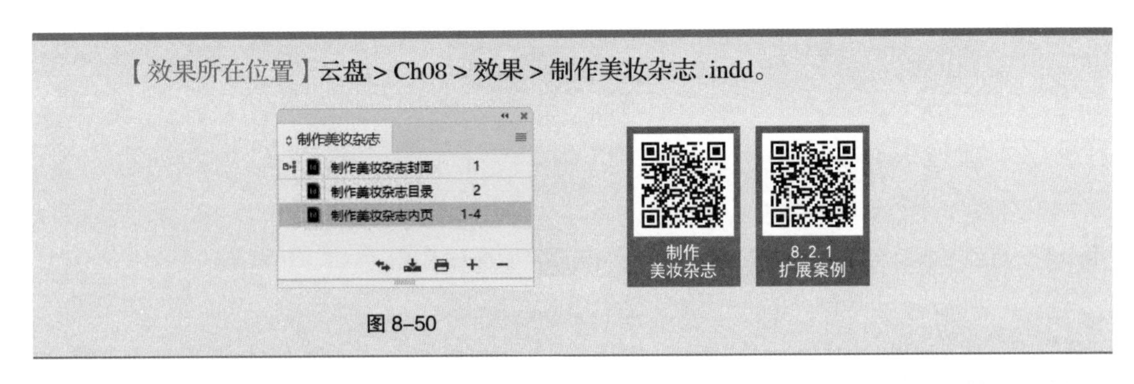

图 8-50

（1）打开 InDesign CC 2019，选择“文件 > 新建 > 书籍”命令，弹出“新建书籍”对话框，将文件命名为“制作美妆杂志”，如图 8-51 所示，单击“保存”按钮，弹出“制作美妆杂志”面板，如图 8-52 所示。

（2）单击面板下方的“添加文档”按钮 +，弹出“添加文档”对话框，分别选取“制作美妆杂志封面”“制作美妆杂志目录”“制作美妆杂志内页”，单击“打开”按钮，将其添加到“制作美妆杂志”面板中，如图 8-53 所示。

（3）单击“制作美妆杂志”面板下方的“存储书籍”按钮，美妆杂志制作完成。

图 8-51　　图 8-52　　图 8-53

8.2.2　在书籍中添加文档

选择“文件 > 新建 > 书籍”命令，弹出“新建书籍”对话框，将文件命名为“书籍”，单击“保存”按钮，弹出“书籍”面板，如图 8-54 所示。单击面板下方的“添加文档”按钮 +，弹出“添加文档”对话框，选取需要的文件，如图 8-55 所示。单击“打开”按钮，在“书籍”面板中添加文档，如图 8-56 所示。

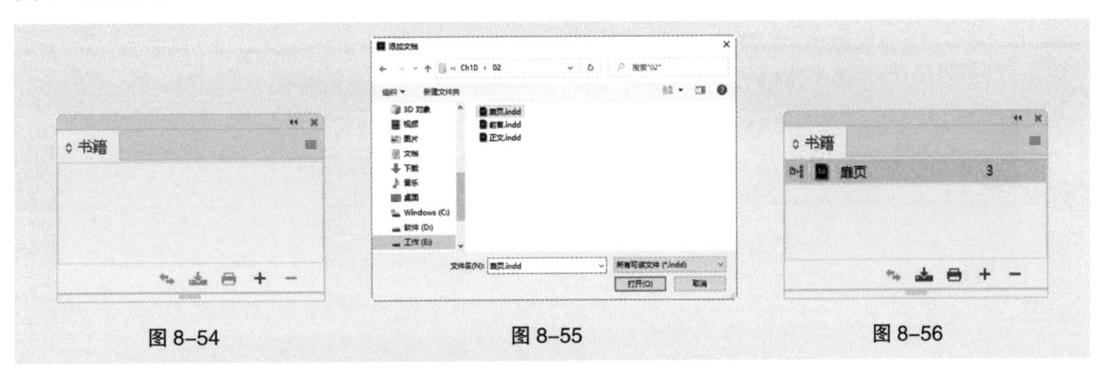

图 8-54　　图 8-55　　图 8-56

单击“书籍”面板右上方的≡图标，在弹出的菜单中选择“添加文档”命令，弹出“添加文档”对话框，选取需要的文档，单击“打开”按钮，可添加文档。

8.2.3 管理书籍文件

每个打开的书籍文件均显示在“书籍”面板中各自的选项卡中。如果同时打开了多本书籍，则单击某个选项卡可将对应的书籍调至前面，从而访问其面板菜单。

在文档条目后面的图标表示当前文档的状态。

- 没有图标出现表示关闭的文件。
- 图标●表示文档已打开。
- 图标?表示文档被移动、重命名或删除。
- 图标⚠表示在书籍文件关闭后，文档被编辑过或页码被重新编排。

1．存储书籍

单击“书籍”面板右上方的≡图标，在弹出的菜单中选择“将书籍存储为”命令，弹出“将书籍存储为”对话框。指定一个位置和文件名，单击“保存”按钮，可使用新名称存储书籍。

单击“书籍”面板右上方的≡图标，在弹出的菜单中选择“存储书籍”命令，可将书籍保存。

单击“书籍”面板下方的“存储书籍”按钮，可保存书籍。

2．关闭书籍文件

单击“书籍”面板右上方的≡图标，在弹出的菜单中选择“关闭书籍”命令，可关闭单个书籍。

单击“书籍”面板右上方的×按钮，可关闭一起停放在同一面板中的所有打开的书籍。

3．删除书籍文档

在“书籍”面板中选取要删除的文档，单击面板下方的“移去文档”按钮−，可从书籍中删除选取的文档。

在“书籍”面板中选取要删除的文档，单击“书籍”面板右上方的≡图标，在弹出的菜单中选择“移去文档”命令，可从书籍中删除选取的文档。

4．替换书籍文档

单击“书籍”面板右上方的≡图标，在弹出的菜单中选择“替换文档”命令，弹出“替换文档”对话框，指定一个文档，单击“打开”按钮，可替换选取的文档。

8.3 课堂练习——制作房地产画册目录

【练习知识要点】使用“置入”命令添加图片，使用矩形工具和填充工具绘制装饰图形，使用“段落样式”面板和“目录”命令提取目录，效果如图 8-57 所示。

【效果所在位置】云盘 > Ch08 > 效果 > 制作房地产画册目录 .indd。

图 8–57

8.4 课后习题——制作房地产画册

【习题知识要点】使用“新建书籍”命令和“添加文档”命令制作杂志，“制作房地产画册”面板如图 8–58 所示。

【效果所在位置】云盘 > Ch08 > 效果 > 制作房地产画册 .indd。

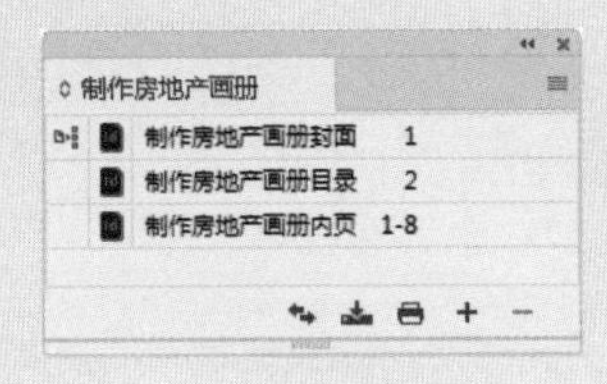

图 8–58

09

第9章 商业案例实训

本章介绍

本章所选案例皆来自商业设计项目真实情境，旨在讲授如何利用前面各章所学知识完成商业设计项目。通过本章的学习，读者可以进一步掌握 InDesign CC 2019 的功能和使用技巧，并了解如何利用 InDesign CC 2019 制作出专业的商业作品。

学习目标

- 熟练掌握 InDesign CC 2019 的基本操作方法。
- 掌握 InDesign 在不同设计领域的制作技巧。

技能目标

- 掌握美食图书封面的制作方法。
- 掌握美食图书内页的制作方法。
- 掌握美食图书目录的制作方法。

第 9 章简介

9.1 美食图书设计

9.1.1 【项目背景】

1. 客户名称

多味美食客出版社。

2. 客户需求

《美味家常菜》是一本介绍常见家常菜食材和制作步骤的图书。现要求为该书设计制作封面及内页，要突出图书内容丰富、讲解清晰的特色。

9.1.2 【项目要求】

（1）内页运用大量的美食图片展示图书的主题。

（2）封面色彩的运用要与照片相呼应，能给人美味、亲切的感觉。

（3）整体设计要具有统一感，加深人们的印象。

（4）设计规格为 185 毫米（宽）×260 毫米（高），出血 3 毫米。

9.1.3 【项目设计】

本案例设计流程如图 9-1 所示。

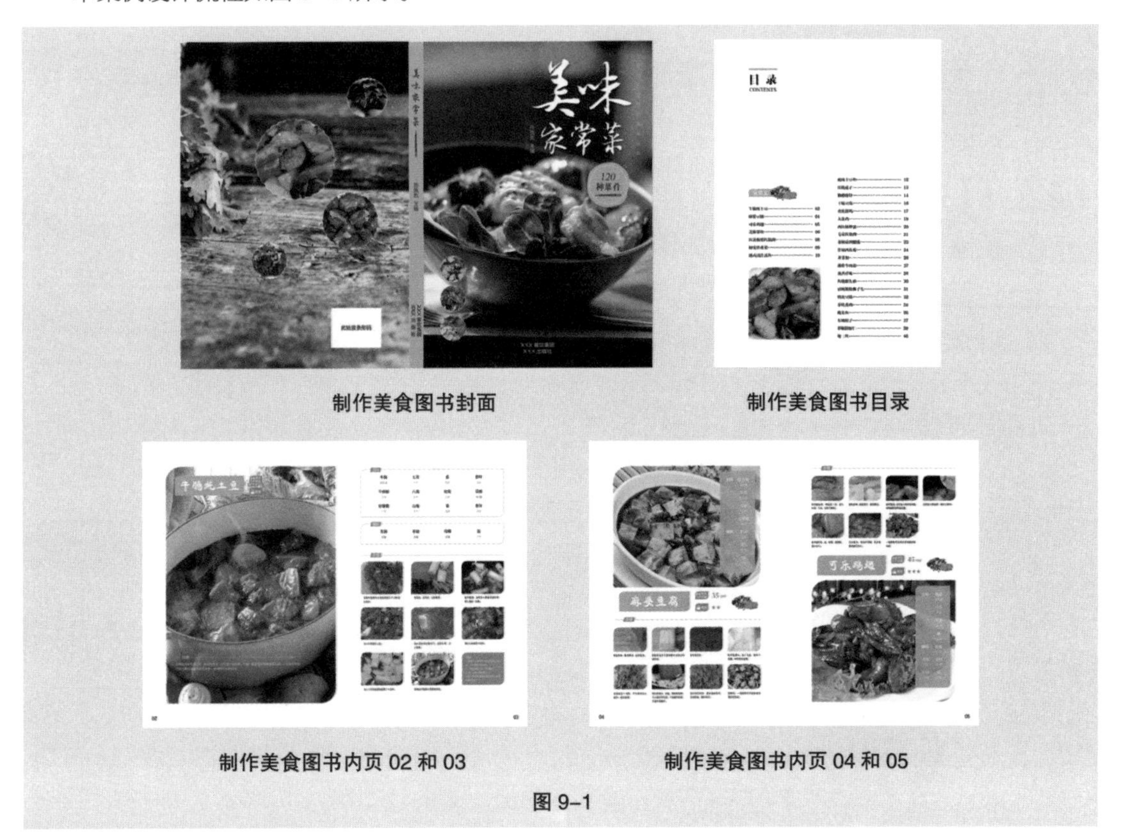

制作美食图书封面　制作美食图书目录

制作美食图书内页 02 和 03　制作美食图书内页 04 和 05

图 9-1

9.1.4 【项目要点】

9.1.5 【项目制作】

9.2 课堂练习——招聘宣传单设计

9.2.1 【项目背景】

1. 客户名称

美俊达手表股份有限公司。

2. 客户需求

美俊达手表股份有限公司是一家集手表机芯的研发、生产、组装、销售于一体的手表生产公司。公司近期需要制作一款招聘宣传单，用于招聘新员工，并宣传公司企业文化。

9.2.2 【项目要求】

（1）设计风格简洁、时尚，内容信息提炼精准。

（2）使用简单的图形进行点缀搭配，丰富画面效果，增加画面的活泼感。

（3）画面配色恰当，体现出公司的格调与品质。

（4）设计规格均为 210 毫米（宽）×297 毫米（高），出血 3 毫米。

9.2.3 【项目设计】

本案例设计效果如图 9-2 所示。

9.2.4 【项目要点】

使用矩形工具、“缩放”命令 “渐变羽化”命令和“贴入内部”命令制作背景，使用椭圆工具、钢笔工具、“相加”按钮和“投影”命令制作会话框，使用文字工具、直线工具添加标题文字，使用文字工具、填充工具添加宣传单的相关信息。

图 9-2

9.3 课后习题——手表画册设计

9.3.1 【项目背景】

1. 客户名称

美俊达手表股份有

2. 客户需求

美俊达手表股份有限公司近期需要制作一套宣传手册，用于宣传公司企业文化和新款手表产品。

9.3.2 【项目要求】

（1）整体设计要时尚、高雅，体现现代感。

（2）以手表和配戴效果实物照片展示公司的新款产品，增加用户的信赖感。

（3）图片和文字的搭配要合理，既便于用户阅读，又提高画面层次感。

（4）设计规格均为 285 毫米（宽）×210 毫米（高），出血 3 毫米。

9.3.3 【项目设计】

本案例设计效果如图 9-3 所示。

9.3.4 【项目要点】

使用“置入”命令置入素材图片，使用“效果”面板制作图片半透明效果，使用文字工具、“字形”命令添加封面名称和公司信息，使用矩形工具、“添加锚点工具、删除锚点工具”、“贴入内部”命令制作图片剪切效果，使用文字工具和矩形工具添加标题及相关信息，使用“垂直翻转”按钮、“效果”面板和“渐变羽化”命令制作图片倒影效果，使用“投影”命令为图片添加投影效果。

图 9-3